软件开发视频大讲堂

ASP.NET Core 从入门到精通

明日科技　编著

清華大學出版社

北　京

内 容 简 介

《ASP.NET Core 从入门到精通》从初学者角度出发，通过通俗易懂的语言、丰富多彩的实例，详细介绍了进行ASP.NET Core 应用开发应该掌握的各方面技术。全书分为 4 篇，共 18 章，包括 ASP.NET Core 入门、.NET Core 环境搭建、.NET Core 命令行工具及包管理、C#新语法、异步编程、LINQ 编程、.NET Core 核心组件、ASP.NET Core Web 应用、Razor 与 ASP.NET Core、ASP.NET Core 数据访问、ASP.NET Core MVC 网站开发、ASP.NET Core WebAPI、使用 Blazor 构建应用、SignalR 服务器端消息推送、gRPC 远程过程调用、身份验证和授权、ASP.NET Core 应用发布部署以及 ASP.NET Core 开源项目解析等内容。本书所有知识都结合具体实例进行介绍，涉及的程序代码给出了详细的注释，可以使读者轻松领会 ASP.NET Core 应用开发的精髓，以快速提高开发技能。

另外，本书除了纸质内容，还配备了 ASP.NET 在线开发资源库，主要内容如下：

- ☑ 同步教学微课：共 60 集，时长 8 小时
- ☑ 技术资源库：348 个技术要点
- ☑ 技巧资源库：629 个开发技巧
- ☑ 实例资源库：1583 个应用实例
- ☑ 项目资源库：38 个实战项目
- ☑ 源码资源库：1619 项源代码
- ☑ 视频资源库：668 集学习视频
- ☑ PPT 电子教案

本书可作为 ASP.NET Core 开发入门者的自学用书，也可作为高等院校相关专业学生的 ASP.NET Core 学习参考书，还可供 ASP.NET Core 开发人员查阅参考。

图书在版编目（CIP）数据

ASP.NET Core 从入门到精通 / 明日科技编著. —北京：清华大学出版社，2024.3
（软件开发视频大讲堂）
ISBN 978-7-302-65618-0

Ⅰ. ①A… Ⅱ. ①明… Ⅲ. ①网页制作工具—程序设计 Ⅳ. ①TP393.092.2

中国国家版本馆 CIP 数据核字（2024）第 045748 号

责任编辑： 贾小红
封面设计： 刘　超
版式设计： 文森时代
责任校对： 马军令
责任印制： 刘海龙

出版发行： 清华大学出版社
网　　址： https://www.tup.com.cn，https://www.wqxuetang.com
地　　址： 北京清华大学学研大厦 A 座　　**邮　　编：** 100084
社 总 机： 010-83470000　　**邮　　购：** 010-62786544
投稿与读者服务： 010-62776969，c-service@tup.tsinghua.edu.cn
质量反馈： 010-62772015，zhiliang@tup.tsinghua.edu.cn
印 装 者： 北京同文印刷有限责任公司
经　　销： 全国新华书店
开　　本： 203mm×260mm　　**印　　张：** 23　　**字　　数：** 615 千字
版　　次： 2024 年 4 月第 1 版　　**印　　次：** 2024 年 4 月第 1 次印刷
定　　价： 89.80 元

产品编号：101096-01

如何使用本书开发资源库

本书赠送价值 999 元的“ASP.NET 在线开发资源库”一年的免费使用权限，结合图书和开发资源库，读者可快速提升编程水平和解决实际问题的能力。

1. VIP 会员注册

ASP.NET
开发资源库

刮开并扫描图书封底的防盗码，按提示绑定手机微信，然后扫描右侧二维码，打开明日科技账号注册页面，填写注册信息后将自动获取一年（自注册之日起）的 ASP.NET 在线开发资源库的 VIP 使用权限。

读者在注册、使用开发资源库时有任何问题，均可通过明日科技官网页面上提供的客服电话进行咨询。

2. 纸质书和开发资源库的配合学习流程

ASP.NET 开发资源库中提供了技术资源库（348 个技术要点）、技巧资源库（629 个开发技巧）、实例资源库（1583 个应用实例）、项目资源库（38 个实战项目）、源码资源库（1619 项源代码）、视频资源库（668 集学习视频），共计六大类、4885 项学习资源。学会、练熟、用好这些资源，读者可在最短的时间内快速提升自己，从一名新手晋升为一名软件工程师。

《ASP.NET Core 从入门到精通》纸质书和“ASP.NET 在线开发资源库”的配合学习流程如下。

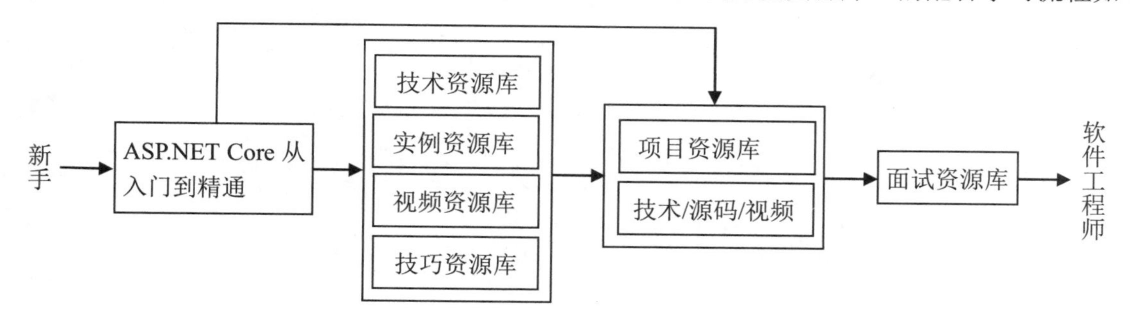

3. 开发资源库的使用方法

在学习到本书某一章节时，可利用实例资源库对应内容提供的大量热点实例和关键实例，巩固所学编程技能，提升编程兴趣和信心。

开发过程中，总有一些易混淆、易出错的地方，利用技巧资源库可快速扫除盲区，掌握更多实战技巧，精准避坑。需要查阅某个技术点时，可利用技术资源库锁定对应知识点，随时随地深入学习。

学习完本书后，读者可通过项目资源库中的 38 个经典项目，全面提升个人的综合编程技能和解决实际开发问题的能力，为成为 ASP.NET Core 应用开发工程师打下坚实的基础。

另外，利用页面上方的搜索栏，还可以对技术、技巧、实例、项目、源码、视频等资源进行快速查阅。

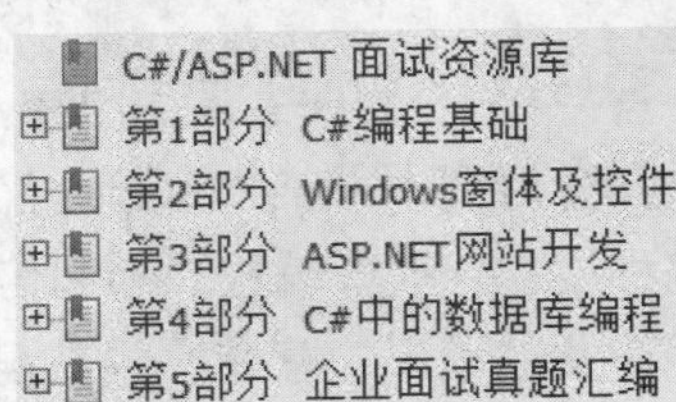

万事俱备后，读者该到软件开发的主战场上接受洗礼了。本书资源包中提供了 C#各方向（包含 ASP.NET）的面试真题，是读者求职面试的绝佳指南。读者可扫描图书封底的“文泉云盘”二维码获取。

前　言

Preface

丛书说明：“软件开发视频大讲堂”丛书第1版于2008年8月出版，因其编写细腻、易学实用、配备海量学习资源和全程视频等，在软件开发类图书市场上产生了很大反响，绝大部分品种在全国软件开发零售图书排行榜中名列前茅，2009年多个品种被评为“全国优秀畅销书”。

“软件开发视频大讲堂”丛书第2版于2010年8月出版，第3版于2012年8月出版，第4版于2016年10月出版，第5版于2019年3月出版，第6版于2021年7月出版。十五年间反复锤炼，打造经典。丛书迄今累计重印680多次，销售400多万册，不仅深受广大程序员的喜爱，还被百余所高校选为计算机、软件等相关专业的教学参考用书。

“软件开发视频大讲堂”丛书第7版在继承前6版所有优点的基础上，进行了大幅度的修订。第一，根据当前的技术趋势与热点需求调整品种，拓宽了程序员岗位就业技能用书；第二，对图书内容进行了深度更新、优化，如优化了内容布置，弥补了讲解疏漏，将开发环境和工具更新为新版本，增加了对新技术点的剖析，将项目替换为更能体现当今IT开发现状的热门项目等，使其更与时俱进，更适合读者学习；第三，改进了教学微课视频，为读者提供更好的学习体验；第四，升级了开发资源库，提供了程序员“入门学习→技巧掌握→实例训练→项目开发→求职面试”等各阶段的海量学习资源；第五，为了方便教学，制作了全新的教学课件PPT。

.NET Core是微软推出的新一代免费、跨平台、开源的开发平台，可用于生成多种类型的应用程序，而ASP.NET Core是基于.NET Core的一个跨平台、高性能的开源框架，用来构建基于云且通过互联网连接的应用程序，它是在.NET Core平台下进行Web开发及后端接口开发的一种技术。

自2014年微软宣布.NET开源以来，经过多年的发展，网络上有关ASP.NET Core的资料已经有很多了，但大多比较分散，而且讲解如蜻蜓点水，致使很多想学习ASP.NET Core的开发人员看完之后一头雾水！基于以上原因，我们编写了本书。本书将系统全面地对与ASP.NET Core相关的知识及应用进行讲解，讲解过程通俗易懂，清晰明了，力争为ASP.NET Core技术在国内的普及与发展奠定基础。

本书内容

本书提供了从ASP.NET Core入门到编程高手所必需的各类知识，内容共分为4篇，具体如下。

第1篇：基础知识。本篇包括ASP.NET Core入门、.NET Core环境搭建、.NET Core命令行工具及包管理、C#新语法、异步编程、LINQ编程等内容，本篇所讲内容是进行.NET Core应用开发的基础，读者一定要熟练掌握，为以后进行编程奠定坚实的基础。

第2篇：核心技术。本篇介绍.NET Core核心组件、ASP.NET Core Web应用、Razor与ASP.NET Core、ASP.NET Core数据访问、ASP.NET Core MVC网站开发、ASP.NET Core WebAPI等内容。学习完本篇，读者可以掌握ASP.NET Core应用开发的核心技术，并能够开发一些不同类型的ASP.NET Core应用。

第 3 篇：高级应用。本篇介绍使用 Blazor 构建应用、SignalR 服务器端消息推送、gRPC 远程过程调用、身份验证和授权、ASP.NET Core 应用发布部署等内容。学习完本篇，读者能够为 ASP.NET Core 应用添加 Blazor 组件以及服务器端消息推送、远程过程调用、身份验证授权等高级功能，还可以将开发完成的应用发布部署到服务器上。

第 4 篇：开源项目。本篇详细剖析 ASP.NET Core 的 5 个最流行的热门开源框架：Furion、vboot-net、Magic.NET、CoreShop、Orchard Core。系统解析这些开源框架的作用、特点、功能，并带领读者亲身体验其具体配置及使用过程，为读者实际开发 ASP.NET Core 项目提供借鉴模板。

本书的知识结构和学习方法如图所示。

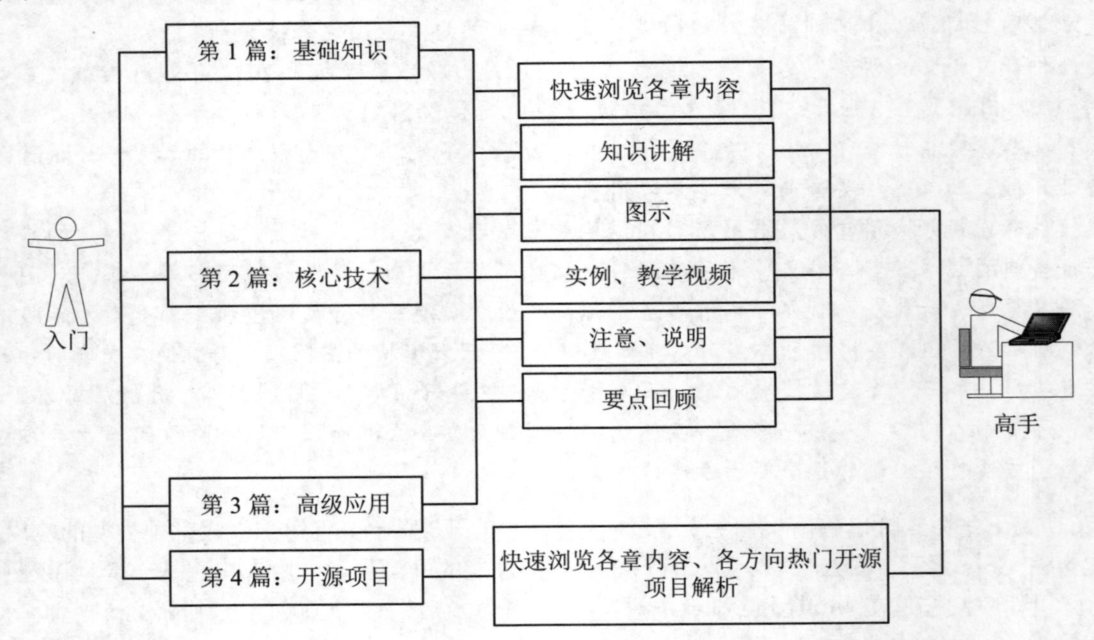

本书特点

- ☑ **由浅入深，循序渐进。**本书以初、中级程序员为对象，带领读者先从.NET Core 的基础学起，再学习 ASP.NET Core 开发的核心技术，然后学习 ASP.NET Core 的高级应用，最后学习 5 个流行的 ASP.NET Core 开源框架。讲解过程中步骤详尽，版式新颖，在操作的内容图片上按步骤进行标注，让读者在学习中一目了然，从而快速掌握书中内容。
- ☑ **微课视频，讲解详尽。**为便于读者直观感受程序开发的全过程，书中重要章节配备了教学微课视频（共 60 集，时长 8 小时），使用手机扫描章节标题一侧的二维码，即可观看和学习。便于初学者快速入门，感受编程的快乐，获得成就感，进一步增强学习的信心。
- ☑ **最新技术，典型应用。**本书以较新的.NET 7.0 稳定版为基础进行讲解，在讲解时，通过典型案例说明知识点的应用场景，全书共有 36 个典型案例，让读者能够快速上手。
- ☑ **精彩栏目，贴心提醒。**本书根据学习需要在正文中设计了很多“注意”“说明”等小栏目，让读者在学习的过程中更轻松地理解相关知识点及概念，更快地掌握相关技术的应用技巧。

读者对象

☑ .NET Core 技术爱好者
☑ Web 开发者和开发爱好者
☑ 相关培训机构的学员及老师
☑ 从 ASP.NET 转到 ASP.NET Core 的开发人员
☑ ASP.NET Core 开发者
☑ 高校相关专业的学生
☑ 熟悉 C#的开发人员
☑ 参加实习的网站开发人员

本书学习资源

本书提供了大量的辅助学习资源，读者需刮开图书封底的防盗码，扫描并绑定微信后，获取学习权限。

☑ 同步教学微课

学习书中知识时，扫描章节名称处的二维码，可在线观看教学视频。

☑ 在线开发资源库

本书配备了强大的 ASP.NET 开发资源库，包括技术资源库、技巧资源库、实例资源库、项目资源库、源码资源库、视频资源库。扫描右侧二维码，可登录明日科技网站，获取 ASP.NET 开发资源库一年的免费使用权限。

ASP.NET
开发资源库

☑ 学习答疑

关注清大文森学堂公众号，可获取本书的源代码、PPT 课件、视频等资源，加入本书的学习交流群，参加图书直播答疑。

读者扫描图书封底的“文泉云盘”二维码，或登录清华大学出版社网站（www.tup.com.cn），可在对应图书页面下查阅各类学习资源的获取方式。

清大文森学堂

致读者

本书由明日科技.NET Core 开发团队组织编写。明日科技是一家专业从事软件开发、教育培训以及软件开发教育资源整合的高科技公司。其编写的教材既注重选取软件开发中的必需、常用内容，又注重内容的易学易用以及相关知识的拓展，深受读者喜爱。同时，其编写的教材多次荣获“全行业优秀畅销品种”“中国大学出版社图书奖优秀畅销书”等奖项，多个品种长期位居同类图书销售排行榜的前列。

在编写本书的过程中，我们始终本着科学、严谨的态度，力求精益求精，但书中难免有疏漏和不当之处，敬请广大读者批评指正。

感谢您购买本书，希望本书能成为您编程路上的领航者。

“零门槛”编程，一切皆有可能。祝读书快乐！

编　者
2024 年 3 月

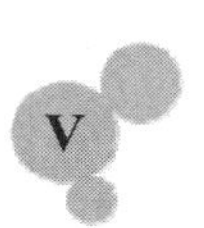

目　录

Contents

第1篇　基础知识

第2篇 核心技术

第3篇 高级应用

第 4 篇 开 源 项 目

第 1 篇

基础知识

本篇包括 ASP.NET Core 入门、.NET Core 环境搭建、.NET Core 命令行工具及包管理、C#新语法、异步编程、LINQ 编程等内容，本篇所讲内容是进行.NET Core 应用开发的基础，读者一定要熟练掌握，为以后进行编程奠定坚实的基础。

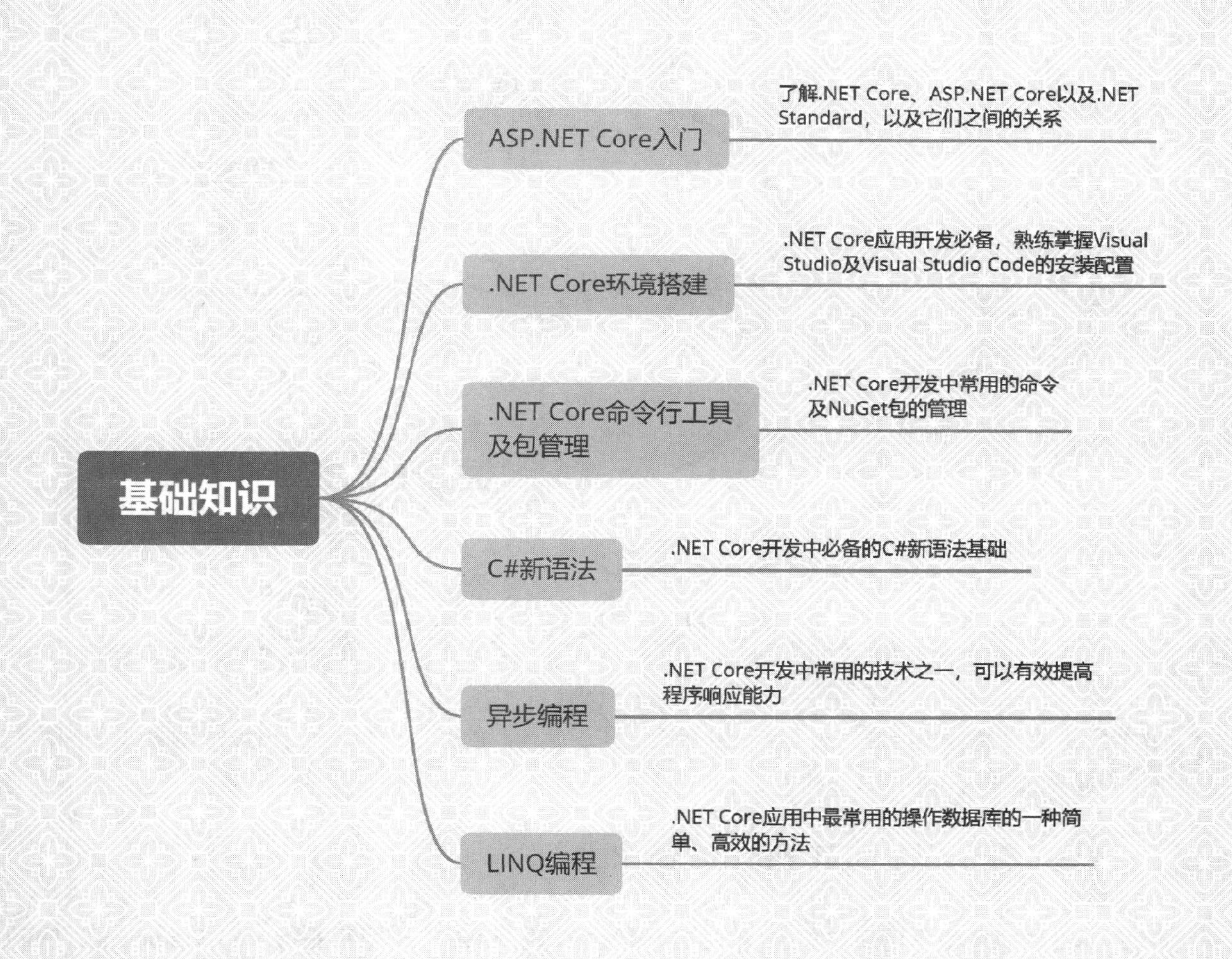

第 1 章

ASP.NET Core 入门

ASP.NET Core 是一个跨平台的、高性能的开源框架，用来构建基于云且通过互联网连接的应用程序，它是基于.NET Core 平台进行 Web 开发的一种技术，本章将对.NET Core 进行整体的介绍，包括.NET Core、ASP.NET Core，以及.NET Standard。

本章知识架构及重点、难点如下。

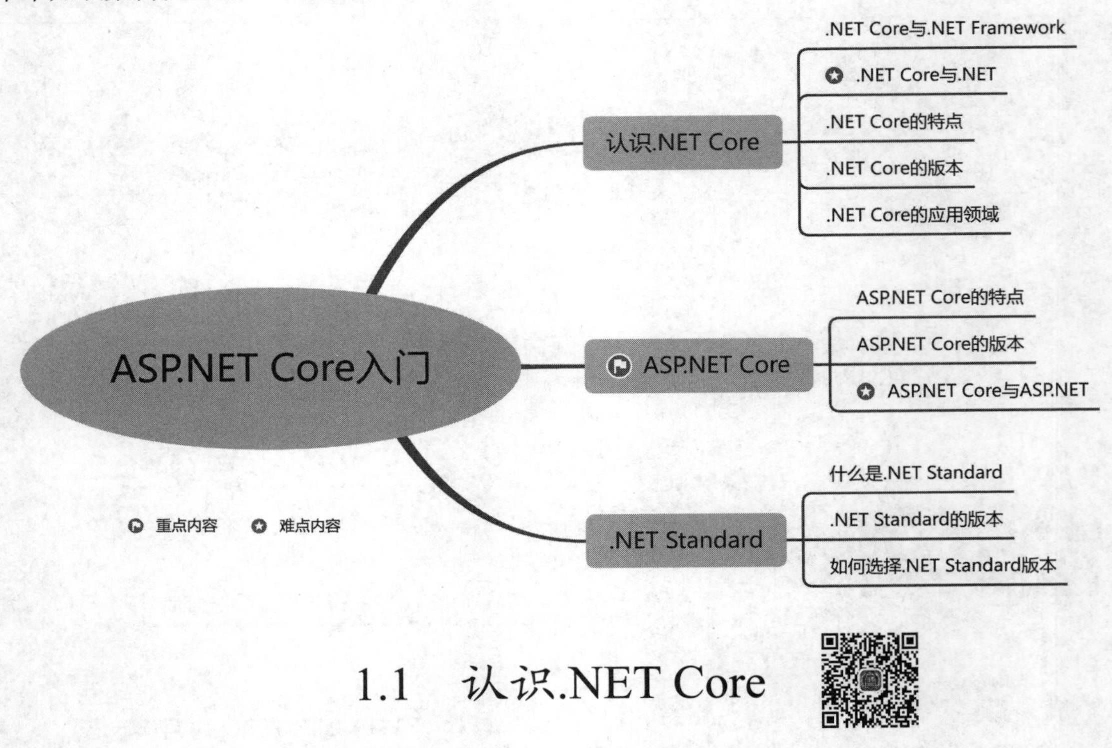

1.1 认识.NET Core

.NET Core 是微软推出的新一代免费、跨平台、开放源代码的开发平台，用于生成多种类型的应用程序。本节将带领大家认识.NET Core。

1.1.1 .NET Core 与.NET Framework

.NET Core 的概念最早出现在 2014 年，2014 年之前，提到.NET，一般都是指.NET Framework。.NET Framework 虽然宣称跨平台，但在实际使用中，微软并没有提供非 Windows 平台的实现。2014 年微软新的 CEO 上任后，将“开源”“跨平台”“云计算”作为了微软公司的主要方向，这使得原来的.NET

Framework 不再适用于未来的发展。于是，微软计划推出一个全新的跨平台技术，将其命名为.NET Core，在 2016 年 6 月正式发布了.NET Core 1.0 版本。

但需要注意的是，.NET Core 不只是.NET Framework 的简单升级，一开始，微软的确是考虑从.NET Framework 升级一个新的跨平台技术，但由于.NET Framework 是高度依赖于系统级别的一个平台，如果强行从其升级进行跨平台，需要做很多兼容性的处理工作，而且可能会将.NET Framework 的很多设计缺陷带入下一代系统，因此，微软的团队决定推倒重来，从头开发.NET Core，但这并不意味着.NET Core 和.NET Framework 一点关系都没有，.NET Core 中的很多代码都是从.NET Framework 中迁移或者改造过来的，因此，.NET Core 中的大部分技术、类库的使用方法都和.NET Framework 中保持一致，这使得原来.NET Framework 开发人员掌握的绝大部分技术都可以迁移到.NET Core 中，降低了学习难度。

1.1.2　.NET Core 与.NET

.NET Core 是全新的跨平台开发技术，而.NET 在 2014 年之前一般是指.NET Framework，2014 年之后，提到.NET，通常是指.NET Standard、.NET Framework、.NET Core 和 Xamarin 的集合，如图 1.1 所示。

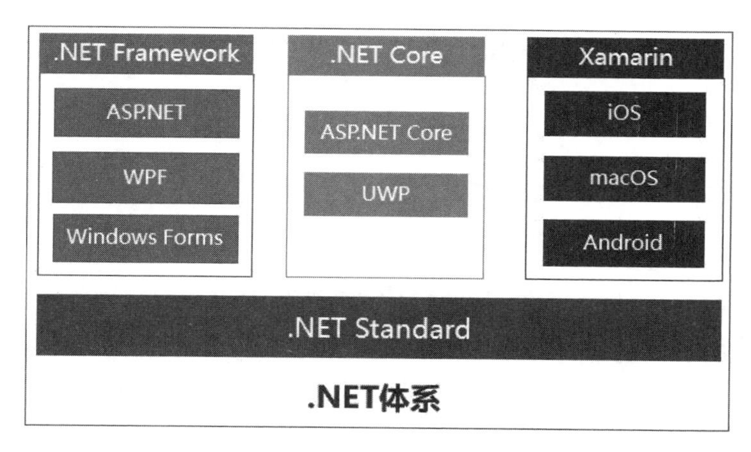

图 1.1　2014 年后的.NET 体系

但微软在发布.NET Core 3.1 版本之后，为了避免与.NET Framework 4.x 混淆，直接跳过了代号为 4 的版本，将.NET Core 统一为.NET，并发布了.NET 5.0 版本。

因此，现在微软官方的.NET 其实就是早期版本的.NET Core，但本书为了避免与 2014 年之前的.NET 混淆，一般将讲解的内容称为.NET Core，但遇到一些特殊语境或者情况（如介绍版本时），会使用.NET 的说法。

1.1.3　.NET Core 的特点

.NET Core 主要具有以下特点：

☑　跨平台：使用.NET Core 编程的应用可以在 Windows、Linux 和 macOS 等平台上运行。

☑　多语言支持：可以使用 C#、F#或 Visual Basic 编写.NET Core 应用。

☑ 一致的 API：.NET Core 提供一组标准的基类库和 API，这些库和 API 对所有.NET Core 应用程序都是通用的。

☑ 免费且开源：.NET Core 是免费的开放源代码，是一个.NET Foundation 项目，由 Microsoft 和 GitHub 上的社区在几个存储库中维护。

☑ 应用程序模型：可以使用.NET Core 生成多种类型的应用。

☑ .NET Core 软件包生态系统库：为了扩展功能，微软和其他公司维护着一个正常的.NET Core 软件包生态系统，NuGet 是专为包含了 500 多万个包的.NET Core 构建的包管理器。

1.1.4 .NET Core 的版本

.NET Core 的新版本通常于每年 11 月发布，奇数年份发布的.NET Core 版本为长期支持版本（LTS 版），支持期为三年，而偶数年份发布的版本为标准期限支持版本（STS 版），支持期为 18 个月，其发布节奏如图 1.2 所示。

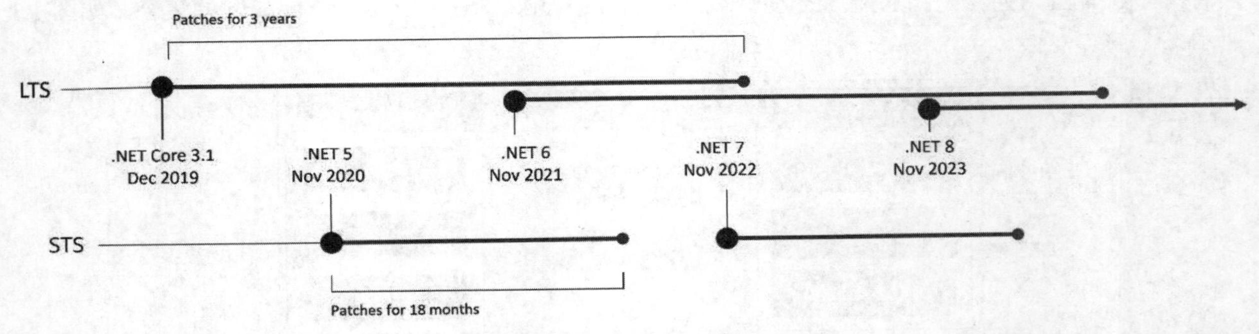

图 1.2 .NET Core 版本发布节奏

截止到现在，.NET Core 的常用主流版本为.NET 7.0（.NET 8.0 已经于 2023 年 11 月 14 日发布），发布于 2022 年 11 月 8 日，其版本发展及支持期限如表 1.1 所示。

表 1.1 .NET Core 的版本及支持期限

版　本	发 布 日 期	最新补丁版本	补丁发布日期	是 否 支 持	支 持 期 限
.NET Core 1.0	2016 年 6 月 27 日	1.0.16	2019 年 5 月 14 日	否	2019 年 6 月 27 日
.NET Core 1.1	2016 年 11 月 16 日	1.1.13	2019 年 5 月 14 日	否	2019 年 6 月 27 日
.NET Core 2.0	2017 年 8 月 14 日	2.0.9	2018 年 7 月 10 日	否	2018 年 10 月 1 日
.NET Core 2.1	2018 年 5 月 30 日	2.1.30	2021 年 8 月 19 日	否	2021 年 8 月 21 日
.NET Core 2.2	2018 年 12 月 4 日	2.2.8	2019 年 11 月 19 日	否	2019 年 12 月 23 日
.NET Core 3.0	2019 年 9 月 23 日	3.0.3	2020 年 2 月 18 日	否	2020 年 3 月 3 日
.NET Core 3.1	2019 年 12 月 3 日	3.1.32	2022 年 12 月 13 日	否	2022 年 12 月 13 日
.NET 5.0	2020 年 11 月 10 日	5.0.17	2022 年 5 月 10 日	否	2022 年 5 月 10 日
.NET 6.0	2021 年 11 月 8 日	6.0.21	2023 年 8 月 8 日	是	2024 年 11 月 12 日
.NET 7.0	2022 年 11 月 8 日	7.0.10	2023 年 8 月 8 日	是	2024 年 5 月 14 日
.NET 8.0	2023 年 11 月 14 日	8.0.0	2023 年 11 月 14 日	是	2026 年 11 月 10 日

说明

在.NET Core 版本的支持期限内，系统会实时保持已发布补丁更新的最新状态，但并不是说过了支持期限的.NET Core 版本就不能再使用了，而是过了支持期限后，微软不会再为其发布更新补丁，但不影响其原有功能的使用，就比如我们使用 Windows XP 系统，虽然微软早已停止了对其的支持，但如果你有需要，依然可以使用已有的 Windows XP 系统。

1.1.5　.NET Core 的应用领域

.NET Core 主要应用领域如图 1.3 所示。

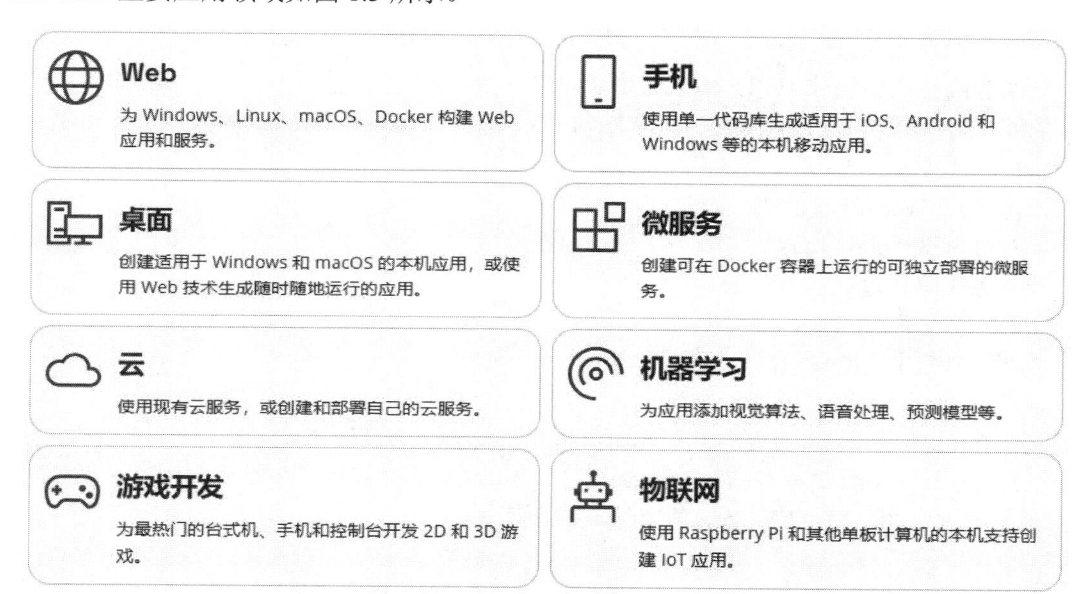

图 1.3　.NET Core 的应用领域

1.2　ASP.NET Core

ASP.NET Core 是一个跨平台的、高性能的开源框架，用来构建基于云且通过互联网连接的应用程序，它是在.NET Core 平台下进行 Web 开发及后端接口开发的一种技术。本节将对 ASP.NET Core 进行介绍。

1.2.1　ASP.NET Core 的特点

从微软对 ASP.NET Core 的官方定义，我们可以看到，它是“跨平台”的、“基于云”的。首先“跨平台”表示可以在 Windows、macOS 和 Linux 等多种平台上进行 ASP.NET Core 的开发和运行；而

“基于云”则表示 ASP.NET Core 应用可以运行在云服务平台上，并且可以和云服务平台的其他产品进行集成。

ASP.NET Core 主要具有如下优点：

☑ 生成 Web UI 和 Web API 的统一场景。
☑ Razor Pages 可以使基于页面的编码方式更简单高效。
☑ Blazor 允许在浏览器中使用 C#和 JavaScript，这样可以共享全部使用.NET 编写的服务器端和客户端应用逻辑。
☑ 能够在 Windows、macOS 和 Linux 平台上进行开发和运行。
☑ 集成新式客户端框架和开发工作流。
☑ 支持使用 gRPC 托管远程过程调用（RPC）。
☑ 内置依赖项注入。
☑ 轻型的高性能模块化 HTTP 请求管道。
☑ 能够托管部署在 Kestrel、IIS、HTTP.sys、Nginx、Apache、Docker 等多种服务器上。
☑ 并行版本控制。
☑ 简化新式 Web 开发的工具。
☑ 针对可测试性进行构建。
☑ 开放源代码和以社区为中心。

1.2.2 ASP.NET Core 的版本

ASP.NET Core 的版本从最初的 1.0 版本已经发展到最新的 7.0 版本，其中，ASP. Core 2.2 及之前的版本可以运行在.NET Core 或者.NET Framework 上，而 ASP.NET Core 3.x 及更高版本只能运行在.NET Core 上。下面分别介绍 ASP.NET Core 各个版本的新特性。

说明

ASP.NET Core 的版本随着时间的推移会不断更新，ASP.NET Core 7.0 版本为本书截稿时的最新版本。

1. ASP.NET Core 1.0

ASP.NET Core 1.0 主要专注于实现一个最小化的 API，用于为 Windows、macOS 或 Linux 构建跨平台的 Web 应用程序和服务。

2. ASP.NET Core 1.1

ASP.NET Core 1.1 主要关注 Bug 的修复，以及实现特性和性能的全面改进，其主要新增了以下功能：

☑ URL 重写中间件；
☑ 响应缓存中间件；
☑ 查看组件即标记帮助程序；
☑ MVC 型中间件筛选器；
☑ 基于 Cookie 的 TempData 提供程序；

☑ Azure App Service 日志记录提供程序；
☑ Azure Key Vault 配置提供程序；
☑ Azure 和 Redis 存储数据保护密钥存储库；
☑ 适用于 Windows 的 WebListener 服务器；
☑ WebSockets 支持。

3. ASP.NET Core 2.0

ASP.NET Core 2.0 专注于添加新功能，其主要新增了以下功能：

☑ Razor Pages；
☑ ASP.NET Core 元包；
☑ 运行时存储；
☑ .NET Standard 2.0；
☑ 配置、日志记录、身份验证、Identity 更新；
☑ Razor 支持 C# 7.1；
☑ SPA 模板；
☑ 增强了 HTTP 标头支持；
☑ 自动使用防伪标记、预编译等。

4. ASP.NET Core 2.1

ASP.NET Core 2.1 专注于添加新功能，其主要新增了以下功能：

☑ 用于实时通信的 SignalR；
☑ Razor 类库；
☑ Identity UI 库和基架；
☑ 更好地支持 HTTPS 和 GDPR（欧盟通用数据保护条例）；
☑ [ApiController]和 ActionResult<T>；
☑ IHttpClientFactory；
☑ 集成测试。

5. ASP.NET Core 2.2

ASP.NET Core 2.2 的重点是改进 RESTful HTTP API 的构建，以及将项目模板更新为 Bootstrap4 和 Angular6 等，其主要新增了以下功能：

☑ 终结点路由；
☑ Kestrel 中的 HTTP/2；
☑ Kestrel 配置；
☑ IIS 进程内承载；
☑ SignalR Java 客户端；
☑ 项目模板更新；
☑ 验证性能；

- ☑ HTTP 客户端性能。

6. ASP.NET Core 3.0

ASP.NET Core 3.0 之后的版本将运行时改进为.NET Core 3.0 及更高版本，不再支持.NET Framework，其主要新增了以下功能：

- ☑ Blazor 服务器；
- ☑ gRPC；
- ☑ SignalR；
- ☑ 新的 JSON 序列化；
- ☑ 新的 Razor 指令；
- ☑ IdentityServer4 支持 Web API 和 SPA 的身份验证和授权；
- ☑ 证书和 Kerberos 身份验证；
- ☑ 泛型主机；
- ☑ 默认情况下启用 HTTP/2；
- ☑ ASP.NET Core 3.0 仅在.NET Core 3.0 上运行。

7. ASP.NET Core 3.1

ASP.NET Core 3.1 主要关注性能改进，它是一个长期支持（LTS）版本，其主要新增了以下功能：

- ☑ Razor 组件的分部类支持；
- ☑ 组件标记帮助程序和将参数传递到顶级组件；
- ☑ HTTP.sys 中对共享队列的支持；
- ☑ SameSite cookie 的中断性变更；
- ☑ 在 Blazor 应用中阻止事件的默认操作；
- ☑ 在 Blazor 应用中停止事件传播；
- ☑ Blazor 应用开发过程中的错误详细信息。

8. ASP.NET Core 5.0

ASP.NET Core 5.0 主要关注 Bug 修复及性能改进，其主要新增了以下功能：

- ☑ ASP.NET Core MVC、Razor、Web API、Blazor、gRPC、SignalR、Kestrel 改进；
- ☑ 身份验证和授权改进；
- ☑ 性能改进。

9. ASP.NET Core 6.0

ASP.NET Core 6.0 专注于提高生产效率，比如用最小化的代码实现基本的网站和服务等，其主要新增了以下功能：

- ☑ ASP.NET Core MVC 和 Razor 改进；
- ☑ Blazor、Kestrel、SignalR 改进；
- ☑ 最小 API；

☑ Razor 编译器；
☑ ASP.NET Core 性能和 API 改进；
☑ 使用.NET MAUI、WPF 和 Windows 窗体生成 Blazor Hybrid 应用；
☑ 身份验证和授权。

10. ASP.NET Core 7.0

ASP.NET Core 7.0 主要关注性能改进，它是一个长期支持版本，其主要新增了以下功能：
☑ ASP.NET Core 中的速率限制中间件；
☑ 身份验证使用单个方案作为 DefaultScheme；
☑ 支持 MVC 视图和 Razor 页面中的可为空模型；
☑ 在 API 控制器中使用 DI 进行参数绑定；
☑ 最小 API 和 API 控制器优化；
☑ gRPC、SignalR、Blazor、Blazor Hybrid 改进；
☑ 性能（缓存中间件、HTTP/3 等）改进优化。

1.2.3 ASP.NET Core 与 ASP.NET

ASP.NET Core 与 ASP.NET 虽然只有一字之差，但它们是不同的两种技术，ASP.NET 主要提供在 Windows 上生成基于服务器的企业级 Web 应用所需的服务，而 ASP.NET Core 是 ASP.NET 的重新设计，它们的主要区别如表 1.2 所示。

表 1.2　ASP.NET Core 与 ASP.NET 的区别

ASP.NET Core	ASP.NET
针对 Windows、macOS 或 Linux 进行生成	针对 Windows 进行生成
Razor Pages 是在 ASP.NET Core 2.x 及更高版本中创建 Web UI 时建议使用的方法	使用 Web Forms、MVCWeb APIWebHooks 或网页
每个计算机可以安装多个版本，根据应用来确定	每个计算机共享一个版本
使用 C#或 F#通过 Visual Studio、Visual Studio for Mac 或 Visual Studio Code 进行开发	使用 C#、VB 或 F#通过 Visual Studio 进行开发
比 ASP.NET 性能更高	良好的性能
使用.NET Core 运行时	使用.NET Framework 运行时

1.3 .NET Standard

在 Visual Studio 中新建项目时，除了.NET 和.NET Framework 选项，还有一个.NET Standard 选项，如图 1.4 所示，那么什么是.NET Standard 呢？它又有什么作用呢？本节将对.NET Standard 进行介绍。

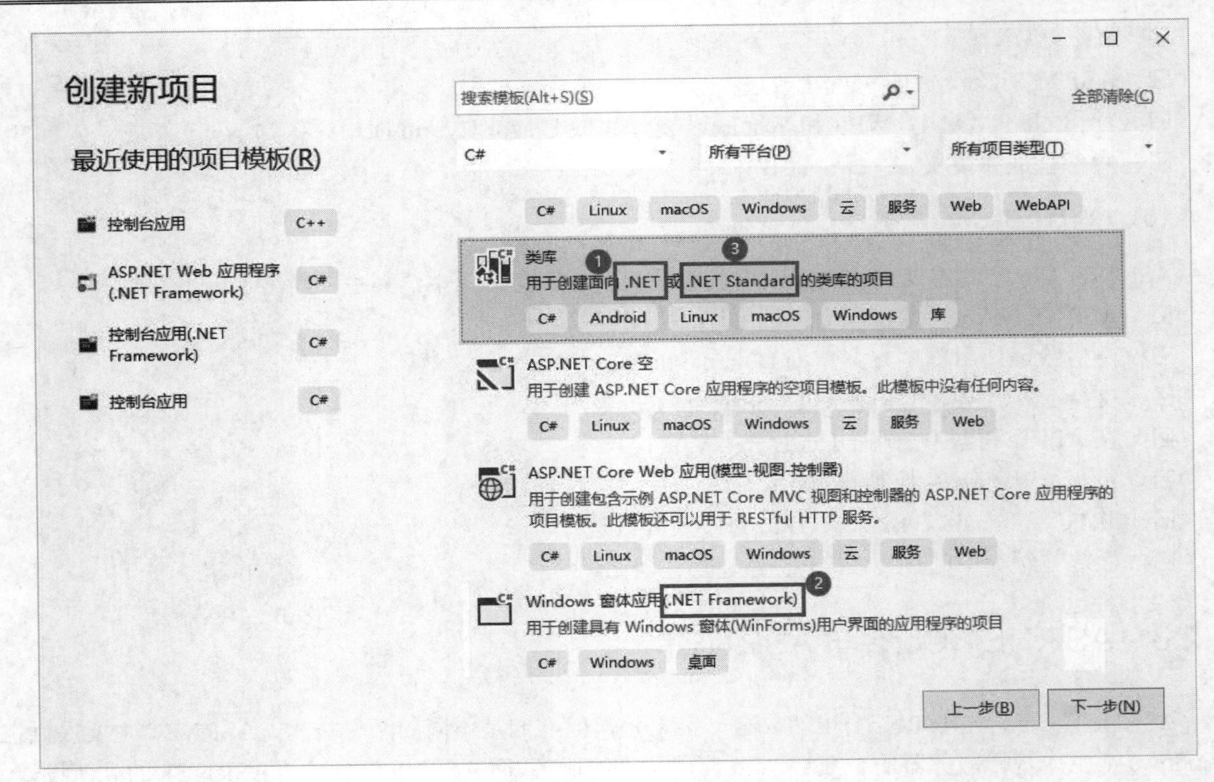

图 1.4 Visual Studio 创建项目时的选项

1.3.1 什么是.NET Standard

通过前面的介绍，我们知道.NET 中包含.NET Framework、.NET Core 和 Xamarin 等，但是它们的基础实现并不是通用的，比如，.NET Framework 中有访问 Windows 注册表的类，但.NET Core 中并没有，遇到类似这样的情况时，如果我们想要开发一个供.NET Framework、.NET Core 和 Xamarin 共同使用的代码库，实现起来会非常麻烦，因此，微软为了提高.NET 生态系统的一致性，推出了.NET Standard。

.NET Standard 是针对多个.NET 实现推出的一套正式的.NET API 规范，这里需要注意的是，.NET Standard 只是一套规范，而不是一个框架，它本身只是规定了需要实现的规范，并不负责具体的实现。

1.3.2 .NET Standard 的版本

.NET Standard 随着.NET 技术的升级而升级，不同版本的.NET Framework、.NET Core 和 Xamarin 支持不同版本的.NET Standard，较高的版本会包含较低版本的所有 API，但在.NET 5 推出之后，.NET 采用了不同的方法来建立一致性，这样在大多数情况下不再需要.NET Standard，但如果要在.NET Framework 和其他任何.NET 实现（如.NET Core、Xamarin）之间共享代码，则库必须面向.NET Standard 2.0。.NET Standard 的最新版本为 2.1，此后将不会再发布新版本，但.NET 5.0、.NET 6.0 以及所有将来的版本将继续支持.NET Standard 2.1 及更早版本。

关于每个.NET Standard 版本支持的最低.NET 实现平台版本如表 1.3 所示。

表 1.3　每个.NET Standard 版本支持的最低.NET 实现平台版本

.NET 实现	.NET Standard 版本								
	1.0	1.1	1.2	1.3	1.4	1.5	1.6	2.0	2.1
.NET Core	1.0	1.0	1.0	1.0	1.0	1.0	1.0	2.0	3.0
.NET Framework	4.5	4.5	4.5.1	4.6	4.6.1	4.6.1	4.6.1	4.6.1	不支持
Xamarin.iOS	10.0	10.0	10.0	10.0	10.0	10.0	10.0	10.14	12.16
Xamarin.Mac	3.0	3.0	3.0	3.0	3.0	3.0	3.0	3.8	5.16
Xamarin.Android	7.0	7.0	7.0	7.0	7.0	7.0	7.0	8.0	10.0
Mono	4.6	4.6	4.6	4.6	4.6	4.6	4.6	5.4	6.4

说明

Mono 是一个诞生于开源社区的跨平台的.NET 运行环境，它不仅可以运行于 Windows 系统上，还可以运行于 Linux、FreeBSD、Unix、macOS X 和 Solaris 等系统上。

1.3.3　如何选择.NET Standard 版本

.NET Standard 是一套规范，因此，只能创建.NET Standard 类库项目，而不能创建.NET Standard 控制台项目或者 Web 项目等，使用.NET Standard 创建类库项目时，通常遵循以下原则：

☑　使用.NET Standard 2.0 在.NET Framework 和.NET 的所有其他实现之间共享代码；

☑　使用.NET Standard 2.1 在 Mono、Xamarin 和.NET Core 3.x 之间共享代码；

☑　如果需要使用库将应用程序分解为多个组件，建议以.NET 5.0 或更高版本为目标。

1.4　要 点 回 顾

本章是学习 ASP.NET Core 开发的理论前提，主要介绍了 3 个基本的概念：.NET Core、ASP.NET Core 和.NET Standard，要进行 ASP.NET Core 应用开发，首先应该区分清楚它们的概念，熟悉三者之间的关系，这些内容在本章中都进行了介绍，希望读者能够静下心先学习一下本章内容，再进行后续的学习。

第 2 章

.NET Core 环境搭建

.NET Core 应用的主流开发工具主要有 Visual Studio、Visual Studo for Mac 和 Visual Studio Code，其中 Visual Studio 主要运行在 Windows 系统上，Visual Studio for Mac 主要运行在 macOS 系统上，而 Visual Studio Code 则可以运行在 Windows、Linux 和 macOS 等多种系统上，但 Visual Studio Code 相对于 Visual Studio 来说，其开发体验要有所降低，因此，本章将重点讲解 Visual Studio 的搭建，但也会对 Visual Studio Code 和 Visual Studo for Mac 的基本搭建进行介绍。

本章知识架构及重点、难点如下。

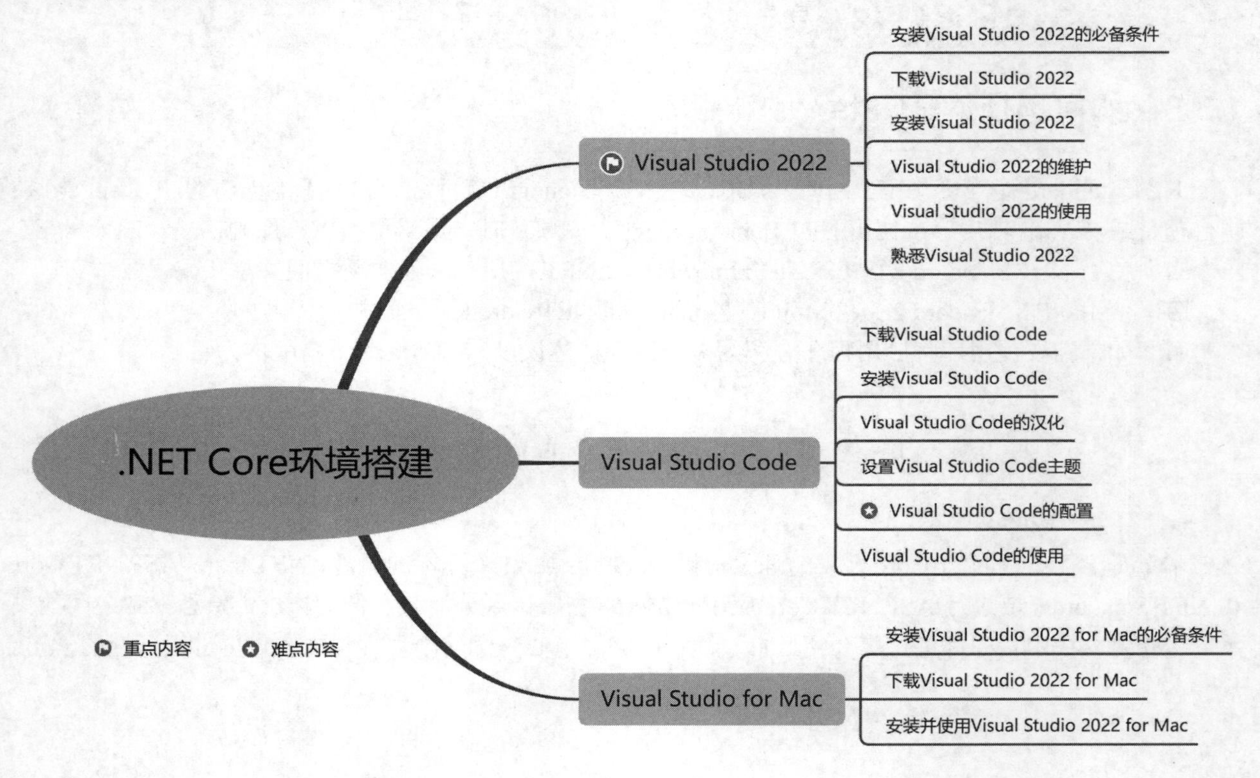

2.1 Visual Studio 2022

Visual Studio 2022 是微软为了配合.NET 战略而推出的 IDE 开发环境，同时也是目前开发.NET Core 程序最强大的工具，本节将对 Visual Studio 2022 的搭建进行详细讲解。

2.1.1　安装 Visual Studio 2022 的必备条件

安装 Visual Studio 2022 之前，首先要了解安装 Visual Studio 2022 的必备条件，检查计算机的软硬件配置是否满足 Visual Studio 2022 开发环境的安装要求。具体要求如表 2.1 所示。

表 2.1　安装 Visual Studio 2022 的必备条件

必 备 条 件	说　明
处理器	2.0 GHz 双核处理器，建议使用四核或者更好的处理器
RAM	4 GB，建议使用 16 GB 内存
可用硬盘空间	系统盘上最少有 10 GB 的可用空间（典型安装需要 20～50 GB 可用空间），建议在固态硬盘上安装
操作系统及所需补丁	Windows 10 1909 版本以上、Windows 11 21H2 版本以上、Windows Server 2016、Windows Server 2019、Windows Server 2022；另外必须使用 64 位操作系统

2.1.2　下载 Visual Studio 2022

这里以 Visual Studio 2022 社区版为例讲解具体的下载及安装步骤。

在浏览器中输入地址 https://www.visualstudio.com/zh-hans/downloads/，打开如图 2.1 所示的下载页面，单击社区版下面的“免费下载”按钮，即可下载 Visual Studio 2022 社区版。

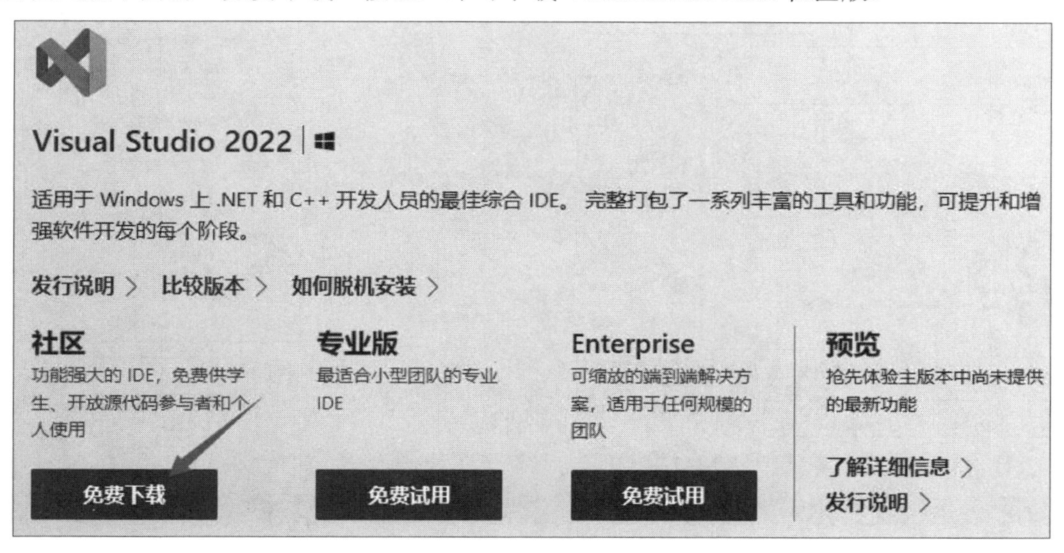

图 2.1　下载 Visual Studio 2022

2.1.3　安装 Visual Studio 2022

Visual Studio 社区版的安装文件是可执行文件（exe），其名称为“VisualStudioSetup.exe”。下面介绍 Visual Studio 2022 社区版的安装过程。

（1）双击安装文件 VisualStudioSetup.exe，开始安装。

（2）Visual Studio 2022 的安装界面如图 2.2 所示，单击“继续”按钮。

图 2.2　Visual Studio 2022 安装界面

（3）程序加载完成后，自动跳转到安装选择界面，如图 2.3 所示。选中“ASP.NET 和 Web 开发”复选框（其他复选框，读者可根据需要确定是否选中），在下面的“位置”处选择要安装的路径，这里不建议安装在系统盘上，可选择一个其他磁盘进行安装。设置完成后，单击“安装”按钮。

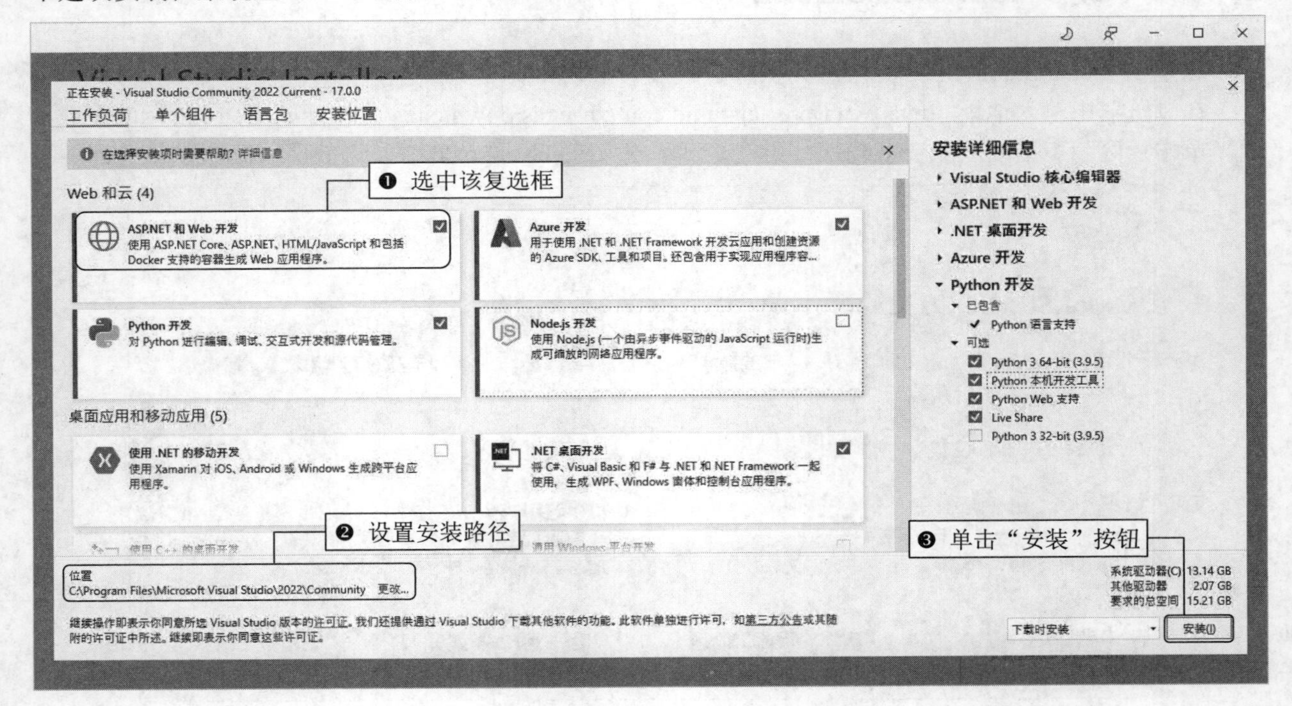

图 2.3　Visual Studio 2022 安装选择界面

注意

在安装 Visual Studio 2022 开发环境时，一定要确保计算机处于联网状态，否则无法正常安装；另外，如果需要开发 Windows 桌面应用程序，需要在图 2.3 中选中“.NET 桌面开发”复选框。

（4）跳转到如图 2.4 所示的安装进度界面，等待一段时间后，即可完成安装。

图 2.4 Visual Studio 2022 安装进度界面

（5）在系统“开始”菜单中选择 Visual Studio 2022 程序，启动 Visual Studio 2022 程序，如图 2.5 所示。

如果是第一次启动 Visual Studio 2022，会出现如图 2.6 所示的提示框，单击“以后再说”超链接，进入 Visual Studio 2022 开发环境的“开始使用”界面，如图 2.7 所示。

图 2.5 启动 Visual Studio 2022 程序

图 2.6 启动 Visual Studio 2022

图 2.7　Visual Studio 2022“开始使用”界面

2.1.4　Visual Studio 2022 的维护

Visual Studio 2022 是一个集大成的开发工具，使用它可以开发各种各样的应用，如果在使用 Visual Studio 2022 的过程中，需要为其增加功能，则可以在系统的开始菜单中选择 Visual Studio Installer 菜单，如图 2.8 所示，将会弹出如图 2.3 所示的功能选择界面，在其中选中相应功能的复选框，然后安装即可。

而如果要卸载 Visual Studio 2022，则依次打开系统的“控制面板”→“程序”→“程序和功能”，选择“Visual Studio Community 2022”选项，并单击“卸载”按钮，如图 2.9 所示。

图 2.8　选择 Visual Studio Installer 菜单维护 Visual Studio 2022

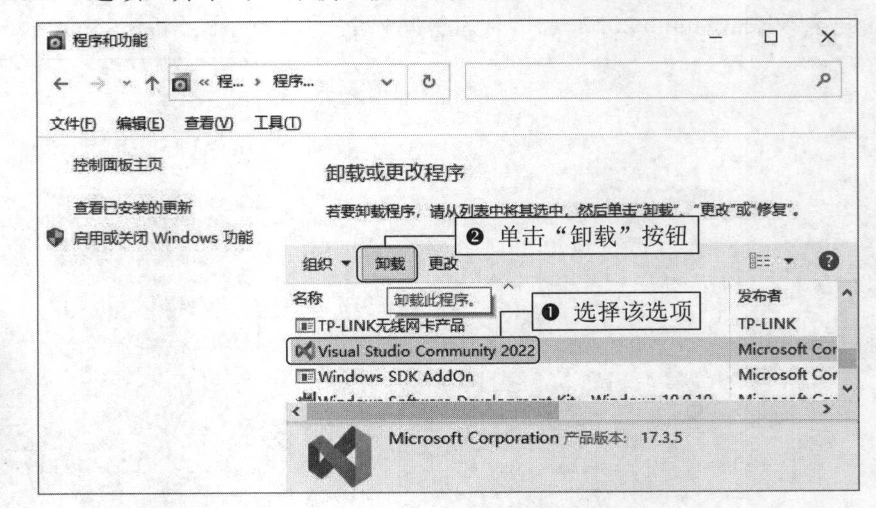

图 2.9　卸载程序

进入 Visual Studio 2022 的卸载页面，单击“确定”按钮，即可卸载 Visual Studio 2022，如图 2.10 所示。

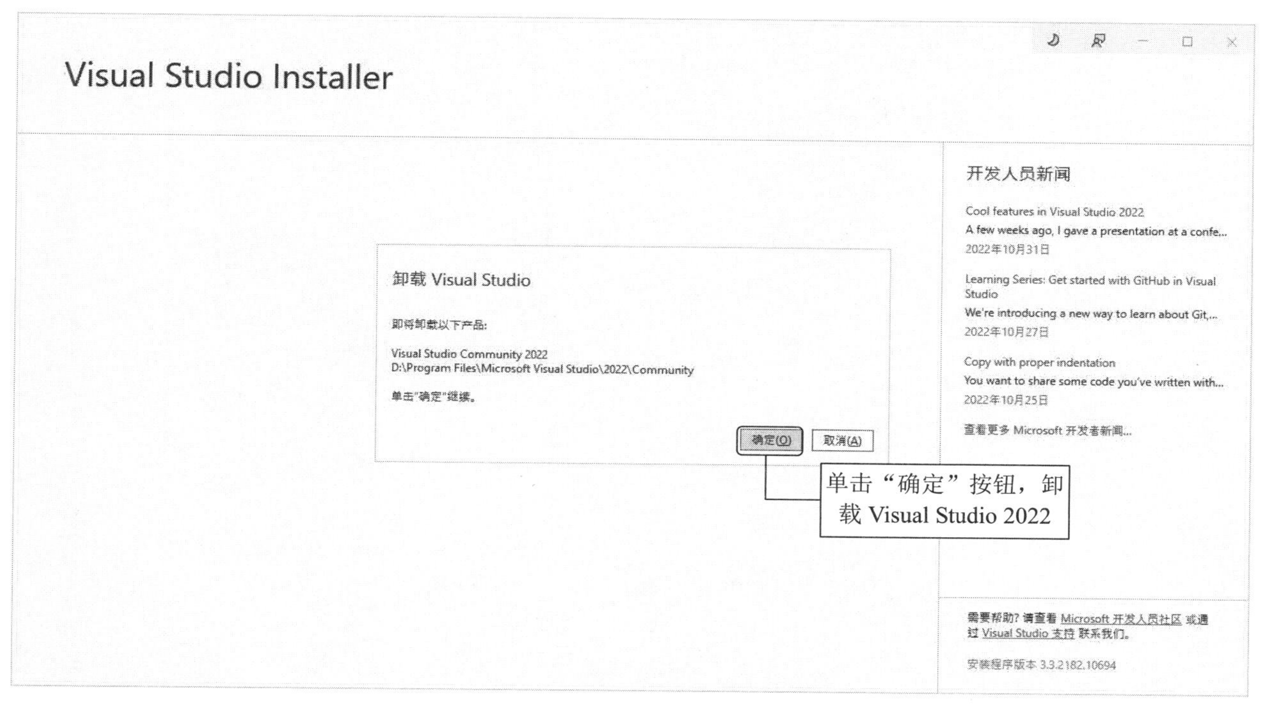

图 2.10　Visual Studio 2022 的卸载页面

2.1.5　Visual Studio 2022 的使用

本书主要讲解的是 ASP.NET Core，但在前面讲解基础知识的章节中，我们主要通过.NET Core 控制台程序去讲解，因为 ASP.NET Core 本质上是基于.NET Core 的一种 Web 开发技术，而通过.NET Core 控制台程序去讲解基础知识，更容易让我们专注于知识本身，而不用去考虑 Web 应用的一些其他知识。

使用 Visual Studio 2022 创建.NET Core 控制台程序的操作步骤如下。

（1）选择“开始”→“所有程序”→Visual Studio 2022 菜单，进入 Visual Studio 2022 开发环境的开始使用界面，单击“创建新项目”选项，如图 2.11 所示。

（2）进入“创建新项目”对话框，在右侧选择“控制台应用”选项，单击“下一步”按钮，如图 2.12 所示。

说明

图 2.12 中选择的是“控制台应用”，而不是“控制台应用(.NET Framework)”，后者是基于.NET Framework 的，只能在 Windows 上运行，而前者是基于.NET 的，可以跨平台运行。

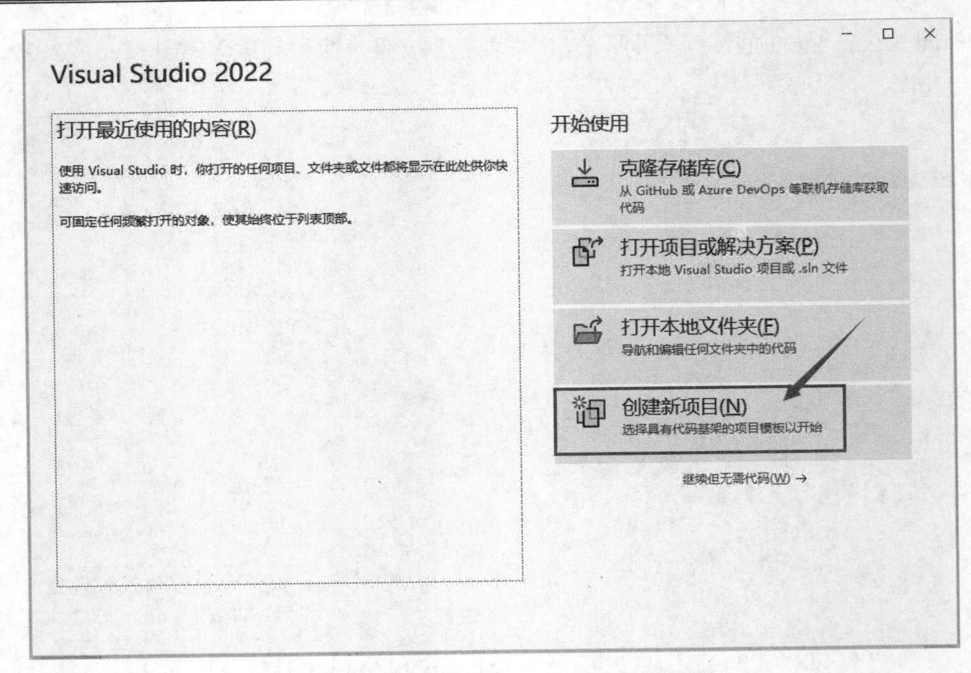

图 2.11　Visual Studio 2022 开始使用界面

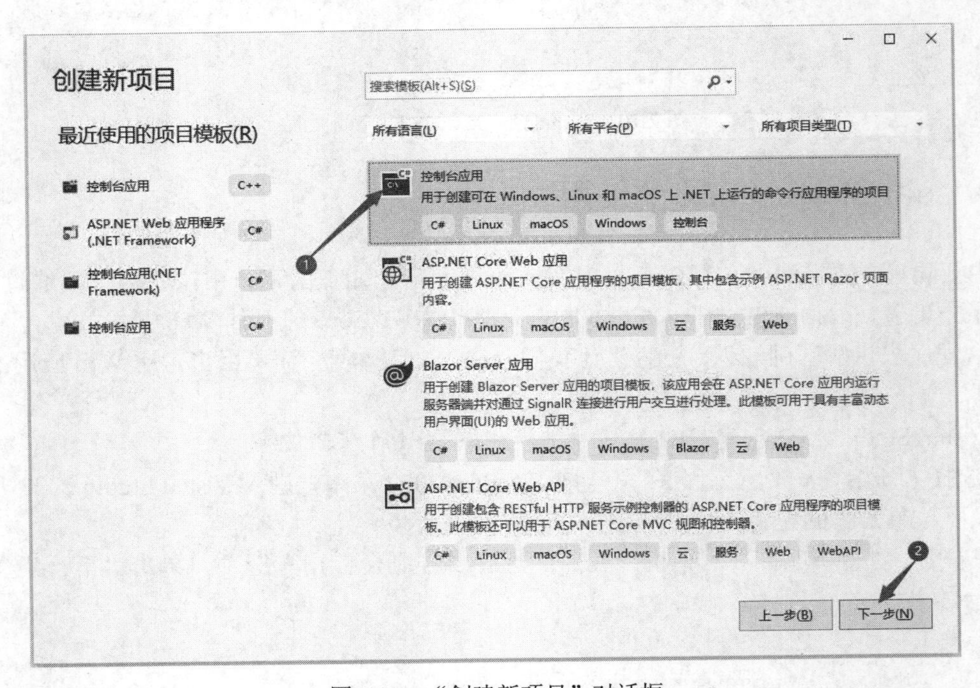

图 2.12　“创建新项目”对话框

（3）进入“配置新项目”对话框，在该对话框中输入项目名称，并设置项目的保存路径，然后单击“下一步”按钮，如图 2.13 所示。

（4）进入“其他信息”对话框设置框架，如图 2.14 所示，该对话框中可以设置要创建的控制台应

用所使用的.NET 版本，默认为最新的长期支持版，但通过单击向下箭头，可以选择最新的标准版；另外，该对话框中还可以设置是否使用“顶级语句”，“顶级语句”是从.NET 6.0 开始提供的一个新功能。设置完成后，单击“创建”按钮，即可创建一个基于.NET Core 的控制台应用，如图 2.15 所示。

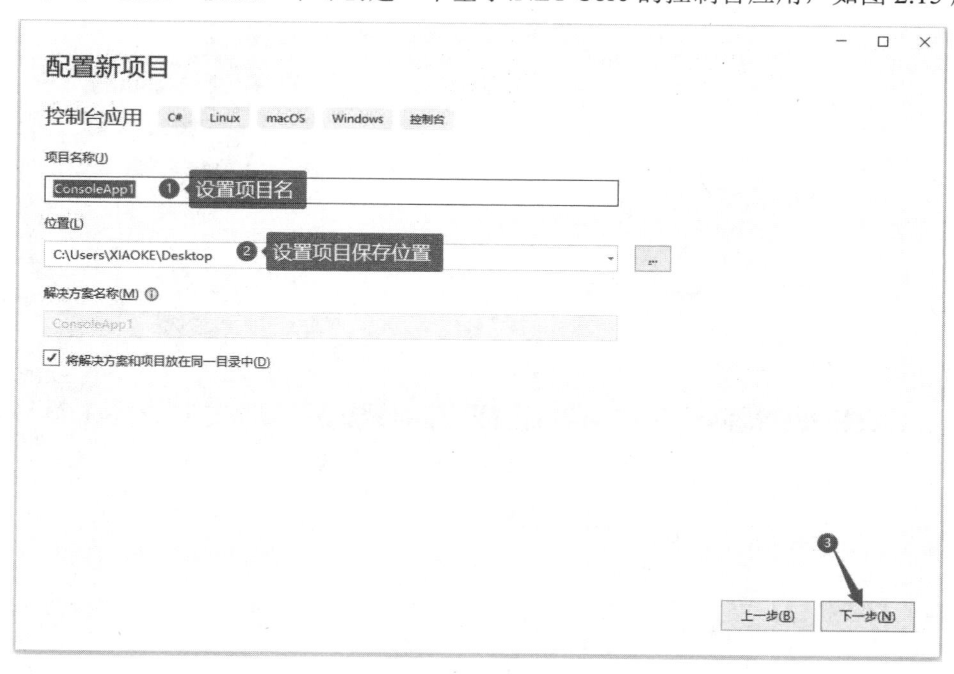

图 2.13 “配置新项目”对话框

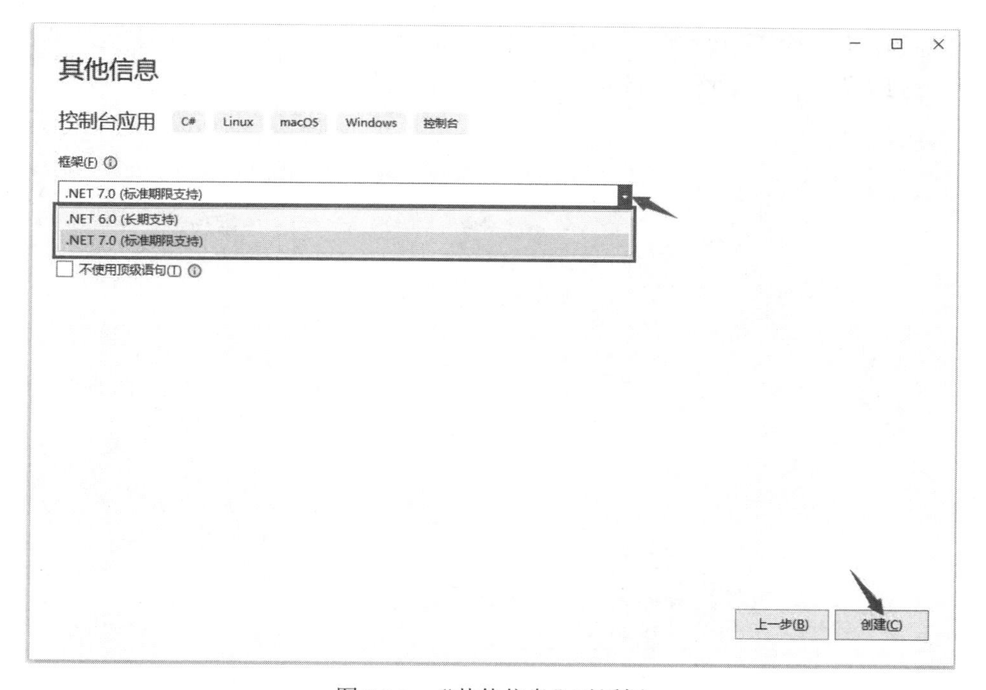

图 2.14 “其他信息”对话框

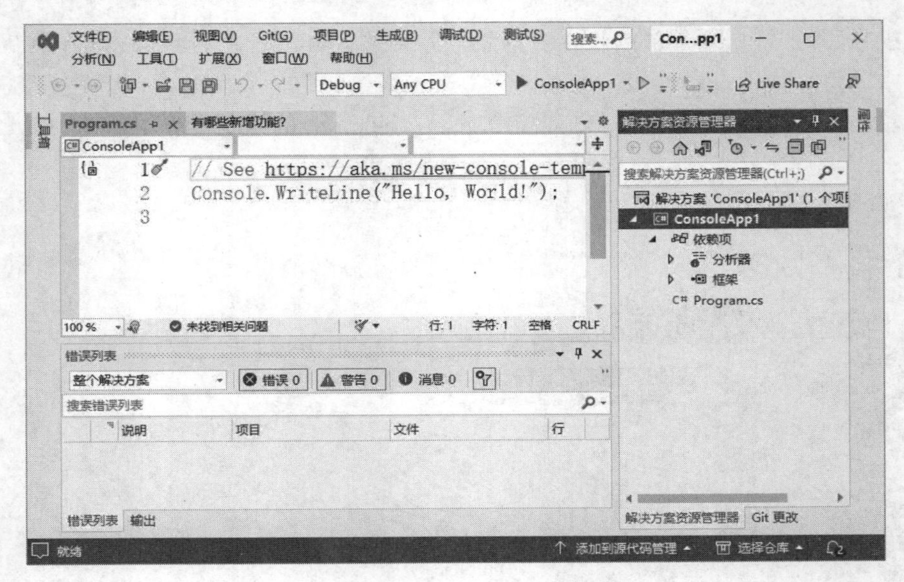

图 2.15　创建的.NET Core 应用

2.1.6　熟悉 Visual Studio 2022

1．菜单栏

菜单栏显示了所有可用的 Visual Studio 2022 命令，除了“文件”“编辑”“视图”“窗口”“帮助”菜单，还提供编程专用的功能菜单，如“项目”“生成”“调试”“工具”“测试”等，如图 2.16 所示。

每个菜单都包含若干个菜单命令，分别执行不同的操作，例如，“调试”菜单包括调试程序的各种命令，如“开始调试”“开始执行”“新建断点”等，如图 2.17 所示。

文件(F) 编辑(E) 视图(V) Git(G) 项目(P) 生成(B) 调试(D) 测试(S)
分析(N) 工具(T) 扩展(X) 窗口(W) 帮助(H)

图 2.16　Visual Studio 2022 菜单栏

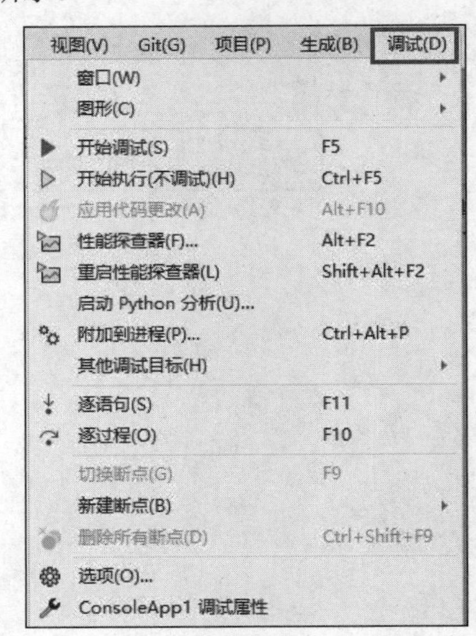

图 2.17　“调试”菜单

2. 工具栏

为了使操作更方便、快捷，菜单中常用的命令按功能分组分别放入相应的工具栏中。通过工具栏可以快速访问常用的菜单命令。常用的工具栏有标准工具栏和调试工具栏，下面分别介绍。

（1）标准工具栏包括大多数常用的命令按钮，如新建项目、打开文件、保存、全部保存等。标准工具栏如图 2.18 所示。

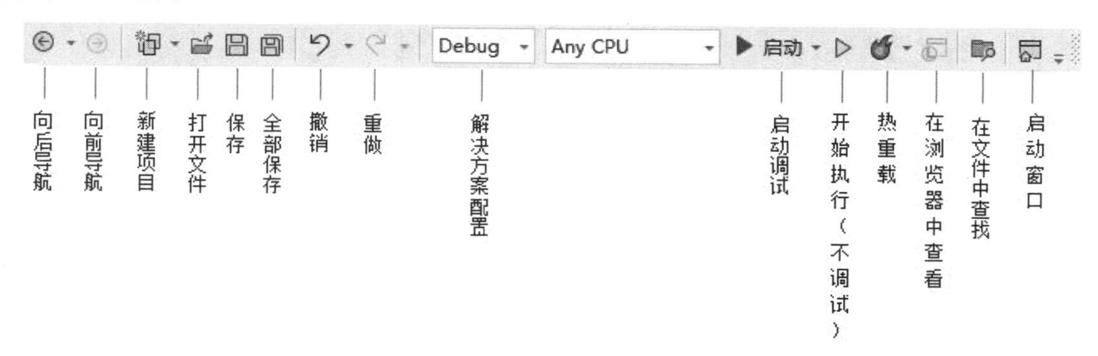

图 2.18 Visual Studio 2022 标准工具栏

（2）调试工具栏包括对应用程序进行调试的快捷按钮，如图 2.19 所示。

说明

在调试程序或运行程序的过程中，通常可用以下 4 种快捷键来操作。

（1）按 F5 键实现调试运行程序。

（2）按 Ctrl+F5 快捷键实现不调试运行程序。

（3）按 F11 键实现逐语句调试程序。

（4）按 F10 键实现逐过程调试程序。

3. “解决方案资源管理器”窗口

“解决方案资源管理器”窗口（见图 2.20）提供了项目及文件的视图，并且提供对项目和文件相关命令的便捷访问。与此窗口关联的工具栏提供了适用于列表中突出显示项的常用命令。若要访问解决方案资源管理器，可以选择“视图”→“解决方案资源管理器”命令打开。

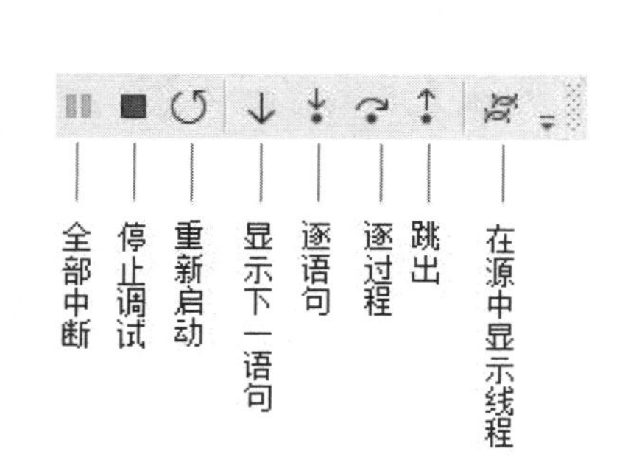

图 2.19 Visual Studio 2022 调试工具栏

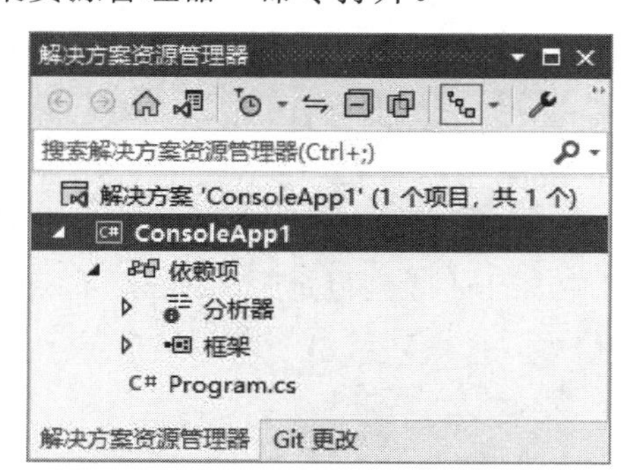

图 2.20 “解决方案资源管理器”窗口

4. “错误列表”窗口

“错误列表”窗口为代码中的错误提供了即时的提示和可能的解决方法。例如，当某句代码结束时忘记了输入分号，错误列表中会显示如图 2.21 所示的错误。错误列表就好像是一个错误提示器，它可以将程序中的错误代码及时显示给开发人员，并通过提示信息找到相应的错误代码。

图 2.21 “错误列表”窗口

说明

双击错误列表中的某项，Visual Studio 2022 开发环境会自动定位到发生错误的代码。

2.2 Visual Studio Code

Visual Studio Code 是一种跨平台的开发工具，可以在 Windows、Linux 和 macOS 等多种系统上使用，Visual Studio Code 名称中虽然带有“Visual Studio”，但它与 Visual Studio 并没有直接关系，本节将讲解如何使用 Visual Studio Code 搭建.NET Core 开发环境。

说明

Visual Studio Code 是一个跨平台的开发工具，它在 Windows、Linux 和 macOS 中的操作都类似，只是下载的安装文件不同，下面以 Windows 系统为例进行讲解，但对于使用 Linux 或者 macOS 系统的用户同样适用。

2.2.1 下载 Visual Studio Code

在浏览器中输入地址 https://code.visualstudio.com/，打开如图 2.22 所示的 Visual Studio Code 下载页面，在首页可以看到“Download for ***”的按钮，单击其右侧的向下箭头，可以看到 Visual Studio Code 分别提供了针对 macOS、Windows x64 和 Linux x64 这 3 种操作系统的安装文件，并且分为 Stable 版和 Insiders 版，其中 Stable 版为稳定版，Insiders 版为最新版，建议使用 Stable 稳定版，根据自己的操作系统单击相应的下载按钮下载即可。

图 2.22 下载 Visual Studio Code

2.2.2　安装 Visual Studio Code

下载 Visual Studio Code 的安装文件后，双击安装文件即可开始安装，步骤如下。

（1）在弹出的“安装—许可协议”对话框中选中“我同意此协议”单选按钮，并单击“下一步”按钮，如图 2.23 所示。

（2）进入“安装—选择目标位置”对话框，单击“浏览”按钮设置安装位置，然后单击“下一步”按钮，如图 2.24 所示。

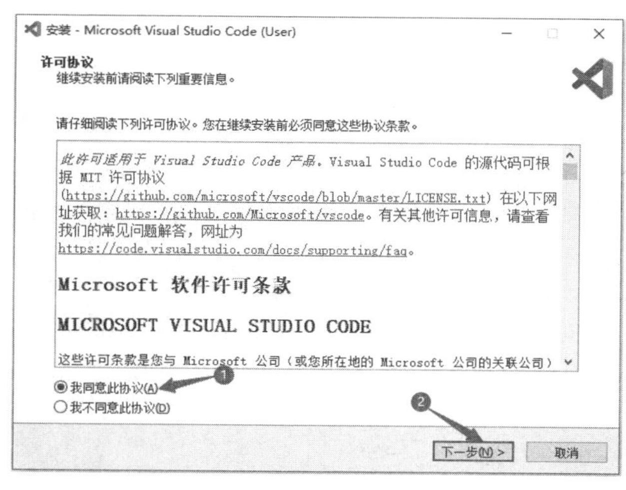

图 2.23　“安装—许可协议”对话框

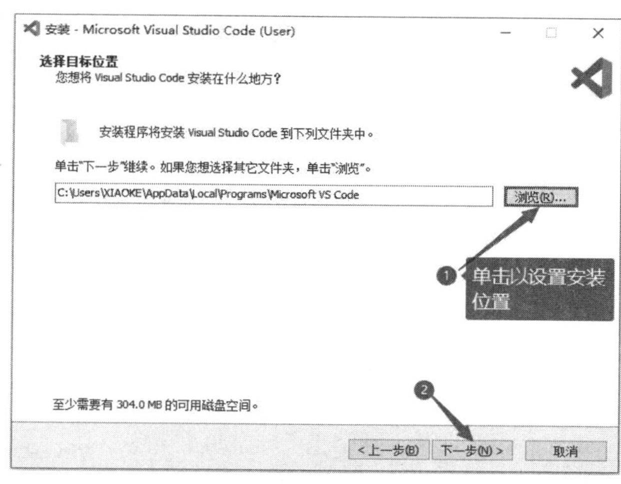

图 2.24　“安装—选择目标位置”对话框

（3）进入“安装—选择开始菜单文件夹”对话框，直接单击“下一步”按钮，如图 2.25 所示。

（4）进入“安装—选择附加任务”对话框，在该对话框中根据自己的需要进行选择，但通常需要选择如图 2.26 所示的 3 项，然后单击“下一步”按钮。

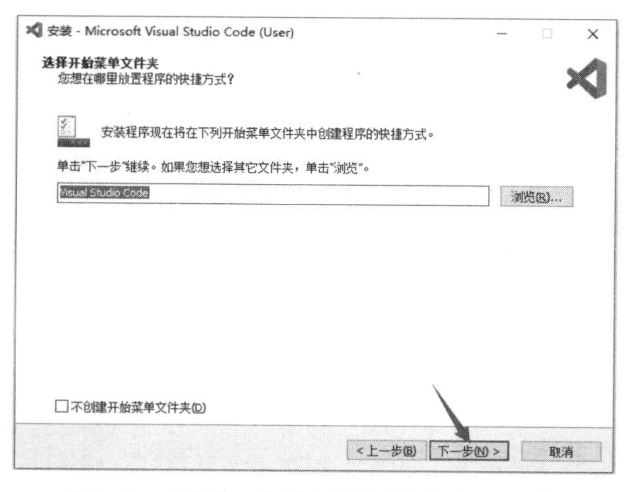

图 2.25　“安装—选择开始菜单文件夹”对话框

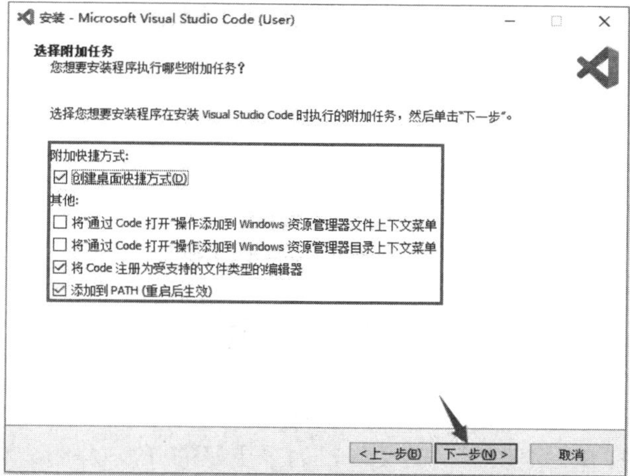

图 2.26　“安装—选择附加任务”对话框

（5）进入“安装—准备安装”对话框，直接单击“安装”按钮，如图 2.27 所示。

（6）进入“安装—正在安装”对话框，该对话框中显示安装进度，如图 2.28 所示。

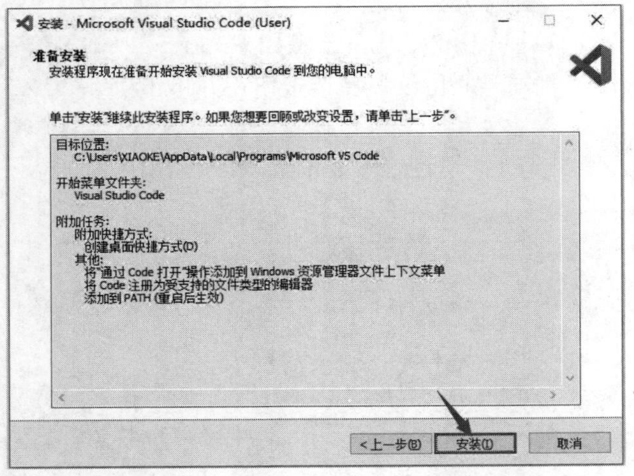

图 2.27　“安装—准备安装”对话框

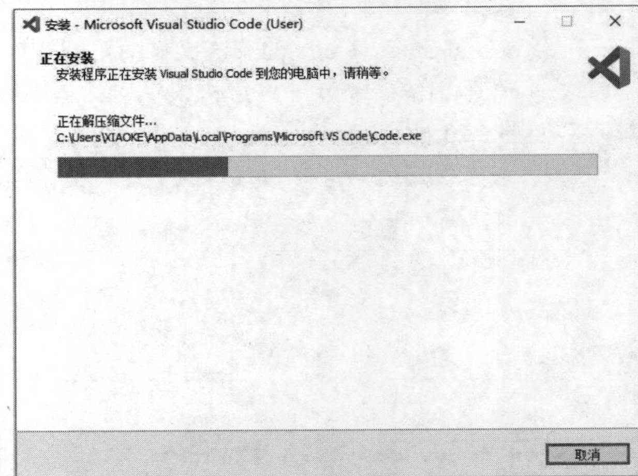

图 2.28　“安装—正在安装”对话框

（7）等待安装完成后，自动进入“Visual Studio Code 安装完成”对话框，单击“完成”按钮即可，如图 2.29 所示。

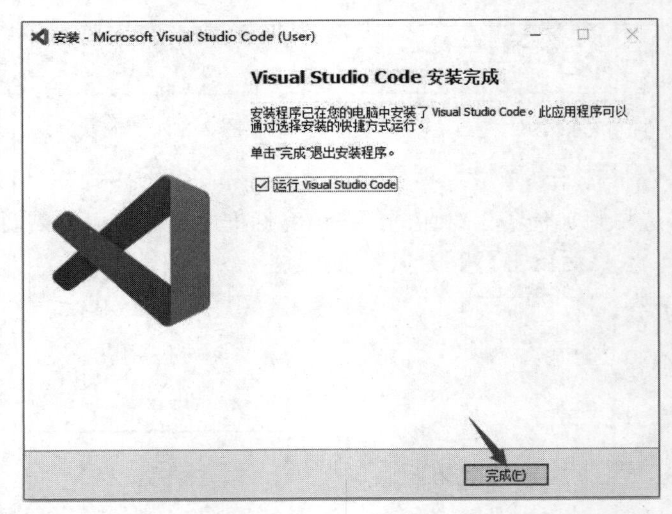

图 2.29　“Visual Studio Code 安装完成”对话框

2.2.3　Visual Studio Code 的汉化

Visual Studio Code 安装完成后，可以在系统的开始菜单中找到“Visual Studio Code”项，单击即可打开，但默认是英文版，为了更好的开发体验，本节介绍如何将其汉化为中文版本，步骤如下。

（1）在打开的 Visual Studio Code 的菜单中，选择 View→Command Palette 菜单，如图 2.30 所示。

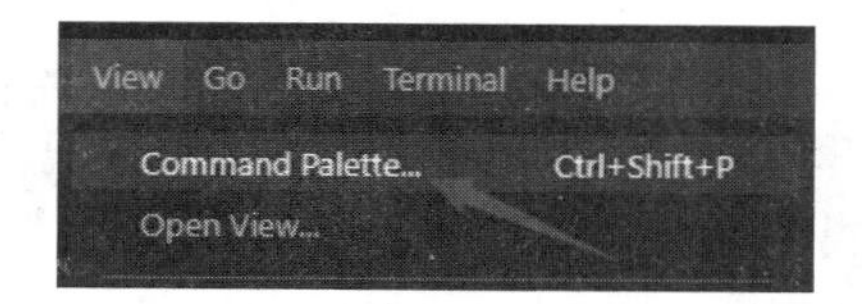

图 2.30 选择 View→Command Palette 菜单

（2）在 Visual Studio Code 的右侧主窗口上方的搜索框中会出现如图 2.31 所示的命令选择框，这里选择 Configure Display Language。

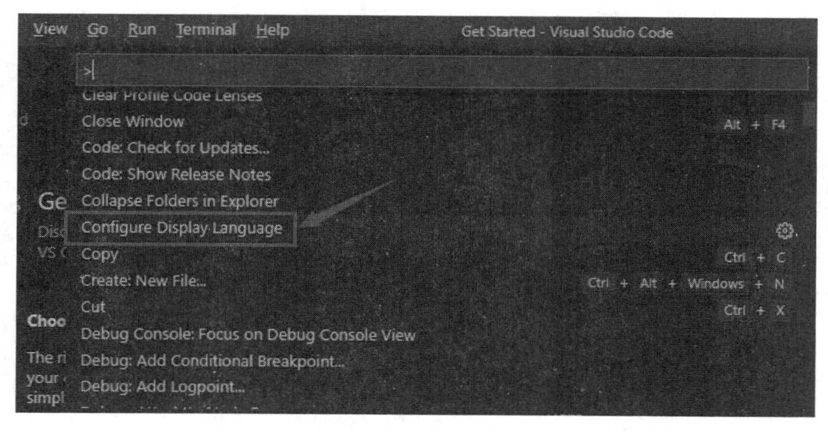

图 2.31 选择 Configure Display Language

（3）自动出现可以选择的语言包，默认为 English，单击“中文(简体)”，即可自动开始安装中文汉化包，如图 2.32 所示。

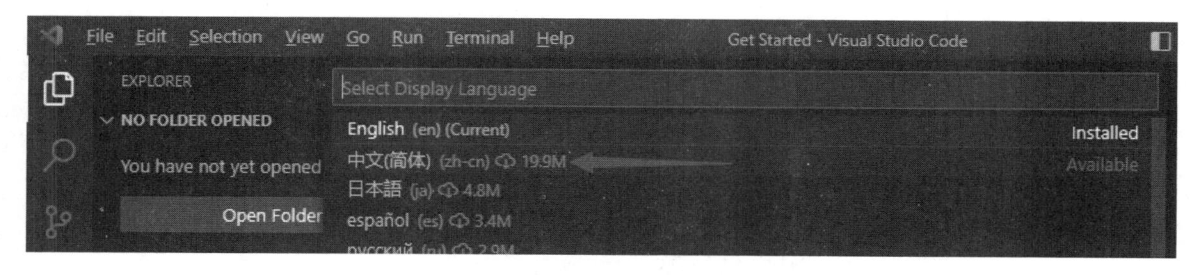

图 2.32 单击“中文(简体)”

（4）安装完成后会弹出一个提示对话框，单击 Restart 按钮，如图 2.33 所示，重启之后的 Visual Studio Code 则显示汉化后的中文界面，如图 2.34 所示。

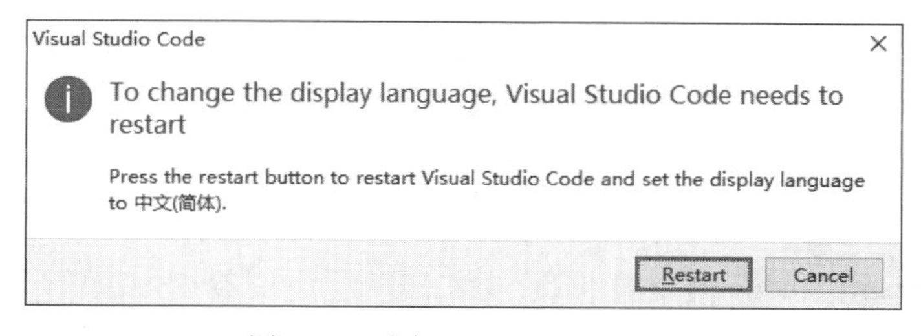

图 2.33 重启 Visual Studio Code

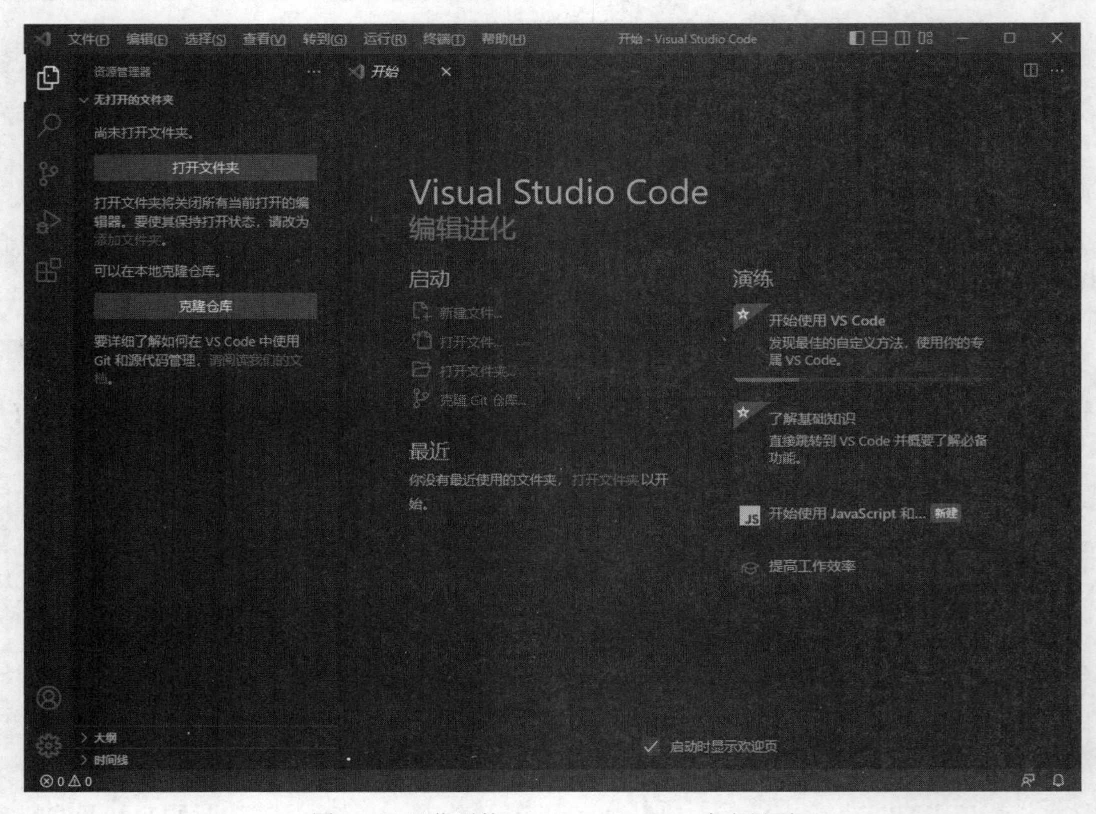

图 2.34　汉化后的 Visual Studio Code 中文界面

2.2.4　设置 Visual Studio Code 主题

Visual Studio Code 提供了多种主题供用户选择，默认为深色，我们可以通过单击 Visual Studio Code 主窗口左下角的设置图标，在弹出的菜单中选择“颜色主题”菜单项进行修改，如图 2.35 所示。

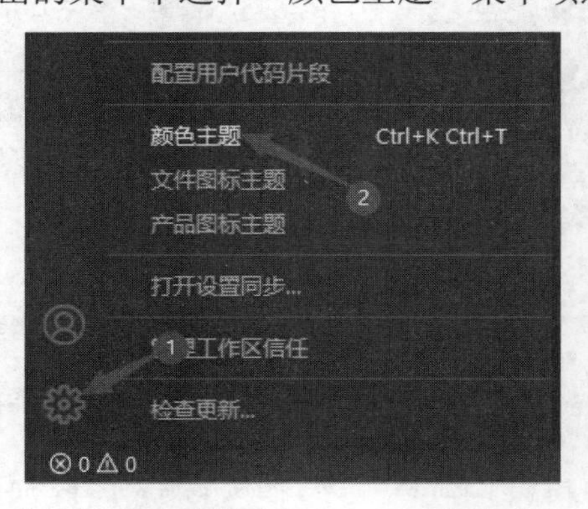

图 2.35　选择“颜色主题”菜单项

图 2.36 中列出了 Visual Studio Code 提供的部分主题，用户可以根据个人喜好任意设置，比如将 Visual Studio Code 的主题设置为“浅色(Visual Studio)”，设置后的 Visual Studio Code 效果如图 2.37 所示。

图 2.36　Visual Studio Code 提供的部分主题

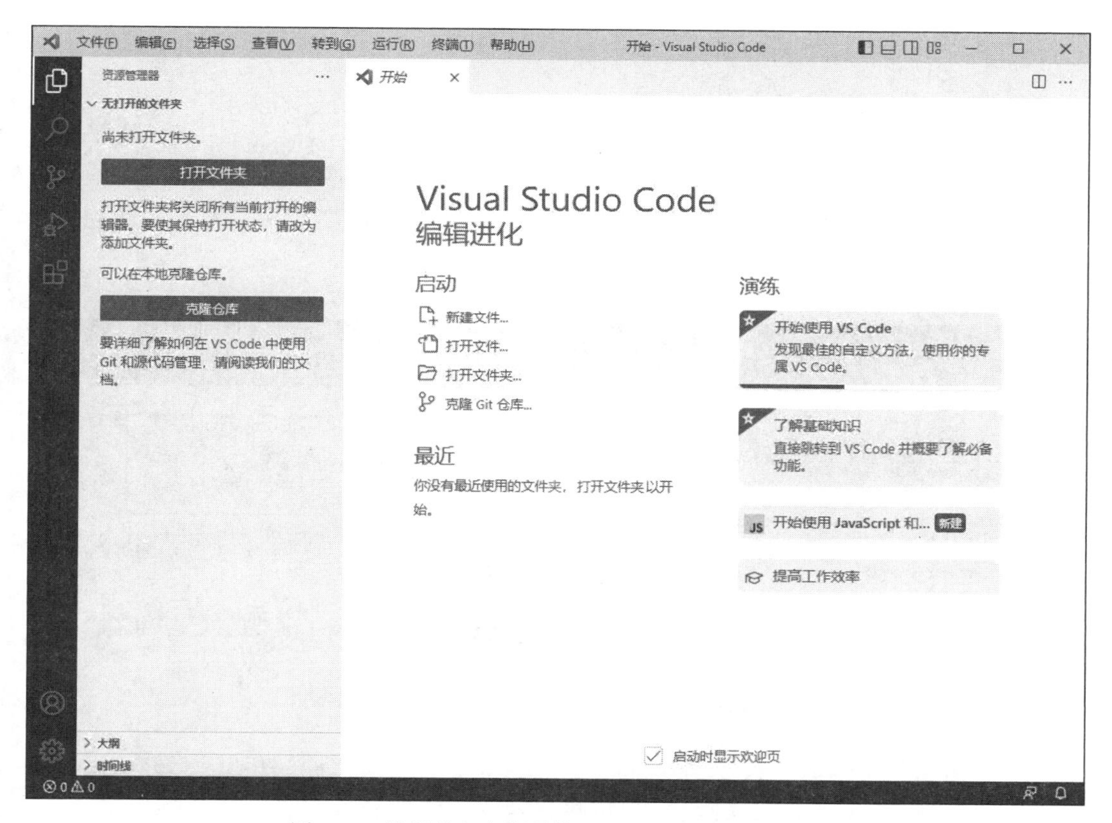

图 2.37　设置浅色主题后的 Visual Studio Code 效果

2.2.5　Visual Studio Code 的配置

要使用 Visual Studio Code 进行.NET 应用开发，首先需要在计算机上安装.NET 运行时（如果本机已经安装了 Visual Studio 2022，则不用再单独安装，因为 Visual Studio 2022 中集成了.NET 运行时），步骤为：在浏览器中输入 https://dotnet.microsoft.com/zh-cn/download，进入.NET 官网下载页面，其中提供了最新标准期限支持版.NET 7.0 和最新长期支持版.NET 6.0 的下载链接，如图 2.38 所示，根据自己的需要进行下载，它们的使用方式一样，安装任意一个都可以，这里我们下载.NET 7.0 版。

图 2.38　.NET 官网下载页面提供了两个版本下载链接

说明

.NET 的版本随着时间的推移会不断更新，如果.NET 网站中的版本发生了更改，读者可以到 https://dotnet.microsoft.com/zh-cn/download/dotnet 页面下载适用于本书的.NET 7.0 版本。

下载完成后，双击下载的安装文件，如图 2.39 所示，单击“安装”按钮，等待安装完成后，会显示已安装的组件，如图 2.40 所示，单击“关闭”按钮即可。

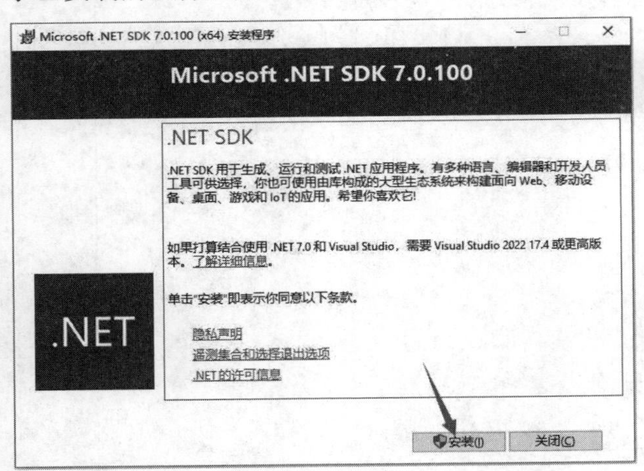

图 2.39　安装.NET

图 2.40　.NET 安装完成

Visual Studio Code 其实就是一个功能完善的记事本工具，它的强大在于可以安装各种各样的插件，以便进行相应语言程序的开发，要在 Visual Studio Code 中安装插件，可以单击主窗口左侧导航中的“扩展”图标，然后在出现的“扩展”文本框中输入要安装的插件名，搜索出结果后，安装即可，如图 2.41 所示。

安装.NET 运行时之后，还需要在 Visual Studio Code 中安装以下 3 个插件：

☑　C#：安装 C#插件后，可以在 Visual Studio Code 中编写 C#代码，基本的智能感知、关键字高亮等功能都可以使用。

图 2.41 为 Visual Studio Code 安装插件

☑ vscode-solution-explorer：为 Visual Studio Code 提供一个类似 Visual Studio 的操作菜单，其中可以进行创建项目、添加/删除文件、编译、打包等基本操作。

☑ NuGet Package Manager：用于添加 NuGet 包。

图 2.42 演示了 C#插件的安装步骤。

图 2.42 Visual Studio Code 安装插件的步骤

按照图 2.42 所示方式完成上面 3 个插件的安装后，可以在 Visual Studio Code 的扩展中查看，效果如图 2.43 所示。

图 2.43 查看已安装的插件

2.2.6 Visual Studio Code 的使用

完成上面的配置后，就可以使用 Visual Studio Code 了，在 Visual Studio Code 中无法通过可视化菜单直接创建项目，而需要使用 dotnet 命令创建项目，创建一个.NET Core 控制台项目的 dotnet 命令如下：

```
dotnet new consloe -n 项目名
```

说明

dotnet 是一款管理.NET 源代码和二进制文件的工具，它提供了执行特定任务的命令，可以使用它创建或者运行程序，关于 dotnet 的详细使用方法将在第 3 章讲解。

使用 Visual Studio Code 创建并运行.NET Core 项目的步骤如下。

（1）打开 Visual Studio Code 的终端，在其中使用 dotnet 命令创建一个名称为“HelloWorld”的.NET Core 项目，如图 2.44 所示。

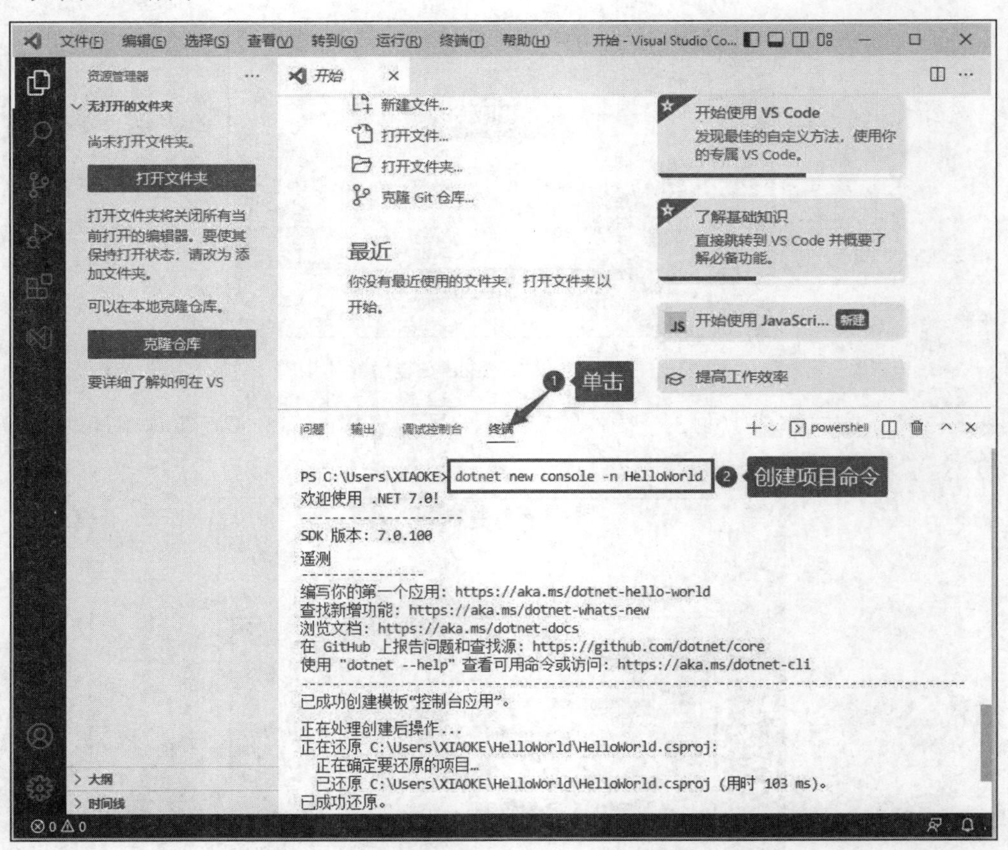

图 2.44　使用 Visual Studio Code 创建.NET Core 项目

（2）单击 Visual Studio Code 主窗口中的“打开文件夹”按钮，选择上面创建的.NET Core 项目，如图 2.45 所示。

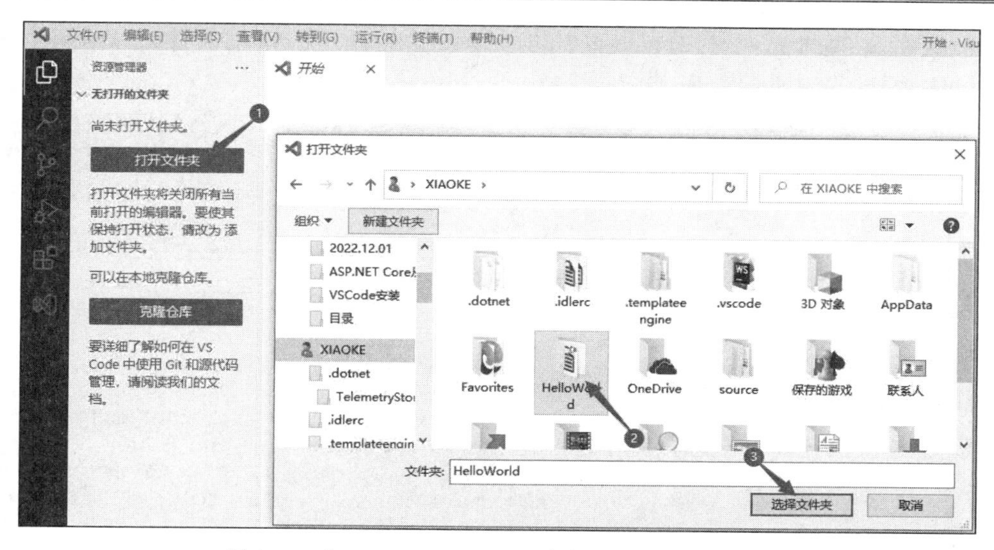

图 2.45　在 Visual Studio Code 中打开.NET Core 项目

（3）如果已经安装了 2.2.5 节中的 C#插件，则提示如图 2.46 所示的内容，单击 Yes 按钮。

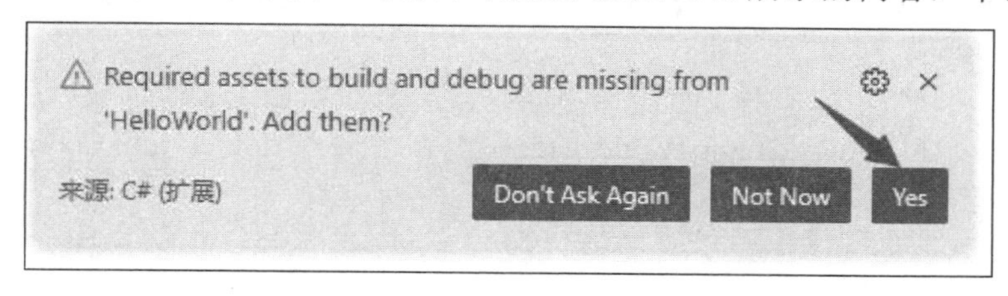

图 2.46　添加编译调试的提示

（4）在 Visual Studio Code 中打开.NET Core 项目的效果如图 2.47 所示，其中主要有 bin 和 obj 两个文件夹，以及一个.csproj 文件、一个.cs 文件，它们的意义如下：

☑　bin 文件夹：保存项目生成后的程序集。

☑　obj 文件夹：保存每个模块的编译结果。

☑　.csproj 文件：项目的配置文件，包括当前项目的.NET Core 版本，还有引用的 NuGet 包信息。

☑　.cs 文件：项目的启动入口文件。

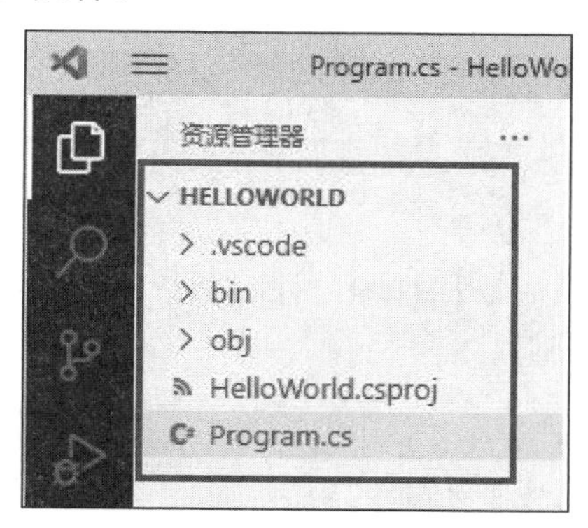

图 2.47　.NET Core 项目结构

（5）双击.csproj 或者.cs 文件，可以查看相应的文件内容，而要运行程序可以用两种方式，第一种方式，直接按 F5 键，如图 2.48 所示。

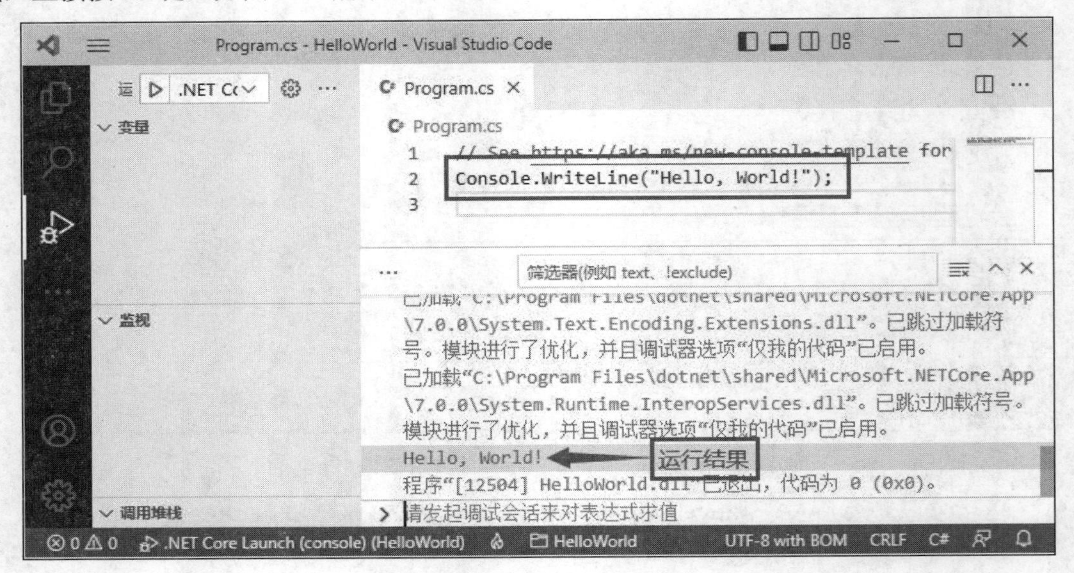

图 2.48　按 F5 键运行程序

第二种方式，可以在 Visual Studio Code 的终端窗口中输入 dotnet run 命令运行程序，如图 2.49 所示。

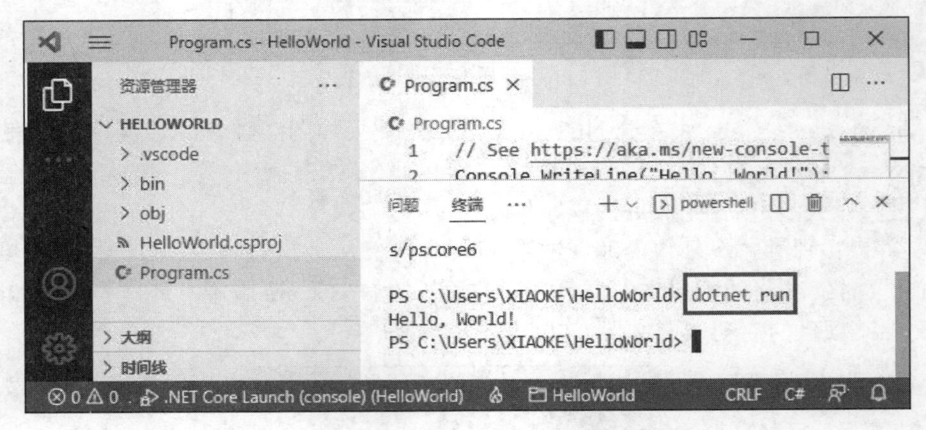

图 2.49　使用 dotnet run 命令运行程序

2.3　Visual Studio for Mac

Visual Studio for Mac 是微软专为 macOS 打造的.NET 集成开发工具，但它并不是把 Visual Studio 直接移植到 macOS 上，而是基于微软收购的 Xamarin Studio 打造的，旨在将 Visual Studio 中的良好开发体验带到 Visual Studio for Mac 上，本节将对 Visual Studio for Mac 的搭建进行简单介绍。

2.3.1　安装 Visual Studio 2022 for Mac 的必备条件

Visual Studio for Mac 的最新版本是 Visual Studio 2022 for Mac，安装之前，首先要了解安装 Visual Studio 2022 for Mac 的必备条件，检查计算机的软硬件配置是否满足 Visual Studio 2022 for Mac 开发环境的安装要求。具体要求如表 2.2 所示。

表 2.2　安装 Visual Studio 2022 for Mac 的必备条件

必 备 条 件	说　明
处理器	1.8 GHz 或更快的 64 位处理器；建议使用双核或更好的处理器，支持 Intel（x64）和 Apple Silicon（arm64）处理器
RAM	4 GB RAM；建议 8 GB RAM（如果在虚拟机上运行，则最低 4 GB）
可用硬盘空间	至少 2.2 GB 到 13 GB 的可用空间，具体取决于安装的功能，建议在固态硬盘上安装
操作系统及所需补丁	macOS Ventura 13.0 或更高版本、macOS Monterey 12.0 或更高版本、macOS Big Sur 11.0 或更高版本、Windows Server 2019、Windows Server 2022；另外必须使用 64 位操作系统
其他要求	安装 Visual Studio for Mac 需要管理员权限，Xamarin.Android 需要 64 位版本的 Java 开发工具包（JDK），Xamarin.iOS 需要 Apple 的 Xcode IDE 和 iOS SDK

2.3.2　下载 Visual Studio 2022 for Mac

在浏览器中输入地址 https://www.visualstudio.com/zh-hans/downloads/，打开如图 2.50 所示的下载页面，单击 Visual Studio 2022 for Mac 下面的“免费下载”按钮，即可下载 Visual Studio 2022 for Mac 安装文件。

图 2.50　下载 Visual Studio 2022 for Mac

2.3.3　安装并使用 Visual Studio 2022 for Mac

Visual Studio 2022 for Mac 是针对 macOS 系统的，因此必须在 macOS 系统上安装，下载完成的文件为.dmg 安装文件，直接双击安装文件后按照向导安装即可，在安装过程中有一步是选择要安装的工作负载，如图 2.51 所示。

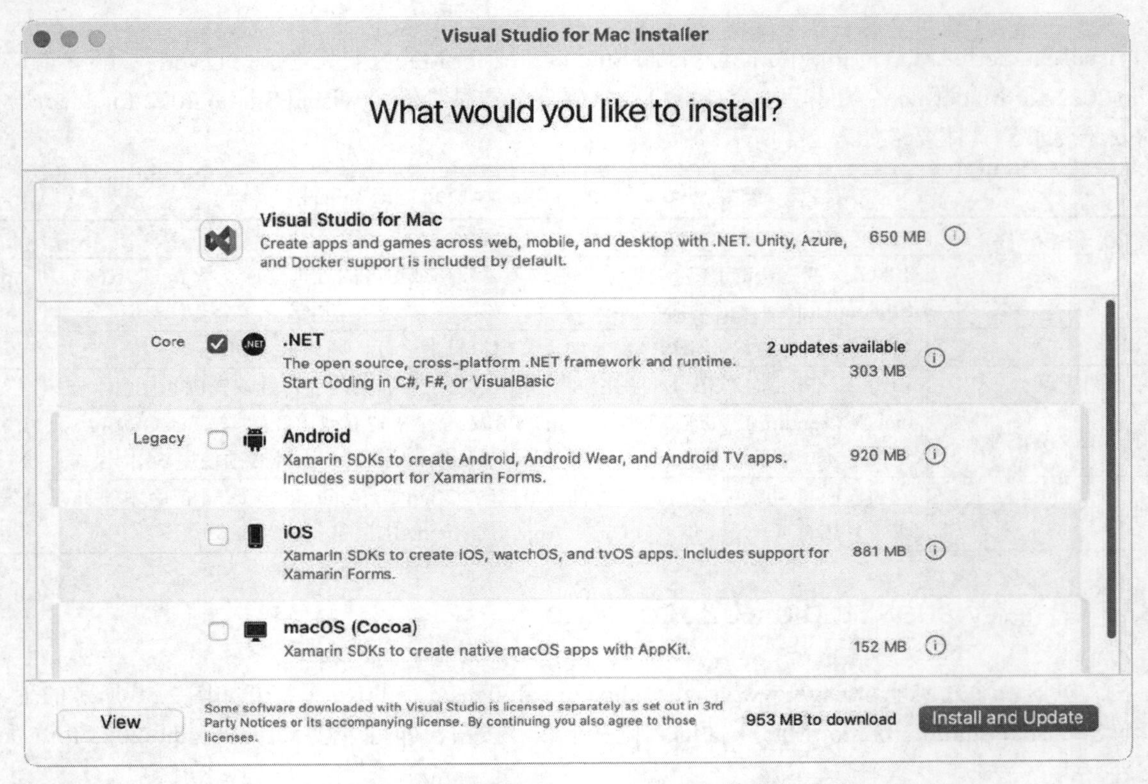

图 2.51　Visual Studio 2022 for Mac 的工作负载选择

如果不需要安装所有平台，可以根据自己的需求，结合表 2.3 进行选择。

表 2.3　Visual Studio 2022 for Mac 的工作负载及说明

应用类型	目标	选择	说明
使用 Xamarin 的应用	Xamarin.Forms	选择 Android 和 iOS	需要安装 Xcode
	iOS	选择 iOS	需要安装 Xcode
	Android	选择 Android	需要安装相关依赖项
	Mac	选择 macOS（Cocoa）	需要安装 Xcode
.NET Core 应用		选择.NET	无
ASP.NET Core Web 应用			无
Azure Functions			无
跨平台 Unity 游戏开发		除了默认的 Visual Studio for Mac，不选择其他任何内容	需要安装 Unity 扩展

Visual Studio 2022 for Mac 安装完成后，首先需要根据自身的使用习惯配置键盘快捷键，如图 2.52 所示。

完成上面操作后，就可以打开 Visual Studio 2022 for Mac 进行使用了，其中可以打开或者新建项目，如图 2.53 所示。

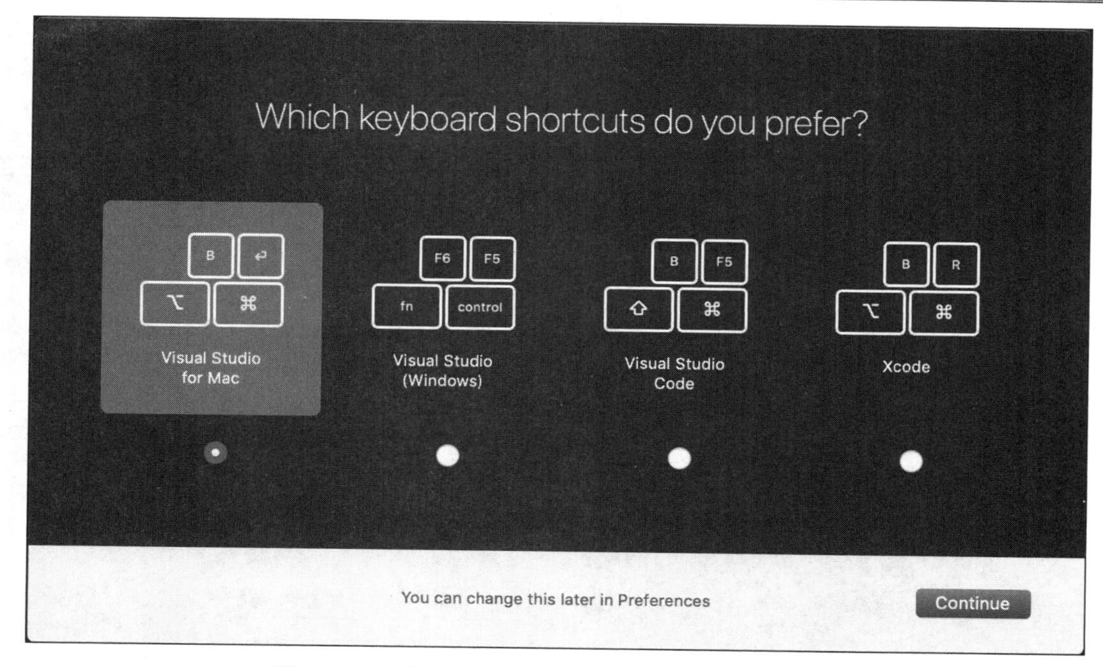

图 2.52　配置 Visual Studio 2022 for Mac 的键盘快捷键

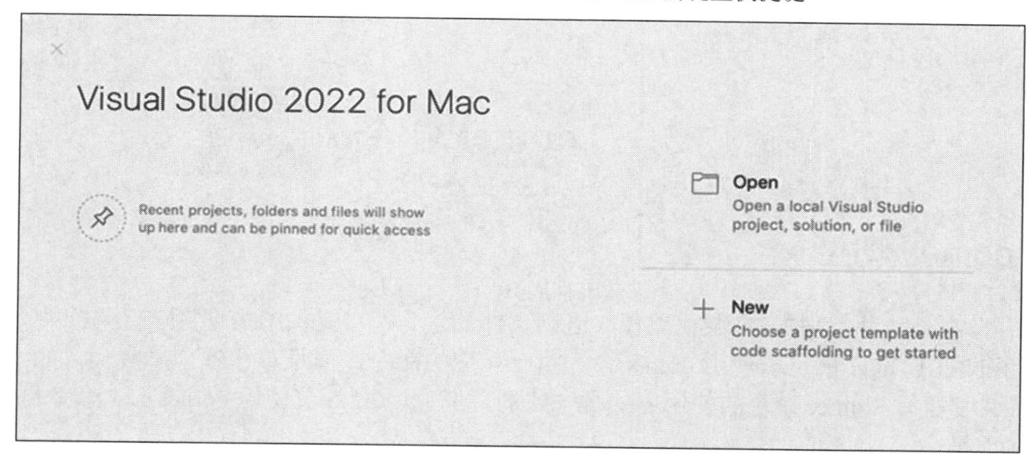

图 2.53　Visual Studio 2022 for Mac 界面

2.4　要点回顾

本章主要讲解.NET Core 环境的搭建，这是开发所有.NET Core 应用的必备前提，而 Visual Studio 2022 是一个集大成的开发工具，使用它，可以满足任何条件的.NET Core 应用开发；另外，对于习惯使用 Linux 或者 macOS 系统的开发者，微软同样提供了方便的开发工具来开发.NET Core 应用，它们分别是 Visual Studio Code 和 Visual Studio for Mac，本章也对它们的使用进行了讲解。本章是进行.NET Core 应用开发的前提，读者一定要熟练掌握，尤其是 Visual Studio 2022 的使用。

第 3 章

.NET Core 命令行工具及包管理

开发.NET Core 应用时，为了实现跨平台操作的统一性，.NET Core 提供了 dotnet 命令；另外，针对 Visual Studio 开发工具，可以使用 NuGet 管理工具对.NET Core 应用中的包进行管理。本章将分别对 dotnet 命令和 NuGet 包管理进行详细讲解。

本章知识架构及重点、难点如下。

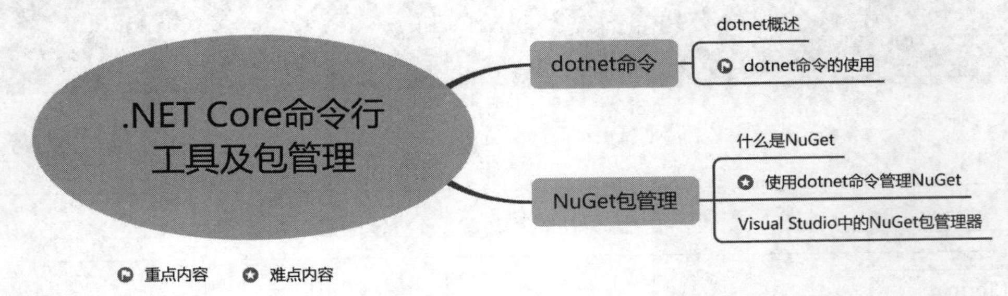

3.1 dotnet 命令

3.1.1 dotnet 概述

dotnet 命令是一种管理.NET 源代码和二进制文件的工具，它提供了执行特定任务的命令，只要本机上安装了.NET SDK，就可以使用 dotnet 命令执行相应的命令，而且，在各个平台上（如 Windows、Linux、macOS 等），dotnet 命令的使用方式是一致的。例如，2.2.6 节使用 dotnet new 命令创建了一个.NET Core 项目。

使用 dotnet 命令时可以设置以下选项：

☑ 用于执行.NET SDK 命令的选项，如表 3.1 所示。

表 3.1 用于执行.NET SDK 命令的选项

选　项	作　用
-d|--diagnostics	启用诊断输出
-h|--help	显示命令行帮助
--info	显示.NET 信息
--list-runtimes	显示安装的运行时
--list-sdks	显示安装的 SDK
--version	显示使用中的.NET SDK 版本

☑　用于执行.NET 应用程序的选项，如表 3.2 所示。

表 3.2　用于执行.NET 应用程序的选项

选　　项	作　　用
--additionalprobingpath <path>	要探测的包含探测策略和程序集的路径
--additional-deps <path>	指向其他 deps.json 文件的路径
--depsfile	指向<application>.deps.json 文件的路径
--fx-version <version>	要用于运行应用程序的安装版共享框架的版本
--roll-forward <setting>	前滚至框架版本（LatestPatch、Minor、LatestMinor、Major、LatestMajor、Disable）
--runtimeconfig	指向<application>.runtimeconfig.json 文件的路径

使用 dotnet 命令可以执行的.NET SDK 命令如表 3.3 所示。

表 3.3　dotnet 命令可以执行的.NET SDK 命令

命　　令	作　　用
dotnet	命令本身，比如，可以使用 dotnet app.dll 运行应用
dotnet add	将包或引用添加到.NET 项目
dotnet build	生成.NET 项目
dotnet build-server	与由生成版本启动的服务器进行交互
dotnet clean	清理.NET 项目的生成输出
dotnet format	将样式首选项应用到项目或解决方案
dotnet help	显示命令行帮助
dotnet list	列出.NET 项目的项目引用
dotnet msbuild	运行 Microsoft 生成引擎（MSBuild）命令
dotnet new	创建新的.NET 项目或文件
dotnet nuget	提供其他 NuGet 命令
dotnet pack	创建 NuGet 包
dotnet publish	发布.NET 项目
dotnet remove	从.NET 项目中删除包或引用
dotnet restore	还原.NET 项目中指定的依赖项
dotnet run	生成并运行.NET 项目输出
dotnet sdk	管理.NET SDK 安装
dotnet sln	修改 Visual Studio 解决方案文件
dotnet store	在运行时包存储中存储指定的程序集
dotnet test	使用.NET 项目中指定的测试运行程序运行单元测试
dotnet tool	安装或管理扩展.NET 体验的工具
dotnet vstest	运行 Microsoft 测试引擎（VSTest）命令
dotnet workload	管理可选工作负荷
dotnet dev-certs	创建和管理开发证书
dotnet ef	Entity Framework Core 命令行工具
dotnet user-secrets	管理开发用户机密
dotnet watch	当应用程序检测到源代码中的更改时，重启或热重载应用程序的文件观察程序

我们可以使用 dotnet [command] --help 的形式获取有关命令的详细信息，例如，获取 dotnet new 命令的详细信息，如图 3.1 所示。

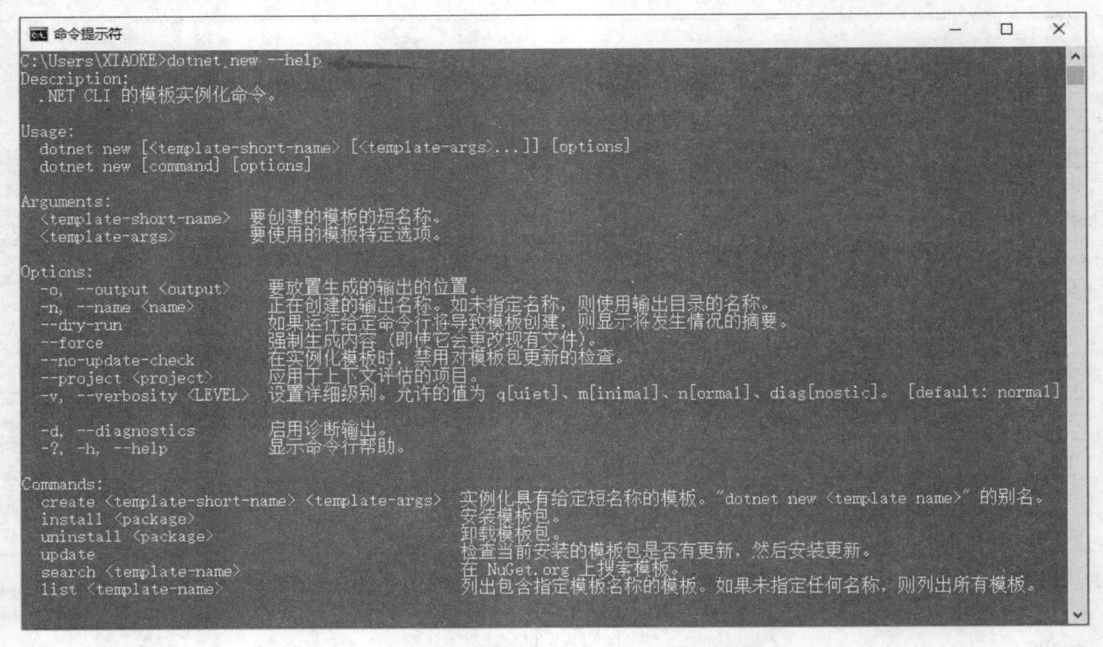

图 3.1　获取 dotnet new 命令的详细信息

除了表 3.3 列出的基本命令，dotnet 还支持其他的一些高级命令，如表 3.4 所示。

表 3.4　dotnet 高级命令

命　令	作　用
dotnet add reference	添加项目引用
dotnet list reference	列出项目引用
dotnet remove reference	删除项目引用
dotnet tool install	安装指定.NET Core 工具
dotnet tool list	列出当前计算机上的.NET Core 工具
dotnet tool search	搜索其名称或元数据中具有指定搜索词的.NET Core 工具
dotnet tool uninstall	卸载指定的.NET Core 工具
dotnet tool update	更新指定的.NET Core 工具

3.1.2　dotnet 命令的使用

dotnet 命令的使用非常简单，只要在命令窗口中执行相应命令即可，例如，在 Windows 系统的“命令提示符”窗口中新建一个.NET Core 控制台应用，命令如图 3.2 所示。

图 3.2 的命令中，dotnet new 是新建命令，console 表示创建的是.NET Core 控制台应用程序，-n 用来指定创建的控制台应用名称，FirstApp 是创建的控制台应用名称。创建完的程序默认保存在“命令提示符”窗口指定的路径中，如图 3.3 所示。

图 3.2　使用 dotnet new 命令创建控制台应用

dotnet 命令可以用在任何终端命令窗口中，例如，在 Visual Studio 2022 中创建一个.NET Core 控制台应用，然后通过“视图”→“终端”菜单打开 Visual Studio 2022 的终端命令窗口，如图 3.4 所示。

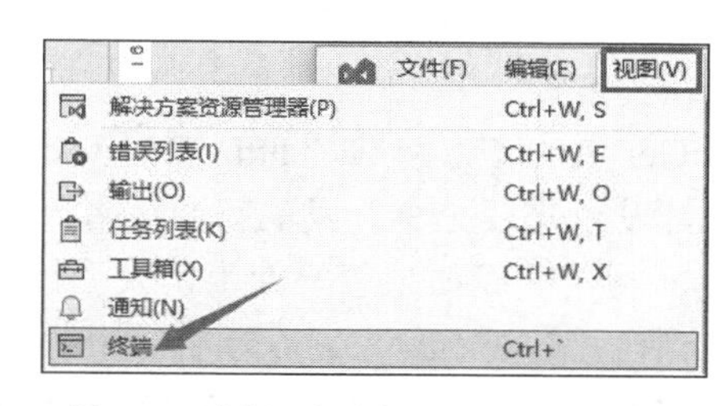

图 3.3　创建的.NET Core 控制台应用　　　　图 3.4　选择“视图”→“终端”菜单

在 Visual Studio 2022 的终端命令窗口中同样可以使用 dotnet 命令，例如，使用 dotnet build 命令编译程序，或者使用 dotnet run 命令运行程序，效果如图 3.5 所示。

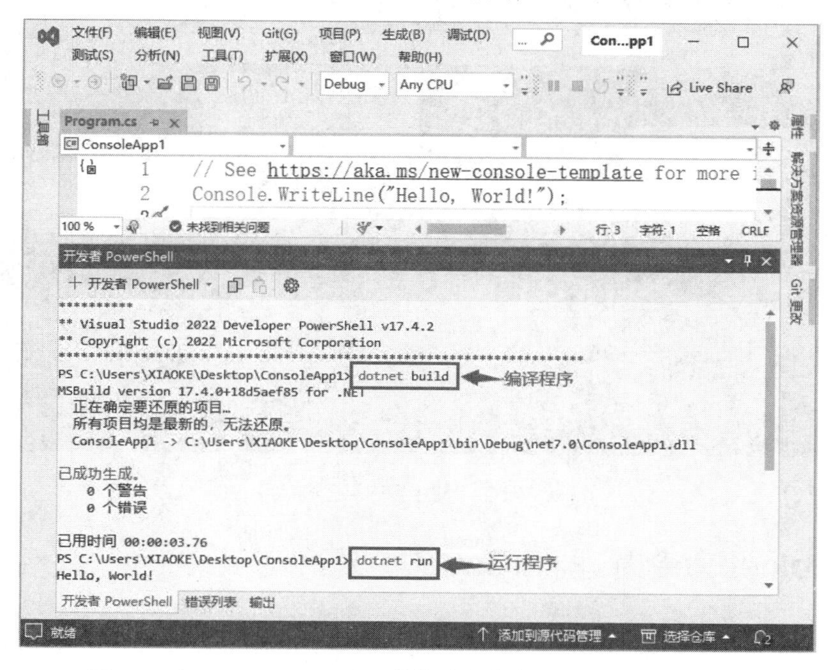

图 3.5　在 Visual Studio 2022 的终端命令窗口中使用 dotnet 命令

说明

dotnet run 命令执行时，会自动执行编译过程，因此实际开发中，可以直接使用 dotnet run，而省略 dotnet build 过程。

3.2 NuGet 包管理

3.2.1 什么是 NuGet

NuGet 是 Visual Studio 的扩展，它是一个免费、开源的包管理开发工具，在使用 Visual Studio 或.NET CLI 开发基于.NET 或.NET Framework 的应用时，NuGet 能把在项目中添加、移除和更新引用的工作变得更加快捷方便。

NuGet 包的官方网站是 https://www.nuget.org/，其中提供了超过 600 万个开源的工具包供开发者使用。当开发者需要分享开发的工具或者库时，需要建立一个 NuGet 包（package），然后把这个包上传到 NuGet 网站；而如果想要使用别人已经开发好的工具或者库，只需要从 NuGet 网站获得这个包，并且安装到自己的 Visual Studio 项目或解决方案中即可。NuGet 官方网站如图 3.6 所示。

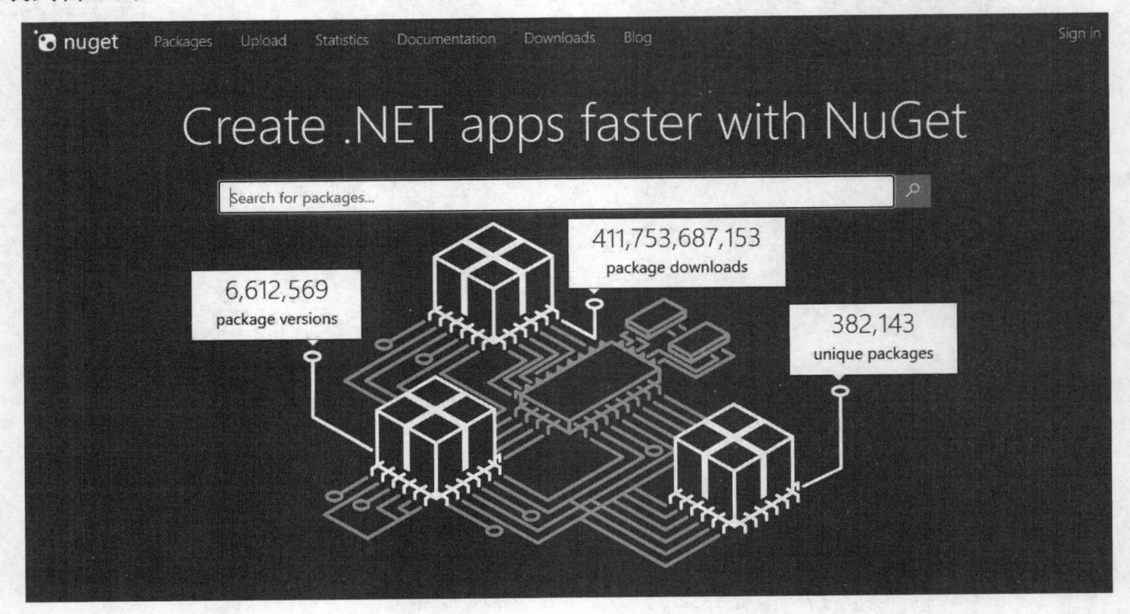

图 3.6　NuGet 官方网站

3.2.2 使用 dotnet 命令管理 NuGet

表 3.3 中有与 NuGet 相关的命令，如 dotnet nuget 命令、dotnet pack 等，这说明使用 dotnet 命令是可以对 NuGet 包进行管理的。表 3.5 中列出了使用 dotnet 操作 NuGet 包的常用命令。

表 3.5 使用 dotnet 操作 NuGet 包的常用命令

命 令	作 用
dotnet add package	添加 NuGet 包
dotnet remove package	删除 NuGet 包
dotnet nuget delete	从服务器删除或取消列出包
dotnet nuget push	将包推送到服务器，并将其发布
dotnet nuget locals	清除或列出本地 NuGet 资源，如 HTTP 请求缓存、临时缓存或计算机范围的全局包文件夹
dotnet nuget add source	添加 NuGet 源
dotnet nuget disable source	禁用 NuGet 源
dotnet nuget enable source	启用 NuGet 源
dotnet nuget list source	列出所有已配置的 NuGet 源
dotnet nuget remove source	删除 NuGet 源
dotnet nuget update source	更新 NuGet 源

例如，在 Visual Studio 2022 终端窗口中使用 dotnet 命令为当前项目添加 Newtosoft.Json 包，命令及执行效果如图 3.7 所示。

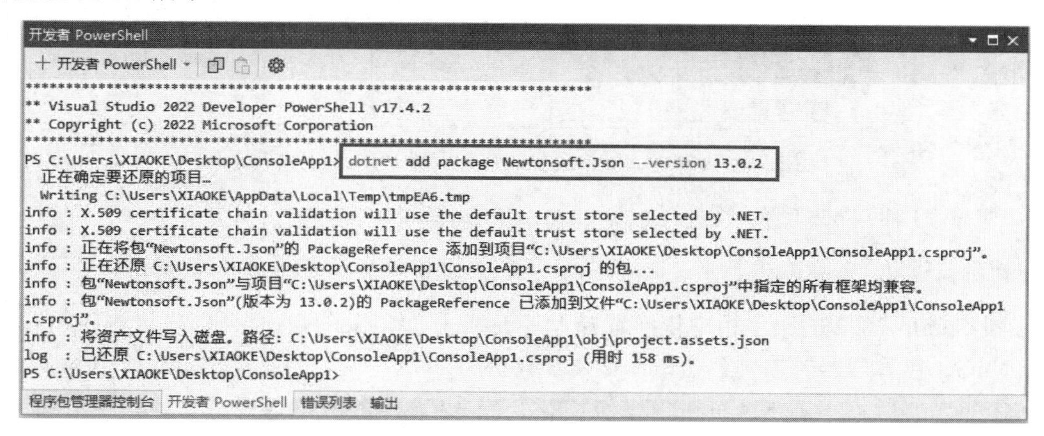

图 3.7 在 Visual Studio 2022 终端窗口中使用 dotnet 命令添加 NuGet 包

为项目添加 NuGet 包后，双击项目的.csproj 文件，查看添加前后的文件对比，如图 3.8 所示，可以看到已经为当前项目添加了相应的包，并且自动写入了项目的配置文件中。

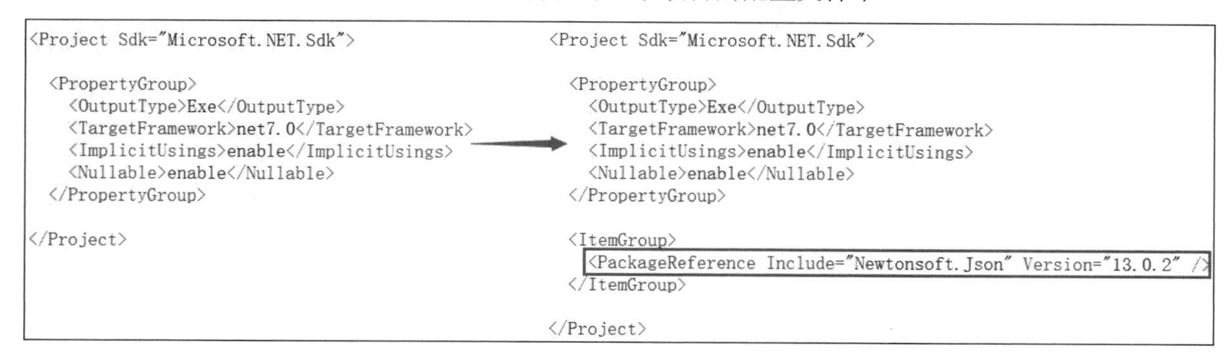

图 3.8 添加 NuGet 包前后的项目配置文件对比

技巧

为.NET Core 添加 NuGet 包时，也可以直接在项目的.csproj 文件中通过<PackageReference>标签进行添加指定，指定之后，会自动将相应的 NuGet 包安装到项目中；而如果要移除指定的 NuGet 包，可以使用 dotnet remove package 命令，也可以直接在.csproj 文件中移除相应的<PackageReference>标签。

3.2.3 Visual Studio 中的 NuGet 包管理器

除了使用 dotnet 命令管理 NuGet 包之外，Visual Studio 中还提供了两种管理 NuGet 包的方式，分别是控制台管理方式和可视化管理方式，打开这两种方式的步骤如图 3.9 所示。

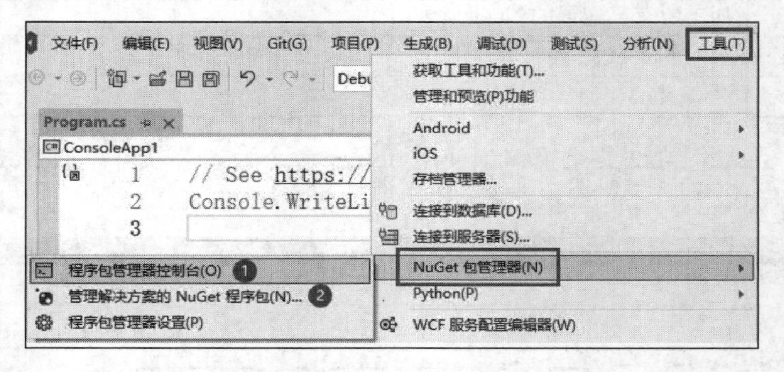

图 3.9　Visual Studio 中提供的两种管理 NuGet 包的方式

下面分别对上面的两种方式进行讲解。

1. 控制台管理

在 Visual Stuido 2022 的菜单栏中依次选择“工具”→“NuGet 包管理器”→“程序包管理器控制台”，打开 NuGet 包管理器的控制台窗口，如图 3.10 所示。

图 3.10　Visual Studio 中的 NuGet 包管理器控制台窗口

在光标处输入相应的 NuGet 命令，按 Enter 键执行即可，例如，要为当前项目添加 Newtosoft.Json 包，则使用如下命令：

```
Install-Package Newtonsoft.Json -Version 13.0.2
```

效果如图 3.11 所示。

Visual Studio 中的 NuGet 包管理器控制台窗口中支持的 NuGet 包操作命令如表 3.6 所示。

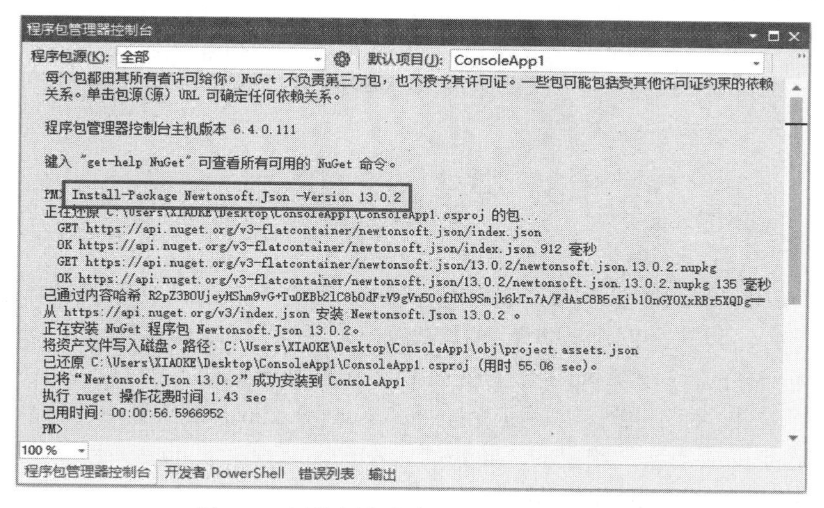

图 3.11 以控制台命令方式管理 NuGet 包

表 3.6 NuGet 包操作命令

命 令	作 用
Get-Package	获取已安装的程序包
Install-Package	将程序包及其依赖项安装到项目中
Uninstall-Package	卸载程序包
Update-Package	将程序包及其依赖项更新到较新的版本
Add-BindingRedirect	检查项目输出路径中的所有程序集，并视需要将绑定重定向添加到应用程序（或 Web）配置文件
Get-Project	为指定的项目返回对 DTE（开发工具环境）的引用
Open-PackagePage	打开指向指定程序包的 ProjectUrl、LicenseUrl 或 ReportAbuseUrl 的浏览器
Register-TabExpansion	为命令参数注册选项卡扩展

2. 可视化管理

在 Visual Stuido 2022 的菜单栏中依次选择“工具”→“NuGet 包管理器”→“管理解决方案的 NuGet 程序包”，打开 NuGet 包管理器的可视化管理窗口，即可按照如图 3.12 所示的步骤安装相应的 NuGet 包。

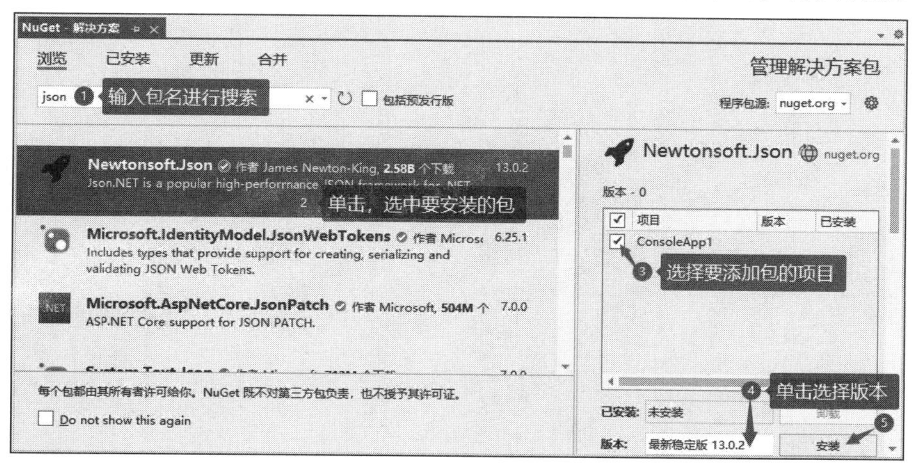

图 3.12 Visual Studio 中的 NuGet 包管理器可视化管理窗口

另外，用户可以在 NuGet 包管理器的可视化管理窗口中切换到“已安装”“更新”或者“合并”选项卡，对当前项目中已经安装的 NuGet 包进行删除、更新、合并等操作。

3.3 要点回顾

本章主要对.NET Core 应用开发中经常使用的 dotnet 命令和 NuGet 包管理操作进行了详细讲解。通过使用 dotnet 命令，可以执行创建、编译、生成、发布项目等.NET SDK 命令，而且这些命令在不同平台上的使用方式是一样的；另外，NuGet 包是.NET Core 应用开发的一个特点，它使得每个应用都可以根据自身的需要进行安装，而不会影响其他应用，在 Visual Studio 开发工具中，可以分别使用控制台和可视化两种方式为指定的应用安装相应的 NuGet 包。dotnet 命令和 NuGet 包的使用是后期进行.NET Core 开发和 ASP.NET Core 开发的必备基础，读者应该熟练掌握。

第 4 章

C#新语法

伴随着.NET 的升级，C#也在不断升级更新，在.NET Core 开发中，有很多 C#的新语法经常被用到，本章将对从 C# 7.0 开始出现的一些经常被用到的新语法进行讲解，主要包括顶级语句、命名空间、数据类型和模式匹配等几个方面。

本章知识架构及重点、难点如下。

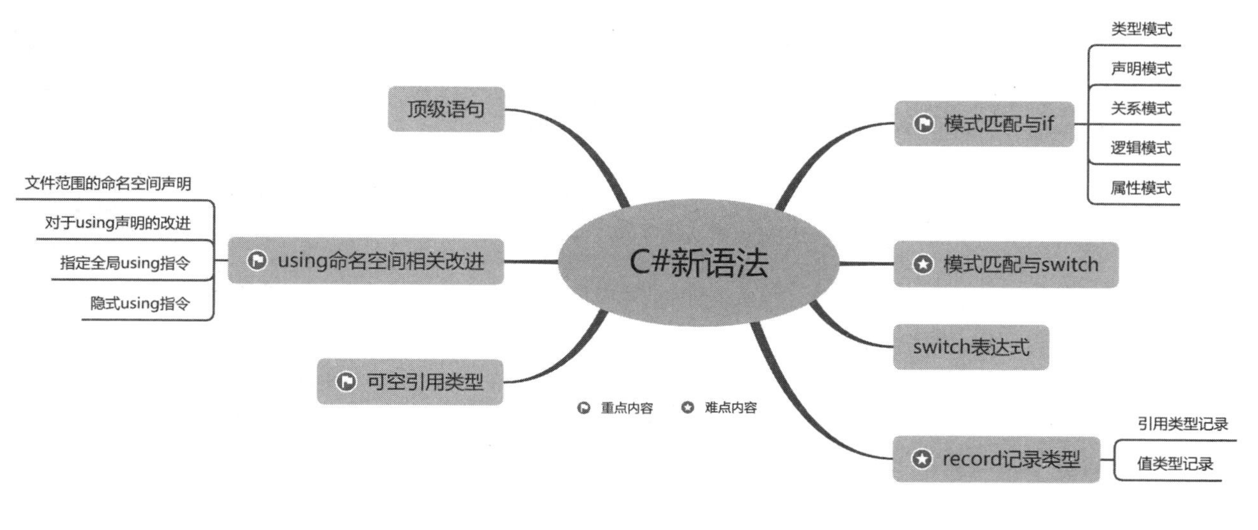

4.1 顶 级 语 句

在第 2 章使用 Visual Studio 2022 创建.NET Core 控制台应用时，有一个如图 4.1 所示的选项“不使用顶级语句”，这里提到了“顶级语句”的概念。

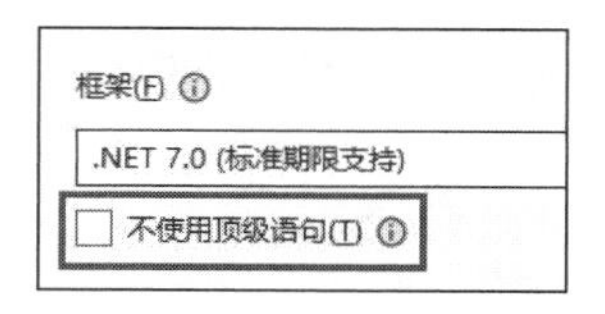

图 4.1 “不使用顶级语句”选项

此选项默认为不选中状态，而创建完的.NET Core 控制台应用中，默认生成的 Porgram.cs 文件中的代码如图 4.2 所示。

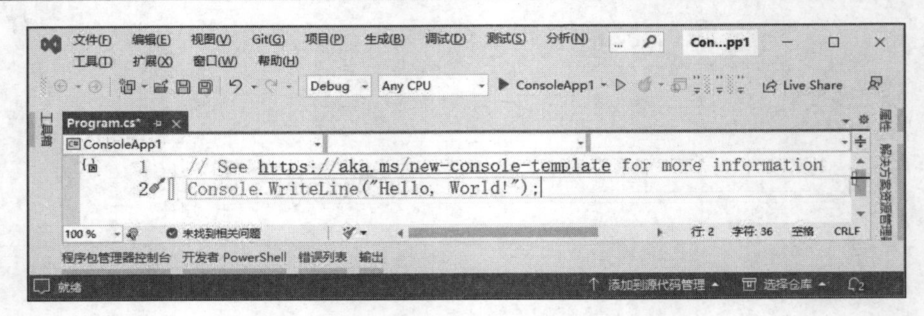

图 4.2 默认生成的 Porgram.cs 文件代码

从图 4.2 可以看出，第一行为注释，第二行为一条 C#输出语句，用来输出“Hello, World!”这个字符串，但熟悉 C#语法的用户都知道，以前编写一个类似的程序，需要使用如下代码：

```
using System;
namespace MyApp
{
    internal class Program
    {
        static void Main(string[] args)
        {
            Console.WriteLine("Hello World!");
        }
    }
}
```

可以看到，新的代码比以前版本的 C#代码简洁了很多，这就是我要讲的顶级语句。

从.NET 6 开始，在创建新的控制台应用时，Program.cs 文件中以 C#顶级语句生成默认代码，顶级语句是 C# 9 中的一个新增特性，意思是不使用 Main()方法的程序。通过使用顶级语句可以最大限度地减少必须编写的代码，这种情况下，编译器将自动为应用程序生成类和 Main()方法入口点。

使用顶级语句时主要注意以下几点：

☑ 一个项目仅能有一个顶级文件；

☑ 具有顶级文件的项目中，可以显式地编写 Main()方法，但它不能作为入口点；

☑ 如果包含 using 指令，则它们必须首先出现在文件中。例如：

```
using System.Text;
StringBuilder builder = new();
builder.AppendLine("Hello");
builder.AppendLine("World!");
Console.WriteLine(builder.ToString());
```

☑ 顶级语句隐式位于全局命名空间中，在.NET Core 应用中的隐式全局命名空间包括如下代码：

```
using System;
using System.IO;
using System.Collections.Generic;
using System.Linq;
using System.Net.Http;
using System.Threading;
using System.Threading.Tasks;
```

☑ 具有顶级语句的文件可以包含命名空间和类型定义，但它们必须位于顶级语句之后。例如：

```
Console.WriteLine("Hello, World!");                     //顶级语句
public class MyClass                                    //定义类
{
    public static void TestMethod()
    {
        Console.WriteLine("你好，世界！");
    }
}
namespace MyNamespace                                   //定义命名空间
{
    class MyClass
    {
        public static void MyMethod()
        {
            Console.WriteLine("我们拥有同一个世界!");
        }
    }
}
```

☑ 在顶级语句中可以引用 args 变量来访问输入的任何命令行参数。args 变量永远不会为 null，但如果没有提供任何命令行参数，则其 Length 将为零。 例如：

```
if (args.Length > 0)
{
    foreach (var arg in args)
    {
        Console.WriteLine($"Argument={arg}");
    }
}
else
{
    Console.WriteLine("No arguments");
}
```

☑ 在顶级语句中可以使用 await 来调用异步方法。例如：

```
Console.Write("Hello ");
await Task.Delay(5000);
Console.WriteLine("World!");
```

4.2　using 命名空间相关改进

在 C#程序中，可以使用 namespace 关键字声明命名空间，并使用 using 关键字引用命名空间，在 C# 10 中对命名空间的定义及使用进行了改进，下面进行讲解。

4.2.1　文件范围的命名空间声明

在之前的 C#版本中，类型必须定义在命名空间中，例如：

```
namespace MR.Data                                       //声明命名空间 MR.Data
{
    class Model                                         //定义 Model 类
```

```
    {
        public void GetData()
        {
            Console.WriteLine("明日科技：https://www.mingrisoft.com/");    //输出字符串
            Console.ReadLine();
        }
    }
}
```

而在 C# 10 及之后的版本中，允许编写独立的 namespace 代码来声明命名空间，这样文件中的所有类型都默认是这个命名空间下的成员，我们把这种方式称作“文件范围的命名空间声明”。例如，上面的代码可以修改如下：

```
namespace MR.Data;                                                   //声明命名空间 MR.Data
class Model                                                          //定义 Model 类
{
    public void GetData()
    {
        Console.WriteLine("明日科技：https://www.mingrisoft.com/");       //输出字符串
        Console.ReadLine();
    }
}
```

但这里需要注意的是，如果使用了“文件范围的命名空间声明”，则不能再在该文件中包含其他的命名空间声明，例如，下面代码是错误的：

```
namespace MR.Data;                                                   //声明命名空间 MR.Data
class Model                                                          //定义 Model 类
{
    public void GetData()
    {
        Console.WriteLine("明日科技：https://www.mingrisoft.com/");       //输出字符串
        Console.ReadLine();
    }
}
namespace MR.Data1;                                                  //错误
namespace MR.Data2                                                   //错误
{
}
```

4.2.2 对于 using 声明的改进

C#中可以使用 using 关键字来简化非托管资源的释放，即声明在 using 范围内的对象只在该范围内有效，离开该范围后会自动调用对象的 Dispose()方法释放资源，但是，如果一段代码中嵌套了多个 using 语句，会使代码的结构变得非常复杂，例如，下面代码中使用了 3 个 using：

```
using System.IO;
using (var stream = new FileStream("test.txt",FileMode.OpenOrCreate))
{
    using (var write = new StreamWriter(stream))
    {
        write.WriteLine("test");
    }
    using (var read = new StreamReader("test.txt"))
    {
```

```
            Console.WriteLine(read.ReadLine());
        }
}
```

在 C# 8 及之后的版本中，可以使用简化的“using 声明”来避免代码的嵌套，即在声明对象时，如果该对象的类型实现了 IDisposable 或者 IAsyncDisposable 接口，则可以为其加上 using 关键字，这样就可以保证代码执行离开被 using 修饰的对象作用域时，自动释放对象占用的资源。例如，上面代码可以简化如下：

```
using System.IO;
using var stream = new FileStream("test.txt",FileMode.OpenOrCreate);
using var write = new StreamWriter(stream);
write.WriteLine("test");
using var read = new StreamReader("test.txt");
Console.WriteLine(read.ReadLine());
```

按照上面方法简化代码后，执行时会出现如图 4.3 所示的错误提示。

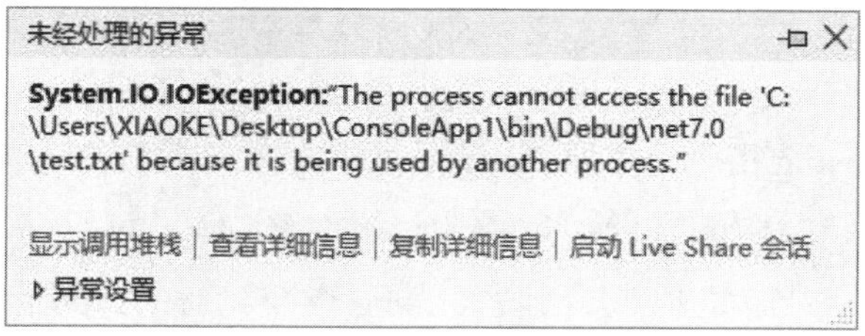

由于代码中对同一个文件进行写入和读取操作，因此，在代码执行到第 5 行时，test.txt 文件仍然被占用，所以出现了异常。要解决该问题，只需要用一对大括号将写入文件的代码放到一个作用域中即可，修改后的代码如下：

图 4.3　读取文件时出现错误

```
using System.IO;
{
    using var stream = new FileStream("test.txt", FileMode.OpenOrCreate);
    using var write = new StreamWriter(stream);
    write.WriteLine("test");
}
using var read = new StreamReader("test.txt");
Console.WriteLine(read.ReadLine());
```

观察上面代码，发现写入文件的代码放到了一个作用域中，因此在执行到倒数第 2 行时，上面的资源已经被释放了，所以就可以正常操作 test.txt 文件了。

4.2.3　指定全局 using 指令

.NET 项目中通常有多个文件，而不同文件中引用的命名空间可能有很多是相同的，比如使用之前的 C#项目模板新建文件时，每个文件中都会有如下命名空间：

```
using System;
using System.Collections.Generic;
using System.Linq;
using System.Text;
```

在 C# 10 中引入了“全局 using 指令”的语法，即在使用 using 引用命名空间时，使用 global 关键字进行指定，这样，就可以将指定的命名空间应用到项目中的每个源文件中了。全局 using 指令的语法如下：

```
global using 命名空间;
```

实际使用时，建议单独创建一个用来编写全局 using 指令的 C#文件，将项目中经常用到的命名空间放置到该文件中。比如，项目中经常用到 System.Data、System.Data.SqlClient 等命名空间，则可以在项目中创建一个 Using.cs 文件，编写代码如下：

```
global using System.Data;
global using System.Data.SqlClient;
```

另外，还可以通过在.csproj 项目配置文件中使用<Using>来指定全局命名空间，例如：

```
<ItemGroup>
    <Using Include="System.Data"/>
    <Using Include="System.Data.SqlClient"/>
</ItemGroup>
```

4.2.4 隐式 using 指令

从.NET 6 开始，使用隐式 using 指令可以自动为正在生成的项目类型添加通用指令，要启用隐式 using 指令，需要在.csproj 项目配置文件中加入如下设置代码：

```
<ImplicitUsings>enable</ImplicitUsings>
```

而如果要禁用隐式 using 指令，则在.csproj 项目配置文件中删除上面的代码即可。

不同类型项目中使用隐式 using 指令时所包含的命名空间如表 4.1 所示。

表 4.1 不同类型项目中使用隐式 using 指令时所包含的命名空间

项 目 类 型	包含的命名空间
基于.NET 的控制台或者类库项目	System System.Collections.Generic System.IO System.Linq System.Net.Http System.Threading System.Threading.Tasks
基于.NET 的 Web 项目	System.Net.Http.Json Microsoft.AspNetCore.Builder Microsoft.AspNetCore.Hosting Microsoft.AspNetCore.Http Microsoft.AspNetCore.Routing Microsoft.Extensions.Configuration Microsoft.Extensions.DependencyInjection Microsoft.Extensions.Hosting Microsoft.Extensions.Logging
基于.NET 的 Windows 窗体项目	System.Drawing System.Windows.Forms
基于.NET 的 WPF 项目	System.IO System.Net.Http

4.3　可空引用类型

C#中的数据类型有值类型和引用类型两种，按照我们以前的说法，值类型不能为空，引用类型可以为空，但在使用引用类型时，如果引用类型变量为空，可能会出现 NullReferenceException 空引用异常。

例如，定义一个联系人类，其中定义两个属性，但在构造函数中初始化了 Name 属性，代码如下：

```
public class Person
{
    public string Name { get; set; }
    public string Phone { get; set; }
    public Person(string name)
    {
        Name = name;
    }
}
```

上面代码在 Visual Studio 中的效果如图 4.4 所示。

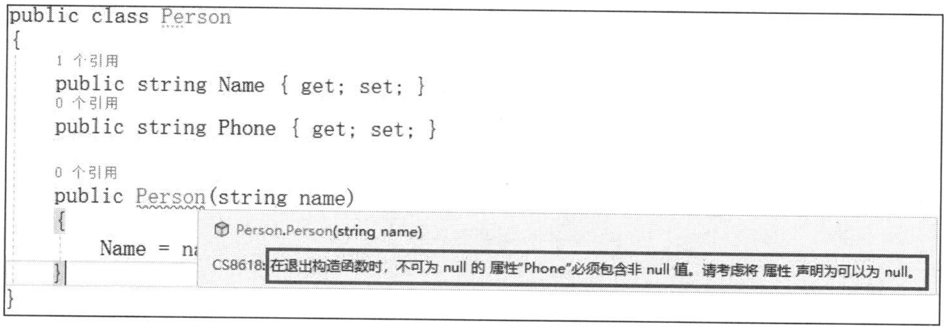

```
public class Person
{
    1 个引用
    public string Name { get; set; }
    0 个引用
    public string Phone { get; set; }

    0 个引用
    public Person(string name)
    {
        Name = na
    }
}
```

Person.Person(string name)

CS8618: 在退出构造函数时，不可为 null 的 属性"Phone"必须包含非 null 值。请考虑将 属性 声明为可以为 null。

图 4.4　值类型和引用类型变量为空时的警告信息

从图 4.4 中可以看出，由于构造函数中只初始化了 Name 属性，因此 Phone 属性有可能为空，所以出现了“在退出构造函数时，不可为 null 的属性"Phone"必须包含非 null 值。请考虑将属性声明为可以为 null。”的警告信息，该警告信息在 Visual Studio 2022 中是默认启用的，可以通过删除.csproj 项目配置文件中的“<Nullable>enable</Nullable>”关闭该警告信息，如图 4.5 所示。

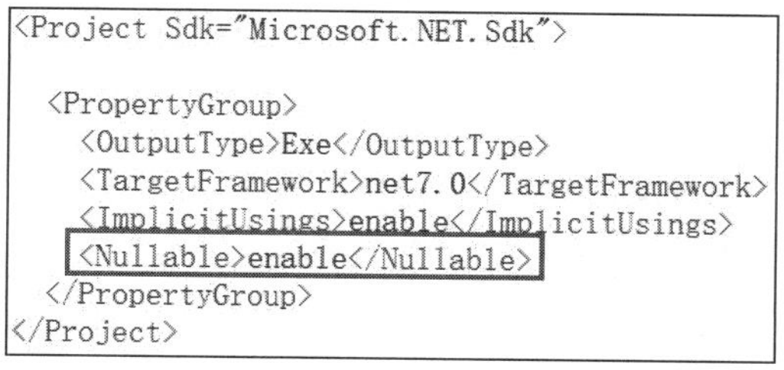

```
<Project Sdk="Microsoft.NET.Sdk">

  <PropertyGroup>
    <OutputType>Exe</OutputType>
    <TargetFramework>net7.0</TargetFramework>
    <ImplicitUsings>enable</ImplicitUsings>
    <Nullable>enable</Nullable>
  </PropertyGroup>
</Project>
```

图 4.5　定义可空引用类型

另外，还可以通过将 Phone 属性定义为可空引用类型，来避免该警告信息。从 C# 8 开始，提供了可空引用类型，即在定义引用类型变量时，在类型后面添加“?”，上面代码可修改如下：

```
public class Person
{
    public string Name { get; set; }
    public string? Phone { get; set; }
    public Person(string name)
    {
        Name = name;
    }
}
```

通过使用可空引用类型，虽然可以消除上面的警告信息，但在使用该引用类型时，还可能有警告信息，例如，使用下面代码引用上面联系人类中的 Name 属性和 Phone 属性：

```
public class Test
{
    static void Main(string[] args)
    {
        Person person = new Person("MR");
        Console.WriteLine(person.Name.ToString());
        Console.WriteLine(person.Phone.ToString());
    }
}
```

上面代码在 Visual Studio 中的效果如图 4.6 所示。

```
public class Test
{
    0 个引用
    static void Main(string[] args)
    {
        Person person = new Person("MR");
        Console.WriteLine(person.Name.ToString());
        Console.WriteLine(person.Phone.ToString());
    }
}
```


图 4.6　引用可为空引用类型时出现的警告信息

要避免图 4.6 所示的警告信息，按照传统的方式，可以使用下面两种方式：

☑　对 Phone 属性进行非空检查，示例代码如下：

```
Person person = new Person("MR");
Console.WriteLine(person.Name.ToString());
if(person.Phone!=null)
    Console.WriteLine(person.Phone.ToString());
```

☑　在联系人类的构造函数中对 Phone 属性进行初始化，即构造函数修改如下：

```
public Person(string name,string phone)
{
    Name = name;
    Phone = phone;
}
```

除了使用上面两种传统的方法，从 C# 8 开始，可以在访问可为空引用类型变量时，为其加上“!”来抑制编译器警告信息，即将引用代码修改如下：

```
Person person = new Person("MR");
Console.WriteLine(person.Name.ToString());
Console.WriteLine(person.Phone!.ToString());
```

说明

虽然可以使用“!”抑制可空引用类型的警告信息，但实际开发时，一般不建议这么做。

4.4　模式匹配与 if

“模式匹配”是从 C# 7.0 开始引进的一个特性，模式是一种特殊的表达式，它主要通过判断给定的值是否满足此表达式而返回 true 或者 false，它其实类似于正则表达式的作用，因此，“模式匹配”是一种测试表达式是否具有特定特征的方法，并且能在表达式匹配时执行相应的操作。

4.4.1　类型模式

在 C# 7.0 版本之前，我们在 if 语句中使用 is 时，通常作用是判断是否为某种类型，或者进行 Null 空值检查，即类型模式。例如下面代码：

```
object o = 1;
if (o is int)          //判断是否为 int 类型
    Console.WriteLine(o.ToString());
string s=null;
if(s is not null)    //检查是否为 null
    Console.WriteLine(s);
```

4.4.2　声明模式

从 C# 7.0 开始，我们可以在 if 语句中将 is 与局部变量的声明结合起来使用，这样可以测试变量是否与给定类型匹配，并在匹配时将其值赋值给指定类型变量，这样可以使得代码更加安全。例如，下面代码定义一个 object 变量并赋值，然后判断其是否为 int 类型，并输出其绝对值，如果使用传统写法，代码如下：

```
object o = -1;
if (o is int)
    Console.WriteLine($"{Math.Abs(o)}");
```

运行上面代码，将会出现如图 4.7 所示的错误提示。

将上面代码更改为模式匹配后，代码如下：

```
object o = -1;
if (o is int i)
    Console.WriteLine($"{Math.Abs(i)}");
```

运行上面更改后的代码，可以正常输出结果，这是由于上面代码使用了模式匹配，在判断 o 是 int 类型后，直接将其值赋值给了变量 i，而变量 i 确定是 int 类型，因此可以直接使用 Math.Abs()方法操作。

```
object o = -1;
if (o is int)
    Console.WriteLine($"{Math.Abs(o)}");
```

[局部变量] object o

"o"在此处不为 null。

CS1503: 参数 1: 无法从"object"转换为"decimal"

显示可能的修补程序 (Alt+Enter或Ctrl+.)

图 4.7　使用数学函数操作 object 类型时的错误提示

上面用到的模式匹配是最常用的声明模式，即检测表达式运行时的类型是否与指定的类型相匹配，如果匹配，则将匹配的结果赋值指定声明的变量。

4.4.3　关系模式

从 C# 9.0 版本开始，除了最常用的类型模式和声明模式，还有其他几种常用的模式，主要有关系模式、逻辑模式、属性模式等，下面分别举例说明。

关系模式用于将表达式结果与指定常量表达式进行比较，可以使用的关系运算符有：<、>、<=、>=，而右边的常量表达式只能是：整型（int、long、byte 等）、浮点型（float、double、decimal 等）、字符（char）、枚举类型的值。例如：

```
object o = -1;
if (o is < 4)
{
    Console.WriteLine($"o<4");
}
```

4.4.4　逻辑模式

逻辑模式用于检测表达式的结果是否与组合的模式匹配。组合逻辑使用关键字：and、or、not，这里需要注意的是，and 的优先级高于 or。例如：

```
object o = -1;
if (o is not string and > 1 and < 10)
{
    Console.WriteLine($"1<o<10");
}
```

4.4.5　属性模式

属性模式用于提取表达式结果的属性或者字段，并检测表达式的结果是否具有指定的结构，且对应的属性是否满足相对应的条件。例如：

```
DateTime time = DateTime.Now;
if (time is { Year: 2022, Month: var month, Day: var day})
{
    Console.WriteLine($"time is {2022}-{month}-{day}");
}
```

4.5　模式匹配与 switch

在旧版本的 switch 语句中，case 的值必须是一个常量，例如下面的代码：

```
string strNum = Console.ReadLine();          //获取用户输入的数据
switch (strNum)
{
    case "艺术类本科":                       //查询艺术类本科分数线
        Console.WriteLine("艺术类本科录取分数线：290");
        break;
    case "体育类本科":                       //查询体育类本科分数线
        Console.WriteLine("体育类本科录取分数线：280");
        break;
    case "二本":                             //查询二本分数线
        Console.WriteLine("二本录取分数线：345");
        break;
    case "一本":                             //查询一本分数线
        Console.WriteLine("一本录取分数线：555");
        break;
    default:                                 //如果不是以上输入，则输入错误
        Console.WriteLine("您输入的查询信息有误！");
        break;
}
```

但从 C# 7.0 开始，模式匹配同样可以应用于 switch 语句中，这时 case 的值就不再必须是一个常量了，它还可以是一个模式。例如，可以将 4.4 节中应用声明模式匹配的 if 语句修改如下：

```
object o = -1;
switch(o)
{
    case int i:
        Console.WriteLine($"{Math.Abs(i)}");
        break;
    case string s:
        Console.WriteLine(s);
        break;
}
```

除了声明模式，在 switch 语句中同样可以使用其他的类型模式、关系模式、逻辑模式、属性模式等，下面分别举例说明。

☑　类型模式在 switch 中的使用举例

```
object o = -1;
switch(o)
{
    case int:
        Console.WriteLine($"{Math.Abs((int)o)}");
        break;
    case string:
        Console.WriteLine(o);
        break;
}
```

☑ 关系模式在 switch 中的使用举例

```
double d = 0;
switch (d)
{
    case < 0: Console.WriteLine($"{Math.Abs(d)}"); break;
    case >= 0: Console.WriteLine(d); break;
    case double.NaN: Console.WriteLine("Error"); break;
}
```

☑ 逻辑模式在 switch 中的使用举例

```
double d = 0;
switch (d)
{
    case 0: Console.WriteLine("d=0"); break;
    case not 0 and (100 or -100): Console.WriteLine("d=100"); break;
    case not 0 and (> 0 and < 100): Console.WriteLine("<0d<100"); break;
    case not 0 and > 0: Console.WriteLine("d>100"); break;
    case < -100 or (< 0 and > -100): Console.WriteLine("-100<d<0"); break;
}
```

☑ 属性模式在 switch 中的使用举例

```
DateTime time = DateTime.Now;
switch (time)
{
    case { Year: 2022, Month: 12, Day: 15 } t: Console.WriteLine($"Year: {t.Year}, Month: {t.Month}, Day: {t.Day}"); break;
    case { Year: 2022, Month: 12 }: Console.WriteLine($"Year: {time.Year}, Month: {time.Month}"); break;
    case { Year: not 2022 }: Console.WriteLine($"not 2022"); break;
    case { DayOfWeek: not DayOfWeek.Sunday and not DayOfWeek.Saturday }: Console.WriteLine($"recursion"); break;
}
```

4.6 switch 表达式

从 C# 8.0 开始，switch 有了一种新的用法：switch 表达式。使用它可以方便地进行匹配输出，switch 表达式其实是去掉了原来 switch 语句中的 case 和 break 关键字，并以=>和逗号（,）代替，语法如下：

```
name switch
{
    match_expr1 => value1,
    match_expr2 => value2,
    match_expr3 => value3,
    _ => default_value
}
```

其中，每一个 match_expr 是一个匹配模式，相当于 switch 语句中 case 语句的模式内容，表示如果 match_expr 模式匹配成功，则返回对应的 value 值；而_相当于原来 switch 语句中的 default，表示与上面模式不匹配时执行的语句。这里由于 switch 表达式会返回相应的值，因此在实际使用时，需要使用一个变量记录它的值。例如：

```
object o = -1;
var v=o switch
{
```

```
    int=>Math.Abs((int)o).ToString(),
    string =>o.ToString(),
    _ =>"Error"
};
Console.WriteLine(v);
```

上面代码在运行时，会输出-1 的绝对值，即 1；如果我们将变量 o 的值修改为一个字符串，则会输出相应的字符串，但如果修改为既不是 int 也不是 string 类型的值，将输出“Error”，比如将变量 o 的值修改为 1.5，运行代码看一下结果。

另外，在 switch 表达式中，还可以使用 when 语句指定条件（微软将其称为 case guard，表示一个附加条件，它必须是布尔表达式）。比如，修改上面的代码，当变量 o 的值为字符串，但不为空字符串时，才返回，修改如下：

```
object o = -1;
var v=o switch
{
    int=>Math.Abs((int)o).ToString(),
    string when o != "" => o.ToString(),
    _ => "Error"
};
Console.WriteLine(v);
```

上面代码在 string 模式匹配之后，又使用了一个 when 语句，对匹配结果做了进一步的判断，该语句弥补了模式的一些不足，可以让判断更加精确，而不用我们在后续代码中再使用 if 语句进行判断。

4.7　record 记录类型

从 C# 9 开始，提供了一个语法糖：record，即记录。我们可以使用 record 关键字声明一个记录类型，但只能是引用类型，例如：

```
public record Student;
```

它等效于：

```
public record class Student;
```

但从 C# 10 开始，使用 record 不仅能够声明引用类型，也开始支持结构体值类型，例如：

```
public record struct Student;
```

那么，C#中为什么要提供 record 记录类型呢？这是因为实际开发中，我们经常会创建一些简单的实体，它们可能只包含一些简单的属性和方法，但使用时可能会遇到以下情况：

☑ 克隆一个新的实体而不是简单的引用传递；

☑ 比较属性值是否都一致；

☑ 在输出时，希望得到内部数据结构，而不是简单的一个类型名称。

如果遇到上面的情况，可以通过结构体实现，但结构体不支持继承，而且，由于结构体是值类型，因此有可能很多的结构体拥有相同的数据，但是占用着不同的内存空间。record 记录类型的出现弥补了这些缺陷，下面我们对 record 记录类型进行详细讲解。

4.7.1　引用类型记录

1．引用类型记录的声明

声明引用类型记录可以使用 record 或者 record class 两种方法，例如：

```
public record Student;
public record class Student;
```

使用反编译工具（ILSpy）反编译上面代码，可以看到类似下面的代码：

```
public class Student : IEquatable<Student>
{
    public Student() { }
    protected Student(Student original) { }

    protected virtual Type EqualityContract => typeof(Student);

    public virtual Student <Clone>$() => new Student(this);
    public virtual bool Equals(Student? other) => (other != null) && (this.EqualityContract == other.EqualityContract);
    public override bool Equals(object obj) => this.Equals(obj as Student);
    public override int GetHashCode() => EqualityComparer<Type>.Default.GetHashCode(this.EqualityContract);
    protected virtual bool PrintMembers(StringBuilder builder) => false;
    public override string ToString()
    {
        StringBuilder builder = new StringBuilder();
        builder.Append("Student");
        builder.Append(" { ");
        if (this.PrintMembers(builder))
        {
            builder.Append(" ");
        }
        builder.Append("}");
        return builder.ToString();
    }

    public static bool operator ==(Student r1, Student r2) => (r1 == r2) || ((r1 != null) && r1.Equals(r2));
    public static bool operator !=(Student r1, Student r2) => !(r1 == r2);
}
```

从上面代码可以看出，记录其实重写了 Equals、GetHashCode 、==和!=这几个与比较相关的方法、运算符，并且生成了一个默认构造函数。

2．引用类型记录的使用

引用类型记录本质上是一个类，因此，我们在定义时，可以为其设置属性、方法、构造函数等成员，例如：

```
//第 1 种：声明引用类型记录时，直接设置属性
public record Student1(string Num, string Name);

//第 2 种：声明引用类型记录，并在类体中设置属性
public record Student2
{
    public string Num{ get; set; }
```

```
    public string Name { get; set; }
}

//第 3 种：在声明引用类型记录时设置属性和在类体中设置属性
public record Student3(string Name)
{
    public string Num { get; set; }
}

//第 4 种：在声明引用类型记录中定义构造函数
public record Student4(string Name)
{
    public string Num { get; set; }
    public Student4(string num,string name):this(name)
    {
        Num = num;
    }
}

//第 5 种：在引用类型记录中定义方法
public record Student5(string Name)
{
    public string Num { get; set; }
    public void OutPut()
    {
        Console.WriteLine($"Num:{Num}    Name:{Name}");
    }
}
```

注意

以上面第 4 种形式定义构造函数时，使用了 this 关键字，这是由于记录在编译时会根据构造参数生成一个默认的构造函数，默认构造函数不能被覆盖，因此如果需要自定义构造函数，就需要使用 this 关键字初始化这个默认的构造函数。

上面 5 种声明引用类型记录的形式，具体使用方法如下：

```
public class Test
{
    public void TestFunc()
{
        Student1 student1 = new Student1("001", "MR");

        Student2 student2 = new Student2();

        Student3 student3 = new Student3("MR");

        Student4 student4_1 = new Student4("MR");
        Student4 student4_2 = new Student4("001","MR");

        Student5 student5 = new Student5("MR");

        student2.Num = "001";
        student2.Name = "MR";

        student3.Num = "001";

        student4_1.Num = "001";
```

```
            student5.Num = "001";
            student5.OutPut();
        }
}
```

观察上面代码，如果定义引用类型记录时指定了参数，则在创建对象时也需要传入相应数量的参数，那么，可以对其中的参数值进行修改吗？如果我们在 TestFunc()方法中添加如下代码：

```
student1.Num = "001";
```

将会出现如图 4.8 所示的错误提示。

```
student1.Num = "001";
        (字段) Student1 Test.student1
        "student1"在此处不为 null。
        CS8852: 只能在对象初始值设定项中或在实例构造函数或 "init" 访问器中的 "this" 或 "base" 上分配 init-only 属性或索引器 "Student1.Num"。
```

图 4.8　尝试修改默认参数时的错误提示

出现上面错误主要是由于.NET 编译器在为有构造参数的记录生成构造函数时，会为每一个构造参数生成一个属性，但生成的属性的 setter 是 init，表示记录默认具有不可变性，记录一旦初始化完成，它的属性值将不可修改。例如，.NET 编译器为上面示例中 Student1 类的两个构造参数生成的属性代码如下：

```
public string Num { get; init; }
public string Name { get; init; }
```

如果想要修改上面属性，需要在记录中自定义属性，自定义属性名与构造参数名重名，这样，自定义属性可以覆盖构造参数生成的属性。

3．记录的继承性

记录允许继承，但需要遵循以下原则：

☑　一个记录可以从另一个记录继承，但不能从一个类继承，一个类也不能从一个记录继承；

☑　继承的子记录必须声明父记录中的各参数。

例如：

```
public record Person(string Name, int Age);
public record Student(string Grade, int Age, string Name) : Person(Name, Age);
public record Teacher(string Phone, int Age, string Name) : Person(Name, Age);
```

4．记录的值相等性

前面介绍过，当我们声明一个引用类型记录时，.NET 编译器会自动为其重写 Equals()方法、GetHashCode()方法、==运算符和!=运算符，这样，我们就可以像判断值类型一样去判断引用类型了，但这里需要注意的是，由于记录可继承，因此如果父子记录的属性值一样，判断它们是否相同显然是没有意义的，因此.NET 编译器在编译记录时额外生成了一个 EqualityContract 属性，它指向当前的记录类型（Type），使用 protected 修饰，代码如下：

```
protected virtual Type EqualityContract => typeof(Student);
```

为了保证父子记录的差异性，在实现的 IEquatable<T>接口的 Equals()方法中，除了判断属性值是否相同外，还会判断记录类型（即 EqualityContract 属性）是否一致，代码如下：

```
public virtual bool Equals(Student? other) => (other != null) && (this.EqualityContract == other.EqualityContract);
```

5．记录的输出格式

从前面的代码可以看出，.NET 编译器为记录类型重写了 ToString()方法，代码如下：

```
public override string ToString()
{
    StringBuilder builder = new StringBuilder();
    builder.Append("Student");
    builder.Append(" { ");
    if (this.PrintMembers(builder))
    {
        builder.Append(" ");
    }
    builder.Append("}");
    return builder.ToString();
}
```

重写 ToString()方法后的默认输出格式如下：

```
记录类型 { 属性名 1 = 属性值 1, 属性名 2 = 属性值 2, ...}
```

例如：

```
public record Student1(string Num, string Name);
public class Test
{
    Student1 student1 = new Student1("001", "MR");
    static void Main(string[] args)
    {
        Student1 student1 = new Student1("001", "MR");
        Console.WriteLine(student1);
    }
}
```

上面代码的输出结果如下：

```
Student1 { Num = 001, Name = MR }
```

6．使用 with 关键字简化代码

在我们定义含有构造参数的引用类型记录时，由构造参数默认生成的属性是不可变的，因此必须在创建对象时为构造参数传值，例如：

```
public record Student1(string Num, string Name);
public class Test
{
Student1 student1 = new Student1("001", "MR");
}
```

在其他记录对象中，如果想要使用已有记录对象的某些属性值，一种方法是使用已有记录对象直接调用其属性，示例代码如下：

```
public record Student1(string Num, string Name);
public class Test
```

```
{
Student1 student1 = new Student1("001", "MR");
      Student1 student1_1 = new Student1("002",student1.Name);
}
```

在 C# 9 之后，我们可以使用 with 关键字进行引用，后面通过属性指定需要改变的值，示例代码如下：

```
public record Student1(string Num, string Name);
public class Test
{
Student1 student1 = new Student1("001", "MR");
      Student1 student1_1 = student1 with { Name = "NET" };
}
```

4.7.2 值类型记录

值类型记录是 C# 10 及之后版本的一个特性，值类型记录其实就是使用 record 关键字声明结构体，例如：

```
public record struct Point(double X, double Y, double Z);
```

值类型记录的使用与引用类型记录类似，下面主要介绍它们的不同之处。

☑ 值类型记录可以分为 record struct 和 readonly record struct 两种，其中，record struct 生成的属性是 get 和 set 标识，而 readonly record struct 与 record class 一样，生成的属性是 get 和 init 标识。例如，下面代码是合法的：

```
public record struct Point(double X, double Y, double Z);
Point point = new Point(1, 2, 3);
point.X = 2;
```

☑ 编译生成构造函数时，record class 会生成两个构造函数：一个被 protected 修饰，用于<Clone>$()方法，另一个被 public 修饰，包含所有的构造参数。而 readonly record struct 和 record struct 生成的构造函数只包含一个 public 修饰，包含所有的构造参数，另外，默认会有一个空构造函数，因此可以使用空构造函数创建值类型记录的对象，然后再为其属性赋值。例如：

```
public record struct Point(double X, double Y, double Z);
Point point = new Point();
point.X = 1;
point.Y = 2;
point.Z = 3;
```

☑ 值类型记录和引用类型记录中都可以自定义属性，但 record struct 中定义的属性必须进行初始化，readonly record struct 中定义的属性必须是只读并且初始化的。例如：

```
public record struct Point3(double X, double Y)
{
    public double Z { get; set; } = default;
}
public readonly record struct Point3(double X, double Y)
{
    public double Z { get; } = default;
}
```

☑ 引用类型记录使用 Equals()方法时，除了比较属性值是否一致，还会比较记录的类型是否一致，

而对于值类型记录，由于其本身是值类型，因此只比较属性值。

虽然记录可以是可变的，但它们主要用于支持不可变的数据模型。

说明

记录只是一个语法糖，它只在编译时生效，运行时并没有记录这个类型；另外，记录不适合在Entity Framework Core 中使用，因为记录重写了 Equals 方法和==、!=运算符，而 Entity Framework Core 依赖于引用相等性来确保概念上是一个实体的实体类型只使用一个实例。

4.8 要点回顾

本章主要对.NET Core 应用开发时经常用到的 C#的一些新语法进行了详细讲解，通过这些新语法的使用，不仅能够更大限度地提升.NET Core 应用的性能，而且对于开发人员来说，编写代码也变得更加简单、方便。学习本章时，读者应该重点掌握全局 using 指令、可空引用类型、模式匹配在 if 和 switch 中的使用、switch 表达式和 record 记录类型的应用。

第5章

异步编程

异步编程是.NET应用开发中最常用的技术之一，通过使用异步编程，可以有效地提高程序的响应能力，而且可以增强服务器端应用的可扩展性，在有限的资源情况下服务更多的请求。本章将对.NET中的异步编程技术进行详细讲解。

本章知识架构及重点、难点如下。

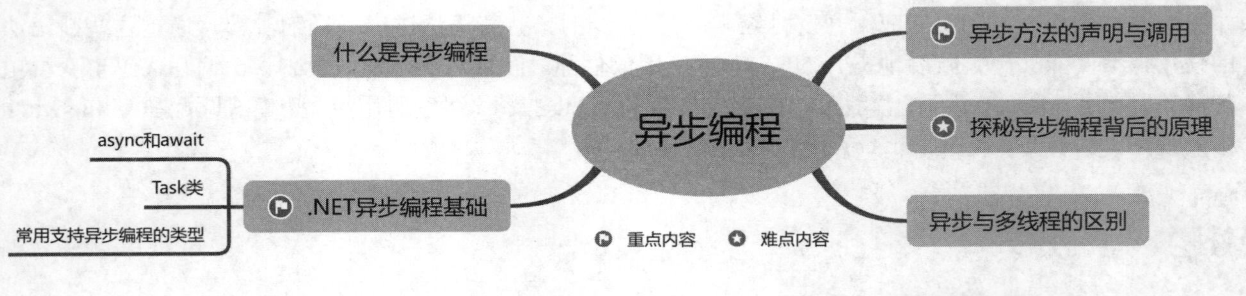

5.1 什么是异步编程

近些年来，伴随着技术的进步，.NET中增加了很多的新特性，其中，异步编程是特别重要的一个特性，其实，异步编程的概念在.NET Framework的早期版本中已经存在。最初在.NET Framework中实现异步编程一般是通过名称以Begin和End开头的方法去实现；之后的.NET Framework版本中发布了基于事件驱动的异步模式，这种模式是调用一个以Async结尾的方法；从.NET Framework 4.0开始，引入了Task类，微软极力推荐使用Task来执行异步任务，现在C#类库中的异步方法基本都用到了Task；从.NET 5.0开始推出了async/await关键字，让.NET中的异步编程更为简单方便，从而使得开发人员可以轻松开发出更高效的应用程序。

通过使用.NET异步编程，可以提高服务器接待请求的数量，但不会使得单个请求的处理效率变高，甚至有可能略有降低。原因是它在程序继续执行的同时，可以对.NET类方法进行调用，直到进行指定的回调为止；或者如果没有提供回调，则直到对调用的阻塞、轮询或等待完成为止，这样就可以有效地避免性能瓶颈，并增强程序的总体响应能力。

下面通过一个生活中的例子说明异步编程的好处，比如我们平时在沟通工作时，通常会打电话或者发邮件。这里的打电话就相当于同步，因为打电话时，通常是一个人说另一个人听，也就是一个人在说的时候，另一个人处于等待状态；而发邮件相当于异步，因为我们在写邮件时，不会有人专门等着你写邮件而什么都不做，而是在我们写邮件的同时，收件人可以去做其他的事情。

5.2　.NET 异步编程基础

.NET 中的异步编程主要通过 async/await 关键字、Task 类和已有的一些名称以 Async 结尾的方法实现，本节将先对这些基础知识进行简单介绍。

5.2.1　async 和 await

async/await 是从.NET 5.0 开始引入的关键字，其中，async 关键字用于声明异步方法，而 await 关键字则用于调用异步方法，它们使得.NET 中的异步编程变得更加简单，从而促进了异步编程在.NET 开发中的广泛应用。

async 和 await 的基本使用规则如下：

☑ 使用 async 修饰的方法为异步方法，但需要配合 await 使用，否则就是普通的方法；

☑ 当 async 方法执行时，如果遇到 await， await 会挂起当前方法，即阻塞其当前所在方法的代码继续往下执行，而立即将控制权转移到 async 方法的调用者；

☑ 由调用者决定是否需要等待 async 方法执行完再继续往下执行；

☑ 一个方法中如果有 await 调用，则该方法也必须被修饰为 async；

☑ 调用泛型方法时，通常在方法前加 await 关键字，这样方法调用的返回值就是泛型指定的 T 类型的值。

5.2.2　Task 类

Task 类表示一个异步操作，它位于 System.Threading.Tasks 命名空间下，它是.NET Framework 4.0 中首次引入的基于任务的异步模式的核心组件之一，对于有返回值的操作，需要使用 Task<TResult>类。

Task 类的常用属性及说明如表 5.1 所示。

表 5.1　Task 类的常用属性及说明

属　　性	说　　明
CompletedTask	获取一个已成功完成的任务
CurrentId	返回当前正在执行 Task 的 ID
Id	获取 Task 对象的 ID
IsCanceled	获取 Task 对象是否由于被取消的原因而已完成执行
IsCompleted	获取一个值，它表示是否已完成任务
IsCompletedSuccessfully	了解任务是否运行到完成
Status	获取此任务的 TaskStatus

Task 类的常用方法及说明如表 5.2 所示。

表 5.2　Task 类的常用方法及说明

方　　法	说　　明
ContinueWith()	创建一个在目标 Task 完成时接收调用方提供的状态信息并执行的延续任务
Delay()	创建一个在指定的毫秒数后完成的任务
FromCanceled()	创建 Task，它因指定的取消标记进行的取消操作而完成
FromResult<TResult>(TResult)	创建指定结果的、成功完成的 Task<TResult>
Run()	将在线程池上运行的指定工作排队，并返回代表该工作的 Task 对象
Run<TResult>()	将指定的工作排成队列并在线程池上运行
Start()	启动 Task，并将它安排到当前的任务队列中执行
Wait()	等待 Task 完成执行过程
WaitAll()	等待提供的所有 Task 对象完成执行过程
WaitAny()	等待提供的任一 Task 对象完成执行过程
WaitAsync()	获取一个 Task，其将在完成此 Task 时、指定的超时到期时或指定的取消令牌请求取消时完成
WhenAll()	创建一个任务，该任务将在可枚举集合或数组中的所有 Task 对象都已完成时完成
WhenAny()	创建的任务将在提供的任一任务完成时完成
Yield()	创建异步产生当前上下文的等待任务

5.2.3　常用支持异步编程的类型

.NET 中的很多类型都提供了异步方法，常用的如表 5.3 所示。

表 5.3　常用支持异步编程的类型及方法

类　　型	方　　法
SteamReader	ReadAsync()、ReadLineAsync()、ReadToEndAsync()
StreamWriter	FlushAsync()、WriteAsync()、WriteLineAsync()
File	AppendAllLinesAsync()、AppendAllTextAsync()、ReadAllBytesAsync()、ReadAllLinesAsync()、ReadAllTextAsync()、ReadLinesAsync()、WriteAllLinesAsync()、WriteAllTextAsync()、WriteAllBytesAsync()
HttpClient	GetAsync()、GetByteArrayAsync()、GetStreamAsync()、GetStringAsync()、PostAsync()、PutAsync()、SendAsync()
DbContext	AddAsync()、AddRangeAsync()、FindAsync()、SaveChangesAsync()
DbSet	AddAsync()、AddRangeAsync()、FindAsync()、AverageAsync()、AnyAsync()、CountAsync()、FirstAsync()、ForEachAsync()、LastAsync()、MaxAsync()、MinAsync()、SumAsync()、SingleAsync()、ToListAsync()

说明

实际开发中，只要遇到有名称以 Async 结尾的方法，就应该先查看该方法的返回值是否为 Task 或者 Task<T>，如果是，则应该使用 await 关键字调用这个方法，而不要使用不以 Async 结尾的同名方法。

5.3　异步方法的声明及调用

如果一个方法使用 async 关键字修饰，则该方法就可以成为一个异步方法，异步方法主要有以下几个特点：

- ☑ 方法名通常以 Async 结尾，但不是强制；
- ☑ 返回值一般是 Task<T>类型，其中的 T 是真正的返回值类型；
- ☑ 如果没有返回值，也建议将返回值声明为非泛型的 Task。

下面通过具体的实例代码讲解如何声明并调用异步方法。

【例 5.1】使用异步方法获取指定网页内容（**实例位置：资源包\Code\05\01**）

创建一个.NET 控制台应用，其中声明一个异步方法，用来获取指定网页的内容，代码如下：

```
//定义一个异步方法，获取指定网页内容
async Task<string> DownloadAsync1(string url)
{
    using HttpClient httpClient=new HttpClient();           //创建用于发送请求的对象
    string content=await httpClient.GetStringAsync(url);    //向指定地址发送 GET 请求，获取内容
    return content;                                         //返回获取的内容
}
```

上面的实例只是通过异步方法从网页获取内容，下面我们对需求进行修改，将获取的网页内容写入指定文件中，然后再从文件中读取内容。

【例 5.2】获取指定网页内容并写入文件（**实例位置：资源包\Code\05\02**）

创建一个.NET 控制台应用，其中声明一个异步方法，用来获取指定网页的内容，然后分别使用 File 类的异步写入与读取方法，将获取的网页内容写入文件并读取，代码如下：

```
//定义一个异步方法，获取指定网页内容，写入文件并读取
async Task<string> DownloadAsync2(string url)
{
    using HttpClient httpClient = new HttpClient();            //创建用于发送请求的对象
    string content = await httpClient.GetStringAsync(url);     //向指定地址发送 GET 请求，获取内容
    await File.WriteAllTextAsync("test.html", content);        //将获取的内容写入指定文件
    string s = await File.ReadAllTextAsync("test.html");       //从文件读取内容
    return s;                                                  //返回读取的内容
}
```

在上面的 DownloadAsync2()异步方法代码中，同时涉及了文件的写入和读取操作，因此，我们在进行写入和读取时，都使用了 await 关键字，以便第 7 行的读取操作能够在第 6 行的写入操作完成后再去执行，否则，就有可能发生第 6 行的写入操作还未完成、第 7 行的读取操作就开始执行的情况，从而导致程序出现异常，如图 5.1 所示。

```
File.WriteAllTextAsync("test.html", content);//将获取的内容写入指定文件
  class System.IO.File
  Provides static methods for the creation, copying, deletion, moving, and opening of a single file, and aids in the creation of FileStream objects.
  CS4014: 由于此调用不会等待，因此在此调用完成之前将会继续执行当前方法。请考虑将 "await" 运算符应用于调用结果。
  显示可能的修补程序 (Alt+Enter或Ctrl+.)
```

图 5.1　不使用 await 关键字进行写入和读取操作时的警告信息

通过上面的实例，我们已经声明了两个异步方法，下面我们来看一下如何调用声明的异步方法。调用异步方法需要使用 await 关键字，通过调用异步方法，可以使程序在执行到调用的异步方法时，等待异步方法执行结束再继续向下执行。

【例 5.3】获取指定网页内容并写入文件（**实例位置：资源包\Code\05\03**）

创建一个.NET 控制台应用，首先将【例 5.1】和【例 5.2】中的声明的异步方法写入，然后使用 await 对方法进行异步调用，代码如下：

```
string content1 = await DownloadAsync1("https://www.baidu.com");     //异步调用方法，并返回获取内容
Console.WriteLine(content1);                                         //输出内容

string content2 = await DownloadAsync2("https://www.baidu.com");     //异步调用方法，并返回获取内容
Console.WriteLine(content2);                                         //输出内容
```

运行上面程序，效果如图 5.2 所示，并且在项目的 Debug 文件夹中会生成一个写入了内容的 test.html 文件，如图 5.3 所示。

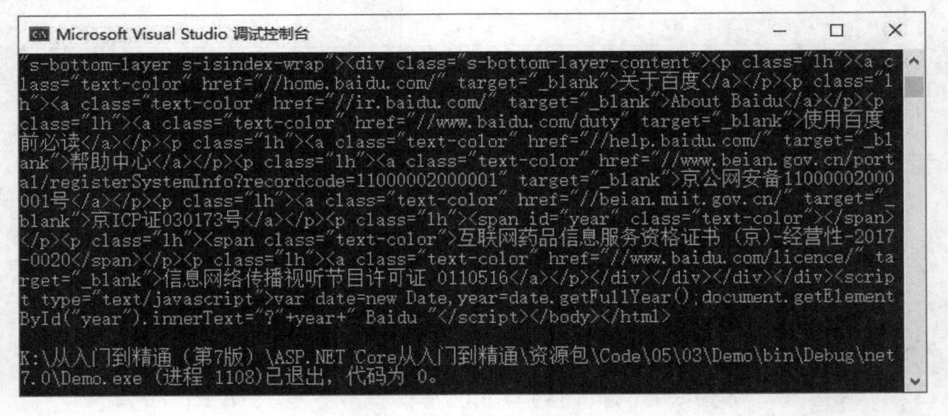

图 5.2　异步方法的调用

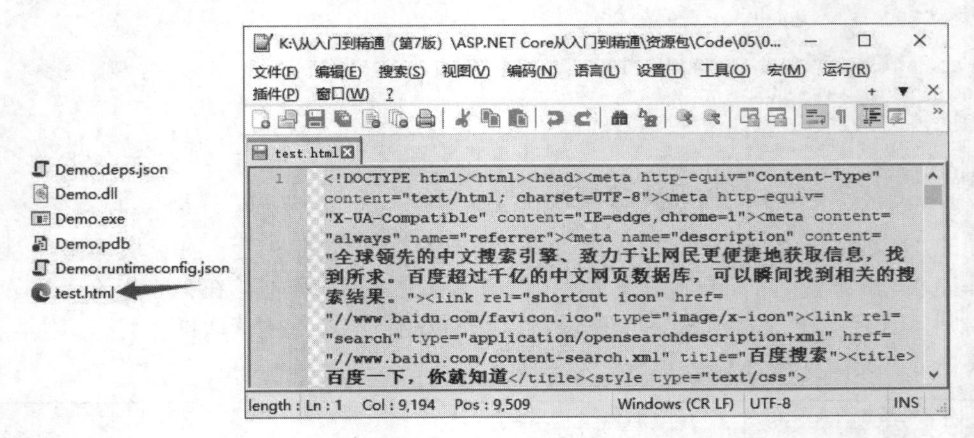

图 5.3　自动生成的 test.html 文件及其内容

这里需要说明的是，调用异步方法时，一定要使用 await 关键字，否则，异步方法将作为普通方法运行，程序不会等待被调用的异步方法执行结束才向下执行，而且在运行效果上也看不出任何区别；

另外，await 关键字还有一个作用，就是对于返回值为 Task<T>类型的异步方法，经过 await 调用，可以自动将返回数据从 Task 中提取出来，从而可以直接使用相应类型的变量去接收该值，如图 5.4 所示。

```
string content2 = DownloadAsync2("https://www.baidu.com");//异步调用方法，并返回
Console.WriteLine(content2);//输出
    class System.String
    Represents text as a sequence of UTF-16 code units.

    CS0029: 无法将类型"System.Threading.Tasks.Task<string>"隐式转换为"string"
```

图 5.4　不使用 await 关键字调用返回类型为 Task<T>的异步方法时的错误提示

说明

作为应用程序入口点的 Main()方法，默认为 void 无返回值类型，我们可以将其返回值类型修改为 Task 或 Task<int>，使其成为异步的，以便在其 Main()方法体中使用 await 关键字。

5.4　探秘异步编程背后的原理

通过上面的代码，我们已经很方便地使用 async/await 关键字实现了异步方法的声明与调用，本节将借助反编译工具剖析异步编程背后的原理。

说明

反编译工具是通过分析编译后的 dll 文件，从而将其逆向转换为代码的一个过程，常用的.NET 反编译工具有 ILSpy、dnSpy、.NET Reflector、dotPeek 等。

这里以【例 5.3】为例进行分析讲解，【例 5.3】代码编译完后会生成如图 5.5 所示的几个文件。

名称	类型
Demo.deps.json	JSON File
Demo.dll	应用程序扩展
Demo.exe	应用程序
Demo.pdb	Program Debug...
Demo.runtimeconfig.json	JSON File

图 5.5　.NET 控制台应用编译后生成的文件

其中，.exe 文件是 Windows 平台的一个启动器，主要的代码逻辑被编译到.dll 文件中，因此，使用反编译工具 ILSpy 打开【例 5.3】编译完的 Demo.dll 程序集，如图 5.6 所示。

从图 5.6 可以看出，编译器在实际编译运行【例 5.3】时，为每个异步方法都生成了一个名字奇怪的类，如<<Main>$>d__0、<<<Main>$>g__DownloadAsync1|0_0>d、<<<Main>$>g__DownloadAsync2|0_1>d，这主要是为了避免自动生成的名字与我们编写的代码中的名字冲突，当单击每个自动生成的类时，可以在右侧看到相应的反编译后的代码，我们以<<Main>$>d__0 类为例看一下反编译后的代码结构，代码如下：

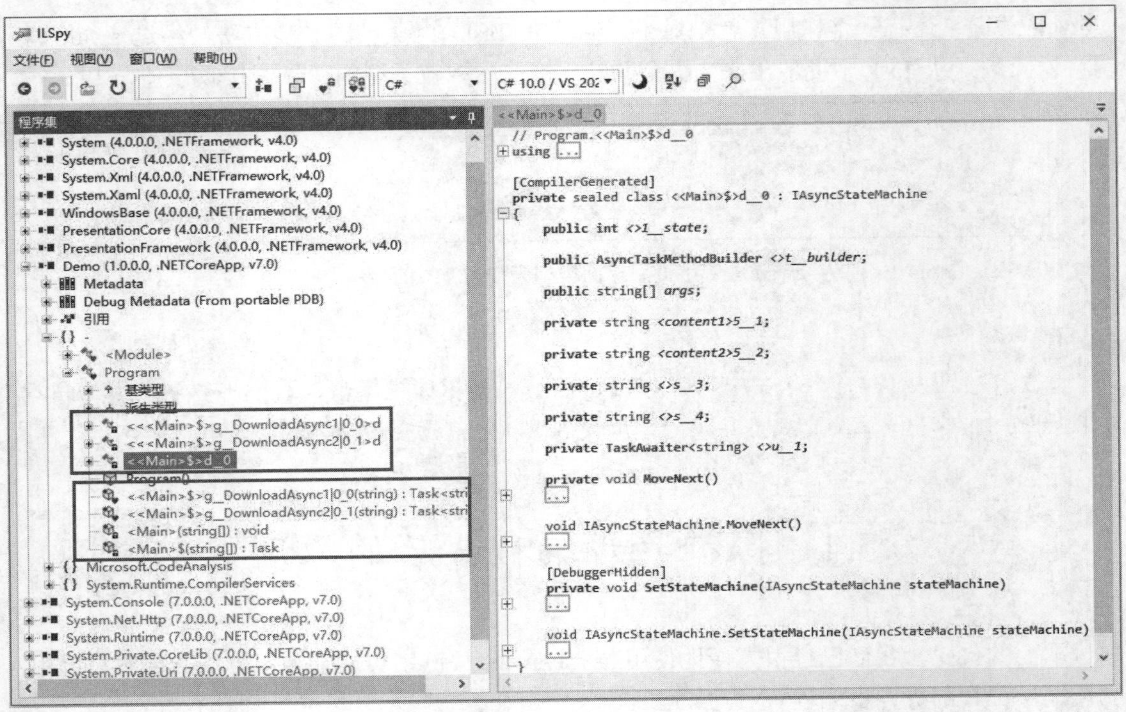

图 5.6 dll 反编译后的结构

```
// Program.<<Main>$>d__0
using System;
using System.Diagnostics;
using System.Runtime.CompilerServices;

[CompilerGenerated]
private sealed class <<Main>$>d__0 : IAsyncStateMachine
{
	public int <>1__state;

	public AsyncTaskMethodBuilder <>t__builder;

	public string[] args;

	private string <content1>5__1;

	private string <content2>5__2;

	private string <>s__3;

	private string <>s__4;

	private TaskAwaiter<string> <>u__1;

	private void MoveNext()
	{
		int num = <>1__state;
		try
		{
			TaskAwaiter<string> awaiter;
```

```
            TaskAwaiter<string> awaiter2;
            if (num != 0)
            {
                if (num == 1)
                {
                    awaiter = <>u__1;
                    <>u__1 = default(TaskAwaiter<string>);
                    num = (<>1__state = -1);
                    goto IL_00ff;
                }
                awaiter2 = <<Main>$>g__DownloadAsync1|0_0("https://www.baidu.com").GetAwaiter();
                if (!awaiter2.IsCompleted)
                {
                    num = (<>1__state = 0);
                    <>u__1 = awaiter2;
                    <<Main>$>d__0 stateMachine = this;
                    <>t__builder.AwaitUnsafeOnCompleted(ref awaiter2, ref stateMachine);
                    return;
                }
            }
            else
            {
                awaiter2 = <>u__1;
                <>u__1 = default(TaskAwaiter<string>);
                num = (<>1__state = -1);
            }
            <>s__3 = awaiter2.GetResult();
            <content1>5__1 = <>s__3;
            <>s__3 = null;
            Console.WriteLine(<content1>5__1);
            awaiter = <<Main>$>g__DownloadAsync2|0_1("https://www.baidu.com").GetAwaiter();
            if (!awaiter.IsCompleted)
            {
                num = (<>1__state = 1);
                <>u__1 = awaiter;
                <<Main>$>d__0 stateMachine = this;
                <>t__builder.AwaitUnsafeOnCompleted(ref awaiter, ref stateMachine);
                return;
            }
            goto IL_00ff;
            IL_00ff:
            <>s__4 = awaiter.GetResult();
            <content2>5__2 = <>s__4;
            <>s__4 = null;
            Console.WriteLine(<content2>5__2);
        }
        catch (Exception exception)
        {
            <>1__state = -2;
            <content1>5__1 = null;
            <content2>5__2 = null;
            <>t__builder.SetException(exception);
            return;
        }
        <>1__state = -2;
        <content1>5__1 = null;
        <content2>5__2 = null;
        <>t__builder.SetResult();
    }
```

```
        void IAsyncStateMachine.MoveNext()
        {
            //ILSpy generated this explicit interface implementation from .override directive in MoveNext
            this.MoveNext();
        }

        [DebuggerHidden]
        private void SetStateMachine(IAsyncStateMachine stateMachine)
        {
        }

        void IAsyncStateMachine.SetStateMachine(IAsyncStateMachine stateMachine)
        {
            //ILSpy generated this explicit interface implementation from .override directive in SetStateMachine
            this.SetStateMachine(stateMachine);
        }
}
```

通过以上代码可以看出，反编译后的代码生成的类实现了一个 IAsyncStateMachine 接口，并且实现了其 MoveNext()方法，主要的代码逻辑都是在该方法中实现的，该方法是一个典型的状态机模式，它会根据 await 调用将方法切分为多个状态，对 async 异步方法的调用会被拆分为若干次对 MoveNext()方法的调用。因此用 await 异步调用看似是等待，但经过编译后其实并没有 wait。

说明

由于 async 关键字主要用于提示编译器为异步方法中的 await 代码进行分段处理，而其是否存在对于方法的调用者是没有区别的，因此，接口或者抽象类中的方法是不能修饰为 async 的，但我们可以将它们的返回值定义为 Task 类型，并在其实现类中根据需要确定是否需要添加 async 关键字。

从上面的分析可以看出，在程序中使用 async 修饰的异步方法时，由于其在执行时，实际上被编译成了类，然后通过状态机的模式去执行，因此它的执行效率可能会比普通方法低，而且比较占用内存空间，所以，如果一个异步方法只是进行一些简单的处理操作，或者只是对其他的异步方法的简单调用，就可以去掉 async/await 关键字，而只将其返回值类型声明为 Task 或者 Task<T>，这样可以提高执行效率。但需要注意的是，如果方法使用了 async 修饰，并且返回值为 Task 类型时，可以直接使用 return 返回相应类型的数据，编译器会自动将其转换为 Task 对象；而如果方法不用 async 修饰，返回数据时需要手动创建 Task 对象。常用的手动创建 Task 对象的方法有以下 3 种：

☑ 调用的方法的返回类型为 Task 类型：

```
Task<string> DownloadAsync1(string url)
{
    using HttpClient httpClient = new HttpClient();     //创建用于发送请求的对象
    return httpClient.GetStringAsync(url);              //向指定地址发送 GET 请求，获取内容
}
```

☑ 使用 Task.FromResult()方法将数据转换为 Task 对象：

```
Task<string> DownloadAsync1(string url)
{
    using HttpClient httpClient = new HttpClient();     //创建用于发送请求的对象
    httpClient.GetStringAsync(url);                     //向指定地址发送 GET 请求，获取内容
    return Task.FromResult("Complete");
}
```

☑ 使用 Task.CompletedTask 属性定义一个已完成任务：

```
Task DownloadAsync1(string url)
{
    using HttpClient httpClient = new HttpClient();          //创建用于发送请求的对象
    httpClient.GetStringAsync(url);                          //向指定地址发送 GET 请求，获取内容
    return Task.CompletedTask;
}
```

5.5 异步与多线程的区别

本章所学的异步编程与多线程有什么关系呢？异步编程是多线程吗？本节将通过实例分析演示异步编程与多线程的区别。

以【例 5.1】中获取指定网页内容的异步方法为例，修改声明的 DownloadAsync1()异步方法，其中使用 Thread.CurrentThread.ManagedThreadId 获取异步方法执行的线程 ID，然后在主线程调用 DownloadAsync1()异步方法，调用之前，首先输出一下主线程的 ID，代码如下：

```
async Task<string> DownloadAsync1(string url)
{
    Console.WriteLine("异步线程 1：" + Thread.CurrentThread.ManagedThreadId);
    using HttpClient httpClient=new HttpClient();            //创建用于发送请求的对象
    string content=await httpClient.GetStringAsync(url);     //向指定地址发送 GET 请求，获取内容
    return content;                                          //返回获取的内容
}
Console.WriteLine("主线程 1："+Thread.CurrentThread.ManagedThreadId);
await DownloadAsync1("https://www.baidu.com");
Console.WriteLine("主线程 2：" + Thread.CurrentThread.ManagedThreadId);
```

运行上面代码，效果如图 5.7 所示。

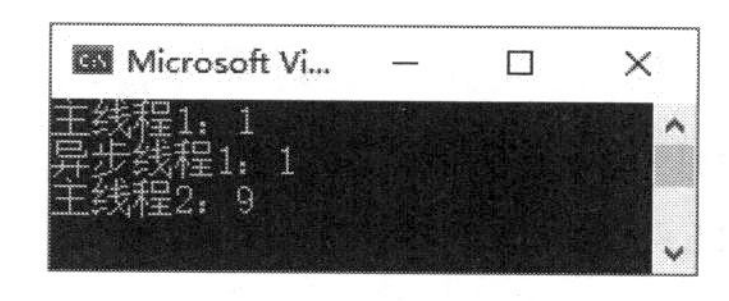

图 5.7 获取异步方法的线程 ID

通过观察图 5.7 可以发现，异步方法执行时，获取到的线程 ID 与主线程 ID 是相同的，因此说明异步方法中的代码并不会自动在新线程中执行，而只有在异步方法执行后，因为在等待异步方法结束时，程序会从线程池中获取一个新的空闲线程继续执行，所以新获取的线程 ID 发生了变化。

上面示例已经说明：异步方法中的代码并不会自动在新线程中执行，那么，如何让异步方法中的代码在新线程中执行呢？常用的方法是使用 Task.Run()方法，即将异步方法中要执行的代码以委托的形式传递给 Task.Run()，这样就可以在新的线程中执行异步方法中的代码了。

【例 5.4】在新线程中执行异步方法代码（**实例位置：资源包\Code\05\04**）

创建一个.NET 控制台应用，分别定义两个异步方法。第一个异步方法正常获取开始执行时的线程 ID，第二个异步方法在开始执行时获取线程 ID，然后使用 Task.Run()方法执行逻辑代码，并再次获取

线程 ID。最后分别调用这两个异步方法，并分别与主线程 ID 进行比较。代码如下：

```
async Task<string> DownloadAsync1(string url)
{
//获取异步方法开始执行时的线程 ID
    Console.WriteLine("异步线程 1：" + Thread.CurrentThread.ManagedThreadId);
    using HttpClient httpClient=new HttpClient();                    //创建用于发送请求的对象
    string content=await httpClient.GetStringAsync(url);             //向指定地址发送 GET 请求，获取内容
    return content;                                                  //返回获取的内容
}
async Task<string> DownloadAsync2(string url)
{
//获取异步方法开始执行时的线程 ID
    Console.WriteLine("异步线程 2：" + Thread.CurrentThread.ManagedThreadId);
    return await Task.Run(async () =>                                //使用 Task.Run 执行异步方法代码
    {
        Console.WriteLine("Task.Run：" + Thread.CurrentThread.ManagedThreadId); //获取线程 ID
        using HttpClient httpClient = new HttpClient();              //创建用于发送请求的对象
        string content = await httpClient.GetStringAsync(url);       //向指定地址发送 GET 请求，获取内容
        return content;                                              //返回获取的内容
    });

}

Console.WriteLine("主线程 1："+Thread.CurrentThread.ManagedThreadId); //获取初始线程 ID
await DownloadAsync1("https://www.baidu.com");                       //执行异步方法
//异步等待结束后获取到的新线程 ID
Console.WriteLine("主线程 2：" + Thread.CurrentThread.ManagedThreadId);
await DownloadAsync2("https://www.baidu.com");                       //执行异步方法
//异步等待再次结束后获取到的新线程 ID
Console.WriteLine("主线程 3：" + Thread.CurrentThread.ManagedThreadId);
Console.WriteLine("");                                               //当前线程输出内容
Console.WriteLine("主线程 4：" + Thread.CurrentThread.ManagedThreadId);//再次获取当前线程 ID
```

运行上面程序，效果如图 5.8 所示。

通过观察图 5.8 可以发现，异步线程 1 和主线程 1 的线程 ID 相同，异步线程 2 和主线程 2 的线程 ID 相同，这印证了异步方法的代码不会在新线程中执行的观点；而 Task.Run()的线程 ID 与主线程 2 的线程 ID 不同，说明要想在新线程上执行异步方法中的代码，就需要手动开启一个新线程，最常用的方法就是 Task.Run()；主线程 3 和主线程 4 的线程 ID 相同，说明它们是在一个线程上同步执行。

有读者可能会问：为什么主线程 3 和主线程 4 的线程 ID 与 Task.Run()的线程 ID 也相同呢？这其实是根据每台计算机本身的执行效率来自动分配的，出现图 5.8 所示的运行结果，可能正好是 Task.Run()新开的线程执行完相应代码后，被放回线程池中，而系统又从线程池中取出了刚放回去的这个线程，所以就出现了图 5.8 所示的结果，这时再次运行程序，就有可能出现不同的结果，如图 5.9 所示。

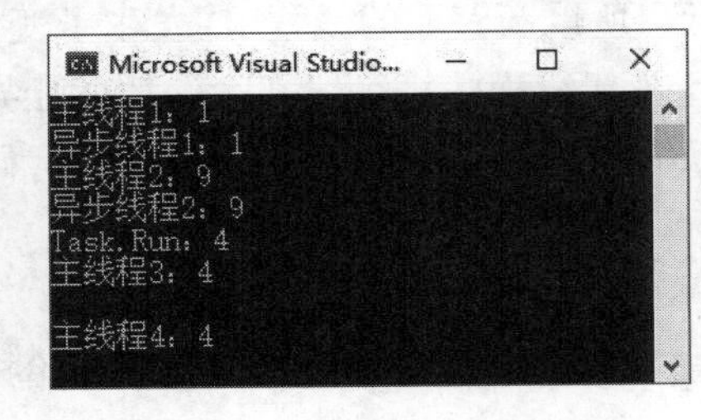

图 5.8　异步方法的调用

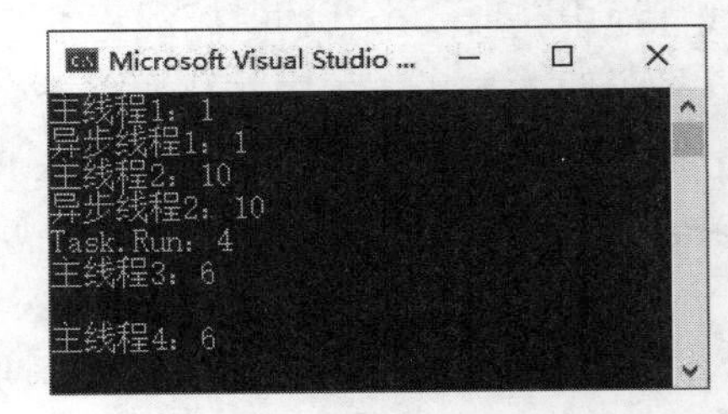

图 5.9　异步方法的重复调用

5.6 要 点 回 顾

本章主要对.NET 中的异步编程技术进行了详细讲解，包括异步编程的基本概念、异步编程的实现基础、如何实现异步编程、异步编程程序的运行原理，以及异步编程与多线程的区别等。从.NET 5.0 开始，async/await 关键字的出现，使得开发人员可以像编写同步代码一样编写异步代码，这从客观上推动了异步编程的普及和应用，通过异步编程，可以直接处理多个核心上的 I/O 阻塞和并发操作，对于 I/O 密集型（例如从网络请求数据、访问数据库和写入文件等）和 CPU 密集型（例如大量的运算等）的任务，我们都可以选择异步编程去实现。

第 6 章

LINQ 编程

LINQ（language-integrated query，语言集成查询）是一组技术的名称，它能够将查询功能直接引入.NET 所支持的编程语言中。借助于 LINQ，查询已是高级语言构造，就如同类、方法和事件等。LINQ 是.NET 应用开发中最常用的技术之一，本章将对 LINQ 编程进行详细讲解。

本章知识架构及重点、难点如下。

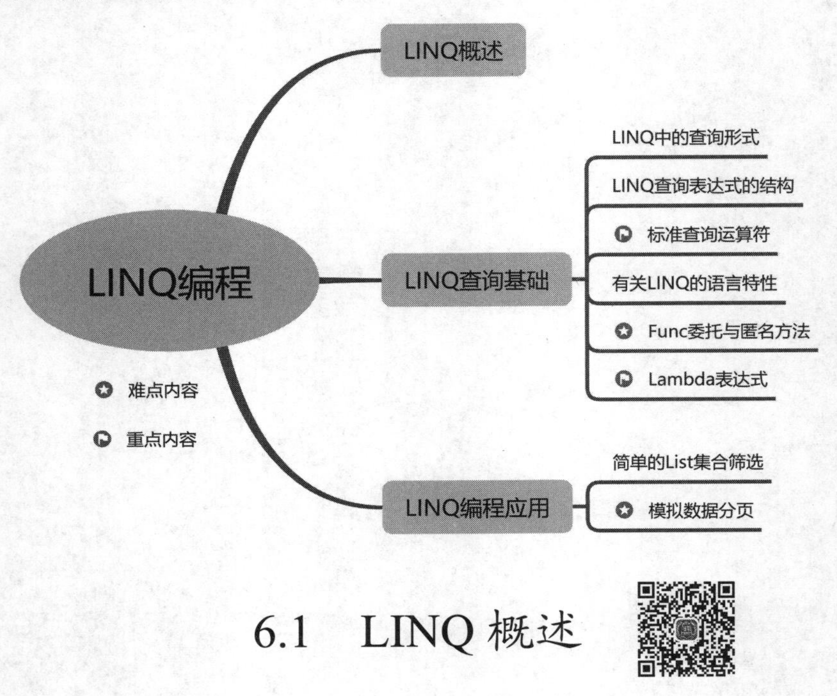

6.1 LINQ 概述

LINQ 是.NET 中提供的一种强大的数据查询技术，通过 LINQ 可以查询任何存储形式的数据，如对象（集合、数组、字符串等）、关系（关系数据库、ADO.NET 数据集等）、XML 等，其基本架构如图 6.1 所示。

从图 6.1 可以看出，LINQ 包括 LINQ to Entities、LINQ to Objects 和 LINQ to XML 3 部分，下面分别对 LINQ 的 3 个组成部分进行介绍。

☑ LINQ to Objects：可以查询 IEnumerable 或 IEnumerable<T>集合，也就是可以查询任何可枚举的集合，如数组（Array 和 ArrayList）、泛型列表 List<T>、泛型字典 Dictionary<T>等，以及用户自定义的集合。

☑ LINQ to Entities：允许开发人员使用 Visual Basic 或 Visual C#根据实体框架概念模型编写查询，

并返回可同时由实体框架和 LINQ 使用的对象。

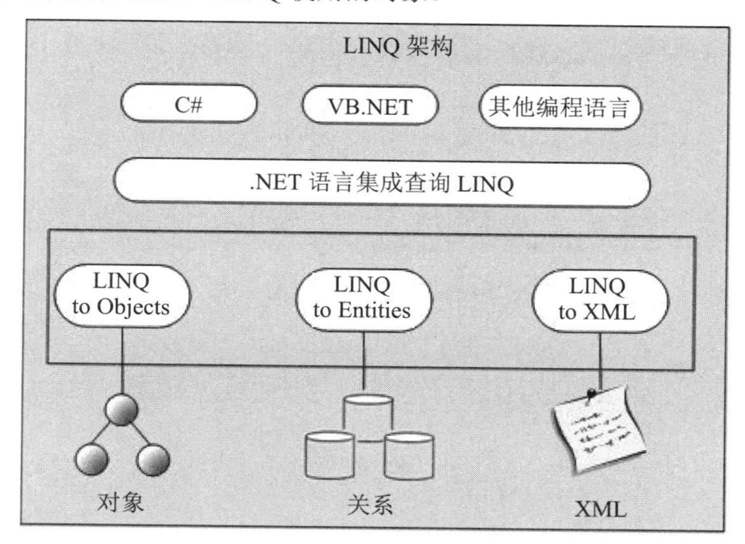

图 6.1　LINQ 架构

☑ LINQ to XML：可以查询或操作 XML 结构的数据（如 XML 文档、XML 片段、XML 格式的字符串等），并提供修改文档对象模型的内存文档和支持 LINQ 查询表达式等功能，以及处理 XML 文档的全新编程接口。

6.2　LINQ 查询基础

在学习 LINQ 技术之前需要了解一些有关 LINQ 的基础知识，因为 LINQ 的实现必须由这些基础来构成，例如隐式类型、委托和 Lambda 表达式等。在了解并掌握这些基础知识后才能继续 LINQ 的学习。

6.2.1　LINQ 中的查询形式

在实现 LINQ 查询时，可以使用两种形式的语法，即方法语法和查询语法。

☑ 方法语法（method syntax）使用标准的方法调用，这些方法是一组标准查询运算符的方法。方法语法是命令式的，它指明了查询方法的调用顺序。

☑ 查询语法（query syntax）是看上去和 SQL 语句很相似的一组查询子句，查询语法是声明式的，即它只是定义并描述了想返回的数据，并没有指明如何执行这个查询，所以，编译器实际上会将查询语法表示的查询翻译为方法调用的形式。

以下为两种查询方式的基本形式。

☑ 使用方法语法方式：

```
int[] values = new int[] { 5, 8, 15, 20, 21, 30, 50, 65, 93 };
List<int> list = values.Where(W => W >= 30).ToList();
```

说明

=>表示一个 Lambda 表达式，使用它可以进行函数式编程，并大大减少代码量，Lambda 表达式将在 6.2.6 节进行详细讲解。

☑ 使用查询语法方式：

```
int[] values = new int[] { 5, 8, 15, 20, 21, 30, 50, 65, 93 };
var list = from v in values where v >= 30 select v;
```

以上两种方式的查询结果是相同的，但.NET 开发中推荐使用方法语法来实现，因为它更易读，也更简单方便。

6.2.2 LINQ 查询表达式的结构

对于编写查询的开发人员来说，LINQ 最明显的“语言集成”部分是查询表达式。查询表达式是使用 C#中引入的声明性查询语法编写的。通过使用查询语法，开发人员可以使用最少的代码对数据源执行复杂的筛选、排序和分组操作，使用相同的基本查询表达式模式来查询和转换 SQL 数据库、ADO.NET 数据集、XML 文档和流以及.NET 集合中的数据等。

使用 LINQ 查询表达式时，需要注意以下几点。

☑ 查询表达式可用于查询和转换来自任意支持 LINQ 的数据源中的数据。例如，单个查询可以从 SQL 数据库检索数据，并生成 XML 流作为输出。
☑ 查询表达式容易掌握，因为它们使用许多常见的 C#语言构造。
☑ 查询表达式中的变量都是强类型的，但许多情况下不需要显式提供类型，因为编译器可以推断类型。
☑ 在循环访问 foreach 语句中的查询变量之前，不会执行查询。
☑ 在编译时，根据 C#规范中设置的规则将查询表达式转换为“标准查询运算符”方法调用。任何可以使用查询语法表示的查询都可以使用方法语法表示。
☑ 一些查询操作，如 Count 或 Max 等，由于没有等效的查询表达式子句，因此必须表示为方法调用。
☑ 查询表达式可以编译为表达式目录树或委托，具体取决于查询所应用到的类型。其中，IEnumerable<T>查询编译为委托，IQueryable 和 IQueryable<T>查询编译为表达式目录树。

LINQ 查询表达式包含 8 个基本子句，分别为 from、select、group、where、orderby、join、let 和 into，其说明如表 6.1 所示。

表 6.1 LINQ 查询表达式子句及说明

子　句	说　明
from	指定数据源和范围变量
select	指定执行查询时返回的集合中的元素将具有的类型和形式
group	按照指定的键/值对查询结果进行分组
where	根据一个或多个由逻辑“与”和逻辑“或”运算符（&&和||）分隔的布尔表达式筛选源元素

续表

子　　句	说　　明
orderby	基于元素类型的默认比较器按升序或降序对查询结果进行排序
join	基于两个指定匹配条件之间的相等比较来连接两个数据源
let	引入一个用于存储查询表达式中子表达式结果的范围变量
into	提供一个标识符，它可以充当对 join、group 或 select 子句的结果的引用

LINQ 查询表达式必须包括 from 子句，且以 from 子句开头。from 子句指定查询操作的数据源和范围变量。其中，数据源不但包括查询本身的数据源，还包括子查询的数据源。范围变量一般用来表示源集合中的每一个元素。

说明

如果一个查询表达式还包括子查询，那么子查询表达式也必须以 from 子句开头。

下面是一个完整的 LINQ 查询表达式语句：

```
List<Student> student = GetStudents();
List<Scores> scores = GetScores();
var list = from _student in student
            join _scores in scores on _student.ID equals _scores.StudentID
            where (_scores.Chinese + _scores.Math + _scores.English) / 3 > 60
            group _student by new { _student.Age } into ab
            orderby ab.Key.Age descending
            select new data { Age = ab.Key.Age, count = ab.Count() };
```

上面代码中，student 和 scores 分别是两个存在关联性的 List 数据集合，通过使用 from 和 join 子句并指定关联属性，可以将两个集合进行数据间的关联。where 条件筛选了平均分为 60 分以上的学生，然后通过 group by 子句指定了分组依据并使用 into 子句将分组结果存储在临时标识符 ab 中，在 group by 或 select 子句中使用 into 建立新的临时标识符有时也可以称为“延续”，这样对于 into 的理解就会更加透彻。orderby 子句定义了按指定的属性进行排序，排序方式可以为 descending 和 ascending，指定 descending 为按降序排列，而 ascending 为按升序排列，最后通过 select 返回一个自定义的数据实体类。

6.2.3　标准查询运算符

标准查询运算符由一系列扩展方法组成，它支持查询任何数组或集合对象。被查询的集合必须实现了 IEnumerable<T>接口，这些扩展方法中有一些返回 IEnumerable 对象，而其他一部分会直接返回标量值。

常用的 LINQ 查询扩展方法及说明如表 6.2 所示。

表 6.2　LINQ 查询扩展方法及说明

扩 展 方 法	说　　明
Select()	指定要查询的项，将集合中的每个元素投影到新表单，同 select 子句
Where()	指定筛选条件，同 where 子句
Take()	从集合的开头返回指定数量的相邻元素

续表

扩 展 方 法	说　明
Skip()	跳过集合中指定数量的元素，然后返回剩余的元素
Join()	对两个对象执行内连接
GroupBy()	分组集合中的元素，同 groupby 子句
OrderBy/ThenBy()	OrderBy()指定对集合中元素进行排序，ThenBy()可对更多的元素进行排序
OrderByDescending()	根据键按降序对集合的元素进行排序
Count()	返回集合中元素的个数
Sum()	返回集合中某一项值的总和
Min()	返回元素中最小的值
Max()	返回元素中最大的值
Average()	返回集合中元素的平均值
All()	确定集合中的所有元素是否都满足条件
Any()	确定集合中是否存在任意一个元素满足条件
Distinct()	返回集合中的非重复元素
First()	返回集合中满足指定条件的第一个元素
FirstOrDefault()	返回集合中满足条件的第一个元素；如果未找到这样的元素，则返回默认值
Last()	返回集合中满足指定条件的最后一个元素
LastOrDefault()	返回集合中满足条件的最后一个元素；如果未找到这样的元素，则返回默认值
Reverse()	反转集合中元素的顺序
Single()	返回集合中满足指定条件的唯一元素
SingleOrDefault()	返回集合中满足指定条件的唯一元素；如果这类元素不存在，则返回默认值
Union()	通过使用默认的相等比较器，生成两个集合的并集
ToArray()	从 IEnumerable<T>创建一个数组
ToList()	从 IEnumerable<T>创建一个 List<T>
ToDictionary()	从 IEnumerable<T>创建一个 Dictionary<TKey,TValue>

表 6.2 中的大部分方法的返回值都是 IEnumerable<T>类型，因此它们是可以被链式调用的，即类似下面代码：

```
List<Student> student = GetStudents();
List<Scores> scores = GetScores();
var JoinData = student.Join(scores, _student => _student.ID, _scores => _scores.StudentID,
                            (_student, _scores) => new { Student = _student, Scores = _scores });
var ResultList = JoinData.Where(W =>
                             (W.Scores.Chinese + W.Scores.Math + W.Scores.English) / 3 > 60)
                        .GroupBy(G => G.Student.Age)
                        .OrderByDescending(O => O.Key)
                        .Select(S => new { Age = S.Key, Count = S.Count() });
```

上面代码中，Join()方法将 student 和 scores 关联了起来，第 1 个参数为与之关联的集合，第 2 个和第 3 个参数分别为两个集合的关联键，第 4 个参数为关联后返回的结果，而最后一行则通过链式应用使用了多个扩展方法查询指定的数据，并返回指定的结果，其中 Where()中指定了 3 科成绩的平均分大于 60，GroupBy()中指定了以学生年龄分组，OrderByDescending()中指定了降序排序，最后通过 Select()返回了要查询的数据。

下面分别介绍常用的几种扩展方法应用。在介绍之前，首先构造一个 Student 类型，用于存储一些测试数据，代码如下：

```
//初始化数据
List<Student> list = new List<Student>{
    new Student { Id = 202201, Name = "Mike", Gender = true, Score = 90 },
    new Student { Id = 202202, Name = "Linda", Gender = false, Score = 85 },
    new Student { Id = 202203, Name = "Lucy", Gender = false, Score = 88 },
    new Student { Id = 202204, Name = "Mary", Gender = true, Score = 90 },
    new Student { Id = 202205, Name = "Lisa", Gender = false, Score = 95 },
    new Student { Id = 202206, Name = "Amy", Gender = false, Score = 80 },
    new Student { Id = 202207, Name = "Peter", Gender = true, Score = 90 },
    new Student { Id = 202208, Name = "Polo", Gender = true, Score = 95 }
};
//构造 Student 类型，分别存储编号、姓名、性别和分数
record Student
{
    public int Id { get; set; }
    public string Name { get; set; }
    public bool Gender { get; set; }
    public int Score { get; set; }
}
```

1. 数据过滤

数据过滤使用 Where()方法实现，该方法语法如下：

```
public static IEnumerable<TSource> Where<TSource> (this.IEnumerable<TSource> source, Func<TSource,bool> predicate);
```

【例 6.1】筛选符合条件的记录（**实例位置：资源包\Code\06\01**）

使用 Where()方法筛选分数大于 85 的所有记录，并遍历输出。代码如下：

```
//查询分数大于 85 的所有记录
IEnumerable<Student> students = list.Where(s => s.Score > 85);
foreach (Student s in students) //遍历输出
    Console.WriteLine(s);
```

程序运行结果如图 6.2 所示。

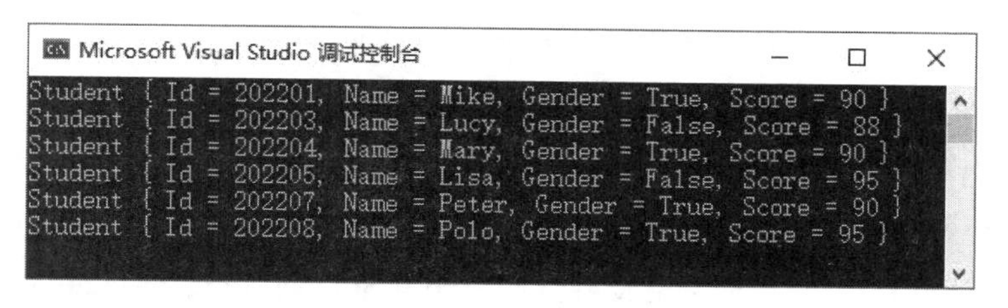

图 6.2　筛选分数大于 85 的所有记录

在 Where()方法中还可以指定多个条件，比如，筛选分数大于 85 并且性别是男生的所有记录，代码如下：

```
//查询分数大于 85 并且性别是男生的所有记录
IEnumerable<Student> students2 = list.Where(s => s.Score > 85 && s.Gender);
foreach (Student s in students2) //遍历输出
    Console.WriteLine(s);
```

程序运行结果如图 6.3 所示。

```
Student { Id = 202201, Name = Mike, Gender = True, Score = 90 }
Student { Id = 202204, Name = Mary, Gender = True, Score = 90 }
Student { Id = 202207, Name = Peter, Gender = True, Score = 90 }
Student { Id = 202208, Name = Polo, Gender = True, Score = 95 }
```

图 6.3　筛选分数大于 85 并且性别是男生的所有记录

2. 获取记录条数

获取记录条数使用 Count()方法实现，该方法有两种重载形式，语法如下：

```
public static int Count<TSource> (this IEnumerable<TSource> source);
public static int Count<TSource> (this IEnumerable<TSource> source, Func<TSource,bool> predicate);
```

【例 6.2】获取符合指定条件的记录数（**实例位置：资源包\Code\06\02**）

使用 Count()方法获取符合指定条件的记录数。其中第一种方法获取所有的记录数；第二种方法在 Count()中指定了筛选条件，这样可以获取到符合指定条件的记录数；第三种方法首先使用 Where()指定了筛选条件，然后使用 Count()进行统计，它与第二种方法实现的功能类似，都可以获取符合指定条件的记录数，只是它使用了查询方法的链式调用。代码如下：

```
int count = list.Count();//统计总记录数
Console.WriteLine($"总记录数：{count}");

//查询分数大于 85 的记录数
int count1 = list.Count(s => s.Score > 85);
Console.WriteLine($"分数大于 85 的记录数：{count1}");

//查询分数大于 85 并且性别是男生的记录数
int count2 = list.Where(s => s.Score > 85 && s.Gender).Count();
Console.WriteLine($"分数大于 85 并且性别是男生的记录数：{count2}");
```

程序运行结果如图 6.4 所示。

图 6.4　获取符合指定条件的记录数

3. 获取第一条数据

获取第一条数据使用 First()方法或者 FirstOrDefault()方法实现。First()方法表示如果满足条件的记录有一条或多条，则返回第一条，而如果没有，则抛出异常；而 FirstOrDefault()方法表示如果满足条件的记录有一条或多条，则返回第一条，而如果没有，则返回类型的默认值。它们都有多种重载形式，语法如下：

```
public static TSource First<TSource> (this IEnumerable<TSource> source);
public static TSource First<TSource> (this IEnumerable<TSource> source, Func<TSource,bool> predicate);
public static TSource? FirstOrDefault<TSource> (this IEnumerable<TSource> source);
public static TSource? FirstOrDefault<TSource> (this IEnumerable<TSource> source, Func<TSource,bool> predicate);
public static TSource FirstOrDefault<TSource> (this IEnumerable<TSource> source, Func<TSource,bool> predicate, TSource
defaultValue);
public static TSource FirstOrDefault<TSource> (this IEnumerable<TSource> source, TSource defaultValue);
```

【例 6.3】获取符合指定条件的第一条记录（**实例位置：资源包\Code\06\03**）

首先使用 First()方法获取姓名为 Mike 的记录，然后使用 FirstOrDefault()方法获取姓名为 Make 的记录，如果不存在，则输出相应的提示信息。代码如下：

```
//查询姓名为 Mike 的记录
Student student1 = list.First(s => s.Name=="Mike");
Console.WriteLine(student1);

//查询姓名为 Make 的记录
Student? student2 = list.FirstOrDefault(s => s.Name == "Make");
if(student2 == null)
    Console.WriteLine("没有姓名为 Make 的记录");
else
    Console.WriteLine(student2);
```

程序运行结果如图 6.5 所示。

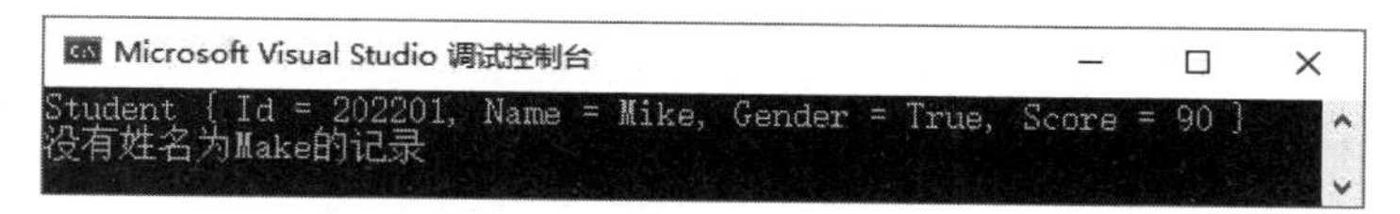

图 6.5　获取符合指定条件的第一条记录

如果将上面代码中 First()方法中要查询的姓名修改为 Make，再次运行程序时，将会出现如图 6.6 所示的异常提示，这是因为不存在姓名为 Make 的记录。

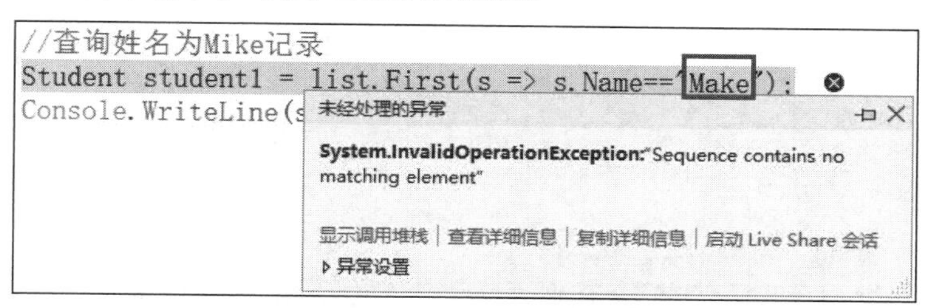

图 6.6　使用 First()方法查询不存在的记录时的异常提示

4．获取最后一条数据

获取最后一条数据使用 Last()方法或者 LastOrDefault()方法实现，它们的使用方法与 First()方法和 FirstOrDefault()方法一样。

【例 6.4】获取符合指定条件的最后一条记录（**实例位置：资源包\Code\06\04**）

首先使用 Last()方法查询分数大于 90 的记录，并获取最后一条记录，然后使用 LastOrDefault()方法查询分数大于 98 的记录，并获取最后一条，如果不存在，则输出相应的提示信息。代码如下：

```
//查询分数大于 90 的记录，并获取最后一条
Student student1 = list.Last(s => s.Score>90);
Console.WriteLine(student1);


//查询分数大于 98 的记录，并获取最后一条
Student? student2 = list.LastOrDefault(s => s.Score >98);
if (student2 == null)
    Console.WriteLine("没有大于 98 分的学生");
else
    Console.WriteLine(student2);
```

程序运行结果如图 6.7 所示。

图 6.7 获取符合指定条件的最后一条记录

5. 获取指定条数的数据

获取指定条数的数据使用 Take()方法实现，该方法实现的功能与 SQL 语句的 top 关键字类似，其语法如下：

```
public static IEnumerable<TSource> Take<TSource> (this IEnumerable<TSource> source, int count);
public static IEnumerable<TSource> Take<TSource> (this IEnumerable<TSource> source, Range range);
```

【例 6.5】获取符合条件的前 3 条记录（**实例位置：资源包\Code\06\05**）

使用 Take()方法获取集合中的前 3 条记录，然后筛选出所有男生的记录，并再次输出前 3 条记录。代码如下：

```
//获取前 3 条数据
IEnumerable<Student> students1 = list.Take(3);
foreach(Student s in students1)
    Console.WriteLine(s);
Console.WriteLine("————————————————————");
//获取性别为男生的前 3 条数据
IEnumerable<Student> students2 = list.Where(s=>s.Gender).Take(3);
foreach (Student s in students2)
    Console.WriteLine(s);
```

程序运行结果如图 6.8 所示。

图 6.8 获取符合条件的前 3 条记录

6. 跳过指定条数的数据

跳过指定条数的数据在分页展示数据时经常用到，它使用 Skip()方法实现，其语法如下：

```
public static IEnumerable<TSource> Skip<TSource> (this IEnumerable<TSource> source, int count);
```

【例 6.6】模拟分页查看数据（**实例位置：资源包\Code\06\06**）

假设查看数据时，每页显示 5 条数据，现在通过 Skip()方法跳过前 5 条数据，查看第 2 页的数据。代码如下：

```
//跳过前 5 条数据
IEnumerable<Student> students = list.Skip(5);
foreach (Student s in students)
    Console.WriteLine(s);
```

程序运行结果如图 6.9 所示。

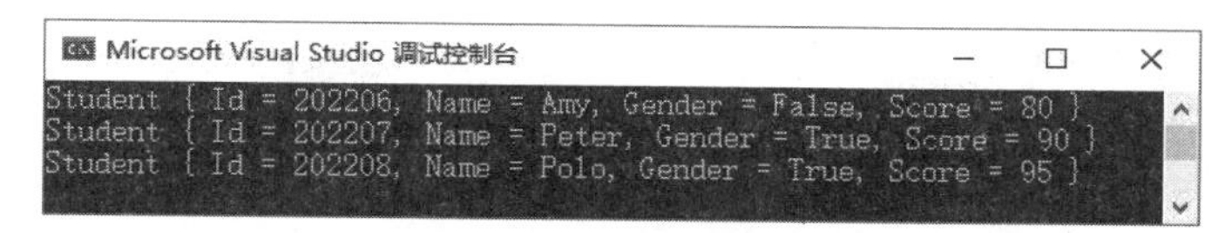

图 6.9　模拟分页查看数据

7．数据排序

数据排序可以使用两个方法实现，即 OrderBy()和 OrderByDescending()，其中，OrderBy()用来根据指定的条件对元素进行升序排序，OrderByDescending()用来根据指定的条件对元素进行降序排序，这两个方法都是重载方法，它们的语法如下：

```
public static System.Linq.IOrderedEnumerable<TSource> OrderBy<TSource,TKey> (this IEnumerable<TSource> source, Func<TSource,TKey> keySelector);
public static System.Linq.IOrderedEnumerable<TSource> OrderBy<TSource,TKey> (this IEnumerable<TSource> source, Func<TSource,TKey> keySelector, IComparer<TKey>? comparer);
public static System.Linq.IOrderedEnumerable<TSource> OrderByDescending<TSource,TKey> (this IEnumerable<TSource> source, Func<TSource,TKey> keySelector);
public static System.Linq.IOrderedEnumerable<TSource> OrderByDescending<TSource,TKey> (this IEnumerable<TSource> source, Func<TSource,TKey> keySelector, IComparer<TKey>? comparer);
public static System.Linq.IOrderedEnumerable<T> OrderDescending<T> (this IEnumerable<T> source);
public static System.Linq.IOrderedEnumerable<T> OrderDescending<T> (this IEnumerable<T> source, IComparer<T>? comparer);
```

【例 6.7】数据的升序和降序排序（**实例位置：资源包\Code\06\07**）

使用 Where()方法筛选分数大于 85 的所有记录，分别使用 OrderBy()和 OrderByDescending()方法实现升序和降序排序。代码如下：

```
Console.WriteLine("升序排序：");
//查询分数大于 85 的所有记录并按照分数升序排序
IEnumerable<Student> students1 = list.Where(s => s.Score > 85).OrderBy(s=>s.Score);
foreach (Student s in students1) //遍历输出
    Console.WriteLine(s);
Console.WriteLine("————————————————————————\n 降序排序：");
//查询分数大于 85 的所有记录并按照分数降序排序
IEnumerable<Student> students2 = list.Where(s => s.Score > 85).OrderByDescending(s => s.Score);
foreach (Student s in students2) //遍历输出
    Console.WriteLine(s);
```

程序运行结果如图 6.10 所示。

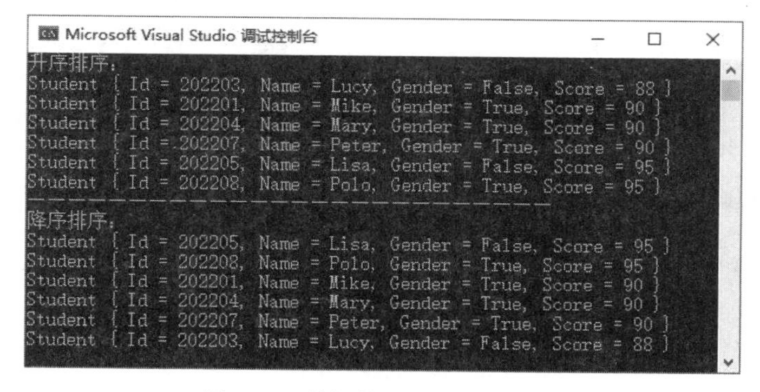

图 6.10　数据的升序和降序排序

上面的代码对数据进行排序时只指定了一个字段，如果需要根据多个字段排序，可以在排序结果中继续调用 ThenBy()或者 ThenByDescending()方法按照其他字段进行升序或者降序排序，这两个方法都是重载方法，它们的语法如下：

```
public static System.Linq.IOrderedEnumerable<TSource> ThenBy<TSource,TKey>
    (this System.Linq.IOrderedEnumerable<TSource> source, Func<TSource,TKey> keySelector);
public static System.Linq.IOrderedEnumerable<TSource> ThenBy<TSource,TKey>
    (this System.Linq.IOrderedEnumerable<TSource> source, Func<TSource,TKey> keySelector,
    IComparer<TKey>? comparer);
public static System.Linq.IOrderedEnumerable<TSource> ThenByDescending<TSource,TKey>
    (this System.Linq.IOrderedEnumerable<TSource> source, Func<TSource,TKey> keySelector);
public static System.Linq.IOrderedEnumerable<TSource> ThenByDescending<TSource,TKey>
    (this System.Linq.IOrderedEnumerable<TSource> source,
    Func<TSource,TKey> keySelector, IComparer<TKey>? comparer);
```

例如，修改【例 6.7】，在对分数大于 85 的所有记录按照分数升序排序后，再次按照性别进行降序排序，则代码修改如下：

```
IEnumerable<Student> students1 = list.Where(s => s.Score > 85).OrderBy(s=>s.Score).ThenByDescending(s=>s.Gender);
```

程序运行结果如图 6.11 所示。

```
升序排序:
Student { Id = 202203, Name = Lucy, Gender = False, Score = 88 }
Student { Id = 202201, Name = Mike, Gender = True, Score = 90 }
Student { Id = 202204, Name = Mary, Gender = True, Score = 90 }
Student { Id = 202207, Name = Peter, Gender = True, Score = 90 }
Student { Id = 202208, Name = Polo, Gender = True, Score = 95 }
Student { Id = 202205, Name = Lisa, Gender = False, Score = 95 }
```

图 6.11　多条件排序

8．数据进行数学运算

使用标准查询运算符对查询数据进行数据运算时，主要用到聚合类的扩展方法，如 Max()（求最大值）、Min()（求最小值）、Average()（求平均值）、Sum()（汇总），包括之前讲解过的用于统计数据的 Count()方法等，它们类似于 SQL 中的聚合函数。

【例 6.8】统计学生成绩（**实例位置：资源包\Code\06\08**）

分别使用聚合类扩展方法 Max()、Min()、Average()、Sum()对学生考试成绩进行统计。代码如下：

```
int maxScore = list.Max(x => x.Score);                                    //获取最大值
Console.WriteLine($"本次考试最高分：{maxScore}");
int minScore = list.Min(x => x.Score);                                    //获取最小值
Console.WriteLine($"————————————\n 本次考试最低分：{minScore}");
double avgScore = list.Average(x => x.Score);                             //计算平均值
Console.WriteLine($"————————————\n 本次考试平均分：{avgScore}");
decimal sumScore = list.Sum(x => x.Score);                                //计算总和
Console.WriteLine($"————————————\n 本次考试成绩总和：{sumScore}");
int mScore = list.Where(s=>s.Gender).Max(x => x.Score);                   //在查询结果中获取最大值
Console.WriteLine($"————————————\n 本次考试男生最高分：{mScore}");
double wScore = list.Where(s => !s.Gender).Average(x => x.Score);         //在查询结果中计算平均值
Console.WriteLine($"————————————\n 本次考试女生平均分：{wScore}");
```

程序运行结果如图 6.12 所示。

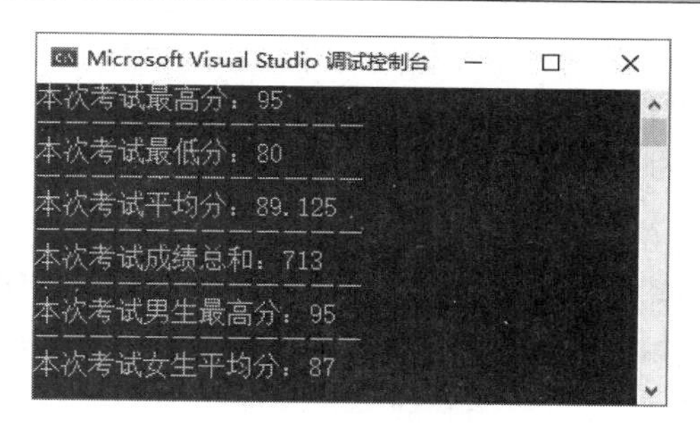

图 6.12　统计学生成绩

9．数据分组

对数据进行分组需要使用 GroupBy()方法实现，该方法有多种重载形式，其常用的语法格式如下：

```
public static IEnumerable<TResult> GroupBy<TSource,TKey,TElement,TResult> (this IEnumerable<TSource> source,
    Func<TSource,TKey> keySelector, Func<TSource,TElement> elementSelector,
    Func<TKey, IEnumerable<TElement>,TResult> resultSelector);
public static IEnumerable<System.Linq.IGrouping<TKey,TElement>> GroupBy<TSource,TKey,TElement>
    (this IEnumerable<TSource> source, Func<TSource,TKey> keySelector, Func<TSource,TElement> elementSelector);
```

使用 GroupBy()方法时，需要注意的是，其 keySelector 参数表示的是分组条件表达式，而该方法返回的是一个 IGrouping<TKey,TElement>类型的泛型 IEnumerable，IGrouping 是一个继承自 IEnumerable 的接口，该接口中唯一的成员就是 Key 属性，表示这一组数据的数据键。由于 IGrouping 是继承自 IEnumerable 的，因此我们可以对分组后的数据进行查询或者聚合运算。

【例 6.9】按照性别分组并分析成绩（**实例位置：资源包\Code\06\09**）

使用 GroupBy()方法对列表中的所有学生按照性别分组，并且计算每个性别对应的人数和平均成绩。代码如下：

```
//按性别进行分组
IEnumerable<IGrouping<bool, Student>> students = list.GroupBy(x => x.Gender);
foreach (IGrouping<bool, Student> s in students)          //遍历分组结果
{
    bool gender = s.Key;                                  //获取分组键
    int count = s.Count();                                //获取人数
    double avgScore=s.Average(x => x.Score);              //计算平均分
    //输出结果
    Console.WriteLine($"性别：{gender}\t 人数：{count}\t 平均分：{avgScore}");
}
```

程序运行结果如图 6.13 所示。

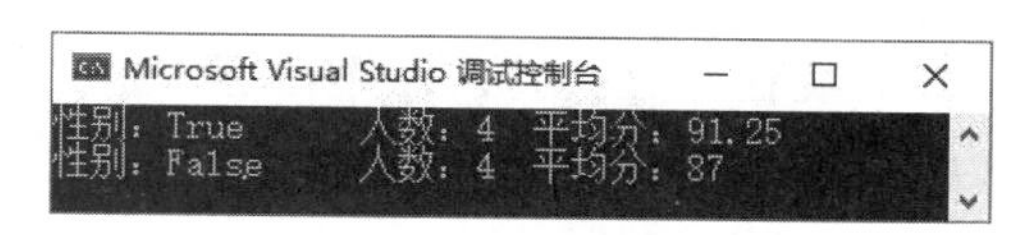

图 6.13　按照性别分组并分析成绩

10．数据的投影输出

投影其实就是将集合中的每一项转换为另外一种类型，这需要使用 Select()方法实现，该方法有两种重载形式，分别如下：

```
public static IEnumerable<TResult> Select<TSource,TResult> (this IEnumerable<TSource> source,
    Func<TSource,int,TResult> selector);
public static IEnumerable<TResult> Select<TSource,TResult> (this IEnumerable<TSource> source,
     Func<TSource,TResult> selector);
```

Select()方法的参数是要转换的表达式。

【例 6.10】将性别列转换为字符串（**实例位置：资源包\Code\06\10**）

使用 Select()方法进行投影输出时，既可以将指定列提取出来进行转换，也可以整体对类型进行转换，但整体转换类型时需要注意，由于转换后的类型与原类型的属性类型发生了改变，因此，不能再用原类型去接收转换后的类型，这时可以使用匿名类型去存储转换后的类型。代码如下：

```
//只将性别列转换为字符串类型
IEnumerable<string> names=list.Select(x => x.Name);
Console.WriteLine(string.Join(",\t",names));
IEnumerable<string> sex = list.Select(x => x.Gender ? "男" : "女");//性别列转换为字符串
Console.WriteLine(string.Join(",\t", sex));
Console.WriteLine("————————————————————————————————————");
//将 Student 泛型集合整体转换为一个匿名类型，其中将性别列转换为字符串类型
var students = list.Select(s => new { s.Id, s.Name, Sex = s.Gender ? "男" : "女", s.Score });
foreach (var student in students)
{
    Console.WriteLine(student);
}
```

程序运行结果如图 6.14 所示。

图 6.14　将性别列转换为字符串

11. 结果转换

使用 LINQ 查询扩展方法获得的结果大部分返回值类型都是 IEnumerable<T>类型，但有一些场合可能需要其他的类型，比如数组、集合或者字典等，在 IEnumerable<T>中提供了以 To 开头的一些扩展方法，可以将 LINQ 查询结果转换为相应的类型，常用的有以下 3 种：

☑ ToArray()方法：从 IEnumerable<T>创建一个数组。

☑ ToList()方法：从 IEnumerable<T>创建一个 List<T>。

☑ ToDictionary()方法：从 IEnumerable<T>创建一个 Dictionary<TKey,TValue>。

例如，下面代码将 LINQ 查询的结果分别转换成了数组、集合和字典，代码如下：

```
//转换为数组
Student[] student1=list.Where(s=>s.Score>85).ToArray();
//转换为集合
List<Student> students2 = list.Where(s => s.Score > 85).ToList();
//转换为字典
Dictionary<int, Student> student3 = list.Where(s => s.Score > 85).ToDictionary(s => s.Id);
```

6.2.4　有关 LINQ 的语言特性

前面学习了 LINQ 的一些基础知识及两种查询方式，但在使用 LINQ 之前还要对隐式类型、匿名类型和对象初始化器这 3 个语言特性进行了解。

1．隐式类型

在出现隐式类型之前，声明一个变量时，该变量的数据类型必须要明确指定，例如，int a=0、string s="abc"等。当然，这样的声明方式是没有任何问题的，但在使用 LINQ 查询数据时，明确指定返回的数据类型是一件很麻烦的事情，有时需要各种类型转换，这无疑增加了开发成本，而隐式类型的出现解决了这个问题。

下面是定义隐式类型的语法规则，使用 var 关键字可以定义接收任何类型的数据。

```
var a = 1;                          //等同于 int a=1;
var s = "abc";                      //等同于 string s="abc";
var list = new List<int>();         //等同于 List<int> list=new List<int>();
var o = new object();               //等同于 object o=new object();
```

上面通过 var 定义的 4 个变量与对应注释中明确指定类型的定义效果是相同的，因为编辑器可通过变量的值来推导出数据类型，所以，在使用 var 隐式类型时，必须在声明变量时给变量赋值。

使用隐式类型定义变量并不会存在程序性能的问题，因为其在编译器进行编译后产生的 IL 代码（中间语言代码），与普通的明确类型的定义是完全相同的。不过，能够方便使用具体类型的地方还是要尽量使用明确指定类型的方式，因为这关系到程序的可读性。

使用隐式类型的好处：一方面，无须关心 LINQ 查询返回的各种复杂类型；另一方面，在使用 foreach 遍历一个集合时不必查看相关的数据类型，使用 var 即可代替。例如，上面【例 6.9】中对数据进行分组时，由于构造 IGrouping<TKey,TElement>会比较麻烦，这时就可以使用 var 隐式类型去定义，【例 6.9】中的代码可以修改如下：

```
var students = list.GroupBy(x => x.Gender);          //按性别进行分组
foreach (var s in students)                          //遍历分组结果
{
    bool gender = s.Key;                             //获取分组键
    int count = s.Count();                           //获取人数
    double avgScore = s.Average(x => x.Score);       //计算平均分
    //输出结果
    Console.WriteLine($"性别：{gender}\t 人数：{count}\t 平均分：{avgScore}");
}
```

注意

隐式类型只能在方法内部、属性的 get 或 set 访问器内进行声明，不能使用 var 来定义返回值、参数类型或类中的数据成员。

2．匿名类型

匿名类型与隐式类型是相对的，在创建一个对象时同样无须定义对象的类型。在使用 LINQ 查询时所返回的数据对象通常会以匿名类型进行返回，需要使用 var 来接收匿名类型对象。

下面是匿名类型的定义方式，使用 var 和 new 关键字就可以实现创建一个匿名类型。

```
var obj = new { DateTime.Now, Name = "名称", Values = new int[] { 1, 2, 3, 4, 5 } };
```

代码中分别定义了 3 个不同类型的属性，其中第 1 个属性 DataTime.Now 并没有定义属性的名称，这是因为原始属性的名字会被“复制”到匿名对象中。

注意

不能同时引用具有相同名称的对象属性作为匿名类型的属性，如 Guid.Empty 和 string.Empty，因为这会导致属性同名问题。

3. 对象初始化器

基于前面学习的两个语言特性，对象初始化器可以集合前两个特性一起使用，例如，在创建一个匿名对象时实际上就应用到了 3 个特性，它提供了一种非常简洁的方式来实例化一个对象和为对象的属性赋值。

下面是使用对象初始化器特性进行实例化操作的语法规则：

```
var student = new Student() { ID = 1, Name = "张三", Age = 20 };
```

也可以使用显式类型定义，例如：

```
Student student = new Student() { ID = 1, Name = "张三", Age = 20 };
```

对象初始化器特性并不需要相关的关键字，它只是一种初始化对象的方式。在结合隐式类型和匿名类型时，它可以避免使用强制类型转换。

6.2.5 Func 委托与匿名方法

Func 被定义为一个泛型委托，包含 0～16 个输入参数，正因为它是泛型委托，所以参数由开发者确定，同时，它规定要有一个返回值，而返回值的类型也由开发者确定。

下面是定义 Func 泛型委托的语法，代码中定义了一个委托和一个委托回调方法。

```
Func<int, int, string> calc = getCalc;
public string getCalc(int a, int b)
{
    return "结果为：" + (a + b);
}
```

从代码中可以看到，Func 泛型的前两个参数的类型为 int 型，所对应的是 getCalc 方法的两个参数类型，而最后一个泛型参数类型为 string，表示 getCalc 方法的返回值类型。

上面定义的委托及调用方法都是进行显式声明的，但在 C#中可以通过使用一种叫作匿名方法的方式来定义委托的回调方法。匿名方法的定义就是将原来传入的方法名称变更为委托方法体。

下面是定义 Func 泛型委托并使用匿名方法定义委托的回调方法的语法。

```
Func<int, int, string> calc =
        delegate (int a, int b)
        {
```

```
        return "结果为：" + (a + b);
    };
```

在代码结构上，此方式较传统的定义方式更加简便，因为省去了对方法的定义。这使得开发者在开发程序时可以更加专注于核心业务部分。

6.2.6　Lambda 表达式

前面我们学习了 Func 泛型委托和匿名方法，在 LINQ 标准查询运算符中，一些重载方法的参数列表中都有 Func 泛型委托的身影。然而，如果在这里使用上述两种方式会显得复杂得多，所以，C#中又出现了 Lambda 表达式，相对于匿名方法，Lambda 表达式进一步简化了一些编码工作，例如，省去了 delegate，同时结合匿名类型也可以省去定义实体数据类的过程。

Lambda 表达式是一个匿名函数，包含表达式和语句，可用于创建委托或表达式目录树类型，它在 LINQ、.NET Core、EF Core 等很多场合都使用得很多，所有 Lambda 表达式都使用 Lambda 运算符“=>”，（读为 goes to）。Lambda 运算符的左边是输入参数（如果有），右边包含表达式或语句块。例如，Lambda 表达式 x => x * x 读作 x goes to x times x（表示接受一个参数 x，并返回 x 的平方）。

Lambda 表达式的基本形式如下。

```
(input parameters) => expression
```

其中，“=>”符号左边的 input parameters 为表达式的参数列表，右边的 expression 则是表达式体，参数列表可以包含 0 到多个参数，声明方式与定义方法时的形参格式相同。

说明

（1） Lambda 表达式用在基于方法的 LINQ 查询中，作为 Where()和 Where(IQueryable, String, Object[])等标准查询运算符方法的参数。

（2）使用基于方法的语法在 Enumerable 类中调用 Where()方法时（像在 LINQ to Objects 和 LINQ to XML 中那样），参数是委托类型 Func<T, TResult>，使用 Lambda 表达式创建委托最为方便。

（3）在 is 或 as 运算符的左侧不允许使用 Lambda 表达式。

例如，下面是带有两个参数的 Lambda 表达式：

```
Func<int, int, string> calc =
    (int a, int b) =>
    {
        return "结果为：" + (a + b);
    };
```

如果只有一个参数，也可以有另一种写法：

```
Func<int, string> calc =
    a =>
    {
        return "结果为：" + a;
    };
```

无参数的 Lambda 表达式则直接定义一个空的参数列表：

```
Func<string> calc =
        () =>
        {
            return "无参数 Lambda 表达式";
        };
```

6.3 LINQ 编程应用

LINQ 技术目前在.NET 开发中有很高的使用率，从基本的内存数据筛选到与数据库间的关联操作，都已在 LINQ 技术中实现。无论是.NET 本身集成的组件还是第三方组件，只要是基于 LINQ 技术来实现，那么开发人员只需掌握 LINQ 这一项技术就可以快速地应用这些组件，而无须管理组件带来的各种驱动程序。

6.3.1 简单的 List 集合筛选

通常，在一个集合中要想筛选出指定条件的数据条目，可以采用 foreach 遍历，然后通过 if 判断来实现，但从代码量和实现复杂度上来讲，这并不是最好的解决办法。使用 LINQ 同样可以实现各种复杂的逻辑运算，并且在结构上要优于使用循环的方式。

【例 6.11】筛选闰年（**实例位置：资源包\Code\06\11**）

新建一个.NET 控制台应用，首先将 2000 年到当前时间的年份添加到 List 集合中，然后通过 LINQ 的标准查询运算符和定义的 Lambda 表达式条件筛选出所有的闰年年份，最后遍历并输出结果。代码如下：

```
List<int> EveryYear = new List<int>();
int StartYear = 2000;                                   //定义起始年份
int EndYear = DateTime.Now.Year;                        //定义当前年份
for (; StartYear <= EndYear; StartYear++)               //循环每一年
{
    EveryYear.Add(StartYear);                           //将每一年添加到 List 集合中
}
/*使用标准查询运算符并定义 Lambda 表达式筛选条件，
      通过 Select 方法将检索的项赋给 LeapYearEntity 类*/
var EveryLeapYear = EveryYear.Where(W =>
    (W % 4 == 0 && W % 60 > 0) || (W % 100 == 0 && W % 400 == 0))
      .Select(S => new LeapYearEntity() { EveryLeapYear = S });
Console.WriteLine("21 世纪的闰年年份（截止到 2023 年）：");
foreach (var v in EveryLeapYear)
    Console.WriteLine(v.EveryLeapYear);
public class LeapYearEntity
{
    public int EveryLeapYear { get; set; }              //闰年年份
}
```

程序运行结果如图 6.15 所示。

图 6.15　LINQ 筛选的 21 世纪闰年年份列表

6.3.2　模拟数据分页

数据的分页查看是.NET 应用开发中必备的功能之一，通过 LINQ 技术可以很方便地实现数据的分页。分页的原理其实很简单，主要就是根据每页显示的记录数和总记录数，将数据放在不同的页进行查看，这样可以省去一次性加载或者重复加载的步骤，提高响应率，而具体实现时，可以通过 LINQ 中的 Skip()方法和 Take()方法实现，其中，Skip()方法可以根据要查看的页码跳过指定数量的数据，而 Take()方法可以根据每页显示的记录数获取相应数量的数据。

【例 6.12】分页查看数据（**实例位置：资源包\Code\06\12**）

新建一个.NET 控制台应用，首先构造一个 Student 类型，并初始化测试用的数据，代码如下：

```
//初始化数据
List<Student> list = new List<Student>{
    new Student { Id = 202201, Name = "Mike", Gender = true, Score = 90 },
    new Student { Id = 202202, Name = "Linda", Gender = false, Score = 85 },
    new Student { Id = 202203, Name = "Lucy", Gender = false, Score = 88 },
    new Student { Id = 202204, Name = "Mary", Gender = true, Score = 90 },
    new Student { Id = 202205, Name = "Lisa", Gender = false, Score = 95 },
    new Student { Id = 202206, Name = "Amy", Gender = false, Score = 80 },
    new Student { Id = 202207, Name = "Peter", Gender = true, Score = 90 },
    new Student { Id = 202208, Name = "Polo", Gender = true, Score = 95 }
};
//构造 Student 类型，分别存储编号、姓名、性别和分数
record Student
{
    public int Id { get; set; }
    public string Name { get; set; }
    public bool Gender { get; set; }
    public int Score { get; set; }
}
```

通过控制台交互获取用户输入的每页显示记录数和要查看的页码，并且计算出总页码，然后使用 LINQ 编程查看指定页码所对应的数据。代码如下：

```
Console.WriteLine("——————模拟分页查看数据——————");
while (true)
{
    Console.Write("自定义每页显示记录数：");
    int num = Convert.ToInt32(Console.ReadLine());                    //记录每页显示的记录条数
    int count = list.Count();                                         //获取总记录条数
    int pages = (int)(count / num) + (count % num == 0 ? 0 : 1);      //计算总页码
    Console.Write("输入查看页码：");
    int page = Convert.ToInt32(Console.ReadLine());                   //记录要查看的页码
    if (page <= pages)                                                //判断页码范围
```

```
    {
        Console.WriteLine($"总页码：{pages}  当前第 {page} 页\n") ;       //输出总体数据
        //获取分页数据
        IEnumerable<Student> students = list.Skip((page - 1) * num).Take(num);
        foreach (Student s in students)                                              //遍历并输出要查看的分页数据
            Console.WriteLine(s);
    }
    else
        Console.WriteLine("页码超出范围！");
    Console.WriteLine("————————————————————");
}
```

运行程序，根据提示输入内容，如果有要查看的数据，则输出，如果没有，则提示页码超出范围。程序运行结果如图 6.16 所示。

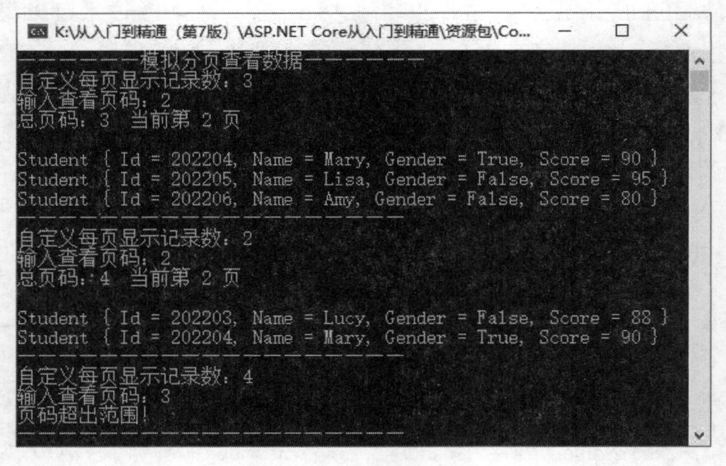

图 6.16　分页查看数据

6.4　要 点 回 顾

本章对 LINQ 技术的理论基础、实现及应用进行了详细讲解，其中，重点讲解了 Lambda 表达式和各种标准查询运算符的使用。LINQ 是.NET 开发中使用最广泛的技术之一，它不仅能对普通的.NET 集合进行查询，而且在 Entity Framework Core 中应用得也很广泛，因此，要学习.NET 开发，必须熟练掌握 LINQ 编程技术。

第 2 篇

核心技术

本篇介绍.NET Core 核心组件、ASP.NET Core Web 应用、Razor 与 ASP.NET Core、ASP.NET Core 数据访问、ASP.NET Core MVC 网站开发、ASP.NET Core WebAPI 等内容。学习完本篇，读者可以掌握 ASP.NET Core 应用开发的核心技术，并能够开发一些不同类型的 ASP.NET Core 应用。

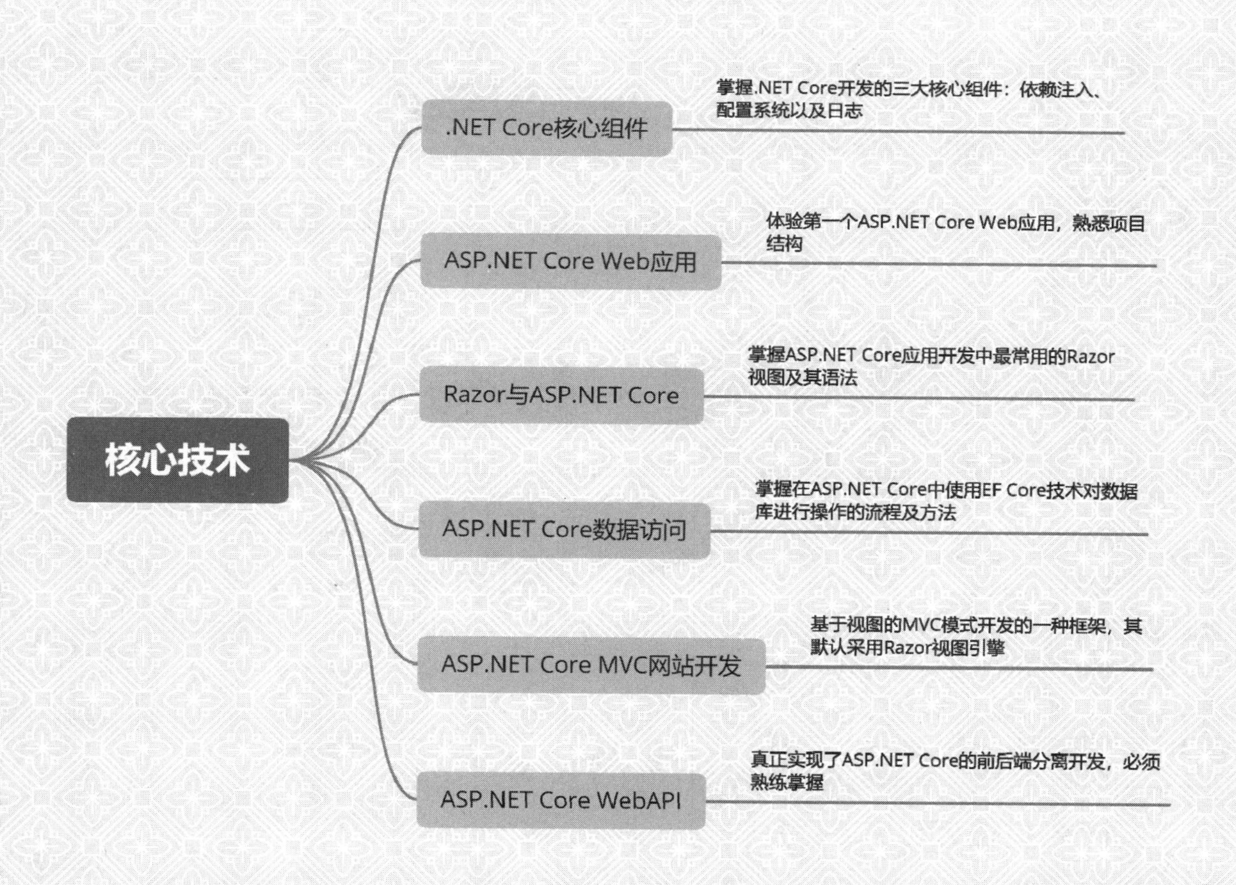

第 7 章

.NET Core 核心组件

依赖注入、配置系统以及日志是.NET Core 开发的三大核心组件，通过在.NET Core 开发中使用这三大组件，可以降低程序的耦合性，增强程序的健壮性，并方便后期运维人员的配置维护。本章将分别对这三大核心组件的原理及使用进行详细讲解。

本章知识架构及重点、难点如下。

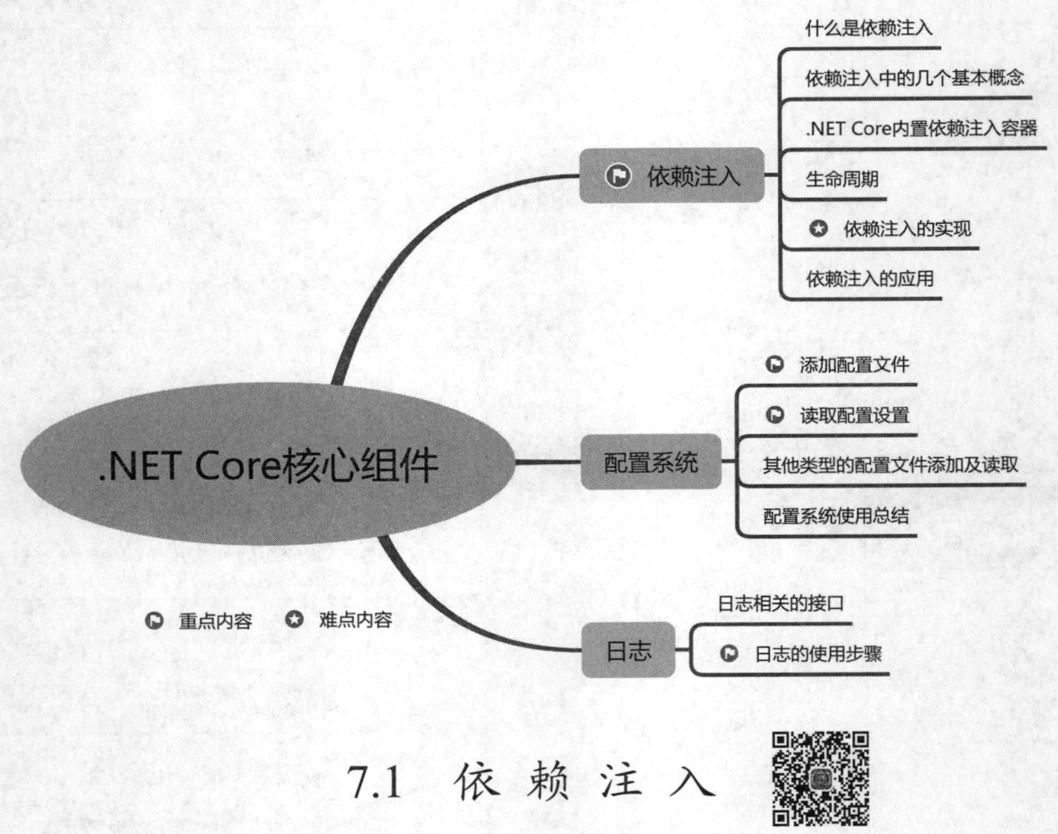

7.1 依 赖 注 入

7.1.1 什么是依赖注入

依赖注入（dependency injection，简称 DI），是一种在类及其依赖项之间实现控制反转的技术，它允许开发人员将类的依赖项（如其他类、接口等）注入类中，而不是在类中直接实例化依赖项，这样做的好处是可以使代码更加松散耦合，易于测试和维护。

说明

控制反转（inversion of control），简称 IoC，是面向对象编程中的一种设计原则，可以用来减少程序代码间的耦合程度，它的目的是把创建和组装对象的操作从业务逻辑层转移到框架中，这样在业务逻辑层，程序只需要说明要使用某个类型的对象，框架就会自动创建这个对象。

例如，下面以汽车类和引擎类进行说明，任何汽车都需要一个引擎，按照传统的方式，我们会编写如下代码：

```
public class Car
{
    public Car()
    {
        QYEngine engine = new QYEngine();
        engine.Start();
    }
}

public class QYEngine
{
    public void Start()
    {
        Console.WriteLine("引擎启动……");
    }
}
```

通过分析上面代码，我们发现 Car 类依赖于 QYEngine 类，如果随着时代的进步，引擎进行了升级，比如，引擎升级为纯电引擎 CDEngine，这时如果 Car 类需要进行引擎升级，就需要重写，代码如下：

```
public class Car
{
    public Car()
    {
        CDEngine engine = new CDEngine();
        engine.Start();
    }
}

public class CDEngine
{
    public void Start()
    {
        Console.WriteLine("纯电引擎启动……");
    }
}
```

以此类推，如果引擎一直升级，那么我们的 Car 类就需要一直重写，这导致汽车类与引擎类之间的耦合太紧，而依赖注入可以消除这种类之间的依赖关系。比如，使用传统定义接口的方式进行注入，代码如下：

```
interface IEngine
{
    public void Start();
}
```

```
public class QYEngine: IEngine
{
    public void Start()
    {
        Console.WriteLine("引擎启动……");
    }
}

public class CDEngine: IEngine
{
    public void Start()
    {
        Console.WriteLine("纯电引擎启动……");
    }
}

public class Car
{
    private IEngine _engine;
    public Car(IEngine engine)
    {
        _engine = engine;
}
    public void DoSomething()
    {
        _engine.Start();
    }
}
```

上面代码中，在 Car 类的构造函数中注入了 IEngine 接口对象，这样 Car 类就不再关心具体的引擎实现类。在.NET Core 中使用依赖注入有以下几个好处：

☑ 松散的耦合：依赖注入是实现松散耦合的一种方法。开发者可以通过注入接口或抽象类，使代码更加灵活和可扩展，以实现各种需要。

☑ 测试：依赖注入是一个可测试代码的强有力工具。开发者可以轻松地使用替代伪装对象，而不需要将目标代码耦合起来。

☑ 单一职责和依赖反转原则：从代码开发这一角度来看，这些原则要求开发者将责任划分为小而有用的单元，然后将它们组装在一起来构建软件。

☑ 更容易的代码维护：使用依赖注入可以轻松地将代码分离成不同的单元，这使得源码更容易管理和维护。另外，开发者可以轻松地设计独立的模块，而不必担心它们之间的交互或依赖。

7.1.2 依赖注入中的几个基本概念

.NET Core 的依赖注入是一种设计模式，它提供了一种将对象的创建和使用进行分离的方法，它为开发者提供了以一种容易维护和可测试的方式创建组件化应用程序的能力。要学习.NET Core 依赖注入，首先应该了解以下几个概念：

☑ 依赖注入容器（DI container）：依赖注入容器是一个对象，它能够自动化地在应用程序中创建并且管理其他对象。

☑ 服务（service）：一个服务就是一个类，它提供程序中某个组件的功能。

☑ 依赖（dependency）：依赖是指一个服务依赖于另一个服务。

☑ 组件（component）：组件是服务和它所依赖的所有服务的集合。

7.1.3 .NET Core 内置依赖注入容器

在.NET Core 中实现依赖注入，可以使用内置的依赖注入容器，也可以使用第三方的依赖注入容器，要使用内置的依赖注入容器，需要安装以下两个 NuGet 包：

```
Microsoft.Extensions.DependencyInjection.Abstractions
Microsoft.Extensions.DependencyInjection
```

.NET Core 内置依赖注入容器的主要命名空间为 Microsoft.Extensions.DependencyInjection，其中核心的类型是 ServiceDescriptor、IServiceCollection、IServiceProvider，它们的关系如图 7.1 所示。

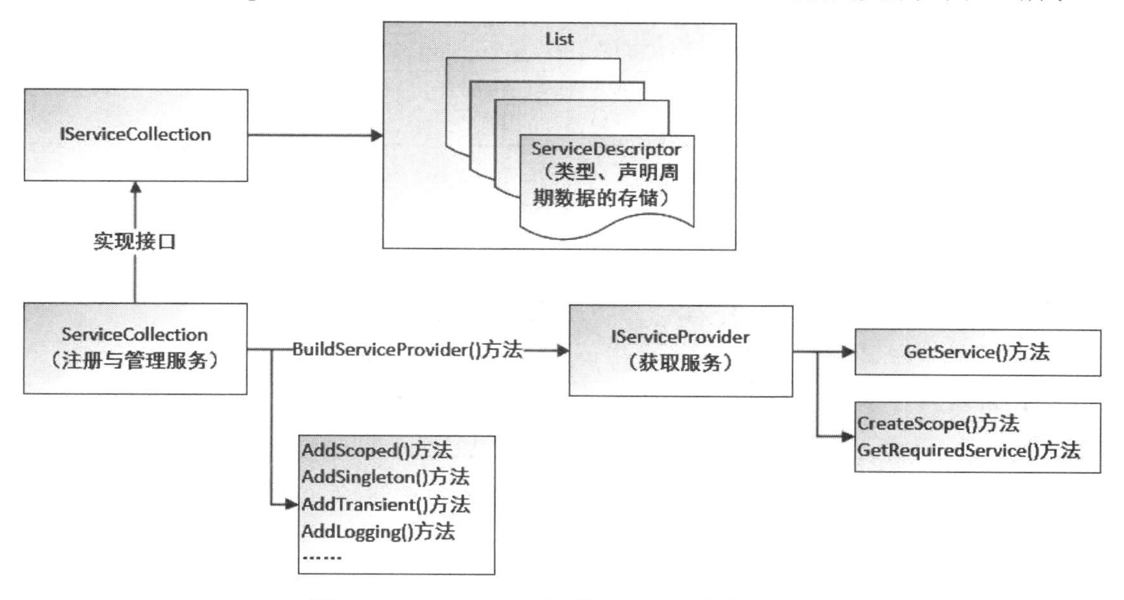

图 7.1 .NET Core 内置依赖注入容器中的类关系

ServiceDescriptor、IServiceCollection、IServiceProvider 的作用分别如下：

☑ ServiceDescriptor：每个服务的描述。

☑ IServiceCollection：服务集合。

☑ IServiceProvider：向外提供服务的类型。

下面分别介绍 ServiceDescriptor、IServiceCollection、IServiceProvider 中常用的属性以及方法，以便为依赖注入实现打下理论基础。

1．ServiceDescriptor

ServiceDescriptor 位于 Microsoft.Extensions.DependencyInjection 命名空间下，用来描述一种服务，包括该服务的类型、实现和生存期。ServiceDescriptor 类的构造函数如下：

```
public ServiceDescriptor (Type serviceType, Func<IServiceProvider,object> factory,
    Microsoft.Extensions.DependencyInjection.ServiceLifetime lifetime);
public ServiceDescriptor (Type serviceType, object instance);
```

```
public ServiceDescriptor (Type serviceType, Type implementationType,
    Microsoft.Extensions.DependencyInjection.ServiceLifetime lifetime);
```

ServiceDescriptor 类有 5 个属性，其说明如表 7.1 所示。

表 7.1　ServiceDescriptor 类的属性及说明

属　　性	说　　明
ServiceType	表示要注册的类型，也就是将来要获取的实例的类型，既可以是接口、抽象类，也可以是普通的类型
Lifetime	表示服务的生存期，它有 3 个枚举值：Singleton（单例）、Scoped（范围）和 Transient（瞬态）
ImplementationType	表示实际上要创建的类型
ImplementationInstance	表示在注册时已经获得了一个指定类的实例并将它注册进来，将来要获取该类的实例时，将 ImplementationInstance 返回给调用者即可
ImplementationFactory	表示注册了一个用于创建 ServiceType 指定的类型的工厂，当需要从容器获取该类实例时，由这个工厂负责创建该类的实例

ServiceDescriptor 类的常用方法及说明如表 7.2 所示。

表 7.2　ServiceDescriptor 类的方法及说明

方　　法	说　　明
Describe()	创建具有指定属性的 ServiceDescriptor 实例
Scoped()	创建具有指定属性的 ServiceDescriptor 实例（生存期为 Scoped）
Singleton()	创建具有指定属性的 ServiceDescriptor 实例（生存期为 Singleton）
Transient()	创建具有指定属性的 ServiceDescriptor 实例（生存期为 Transient）

例如，下面代码分别用来创建 3 种不同生存期的服务注册实例：

```
public static ServiceDescriptor Scoped<TService, TImplementation>();        //创建范围服务注册实例
public static ServiceDescriptor Singleton<TService, TImplementation>();     //创建单例服务注册实例
public static ServiceDescriptor Transient<TService, TImplementation>();     //创建瞬态服务注册实例
```

2. IServiceCollection

IServiceCollection 位于 Microsoft.Extensions.DependencyInjection 命名空间下，用来为服务集合指定协定，它是一个 IList<ServiceDescriptor>类型的集合，ServiceDescriptor 是该集合中的子项。IServiceCollection 常用扩展方法及说明如表 7.3 所示。

表 7.3　IServiceCollection 接口扩展方法及说明

扩 展 方 法	说　　明
AddWebEncoders()	将 HtmlEncoder、JavaScriptEncoder 和 UrlEncoder 添加到指定的服务集合中
Add()	将 ServiceDescriptor 添加到服务集合中
RemoveAll()	删除 IServiceCollection 中所有指定类型的服务
Replace()	删除 IServiceCollection 中与 ServiceDescriptor 的服务类型相同的第一个服务，并将 ServiceDescriptor 添加到集合中

续表

扩 展 方 法	说　　明
TryAdd()	如果服务类型尚未注册，则将指定的 ServiceDescriptor 添加到服务集合中
TryAddEnumerable()	如果现有描述符具有相同 ServiceType 和服务集合中尚不存在的实现，则添加指定的 ServiceDescriptor
TryAddScoped()	如果服务类型尚未注册，则将指定的服务作为范围服务添加到服务集合中
TryAddSingleton()	如果服务类型尚未注册，则将指定的服务作为单例服务添加到服务集合中
TryAddTransient()	如果服务类型尚未注册，则将指定的服务作为瞬态服务添加到服务集合中
AddHttpClient()	将 IHttpClientFactory 和相关服务添加到 IServiceCollection
AddLocalization()	添加应用程序本地化所需的服务
AddLogging()	将日志记录服务添加到指定的 IServiceCollection
Configure<TOptions>()	注册将对其绑定 TOptions 的配置实例
AddOptions()	添加使用选项所需的服务
BuildServiceProvider()	创建一个 ServiceProvider，它包含提供的 IServiceCollection 中的服务
AddScoped()	将指定类型的范围服务添加到指定的 IServiceCollection 中
AddSingleton()	将指定类型的单例服务添加到指定的 IServiceCollection 中
AddTransient()	将指定类型的瞬态服务添加到指定的 IServiceCollection 中

例如，下面代码首先创建一个 ServiceDescriptor 对象，然后将其添加到 IServiceCollection 服务集合中：

```
var serviceDescriptor = ServiceDescriptor.Singleton<IMyService, MyService>();
IServiceCollection services = new ServiceCollection();
services.Add(serviceDescriptor);
```

上面代码由于创建的 ServiceDescriptor 为单例服务，因此添加到 IServiceCollection 集合中的也是单例服务，如果使用 IServiceCollection 集合的扩展方法，则可以替换为如下代码：

```
IServiceCollection services = new ServiceCollection();
services.AddSingleton<IMyService,MyService>();
```

3．IServiceProvider

IServiceProvider 位于 System 命名空间下，是向其他对象提供自定义支持的对象，它是一个接口，默认提供了一个 GetService()方法，用来获取指定类型的服务对象；而在依赖注入组件中，由类 ServiceProvider 实现接口 IServiceProvider，它位于 Microsoft.Extensions.DependencyInjection 包中，它提供了一组扩展方法，让开发者可以更方便地编写获取对象的代码，尤其是泛型方法，它可以直接获得特定类型的返回值，而无须进行类型转换。ServiceProvider 类扩展方法及说明如表 7.4 所示。

表 7.4　ServiceProvider 类扩展方法及说明

扩 展 方 法	说　　明
GetService(Type)	获取指定类型的服务对象
CreateAsyncScope(IServiceProvider)	新建可用于解析范围内服务的 AsyncServiceScope
CreateScope(IServiceProvider)	新建可用于解析范围内服务的 IServiceScope
GetRequiredService(IServiceProvider, Type)	从 IServiceProvider 获取类型 Type 的服务
GetRequiredService<T>(IServiceProvider)	从 IServiceProvider 获取类型 T 的服务，如果服务未注册，将抛出异常

续表

扩 展 方 法	说 明
GetService<T>(IServiceProvider)	从 IServiceProvider 获取类型 T 的服务，如果服务未注册，其不会抛出异常，而是返回 null 或者默认值
GetServices(IServiceProvider, Type)	从 IServiceProvider 获取 Type 类型服务的枚举
GetServices<T>(IServiceProvider)	从 IServiceProvider 获取 T 类型服务的枚举

ServiceProvider 对象由 IServiceCollection 的扩展方法 BuildServiceProvider()创建，当需要它提供某个服务时，会根据创建它的 IServiceCollection 中对应的 ServiceDescriptor 提供相应的服务实例。例如，下面代码创建一个 ServiceProvider 对象：

```
IServiceCollection services = new ServiceCollection();
IServiceProvider serviceProvider = services.BuildServiceProvider();
```

下面代码使用创建的 ServiceProvider 对象来获取指定服务的实例：

```
//获取指定类型的服务实例
object myservice = serviceProvider.GetService(typeof(IMyService));

//获取泛型方法指定类型的服务实例
IMyService myservice = serviceProvider.GetService<IMyService>();
```

7.1.4 生命周期

7.1.3 节提到创建 ServiceDescriptor 对象时，可以指定 3 种生存期，分别为 Singleton（单例）、Scoped（范围）和 Transient（瞬态），这也是.NET Core 中的依赖注入所支持的 3 个服务的生命周期，下面分别对它们进行介绍。

☑ 瞬态（Transient）：瞬态服务是每次从服务容器请求时创建的，即每次注入都会自动用 new 新建一个对象，这种生命周期适合轻量级、无状态的服务，它可以避免多段代码使用同一对象而造成混乱，但缺点是生成的对象比较多，可能浪费内存。

☑ 范围（Scoped）：对 Web 应用来说，范围服务的生命周期就是每次请求，请求开始后的第一次注入，就是它生命的开始，直到请求结束，因此，对于这种类型的依赖注入，在同一次 HTTP 请求中，不同的注入会获得同一个对象，在不同的 HTTP 请求中，不同的注入会获得不同的对象。这种方式适用于在同一个范围内共享同一个对象的情况。

☑ 单例（Singleton）：来自依赖关系注入容器的服务实现的每一个后续请求都使用同一个实例。如果应用需要单一实例行为，则允许服务容器管理服务的生命周期。这种生命周期会全局共享同一个服务对象，这样可以节省创建新对象的资源。单例服务必须是线程安全的，并且通常在无状态服务中使用。

说明

在处理请求的应用中，当应用关闭并释放 ServiceProvider 时，会释放单例服务。由于应用关闭之前不释放内存，因此需要考虑单例服务的内存使用。

例如，下面代码用来注册不同生命周期的服务：

```
public void ConfigureServices(IServiceCollection services)
{
    services.AddTransient<IMyService, MyService>();
    services.AddScoped<IMyService, MyService>();
    services.AddSingleton<IMyService, MyService>();
}
```

注意

不能在长生命周期的对象中引用生命周期比它短的对象，比如，不能在单例服务中引用范围服务，否则可能会导致被引用的对象被释放，或者内存泄漏。

7.1.5 依赖注入的实现

上面讲解了.NET Core 中内置依赖注入容器的基础知识，本节将介绍如何在.NET Core 中实现依赖注入。实现依赖注入可以通过在 Startup 类中配置服务集合来实现，其具体步骤如下。

1. 注册服务

在.NET Core 中，要使用依赖注入需要先注册服务，注册服务主要通过 IServiceCollection 对象的 AddXXX()扩展方法实现，例如：

```
ServiceCollection services = new ServiceCollection();
services.AddTransient<IService, Service>();
```

说明

ASP.NET Core 中的注册服务通常在 Startup 类的 ConfigureServices()方法中实现。

上面代码将 IService 接口和 Service 类进行了绑定，表示当 IService 接口被请求时，可以自动返回 Service 类的一个新实例。这里使用了 AddTransient()方法来注册服务，表示瞬态服务，即每次请求都会返回一个新的实例。

另外，也可以使用默认的服务提供程序注册服务，例如：

```
ServiceCollection services = new ServiceCollection();
services.AddLogging();
```

上面代码中并没有手动指定服务的实现，而是使用了默认的日志记录服务。

2. 解析服务

一旦在依赖注入容器中注册了服务，就可以解析这些服务。解析服务意味着使用依赖注入容器创建对象实例并将其注入类中来自动解决依赖关系。解析服务通常是在类的构造函数中通过从容器中获取参数类型来实现的，例如：

```
public class MyClass
{
    private readonly IService _service;
```

```
    public MyClass(IServiceProvider serviceProvider)
    {
        _service = serviceProvider.GetService<IService>();
    }
    public void DoSomething()
    {
        _service.DoSomeWork();
    }
}
```

上面代码中，通过从服务提供程序获取所需的服务实例将_service 变量实例化。通过将 IServiceProvider 接口注入 MyClass 的构造函数，调用 GetService<T>()方法来获取所需的服务，而在 DoSomething()方法中，可以使用_service 变量来调用 IService 的方法。

另外，在.NET Core 中，还可以在控制器中使用构造函数注入依赖。例如：

```
public class MyController : Controller
{
    private readonly IMyService _myService;
    public MyController(IMyService myService)
    {
        _myService = myService;
    }
}
```

上面代码将 IMyService 接口声明为 MyController 控制器类的一个构造函数参数，在创建 MyController 实例时，依赖注入容器将自动解析 IMyService 的实例并传递给构造函数。

例如，下面代码直接使用_myService 实例的方法，而不需要在 MyController 类中实例化 IMyService 的具体实现。

```
public IActionResult Index()
{
    var data = _myService.DoSomeWork ();
    return View(data);
}
```

说明

注入服务还可以在视图中实现，这需要使用 @inject 指令。视图注入适合用在直接在视图中使用逻辑的场景，比如本地化或者只用于视图的服务。视图注入方式如下：

```
@inject WebApplication.Services.MyService
```

从上面步骤可以看出，.NET Core 的依赖注入使代码更加模块化、可测试和可维护，通过使用服务集合和声明依赖关系，开发人员可以更好地管理代码的结构和依赖项。

7.1.6 依赖注入的应用

【例 7.1】通过依赖注入实现商品信息的查询及添加（**实例位置：资源包\Code\07\01**）

新建一个.NET 控制台应用，首先定义需要注册的服务，这里主要定义了商品实体类、数据操作业

务逻辑接口和数据访问接口。代码如下：

```
record Goods(string ID, string Name, double Price,int Num);

interface IGoodsDAO
{
    public Goods? GetByID(string ID);                                           //查询指定编号的商品信息
    public void AddGoods(string ID, string Name, double Price, int Num);        //添加商品信息
}

interface IGoodsBLL
{
    public bool CheckiD(string ID);                                             //检查指定 ID 是否存在
}
```

首先实现数据操作业务逻辑接口，编写其实现类，在该类中通过构造函数注入了一个 IDbConnection 接口对象，代码如下：

```
using System.Data;

class GoodsDAO : IGoodsDAO
{
    private readonly IDbConnection conn;

    public GoodsDAO(IDbConnection conn)
    {
        this.conn = conn;
    }

    public Goods? GetByID(string ID)
    {
        using var dt = SqlHelper.ExecuteQuery(conn,
            $"select * from tb_Goods where ID={ID}");
        if (dt.Rows.Count <= 0)
        {
            return null;
        }
        DataRow row = dt.Rows[0];
        string id = (string)row["ID"];
        string name = (string)row["Name"];
        double price = (double)row["Price"];
        int num = (int)row["Num"];
        return new Goods(id, name, price,num);
    }

    public void AddGoods(string ID,string Name,double Price,int Num)
    {
        SqlHelper.ExecuteQuery(conn,$"insert into tb_Goods values({ID},{Name},{Price},{Num})");
    }
}
```

然后实现数据访问接口，编写其实现类，该类中通过构造函数注入了一个 IGoodsDAO 接口对象，代码如下：

```
class GoodsBLL : IGoodsBLL
{
    private readonly IGoodsDAO GoodsDao;

    public GoodsBLL(IGoodsDAO GoodsDao)
```

```
    {
        this.GoodsDao = GoodsDao;
    }

    public bool CheckID(string ID)
    {
        var Goods = GoodsDao.GetByID(ID);
        if (Goods == null)
        {
            return false;
        }
        else
        {
            return Goods.ID == ID;
        }
    }
}
```

定义完服务之后，接下来就可以使用了，在 Program.cs 主类中，首先定义服务集合，注册需要使用的服务 IDbConnection、IGoodsDAO 和 IGoodsBLL，这里分别将 GoodsDAO 和 GoodsBLL 注册为 IGoodsDAO 和 IGoodsBLL 的实现类，然后使用 ServiceProvider 对象的 GetService()扩展方法对 IGoodsDAO 和 IGoodsBLL 进行解析，并调用相应的方法实现查询和添加商品数据的功能。代码如下：

```
using Microsoft.Extensions.DependencyInjection;
using System;
using System.Data;
using System.Data.SqlClient;

ServiceCollection services = new ServiceCollection();

services.AddScoped<IDbConnection>(sp => {
    string connStr = "Data Source=.;Initial Catalog=MR_TEST;Integrated Security=true";
    var conn = new SqlConnection(connStr);
    conn.Open();
    return conn;
});
services.AddScoped<IGoodsDAO, GoodsDAO>();
services.AddScoped<IGoodsBLL, GoodsBLL>();
using (ServiceProvider sp = services.BuildServiceProvider())
{
    var goodsDAO = sp.GetService<IGoodsDAO>();
    var goodsBLL = sp.GetService<IGoodsBLL>();
    Console.WriteLine("————————查询商品信息————————————");
    var goods = goodsDAO.GetByID("GD20230001");
    Console.WriteLine(goods);
    Console.WriteLine("————————添加商品信息————————————");
    if (!goodsBLL.CheckID("GD20230003"))
    {
        goodsDAO.AddGoods("GD20230003","C#从入门到精通（第 7 版）",89.8,300);
        Console.WriteLine("添加成功！添加的数据如下：\n");
        goods = goodsDAO.GetByID("GD20230003");
        Console.WriteLine(goods);
    }
    else
        Console.WriteLine("要添加的数据已经存在！");
}
```

查看上面代码，我们发现，除了使用 new SqlConnection()之外，其他对象都没有通过 new 关键字

创建，而是通过依赖注入容器获取的，因此，在实际开发中，如果使用了依赖注入，应该尽量避免直接使用 new 关键字创建对象。

运行程序，效果如图 7.2 所示。

图 7.2　通过依赖注入实现商品信息的查询及添加

如果再次运行程序，则会提示“要添加的数据已经存在！”，效果如图 7.3 所示。

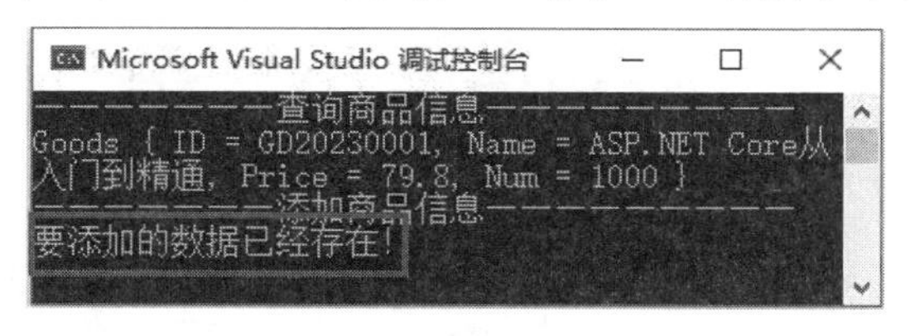

图 7.3　重复运行程序时的提示

7.2　配置系统

.NET Core 的配置系统是一个强大的工具，它允许开发人员在应用程序中轻松地使用和管理配置信息。要使用.NET Core 的配置系统，需要安装以下 NuGet 包：

```
Microsoft.Extensions.Configuration
```

使用.NET Core 配置系统的基本步骤如下。

（1）添加配置文件。

（2）读取配置设置。

下面对.NET Core 中配置系统的使用进行详细讲解。

7.2.1　添加配置文件

.NET Core 中的配置系统提供了多个源来获取配置信息，包括 JSON 文件、环境变量、命令行参数、INI 文件、XML 文件等。在应用程序启动时，配置系统会将这些源中的配置信息合并到一个统一的配置对象中，并使其可用于整个应用程序。

例如，下面代码是一个.NET Core 程序中的配置文件，该文件使用 JSON 文件格式：

```
{
  "ConnectionStrings": {
    "DefaultConnection": "server=localhost;user id=root;password=123456;database=myDatabase"
  },
```

```
"Logging": {
  "LogLevel": {
    "Default": "Information",
    "Microsoft": "Warning",
    "Microsoft.Hosting": "Information"
  }
 }
}
```

要使.NET Core 程序默认加载该配置文件，需要将文件复制到.exe 文件所在文件夹中（即程序输出文件夹），一种方法是手动复制，另外一种是自动复制，比如，上面的 JSON 文件命名为 appsettings.json，在 Visual Studio 开发工具的“解决方案资源管理器”中选中该文件，单击鼠标右键，在弹出的快捷菜单中选择“属性”命令，然后在弹出的“属性”对话框中将“复制到输出目录”设置为“如果较新则复制”，如图 7.4 所示。

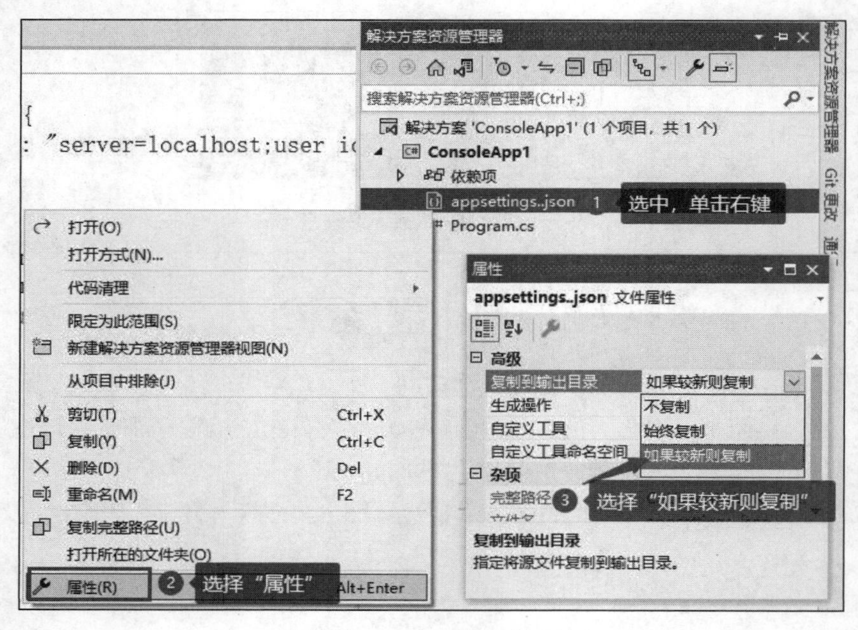

图 7.4　设置将 JSON 文件复制到输出目录

通过以上步骤，我们就在.NET Core 程序中添加了一个配置文件。

7.2.2　读取配置设置

添加配置文件后，接下来就需要读取配置文件中的设置了。在.NET Core 中，读取配置文件中的设置有两种方式，分别是 Configuration API 或 Options API，下面分别讲解。

1. Configuration API 方式读取

Configuration API 使开发人员能够使用键/值对形式或者 API 方法方式读取配置设置，在使用 Configuration API 时，需要使用 ConfigurationBuilder 类和 IConfigurationRoot 对象，下面分别对它们进行介绍。

☑　ConfigurationBuilder 类

ConfigurationBuilder 类位于 Microsoft.Extensions.Configuration 命名空间下，用于生成基于键/值的配置设置，以便在应用程序中使用。ConfigurationBuilder 类的构造函数如下：

```
public ConfigurationBuilder ();
```

ConfigurationBuilder 类有两个属性，其说明如表 7.5 所示。

表 7.5　ConfigurationBuilder 类的属性及说明

属　　性	说　　明
Properties	获取可用于在 IConfigurationBuilder 和已注册的配置提供程序之间共享数据的键/值集合
Sources	获取用于获取配置值的源

ConfigurationBuilder 类的方法及说明如表 7.6 所示。

表 7.6　ConfigurationBuilder 类的方法及说明

方　　法	说　　明
Add(IConfigurationSource)	添加一个新的配置源
Build()	使用在 Sources 中注册的提供程序集中的键和值生成 IConfiguration
AddConfiguration()	将现有配置添加到 IConfigurationProvider
AddCommandLine()	添加从命令行读取配置值的 IConfigurationProvider 或 CommandLineConfigurationProvider
AddEnvironmentVariables()	添加从环境变量读取配置值的 IConfigurationProvider
AddIniFile()	将 INI 配置源添加到 IConfigurationProvider，主要通过读取文件内容的方式来实现
AddIniStream()	将 INI 配置源添加到 IConfigurationProvider，主要通过读取内存流的方式来实现
AddJsonFile()	将 JSON 配置源添加到 IConfigurationProvider，主要通过读取文件内容的方式来实现
AddJsonStream()	将 JSON 配置源添加到 IConfigurationProvider，主要通过读取内存流的方式来实现
AddKeyPerFile()	生成基于键/值的配置设置，以便在应用程序中使用
AddInMemoryCollection()	将内存配置提供程序添加到 IConfigurationProvider
AddUserSecrets()	添加用户机密配置源
AddXmlFile()	将 XML 配置源添加到 IConfigurationProvider，主要通过读取文件内容的方式来实现
AddXmlStream()	将 XML 配置源添加到 IConfigurationProvider，主要通过读取内存流的方式来实现

☑　IConfigurationRoot 接口

IConfigurationRoot 接口位于 Microsoft.Extensions.Configuration 命名空间下，表示 IConfiguration 层次结构的根，该接口提供了两个属性，其说明如表 7.7 所示。

表 7.7　IConfigurationRoot 接口的属性及说明

属　　性	说　　明
Item[String]	获取或设置配置值
Providers	获取用于获取配置值的源

IConfigurationRoot 接口的方法及说明如表 7.8 所示。

表 7.8　IConfigurationRoot 接口的方法及说明

方　法	说　明
GetChildren()	获取直接后代配置子节
GetSection(String)	获取具有指定键的配置子节，如果配置子节不存在，则返回一个空值
Reload()	强制从基础 IConfigurationProvider 重新加载配置值
Bind()	尝试通过按递归方式根据配置键匹配属性名称，将给定的对象实例绑定到配置值
Get()	尝试将配置实例绑定到类型为 T 的新实例。如果此配置节仅包含一个值，则将使用该值。否则，通过按递归方式根据配置键匹配属性名称来进行绑定
GetValue()	提取具有指定键的值，并将其转换为指定的类型
AsEnumerable()	获取 IConfiguration 键/值对的枚举
GetConnectionString()	从配置源的节检索 ConnectionStrings 具有指定键的值，该方法与 GetSection ("ConnectionStrings")[name]等效
GetRequiredSection()	获取具有指定键的配置子节，当配置子节不存在时，抛出一个异常
GetDebugView()	生成可读的配置视图，其中显示每个值的来源

例如，下面代码中首先创建了一个 ConfigurationBuilder 对象，并使用其 AddJsonFile()扩展方法添加了一个待解析的 JSON 配置文件，然后使用 IConfigurationRoot 对象读取配置项，读取配置项时有两种方法，一种是使用[]形式（root["ConnectionStrings:DefaultConnection"]），另一种是使用 GetSection()方法。代码如下：

```
using Microsoft.Extensions.Configuration;

ConfigurationBuilder builder = new ConfigurationBuilder();
builder.AddJsonFile("appsettings.json", false, true);
IConfigurationRoot root = builder.Build();
var defaultConnection = root["ConnectionStrings:DefaultConnection"];
Console.WriteLine(defaultConnection);
var logLevel = root.GetSection("Logging").GetSection("LogLevel").GetSection("Default").Value;
Console.WriteLine(logLevel);
```

说明

上面代码中由于要读取 JSON 文件，因此需使用 NuGet 命令安装 Microsoft.Extensions.Configuration.Json 开发包。

上面代码运行效果如图 7.5 所示。

图 7.5　读取 JSON 配置文件内容

2．Options API 方式读取

Options API 允许将配置设置直接绑定到对象和类中，这使得开发人员能够以一种类型安全和优雅的方式访问和管理配置值，这也是.NET Core 中推荐的方式，使用这种方式，需要使用 NuGet 命令安

装以下两个开发包：

```
Microsoft.Extensions.Options
Microsoft.Extensions.Configuration.Binder
```

例如，还是读取 7.2.1 节中的 appsettings.json 配置文件，我们可以将“ConnectionStrings”部分中的配置设置绑定到一个名为 ConnectionOptions 的类中，代码如下：

```
public class ConnectionOptions
{
    public string DefaultConnection { get; set; }
}
```

使用 Options API 方式读取配置时，需要与依赖注入一起使用，因此需要创建一个类，用来获取注入的选项值，这里声明接收选项注入的对象类型不能直接使用上面定义的 ConnectionOptions 类，而应该使用 IOptions<T>、IOptionsMonitor<T>或者 IOptionsSnapshot<T>等泛型接口，这 3 个泛型接口的区别如下：

- ☑ IOptions<T>：配置改变后，不能读取新值，而必须重新运行程序才能读取新值，因此占用资源少，适用于服务器启动后，配置不会再发生改变的情况。
- ☑ IOptionsMonitor<T>：配置改变后，可以读取到新值，但可能会导致同一个请求中，前后读取的配置值不同。
- ☑ IOptionsSnapshot<T>：配置改变后，可以读取到新值，它可以保证在同一个请求中前后读取的配置值相同，而只有在不同的请求中，配置值才有可能不同，因此，通常使用 IOptionsSnapshot<T>作为接收选项注入的类型。

【例 7.2】使用 Options API 方式读取配置文件内容（**实例位置：资源包\Code\07\02**）

例如，这里使用 IOptionsSnapshot<T>接收选项注入类型，并定义读取配置的测试类，代码如下：

```
using Microsoft.Extensions.Options;
class Demo
{
    private readonly IOptionsSnapshot<ConnectionOptions> connectionOptions;
    public Demo(IOptionsSnapshot<ConnectionOptions> connectionOptions)
    {
        this.connectionOptions = connectionOptions;
    }
    public void Test()
    {
        var con = connectionOptions.Value;
        Console.WriteLine(con.DefaultConnection);
    }
}
```

接下来，编写注入服务到容器的代码，首先引入依赖注入和配置系统相关命名空间，然后加载 appsettings.json 配置文件，使用 AddOptions()方法注册与选项相关的服务，并把 ConnectionStrings 节点的内容绑定到 ConnectionOptions 类型的模型对象上，接下来将 Demo 测试类注册为瞬态服务，最后通过服务获取配置文件中相应的值。代码如下：

```
using Microsoft.Extensions.Configuration;
using Microsoft.Extensions.DependencyInjection;
ConfigurationBuilder builder = new ConfigurationBuilder();
builder.AddJsonFile("appsettings.json", false, true);
```

```
IConfigurationRoot root = builder.Build();
ServiceCollection services=new ServiceCollection();
services.AddOptions().Configure<ConnectionOptions>(e=>root.GetSection("ConnectionStrings").Bind(e));
services.AddTransient<Demo>();
using (var scope = services.BuildServiceProvider())
{
    while (true)
    {
        var demo = scope.GetService<Demo>();
        demo.Test();
        Console.Read();
    }
}
```

运行上面代码，效果如图 7.6 所示。

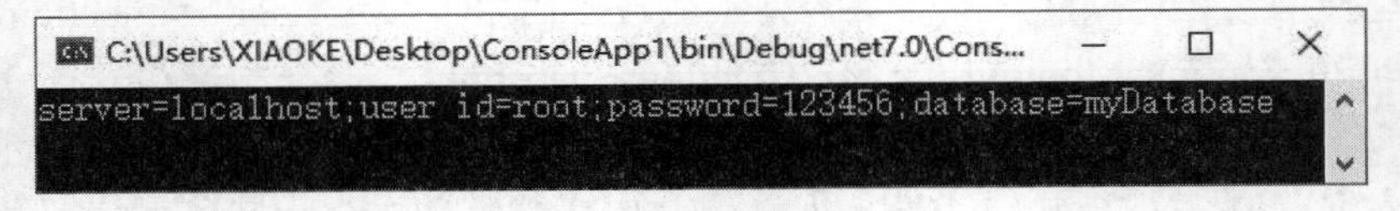

图 7.6　使用 Options API 方式读取 JSON 配置文件内容

我们修改程序生成目录下的 appsettions.json 文件后，再次运行程序，即可输出修改后的值，如图 7.7 所示。

图 7.7　读取修改后的 JSON 配置文件内容

7.2.3　其他类型的配置文件添加及读取

前面两节以 JSON 文件为例讲解了.NET Core 程序中配置文件的添加与读取，除了 JSON 文件，.NET Core 程序的配置系统还支持其他配置源，如环境变量、命令行参数、INI 文件、XML 文件等。其中，INI 文件、XML 文件作为配置源时，其添加及读取方式与 JSON 文件类似，这里不再详细介绍；下面主要讲解如何将环境变量和命令行参数作为.NET Core 程序的配置源。

1. 使用环境变量作为配置源

使用.NET Core 的应用程序可以根据不同的环境（如测试环境、开发环境、生产环境等）有不同的配置，这时就可以使用环境变量作为配置源。从环境变量中读取配置需要使用 NuGet 命令安装以下开发包：

```
Microsoft.Extensions.Configuration.EnvironmentVariables
```

然后使用 ConfigurationBuilder 类的 AddEnvironmentVariables()扩展方法进行读取，该方法是一个重载方法，重载形式如下：

```
AddEnvironmentVariables()
AddEnvironmentVariables(string prefix)
```

第一种重载形式没有参数，表示可以将系统中的所有环境变量都加载进来；第二种重载形式有一个 string 类型的参数，用来指定环境变量的前缀，这种形式可以加载系统中具有指定前缀的环境变量。

例如，下面代码加载系统中所有的环境变量，并读取名称为“Path”的环境变量的值，代码如下：

```
ConfigurationBuilder builder = new ConfigurationBuilder();
builder.AddEnvironmentVariables();
IConfigurationRoot root = builder.Build();
Console.WriteLine(root["Path"]);
```

但如果系统环境变量中有很多“PATH_”开头的环境变量，我们想要读取名称为“PATH_NET”的环境变量的值，则可以使用下面代码：

```
ConfigurationBuilder builder = new ConfigurationBuilder();
builder.AddEnvironmentVariables("PATH_");
IConfigurationRoot root = builder.Build();
Console.WriteLine(root["NET"]);
```

使用上面代码时，必须在系统环境变量中存在“PATH_NET”。

2．使用命令行参数作为配置源

在容器化运行环境中，.NET Core 程序非常适合通过命令行参数来读取配置信息。从命令行参数中读取配置需要使用 NuGet 命令安装以下开发包：

```
Microsoft.Extensions.Configuration.CommandLine
```

然后使用 ConfigurationBuilder 类的 AddCommandLine()扩展方法进行读取，该方法常用语法如下：

```
AddCommandLine(String[] args)
```

参数 args 是一个字符串类型的参数，表示命令行参数。在命令行中传递的值应该是一组以两个短横线（“--”）或者正斜杠（“/”）为前缀的键，然后是值，键和值用等号（“=”）或空格（“ ”）分隔，另外，如果使用等号设定值，可以排除前缀，因此，命令行参数可以有以下 5 种形式：

```
--key1=value1
--key2 value2
/key3=value3
/key4 value4
key5=value5
```

例如，下面代码读取命令行参数中传递的 server 的值，代码如下：

```
using Microsoft.Extensions.Configuration;
public class Test
{
    static void Main(string[] args)
    {
        ConfigurationBuilder builder = new ConfigurationBuilder();
        builder.AddCommandLine(args);
        IConfigurationRoot root = builder.Build();
        Console.WriteLine($"server: {root["server"]}");
    }
}
```

编译上面代码，然后打开系统的“命令提示符”窗口，将 EXE 路径复制到“命令提示符”窗口中，同时传入 server 参数，按回车键，效果如图 7.8 所示。

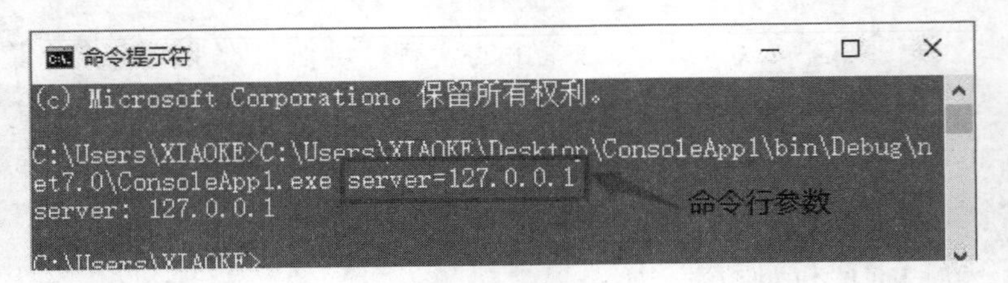

图 7.8 读取命令行参数

上面是使用“命令提示符”窗口执行程序时传递命令行参数，在 Visual Studio 中还能以可视化方式传递命令行参数，具体步骤为：在 Visual Studio 的菜单栏中选择“项目”→“***属性”，在打开的属性对话框中单击“调试”/“常规”选项卡，然后单击“打开调试启动配置文件 UI”超链接，打开“启动配置文件”对话框，在“命令行参数”文本框中即可输入要设置的命令行参数，如图 7.9 所示。

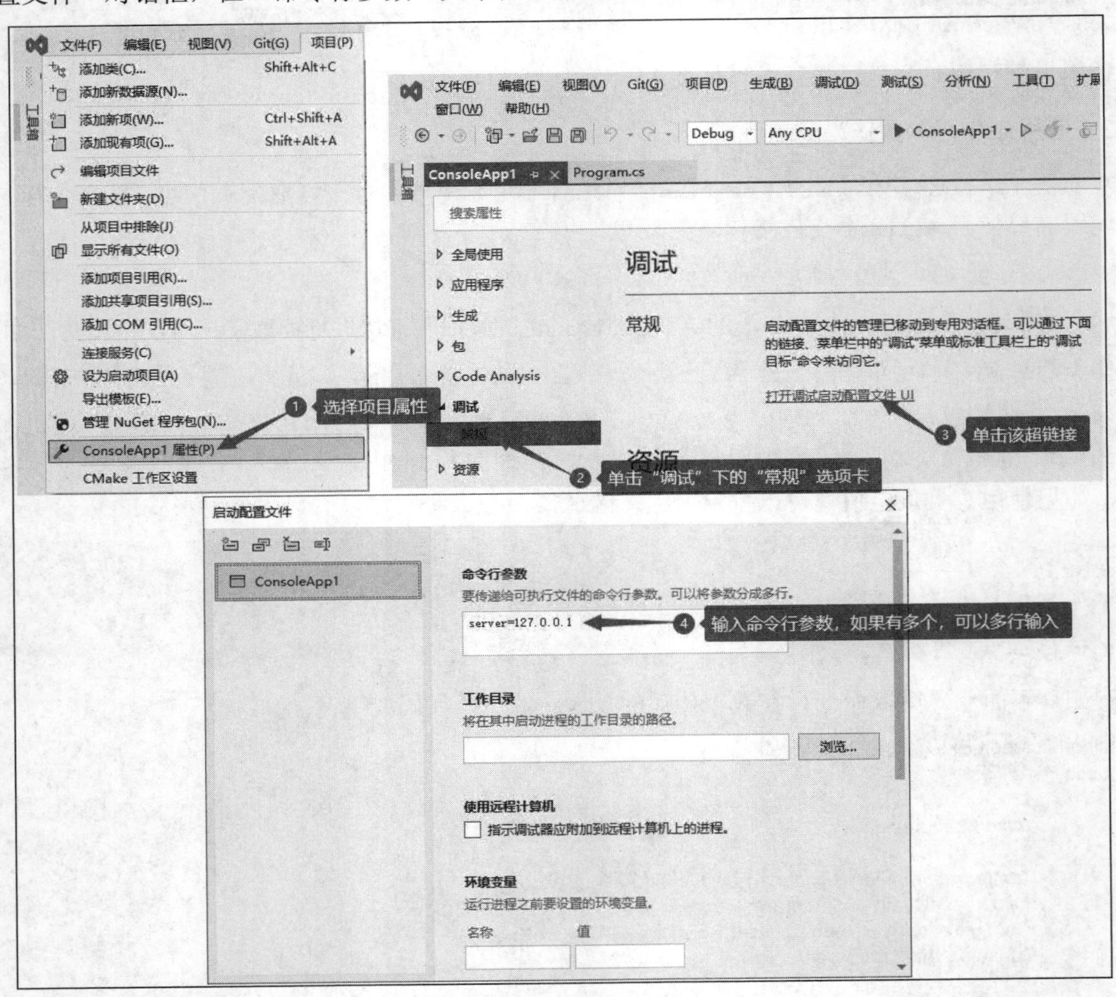

图 7.9 以可视化方式设置命令行参数

命令行参数设置完成后，直接在 Visual Studio 中运行上面代码，效果如图 7.10 所示。

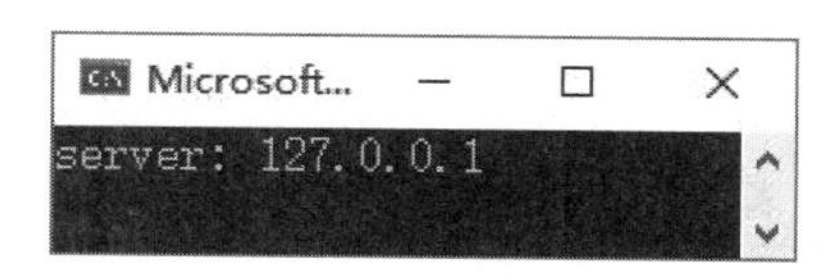

图 7.10 读取可视化方式设置的命令行参数

7.2.4 配置系统使用总结

.NET Core 的配置系统是一个灵活而强大的框架组成部分，它主要用来简化程序的配置管理，支持 JSON 文件、环境变量、命令行参数、INI 文件、XML 文件等多种数据源，并与不同类型的使用模式和应用程序类型兼容，使用它可以减少硬编码并提高可维护性。

另外，.NET Core 程序支持一个程序中同时使用多种数据源，在读取时，如果后添加的数据源有与先添加的数据源中重复的选项，后添加的配置会覆盖先添加的配置，比如，使用 JSON 文件添加的配置信息中有 server，值为 127.0.0.1，但后面又通过命令行参数添加了 server，值为 www.mingrisoft.com，则在程序中，最后读取到的 server 值为 www.mingrisoft.com。

7.3 日 志

.NET Core 中的日志是指应用程序记录和保存运行时信息的机制，应用程序的运行时信息可能包括调试信息、异常信息、业务操作信息等，通过日志记录可以帮助开发人员分析应用程序的运行情况，快速定位问题，提高开发效率。要使用.NET Core 的日志，需要安装以下 NuGet 包：

```
Microsoft.Extensions.Logging
```

另外，如果要使用控制台方式输出日志，还需要安装 Microsoft.Extensions.Logging.Console 开发包。本节将对.NET Core 中日志的使用进行详细讲解。

7.3.1 日志相关的接口

在.NET Core 程序中使用日志时，需要用到 ILogger 接口和 ILoggerFactory 接口，下面分别对它们进行介绍。

1. ILogger 接口

ILogger 接口位于 Microsoft.Extensions.Logging 命名空间下，表示用于执行日志记录的类型。ILogger 接口提供了 3 个公共方法，如表 7.9 所示。

表 7.9 ILogger 接口的公共方法及说明

公 共 方 法	说 明
BeginScope<TState>(TState)	开始逻辑操作范围
IsEnabled(LogLevel)	检查是否已启用给定 logLevel
Log<TState>(LogLevel, EventId, TState, Exception, Func<TState,Exception,String>)	写入日志项

除了上面的公共方法，ILogger 接口还提供了一些扩展方法，用来操作日志，其说明如表 7.10 所示。

表 7.10　ILogger 接口的扩展方法及说明

扩 展 方 法	说　明
BeginScope()	设置消息格式并创建范围
Log()	在指定的日志级别设置日志消息格式并写入该消息
LogCritical()	设置关键日志消息格式并写入该消息
LogDebug()	设置调试日志消息格式并写入该消息
LogError()	设置错误日志消息格式并写入该消息
LogInformation()	设置信息日志消息格式并写入该消息
LogTrace()	设置跟踪日志消息格式并写入该消息
LogWarning()	设置警告日志消息格式并写入该消息

2．ILoggerFactory 接口

ILoggerFactory 接口位于 Microsoft.Extensions.Logging 命名空间下，表示一个类型，该类型用于配置日志记录系统并从已注册的 ILoggerProvider 创建 ILogger 的实例。ILoggerFactory 接口常用方法及说明如表 7.11 所示。

表 7.11　ILoggerFactory 接口的方法及说明

方　法	说　明
AddProvider(ILoggerProvider)	将指定的提供程序添加到创建 ILogger 实例时使用的提供程序集合
CreateLogger(String)	创建具有指定 categoryName 的 ILogger
CreateLogger(ILoggerFactory, Type)	使用给定 Type 的全名创建一个新的 ILogger 实例
CreateLogger<T>(ILoggerFactory)	使用给定类型的全名创建一个新的 ILogger 实例

7.3.2　日志的使用步骤

.NET Core 提供了丰富的日志记录 API，它支持各类日志系统，包括控制台、文件、系统事件日志、日志服务器等。下面介绍.NET Core 中日志的使用方法。

1．引入相关命名空间

在.NET Core 中使用日志，需要引入以下命名空间：

```
using Microsoft.Extensions.Logging;
```

2．配置日志记录器

在.NET Core 程序中使用日志时，首先需要先配置日志记录器的选项，包括选择日志记录的输出方式、日志的格式等选项，这主要通过在 ServiceCollection 集合的 AddLogging()方法中，使用 ILoggingBuilder 的 AddXXX()方法实现。

例如，下面代码通过 ILoggingBuilder 对象的 AddConsole()、AddDebug()、AddFile()方法添加了 3 个日志记录器，这 3 个日志记录器分别将日志记录到控制台、调试器输出窗口以及文件中。代码如下：

```
ServiceCollection services = new ServiceCollection();
services.AddLogging(logBuilder =>
{
    logBuilder.AddConsole();
    logBuilder.AddDebug();
    logBuilder.AddFile("log.txt");
});
```

3．创建日志记录器

使用 ILoggerFactory 接口的 CreateLogger()方法可以创建对应名称的日志记录器，例如，下面代码创建了一个名为 Program 的日志记录器：

```
ILogger<Program> logger = loggerFactory.CreateLogger<Program>();
```

4．记录日志

在.NET Core 程序的需要记录日志的代码中，可以通过创建好的日志记录器对象来记录不同等级的日志，常用的日志等级有 Debug（调试）、Information（信息）、Warning（警告）、Error（错误）、Trace（跟踪）、Critical（关键）等。

例如，下面代码用来记录程序中的提示、警告和错误信息：

```
logger.LogInformation("程序提示信息");
logger.LogWarning("警告信息");
logger.LogError("错误信息");
```

以上就是.NET Core 中使用日志的基本流程，开发人员可以根据实际情况灵活选择不同的日志输出方式。

7.4 要点回顾

本章主要对.NET Core 的三大核心组件：依赖注入、配置系统以及日志的原理及使用进行了详细讲解。其中，依赖注入是.NET Core 的核心，.NET Core 程序的各个部分都是通过依赖注入方式被组装在一起的；配置系统允许运维人员通过后期配置对程序的很多选项进行设置，避免程序中出现过多的硬性编码；日志则可以帮助程序开发人员更好地发现程序问题。本章所讲内容是.NET Core 应用开发的基础及核心，因此，必须熟练掌握。

第 8 章

ASP.NET Core Web 应用

Web 应用是.NET Core 开发中常见的一种项目类型，在.NET Core 中进行 Web 应用开发的核心技术是 ASP.NET Core，而 ASP.NET Core Web 应用表示包含 Razor Pages 内容的 ASP.NET Core 应用程序的项目模板。本章将对 ASP.NET Core Web 应用的创建及基础进行讲解。

本章知识架构及重点、难点如下。

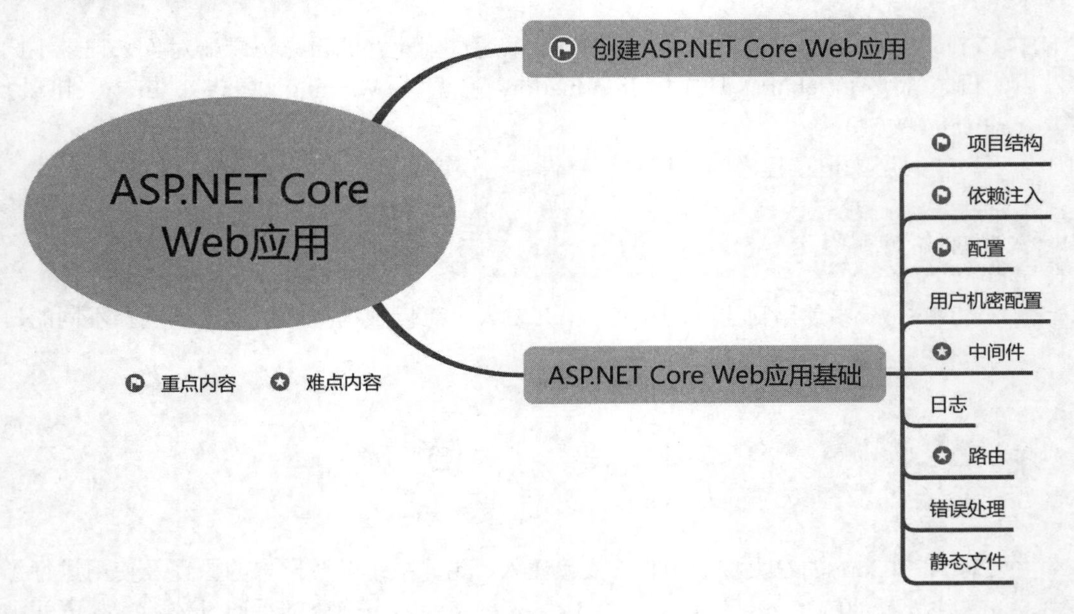

8.1 创建 ASP.NET Core Web 应用

使用 Visual Studio 2022 创建 ASP.NET Core Web 应用的操作步骤如下。

（1）选择“开始”→“所有程序”→Visual Studio 2022 菜单，进入 Visual Studio 2022 开发环境的开始使用界面，单击“创建新项目”选项，在“创建新项目”对话框的右侧选择“ASP.NET Core Web 应用”选项，单击“下一步”按钮，如图 8.1 所示。

（2）进入“配置新项目”对话框，在该对话框中输入项目名称，并设置项目的保存路径，然后单击“下一步”按钮，如图 8.2 所示。

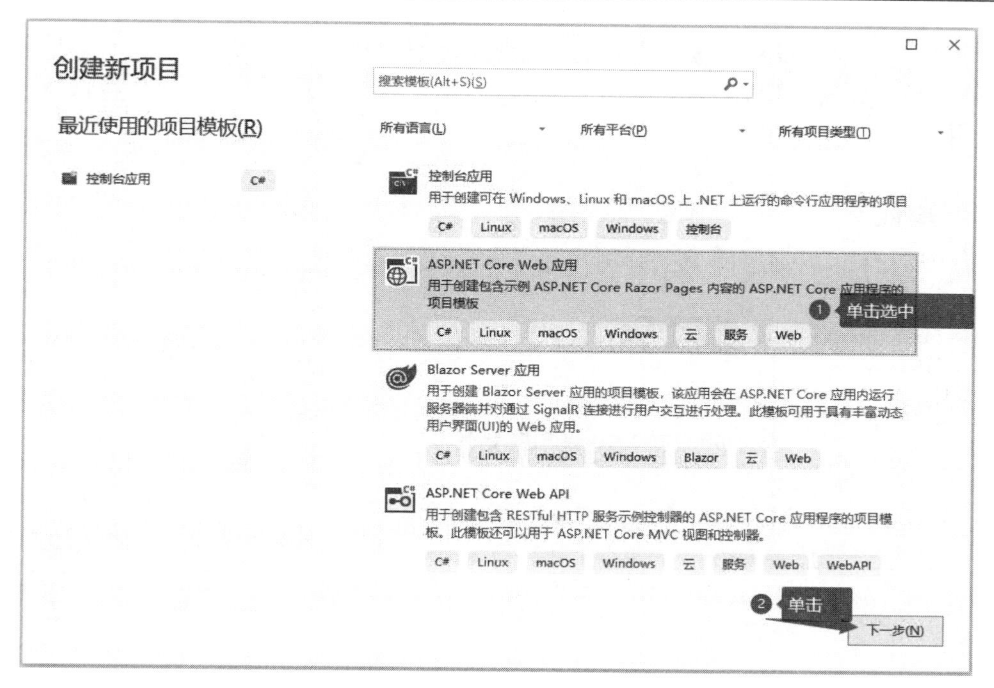

图 8.1　“创建新项目”对话框

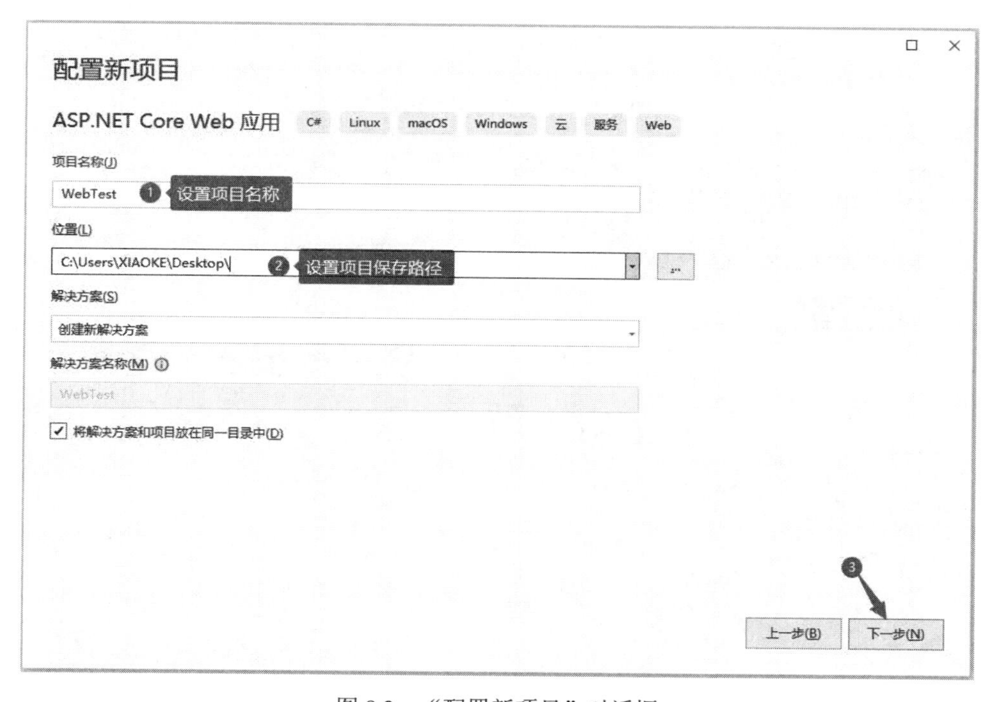

图 8.2　“配置新项目”对话框

（3）进入“其他信息”对话框，如图 8.3 所示，在该对话框中可以设置要创建的 ASP.NET Core Web 应用所使用的.NET 版本，默认为最新的长期支持版，但通过单击向下箭头，可以选择最新的标准版；

另外，对于 Web 应用，可以对身份验证类型、是否配置 HTTPS、是否启用 Docker，以及是否使用顶级语句等进行设置，这里一般采用默认设置。设置完成后，单击“创建”按钮，即可创建一个 ASP.NET Core Web 应用，如图 8.4 所示。

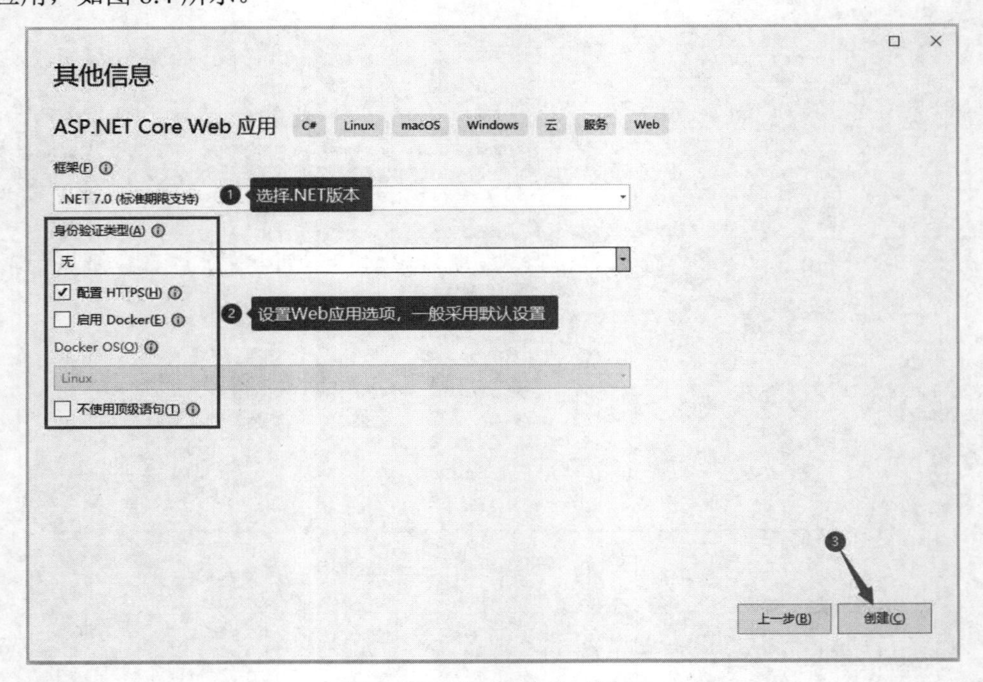

图 8.3 “其他信息”对话框

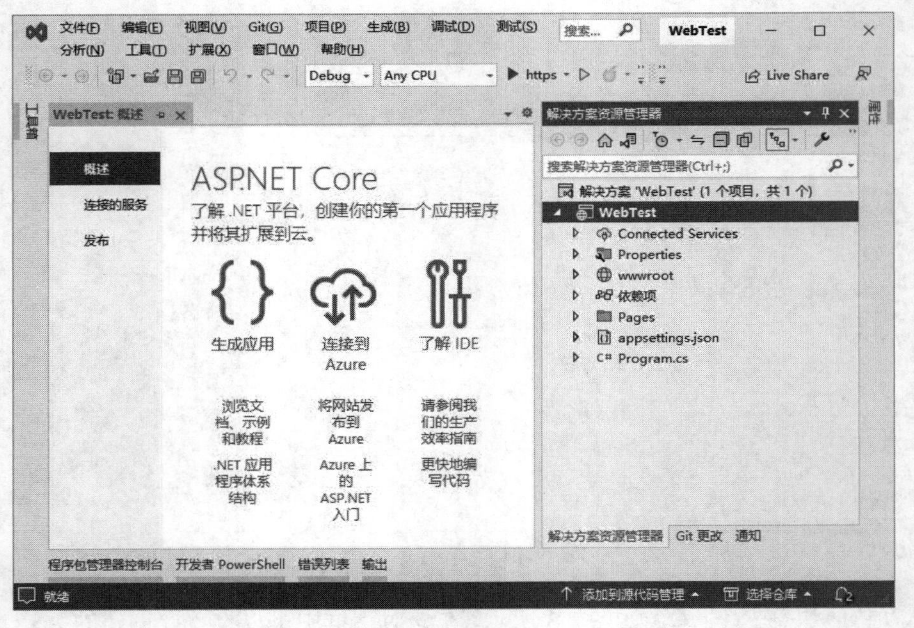

图 8.4 创建的 ASP.NET Core Web 应用

说明

如果本地没有安装 Visual Studio 开发工具，而只是安装了.NET Core 或者使用的是 Visual Studio Code 工具，可以使用 dotnet new webapp 命令创建 ASP.NET Core Web 项目，具体命令如下：

```
dotnet new webapp -o 项目名称
```

8.2　ASP.NET Core Web 应用基础

8.2.1　ASP.NET Core Web 应用项目结构

新创建的 ASP.NET Core Web 应用的默认项目结构如图 8.5 所示。

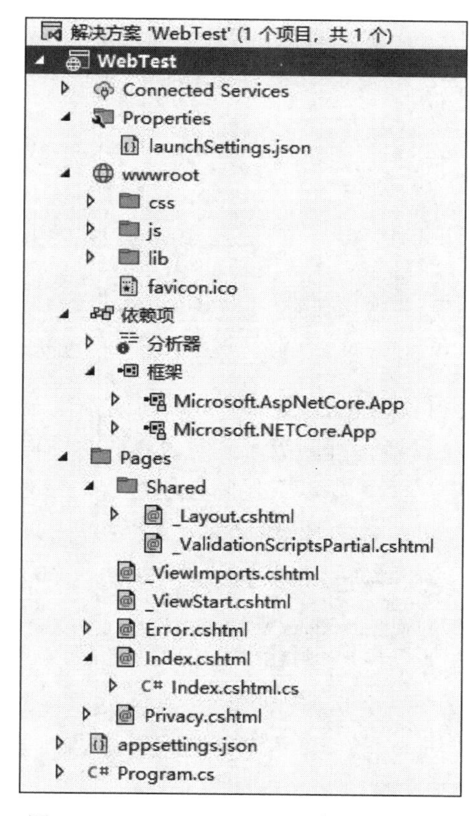

图 8.5　ASP.NET Core Web 应用项目结构

从图 8.5 可以看出，一个 ASP.NET Core Web 应用主要包括 Properties 文件夹、wwwroot 文件夹、依赖项、Pages 文件夹、appsettions.json 文件和 Program.cs 文件，它们的作用如下：

☑ Properties 文件夹：项目的属性文件夹，其中包括一个 launchSettings.json 文件，用来设置项目的属性。这里需要注意的是，launchSettings.json 仅仅在本地计算机上使用，这也意味着，当发布 ASP.NET Core 应用程序到生产环境时，这个文件是不需要的。

☑ wwwroot 文件夹：包含项目用到的静态资源，如 CSS 文件、JavaScript 文件和图像文件等。

☑ 依赖项：包含项目用到的.NET 库。

☑ Pages 文件夹：包含 Razor 页面和支持文件，其中，每个 Razor 页面都包含以下两个文件：

  ➢ .cshtml 文件：其中包含使用 Razor 语法的 C#代码和一些 HTML 页面标记。

  ➢ .cshtml.cs 文件：其中包含处理页面事件的 C#代码。

说明

（1）Razor 是一种允许开发人员向网页中嵌入 C#或者 VB 代码的标记语法，它不是编程语言，而是一种服务器端标记语言，关于 Razor 语法的详细讲解见第 9 章，这里了解即可。

（2）Pages 文件夹中包含一个_Layout.cshtml 文件，它用来配置所有页面通用的 UI 元素，如设置页面顶部的导航菜单、页面底部的版权声明等。

☑ appsettings.json 文件：包含配置数据，如连接字符串等。

☑ Program.cs 文件：主程序文件，应用程序从这里启动，其默认代码如图 8.6 所示。

```
1   var builder = WebApplication.CreateBuilder(args);
2
3   // Add services to the container.
4   builder.Services.AddRazorPages();
5
6   var app = builder.Build();
7
8   // Configure the HTTP request pipeline.
9   if (!app.Environment.IsDevelopment())
10  {
11      app.UseExceptionHandler("/Error");
12      // The default HSTS value is 30 days. You may want to change this
13      // for production scenarios, see https://aka.ms/aspnetcore-hsts.
14      app.UseHsts();
15  }
16
17  app.UseHttpsRedirection();
18  app.UseStaticFiles();
19
20  app.UseRouting();
21
22  app.UseAuthorization();
23
24  app.MapRazorPages();
25
26  app.Run();
```

图 8.6　Program.cs 主程序文件默认代码

Program.cs 文件中可以向依赖注入容器添加 Razor Pages 支持、配置应用所需的服务、启用各种中间件、运行程序等，其每段代码具体作用如下：

➢ 以下代码会创建一个带有预配置默认值的 WebApplicationBuilder，向依赖注入容器添加 Razor Pages 支持，并生成应用：

```
var builder = WebApplication.CreateBuilder(args);
// Add services to the container.
builder.Services.AddRazorPages();
var app = builder.Build();
```

➢ 默认启用开发人员异常页，并提供有关异常的有用信息。下面的代码会将异常终结点设置为“/Error”，并且当应用未在开发模式中运行时，启用 HTTP 严格传输安全协议（HSTS）：

```
// Configure the HTTP request pipeline.
if (!app.Environment.IsDevelopment())
{
    app.UseExceptionHandler("/Error");
    // The default HSTS value is 30 days. You may want to change this
    // for production scenarios, see https://aka.ms/aspnetcore-hsts.
    app.UseHsts();
}
```

➢ “app.UseHttpsRedirection();”：将 HTTP 请求重定向到 HTTPS。

- "app.UseStaticFiles();"：提供 HTML、CSS、图像和 JavaScript 等静态文件。
- "app.UseRouting();"：向中间件管道添加路由匹配。
- "app.UseAuthorization();"：授权用户访问安全资源。如果应用不使用授权，可删除此行。
- "app.MapRazorPages();"：为 Razor Pages 配置终结点路由。
- "app.Run();"：运行应用。

8.2.2　ASP.NET Core 依赖注入

第 7 章中学习了.NET Core 项目的依赖注入用法，在普通的.NET Core 项目中，我们需要自己创建 IServiceCollection 对象，进行服务的注册，然后通过调用 BuildServiceProvider()方法生成 IServiceProvider 对象去解析服务；而在 ASP.NET Core Web 应用中，ASP.NET Core 框架帮我们简化了这个过程，我们只需要将服务注册到默认创建的 WebApplicationBuilder 对象的 Services 属性中即可。例如，Program.cs 主程序文件中默认向依赖注入容器添加 Razor Pages 支持的代码：

```
var builder = WebApplication.CreateBuilder(args);
// Add services to the container.
builder.Services.AddRazorPages();
var app = builder.Build();
```

从上面代码可以看出，当我们需要在 ASP.NET Core Web 应用中注册服务时，只需要将注册服务的代码写在"var app = builder.Build();"之前即可。

【例 8.1】在 ASP.NET Core Web 应用中实现自定义类的依赖注入（**实例位置：资源包\Code\08\01**）

创建一个 ASP.NET Core Web 应用程序，其中自定义一个接口 IMessage，并编写该接口的实现类 Message。代码如下：

```
public interface IMessage
{
    void WriteMessage(string message);
}

public class Message : IMessage
{
    public void WriteMessage(string message)
    {
        Console.WriteLine($"输出信息: {message}");
    }
}
```

在 Program.cs 文件中注册 Message 服务类，代码如下：

```
builder.Services.AddScoped<IMessage, Message>();
```

接下来在 Index.cshtml 页的控制器类 IndexModel 中通过构造方法注入该服务，并在页面的 GET 请求中输出相应的字符串信息。代码如下：

```
public class IndexModel : PageModel
{
    private readonly IMessage _message;
    public IndexModel(IMessage message)
    {
        _message = message;
```

```
    }

    public void OnGet()
    {
        _message.WriteMessage("ASP.NET Core Web 应用中使用依赖注入"); ;
    }
}
```

运行程序，当每次访问默认的 Index.cshtml 页面时，都会输出相应的信息，结果如图 8.7 所示。

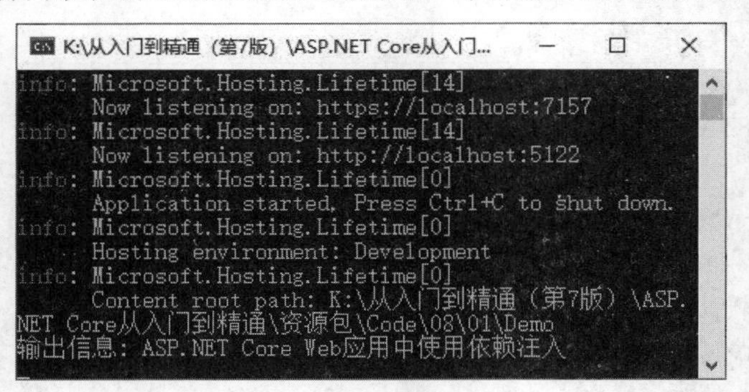

图 8.7　ASP.NET Core Web 应用中的依赖注入实现

8.2.3　配置

第 7 章中学习了.NET Core 项目的配置系统用法，.NET Core 中可以通过 JSON 文件、环境变量、命令行参数、INI 文件、XML 文件等源来获取配置信息，而该用法同样适用于 ASP.NET Core Web 应用；另外，ASP.NET Core 中还提供了一些简化配置系统使用的方法，下面进行讲解。

在 ASP.NET Core Web 应用中，在 WebApplication 类的 CreateBuilder()方法中会按照以下顺序来加载默认提供的配置。

（1）加载现有的 IConfiguration 配置。

（2）加载项目根目录下的 appsettions.json 配置文件。

（3）加载项目根目录下的 appsettings.{Environment}.json 配置文件，其中，Environment 表示当前运行环境的名字，例如，appsettings.Development.json（开发环境）、appsettings.Staging.json（测试环境）和 appsettings.Production.json（生产环境）。

（4）如果程序在开发环境下运行，会加载“用户机密”配置。

（5）加载环境变量中的配置，加载时，ASP.NET Core 程序会从环境变量中读取名字为 ASPNETCORE_ENVIRONMENT 的值，其值一般采用 3 个值中的一个：Development（开发环境）、Staging（测试环境）和 Production（生产环境）。

（6）加载命令行参数中的配置信息。

在读取配置信息时，可以通过直接访问 WebApplicationBuilder 对象的 Configuration 属性来实现，但需要说明的是，在读取时，ASP.NET Core 中同样遵循“后添加的配置会覆盖先添加的配置”原则。

例如，创建一个 ASP.NET Core Web 应用后，其默认带一个 appsettions.json 配置文件，代码如下：

```
{
  "Logging": {
```

```
    "LogLevel": {
      "Default": "Information",
      "Microsoft.AspNetCore": "Warning"
    }
  },
  "AllowedHosts": "*"
}
```

假设要读取该文件中“Logging” →“LogLevel”下的“Default”的值，可以使用下面代码实现：

```
app.Map("/Test", async appTest =>{
    appTest.Run(async context => {
        //第 1 种方法
        Console.WriteLine(builder.Configuration.GetSection("Logging")
                .GetSection("LogLevel").GetSection("Default").Value);
        //第 2 种方法
        //Console.WriteLine(builder.Configuration["Logging:LogLevel:Default"]);
    });
});
```

运行上面代码，在浏览器中输入网址+“/Test”地址时，会在控制台窗口中显示如下信息：

```
Information
```

8.2.4　用户机密配置

8.2.3 节中提到 ASP.NET Core 程序如果在开发环境下运行，会加载用户机密配置，那么，什么是用户机密配置呢？

技巧

可以使用 WebApplication 对象的 Enviroment 属性提供的 IsDevelopment()方法、IsStaging()方法和 IsProdution()方法判断程序处于哪种开发环境下。例如，下面代码判断程序是否处于开发环境下：

```
if (!app.Environment.IsDevelopment())
{
}
```

用户机密是.NET Core 中为了管理密码等机密配置数据而提供的一种安全机制，它允许开发人员将项目中用到的一些机密或者隐私信息存放到一个单独的 JSON 文件中，该文件不会放到项目中，而是存放在系统目录中，这样可以避免被开发人员错误地上传到源代码服务器或者其他公开的地方，从而避免项目机密或者隐私信息的泄漏。从这里可以看出，用户机密配置主要用于开发环境，而不适合在生成环境中使用。

在 ASP.NET Core Web 应用中使用用户机密配置非常简单，步骤如下。

（1）只需要选中项目，单击鼠标右键，在弹出的快捷菜单中选择“管理用户机密”命令即可，如图 8.8 所示。

（2）此时双击打开项目文件，可以看到在其配置中会多出一个<UserSecretsId>选项，其值是一个用来定位用户机密配置的标识，如图 8.9 所示。

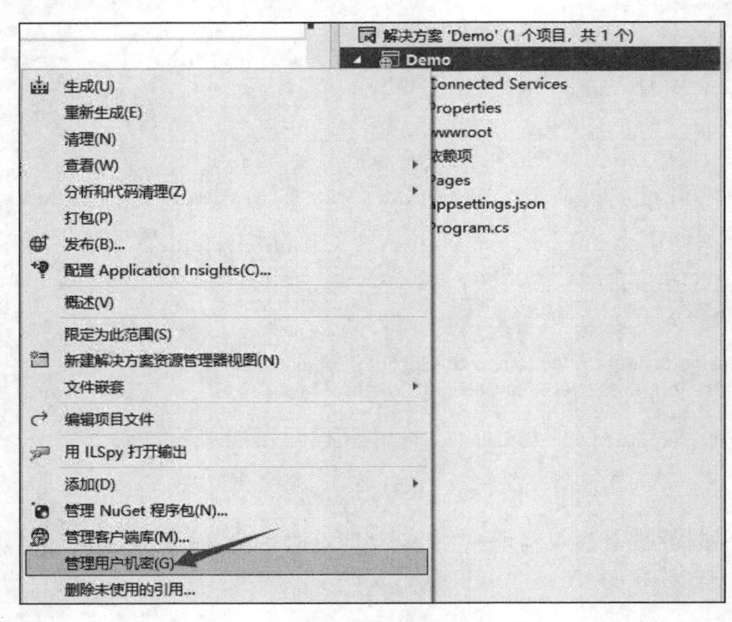

图 8.8　选择“管理用户机密”命令

```
<Project Sdk="Microsoft.NET.Sdk.Web">

  <PropertyGroup>
    <TargetFramework>net7.0</TargetFramework>
    <Nullable>enable</Nullable>
    <ImplicitUsings>enable</ImplicitUsings>
    <UserSecretsId>8b20e984-2c42-4d6f-848c-aaa7614ffcb6</UserSecretsId>
  </PropertyGroup>

</Project>
```

图 8.9　自动添加的用户机密配置标识

（3）在项目配置中添加<UserSecretsId>的同时，会在 Visual Studio 中自动打开一个可编辑的 secrets.json 文件，如图 8.10 所示，该文件中可以按照标准的 JSON 文件格式对机密信息进行配置。

（4）仔细观察项目的目录结构，发现 secrets.json 并不在其中，那么，该文件保存在什么位置呢？在 Visual Studio 中选中打开的 secrets.json，单击鼠标右键，在弹出的快捷菜单中选择“打开所在的文件夹”命令，如图 8.11 所示。

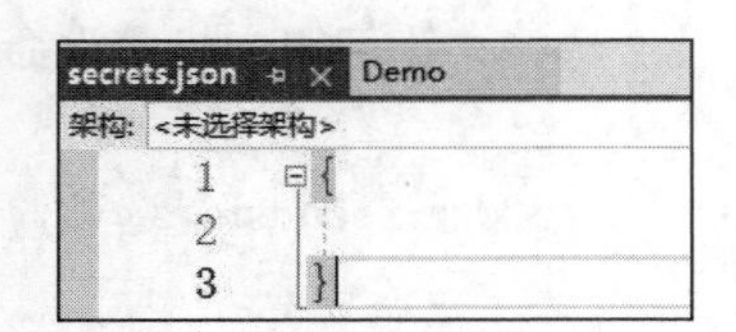

图 8.10　secrets.json 用户机密配置文件

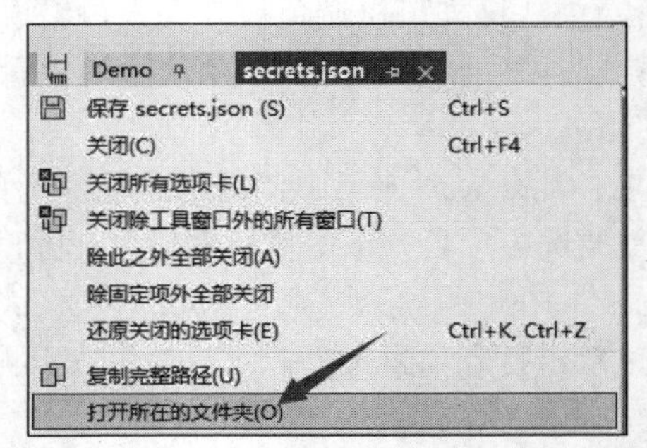

图 8.11　选择“打开所在的文件夹”命令

（5）打开 secrets.json 文件所在的路径，发现该文件存放在系统中与 UserSecretsId 值一致的一个文件夹中，如图 8.12 所示。

图 8.12　secrets.json 文件的存放位置

假设我们在项目中将数据库连接的用户名和密码信息写在了用户机密配置文件中，代码如下：

```
{
  "Database": {
        "username": "mr",
        "password": "mrsoft"
  }
}
```

现在要读取数据库连接的用户名和密码信息，与 8.2.3 节读取其他配置信息的代码一样，可以直接通过 WebApplicationBuilder 对象的 Configuration 属性来实现，代码如下：

```
app.Map("/Test", async appTest =>{
      appTest.Run(async context => {
            Console.WriteLine(builder.Configuration["Database:username"]);
            Console.WriteLine(builder.Configuration["Database:password"]);
      });
});
```

运行上面代码，在浏览器中输入网址+“/Test”地址时，会在控制台窗口中显示如下信息：

```
mr
mrsoft
```

8.2.5　中间件

中间件是 ASP.NET Core 中的核心组件，ASP.NET Core MVC 框架、用户身份验证、Swagger 等常用的框架功能都是由中间件提供的。中间件本质上是一种装配到应用管道的处理请求和响应的组件，其中，每个组件可以选择是否将请求传递到管道中的下一个组件，或者确认是否在管道中的下一个组件前后执行工作。

在 ASP.NET Core 中，针对 HTTP 请求，采用管道方式进行处理。当用户发出一个请求后，应用程序会为其创建一个请求管道，在这个请求管道中会有多个中间件，每一个中间件都会按顺序进行处理（可能会执行，也可能不会被执行，取决于具体的业务逻辑），最后一个中间件处理完毕后，请求又会以相反的方向返回给用户最终的处理结果，如图 8.13 所示。

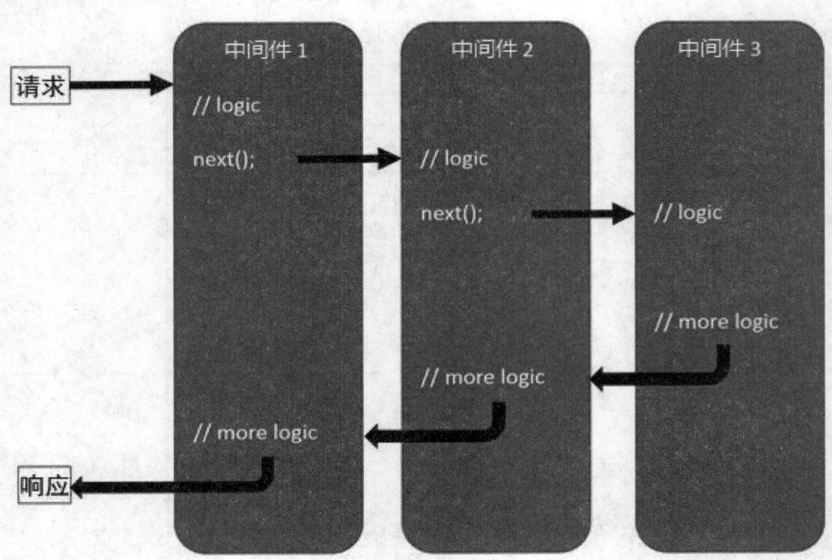

图 8.13　ASP.NET Core Web 应用中的管道处理方式

要在 ASP.NET Core Web 应用中使用中间件，需要了解 3 个基本概念：Map、Use 和 Run，它们的说明如下：

☑ Map：定义一个管道可以处理哪些请求。

☑ Use：向管道中添加中间件。

☑ Run：执行最终的核心应用逻辑。

例如，Program.cs 文件中的以下代码就在项目中添加了 ASP.NET Core 中内置的一些中间件：

```
app.UseHttpsRedirection();
app.UseStaticFiles();
app.UseRouting();
app.UseAuthorization();
app.MapRazorPages();
app.Run();
```

我们还可以添加自定义的中间件，使用 Use 来添加中间件，由若干个 Use 和一个 Run 可以组成一个请求管道；另外，在使用 Use 添加中间件时，可以在中间件中通过 next()执行下一个中间件，但在 Run 中，不会再把请求向后传递，因此，在 Run 中不能执行 next()，Run 中的代码执行结束后，响应会按照请求的相反顺序执行每个 Use 中 next()之后的代码。

【例 8.2】在 ASP.NET Core Web 应用中自定义中间件（**实例位置：资源包\Code\08\02**）

创建一个 ASP.NET Core Web 应用程序，其中使用 Map 添加一个管道，该管道中添加了两个中间件，这两个中间件都是用 next()方法将请求向后传递，最后在 Run 中执行，代码如下：

```
app.Map("/Test", async appbuilder =>{
    //中间件 1
    appbuilder.Use(async (context, next) =>
    {
        Console.WriteLine("执行中间件 1");
```

```
        await next();
        Console.WriteLine("中间件 1 执行完毕");
    });

    //中间件 2
    appbuilder.Use(async (context, next) =>
    {
        Console.WriteLine("执行中间件 2");
        await next();
        Console.WriteLine("中间件 2 执行完毕");
    });

    //执行
    appbuilder.Run(async context =>
    {
        Console.WriteLine("执行最终逻辑");
    });
});
```

运行程序，当在浏览器中访问网址+“/Test”地址时，会显示如图 8.14 所示的输出结果。

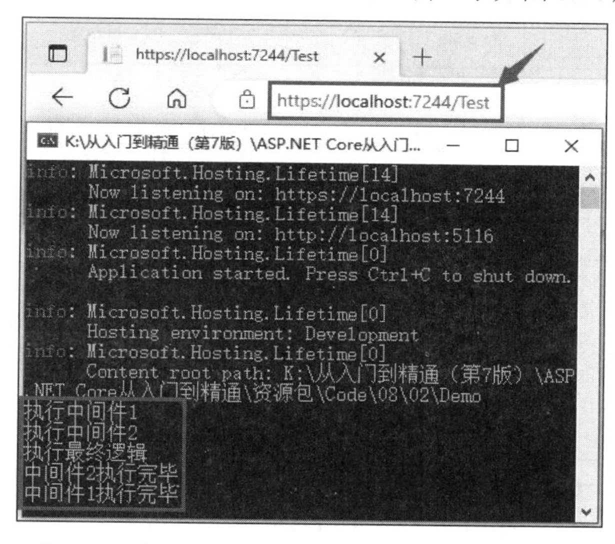

图 8.14　在 ASP.NET Core Web 应用中自定义中间件

8.2.6　日志

ASP.NET Core 支持适用于各种内置和第三方日志记录提供程序的日志记录 API，可用的日志提供程序包括：

☑　控制台（Console）
☑　调试（System.Diagnostics.Debug）
☑　Windows 事件跟踪（EventSource）
☑　Windows 事件日志（EventLog）
☑　TraceSource
☑　Azure 应用服务

☑ Azure Application Insights

在 ASP.NET Core Web 应用中设置日志信息有 3 种方法，分别如下：

（1）使用 WebApplication.CreateBuilder()方法创建的 WebApplicationBuilder 对象的 Logging 属性添加日志记录提供程序；

（2）使用 WebApplication 对象的 Logger 属性设置日志信息；

（3）使用 ILogger 接口对象的相应方法设置日志信息。

下面分别对以上 3 种方法进行讲解。

1．使用 WebApplicationBuilder 对象的 Logging 属性添加日志记录提供程序

在 ASP.NET Core Web 应用的 Program.cs 文件中，默认会使用 WebApplication.CreateBuilder()方法创建一个 WebApplicationBuilder 对象，通过设置该对象的 Logging 属性可以添加日志记录提供程序，WebApplicationBuilder 对象的 Logging 属性本质上是一个 ILoggingBuilder 接口对象，该对象用于配置日志记录提供程序，其常用方法及说明如表 8.1 所示。

表 8.1　ILoggingBuilder 接口的方法及说明

方　法	说　明
AddConsole()	添加名为“Console”的控制台日志记录器
AddJsonConsole()	添加名为“json”的控制台日志格式化记录器
AddSimpleConsole()	添加名为“simple”的默认控制台日志格式化记录器
AddDebug()	添加名为“Debug”的调试记录器
AddEventLog()	添加名为“EventLog”的事件记录器
AddEventSourceLogger()	添加名为“EventSource”的事件记录器
AddTraceSource()	添加名为“TraceSource”的 TraceSource 记录器
AddFilter()	添加日志筛选器
AddConfiguration()	从 IConfiguration 的实例配置记录器筛选器选项
ClearProviders()	删除所有记录器提供程序

例如，在 ASP.NET Core Web 应用默认生成的 Program.cs 文件中添加控制台日志记录器，代码如下：

```
var builder = WebApplication.CreateBuilder(args);

builder.Logging.ClearProviders();
builder.Logging.AddConsole();
```

2．使用 WebApplication 对象的 Logger 属性设置日志信息

WebApplication 对象的 Logger 属性本质上是一个 ILogger 接口对象，关于该对象的详细介绍请参见 7.3.1 节，通过使用该对象的相应方法可以设置日志信息，例如，在 ASP.NET Core Web 应用的 Program.cs 文件中项目启动之前设置一个日志信息，代码如下：

```
app.Logger.LogInformation("项目准备启动中……");
```

项目运行时，在控制台中会显示如图 8.15 所示的信息。

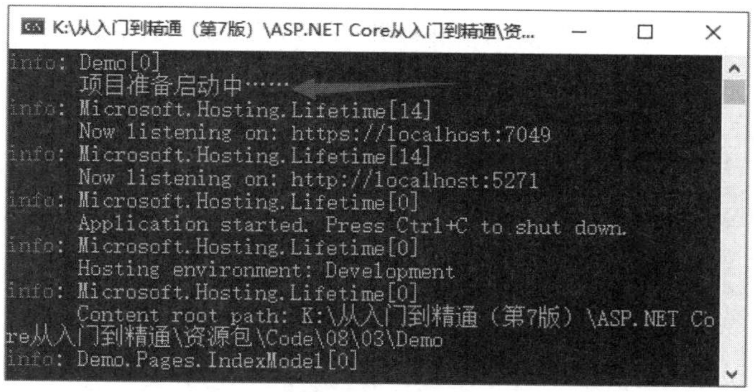

```
K:\从入门到精通（第7版）\ASP.NET Core从入门到精通\资...
info: Demo[0]
      项目准备启动中……
info: Microsoft.Hosting.Lifetime[14]
      Now listening on: https://localhost:7049
info: Microsoft.Hosting.Lifetime[14]
      Now listening on: http://localhost:5271
info: Microsoft.Hosting.Lifetime[0]
      Application started. Press Ctrl+C to shut down.
info: Microsoft.Hosting.Lifetime[0]
      Hosting environment: Development
info: Microsoft.Hosting.Lifetime[0]
      Content root path: K:\从入门到精通（第7版）\ASP.NET Co
re从入门到精通\资源包\Code\08\03\Demo
info: Demo.Pages.IndexModel[0]
```

图 8.15　使用 WebApplication 对象的 Logger 属性设置日志信息

3．使用 ILogger 接口对象的相应方法设置日志信息

创建 ASP.NET Core Web 应用时，在每个 cshtml 页面对应的处理页面事件的.cs 文件中会默认生成一个 ILogger 日志记录器，代码如下：

```
public class IndexModel : PageModel
{
    private readonly ILogger<IndexModel> _logger;

    public IndexModel(ILogger<IndexModel> logger)
    {
        _logger = logger;
    }

    public void OnGet()
    {
    }
}
```

使用该日志记录器调用 ILogger 对象的相应方法可以设置日志信息，例如，在 Index.cshtml.cs 文件的 OnGet()方法中设置一个日志信息，表示当以 GET 请求方式访问 Index 页面时，显示该日志信息，代码如下：

```
public class IndexModel : PageModel
    {
        private readonly ILogger<IndexModel> _logger;

        public IndexModel(ILogger<IndexModel> logger)
        {
            _logger = logger;
        }

        public void OnGet()
        {
            _logger.LogInformation("首页加载中……");
        }
    }
```

项目运行时，在控制台中会显示如图 8.16 所示的信息。

从图 8.16 可以看出，在 Program.cs 中设置的日志信息会在项目启动之前显示，而在页面中设置的日志信息，只有在访问该页面时，才会显示。

```
K:\从入门到精通（第7版）\ASP.NET Core从入门到精...
info: Demo[0]
      项目准备启动中……
info: Microsoft.Hosting.Lifetime[14]
      Now listening on: https://localhost:7049
info: Microsoft.Hosting.Lifetime[14]
      Now listening on: http://localhost:5271
info: Microsoft.Hosting.Lifetime[0]
      Application started. Press Ctrl+C to shut down.
info: Microsoft.Hosting.Lifetime[0]
      Hosting environment: Development
info: Microsoft.Hosting.Lifetime[0]
      Content root path: K:\从入门到精通（第7版）\ASP.NE
T Core从入门到精通\资源包\Code\08\03\Demo
info: Demo.Pages.IndexModel[0]
      首页加载中……
```

图 8.16　使用 ILogger 接口对象的相应方法设置日志信息

8.2.7　路由

ASP.NET Core 路由是将 URL 请求映射到相应的处理程序方法的机制，它允许开发人员自定义 URL 请求模式。在 ASP.NET Core Web 应用中，默认会在 Program.cs 文件中生成下面代码：

```
app.UseRouting();
```

使用上面方法可以向中间件管道添加路由匹配，它可以根据程序中定义的终结点集和请求选择最佳匹配。终结点是指应用的可执行请求处理代码单元，它在应用中使用 MapXXX()方法进行定义，并在应用启动时进行配置。终结点匹配过程可以从请求的 URL 中提取值，并为请求处理提供这些值。

例如，下面代码在 Program.cs 文件中定义一个终结点，用来在以 GET 请求方式访问主页时，显示一个字符串：

```
app.MapGet("/", () => "Hello World!");
```

这样在运行程序时，会在主页中显示如图 8.17 所示的效果。

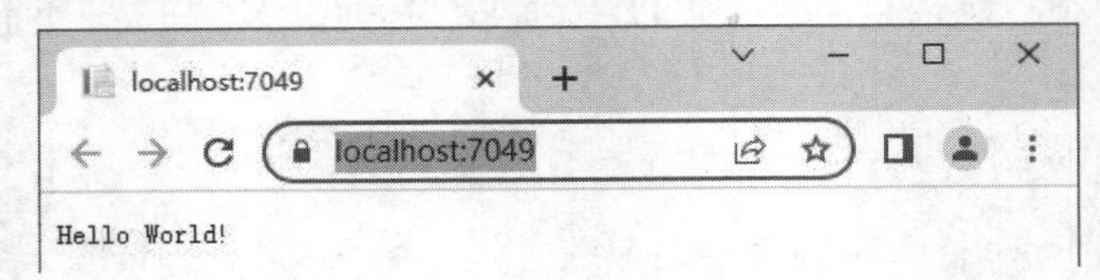

图 8.17　最简单的路由匹配

ASP.NET Core Web 应用中常用的路由配置方法如下：

- ☑ MapGet()：使用 GET 请求终结点配置路由。
- ☑ MapPost()：使用 POST 请求终结点配置路由。
- ☑ MapRazorPages()：使用 Razor Pages 终结点配置路由。
- ☑ MapControllers()：使用控制器终结点配置路由。
- ☑ MapHub<THub>()：使用 SignalR 终结点配置路由。
- ☑ MapGrpcService<TService>()：使用 gRPC 终结点配置路由。

另外，在 ASP.NET Core 中支持多种路由匹配模式，常用的有常规模式、属性模式和约束模式，下面分别对它们进行讲解。

1．常规模式

常规模式是最常用的路由模式，它使用类似于“{controller}/{action}/{id}”的 URL 模式来路由请求。例如，如果有一个名为“ProductsController”的控制器，它有一个名为“Details”的操作方法，代码如下：

```
public class ProductsController: Controller
{
    public IActionResult Details(int id)
    {
        return View();
    }
}
```

现在想要将 GET 请求路由到“/products/details/1”，则可以使用如下代码：

```
app.MapControllerRoute(
    name: "default",
    pattern: "{controller=Home}/{action=Index}/{id}");
```

上面代码中的{controller=Home}表示如果访问时没有提供控制器，则将 Home 设置为默认控制器，同理，{action=Index}表示将 Index 定义为默认操作方法。当然，上面代码中的“pattern: "{controller=Home}/{action=Index}/{id}");”也可以写成“pattern: "{controller }/{action }/{id}");”，但这样在访问网站中的页面时，就必须提供正确的、已经存在的控制器和操作方法，否则将返回 404 错误。

2．属性模式

属性模式使用 Route()来定义，即在 Controller 操作方法上应用 Route 属性。例如，如果有一个名为“ProductsController”的控制器，现在要将请求路由到“/products/details/1”，则可以使用以下属性路由模式：

```
public class ProductsController: Controller
{
    [Route("{controller}/{action}/{id}")]
    public IActionResult Details(int id)
    {
        return View();
    }
}
```

这里需要说明的是，只有在 URL（/products/details/1）中包含了 id 参数的值时，才会执行 ProductsController 中的 Details(int id)操作方法。如果 URL 中不包含 id 值，将会返回 404 错误。例如，URL“/products/details”不会执行 Details(int id)操作方法，因为 URL 地址中没有 id 值，如果想要 id 参数可选，可以在定义属性路由时，直接在 id 后面加“?”，即{controller}/{action}/{id?}。

3．约束模式

约束模式是一种高级路由模式，它允许添加条件来限制路由的匹配。例如，如果想将 id 参数匹配为只能是数字，则可以使用以下约束路由模式：

```
public class ProductsController: Controller
{
    [Route("{controller}/{action}/{id:int}")]
```

```
    public IActionResult Details(int id)
    {
        return View();
    }
}
```

另外，在使用约束模式时，还可以使用一些常用的函数来添加条件限制，例如：

```
public class ProductsController: Controller
{
    [Route("{controller}/{action}/{id:int:min(10)}")]               //限制 id 最小为 10/
    //[Route("{controller}/{action}/{id:int:max(100)}")]            //限制 id 最大不能超过 100
    //[Route("{controller}/{action}/{id:int:range(10,100)}")]  //限制 id 的范围为 10～100 的整数
    public IActionResult Details(int id)
    {
        return View();
    }
}
```

在约束模式路由中设置条件限制的常用函数有：minlength()（限制字符串最小长度）、maxlength()（限制字符串最大长度）、length()（限制字符串长度在某个范围内）、min()（限制最小值）、max()（限制最大值）、range()（限制数值范围）。

8.2.8 错误处理

ASP.NET Core 的用于处理错误的内置功能主要有以下 4 种：

☑ 开发人员异常页。

☑ 自定义错误页。

☑ 状态代码页。

☑ 启动期间异常处理。

下面分别对以上 4 种 ASP.NET Core 应用中进行错误处理的方式进行讲解。

1. 开发人员异常页

开发人员异常页用来显示未经处理的请求异常的详细信息。ASP.NET Core 应用在以下情况下默认启用开发人员异常页：

☑ 在开发环境中运行。

☑ 使用 WebApplication.CreateBuilder 模板创建的应用（如 ASP.NET Core Web 应用）。

说明

如果使用 WebHost.CreateDefaultBuilder 创建应用，则必须通过调用 app.UseDeveloperExceptionPage 来启用开发人员异常页。

开发人员异常页运行在中间件管道的前面，以便能够捕获中间件中抛出的未经处理的异常。开发人员异常页可能包括关于异常和请求的以下信息：

☑ 堆栈跟踪。

☑ 查询字符串参数（如果有）。

☑　Cookie（如果有）。

☑　标头。

2．自定义错误页

如果要为 ASP.NET Core 应用的生产环境配置自定义错误页，需要使用 UseExceptionHandler()方法，该方法向应用中添加一个 ExceptionHandler 异常处理中间件，通过它可以：

☑　捕获并记录未经处理的异常。

☑　使用指示的路径在备用管道中重新执行请求。如果响应已启动，则不会重新执行请求。

例如，使用 Visual Studio 创建的 ASP.NET Core Web 应用，默认在非开发环境下启用了自定义错误页，代码如下：

```
if (!app.Environment.IsDevelopment())
{
    app.UseExceptionHandler("/Error");
    app.UseHsts();
}
```

上面代码中的“/Error”会自动映射到项目 Pages 文件夹中的 Error.cshtml 页面，该页面对应的.cs 文件中包含 Error 模型的操作方法，代码如下：

```
[ResponseCache(Duration = 0, Location = ResponseCacheLocation.None, NoStore = true)]
[IgnoreAntiforgeryToken]
public class ErrorModel : PageModel
{
    public string? RequestId { get; set; }

    public bool ShowRequestId => !string.IsNullOrEmpty(RequestId);

    private readonly ILogger<ErrorModel> _logger;

    public ErrorModel(ILogger<ErrorModel> logger)
    {
        _logger = logger;
    }

    public void OnGet()
    {
        RequestId = Activity.Current?.Id ?? HttpContext.TraceIdentifier;
    }
}
```

3．状态代码页

默认情况下，ASP.NET Core 应用不会为 HTTP 错误状态代码（如“404-未找到”）提供状态代码页，应用会返回状态码和空响应正文，如果要启用状态代码页，需要在 Program.cs 文件中请求处理中间件之前调用 UseStatusCodePages()方法，该方法向应用中添加一个 StatusCodePages 状态代码页中间件，代码如下：

```
app.UseStatusCodePages();
```

运行程序，当在浏览器中访问一个应用中不存在的地址时，启用状态代码页前后的效果分别如图 8.18 和图 8.19 所示。

图 8.18　启用状态代码页之前

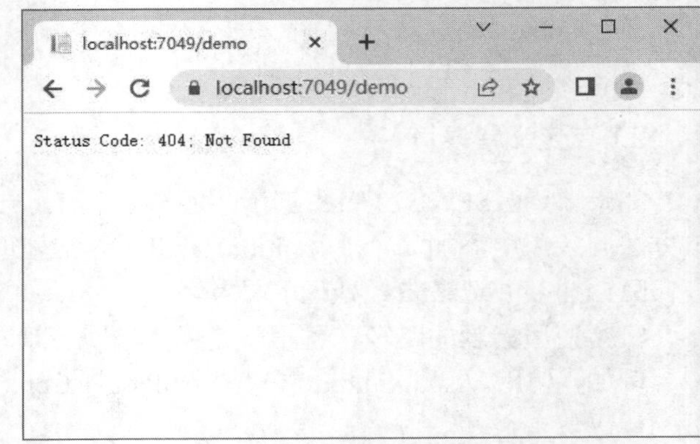

图 8.19　启用状态代码页之后

另外，在 UseStatusCodePages()方法中还可以自定义响应内容的类型和文本，例如下面代码：

```
app.UseStatusCodePages(Text.Plain, "状态代码: {0}");
```

其中的{0}表示状态码的占位符。运行上面代码时，如果访问一个应用中不存在的地址，将会显示“状态代码：404”。

除了 UseStatusCodePages()方法，WebApplication 对象还提供了两个用于设置状态代码页的扩展方法：UseStatusCodePagesWithRedirects()和 UseStatusCodePagesWithReExecute()，它们的作用分别如下：

- ☑ UseStatusCodePagesWithRedirects()：向客户端返回“302-已找到”状态代码，并将客户端重定向到 URL 模板中的位置。
- ☑ UseStatusCodePagesWithReExecute()：向客户端返回原始状态代码，并使用备用路径重新执行请求管道，从而生成响应正文。

例如，分别使用 UseStatusCodePagesWithRedirects()方法和 UseStatusCodePagesWithReExecute()方法设置状态代码页的示例代码如下：

```
app.UseStatusCodePagesWithRedirects("/StatusCode/{0}");

app.UseStatusCodePagesWithReExecute("/StatusCode", "?statusCode={0}");
```

4．启动期间异常处理

应用启动期间发生的异常仅可在主机上进行处理，可以将主机配置为：捕获启动错误和捕获详细错误。

只有错误在主机地址/端口绑定后出现时，托管层中才能显示捕获的启动错误的错误页。如果绑定失败，则会产生以下结果：

- ☑ 托管层将记录关键异常。
- ☑ dotnet 进程崩溃。
- ☑ 不会在 HTTP 服务器为 Kestrel 时显示任何错误页。

说明

Kestrel 是一个跨平台的、包含在 ASP.NET Core 项目模板中的 Web 服务器，默认处于启用状态，它支持 HTTPS 和 HTTP/2，并可以用于启用 WebSocket 的隐式升级，和获得 Nginx 高性能的 Unix 套接字。

8.2.9　静态文件

静态文件是指 ASP.NET Core 应用直接提供给客户端的资源，常用的有 CSS 样式文件、JavaScript 脚本文件和图像等。ASP.NET Core Web 应用的静态文件存储在项目的 Web 根目录（公用静态资源文件的基路径）中，默认为项目路径下的 wwwroot 文件夹，如图 8.20 所示。

在 ASP.NET Core Web 应用的 Program.cs 文件中默认有一行添加静态文件支持中间件的代码：

```
app.UseStaticFiles();
```

通过使用上面的代码，允许为应用提供静态文件。

技巧

如果您想改变静态文件的默认访问目录，可以使用 UseWebRoot()方法实现，该方法是 IWebHostBuilder 接口提供的，该接口位于 Microsoft.AspNetCore.Hosting 命名空间下，在程序中使用时，需要首先使用 NuGet 命令安装其开发包。

比如，要是页面中引用图 8.20 中的 site.js 脚本文件，则可以编写如下代码：

```
<script src="~/js/site.js"></script>
```

其中的波形符~指向的就是 Web 根目录，但如果我们在 wwwroot 文件夹外面增加静态文件，如图 8.21 所示，在 wwwroot 文件夹同级目录下创建一个 images 文件夹，其中放置一个 logo.png 图片。

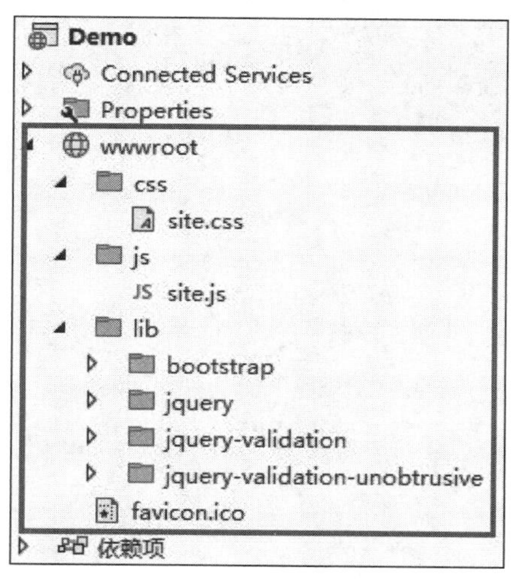

图 8.20　静态文件默认存储位置

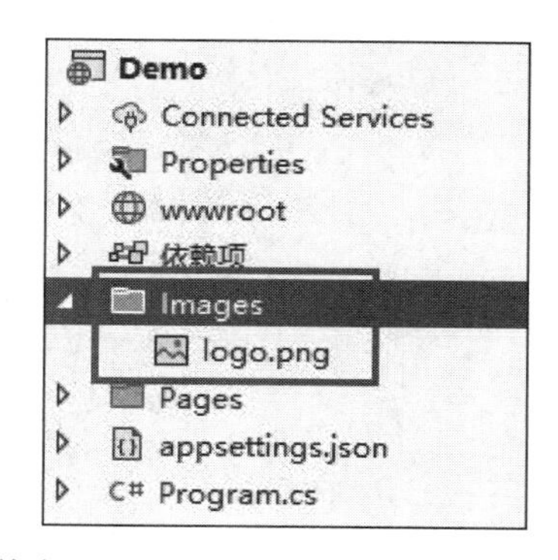

图 8.21　静态文件在 wwwroot 文件夹之外的存储位置

现在要在页面中显示该图片，我们直接编写下面代码：

```
<img src="~/Images/logo.png"/>
```

运行程序时会出现如图 8.22 所示的结果。

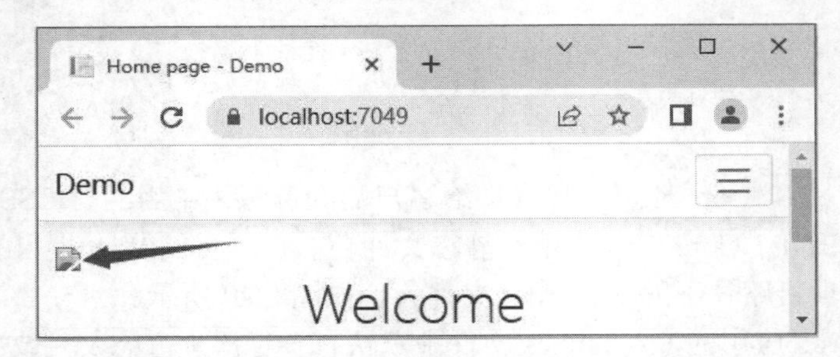

图 8.22　直接访问 wwwroot 外的资源文件时的结果

从图 8.22 可以看出，如果资源文件放在了 wwwroot 之外，ASP.NET Core 应用中是无法直接访问的，那么，遇到这种情况时该如何解决呢？这时可以通过在 UseStaticFiles()方法中设置 StaticFileOptions 对象来解决，StaticFileOptions 对象用来提供静态文件的选项，其构造函数中可以传递一个 SharedOptions 类型的参数，例如，下面代码在该参数中指定了将当前的 Web 根目录与新建的 Images 文件夹合并，并以“/Images”进行公开：

```
app.UseStaticFiles(new StaticFileOptions
{
    FileProvider = new PhysicalFileProvider(
            Path.Combine(builder.Environment.ContentRootPath, "Images")),
    RequestPath = "/Images"
});
```

通过上面的代码，Images 目录层次结构就可以通过“/Images”公开，这时再次运行程序，即可在网页中正常访问并显示 Image 文件夹中的 logo.png 图片了，如图 8.23 所示。

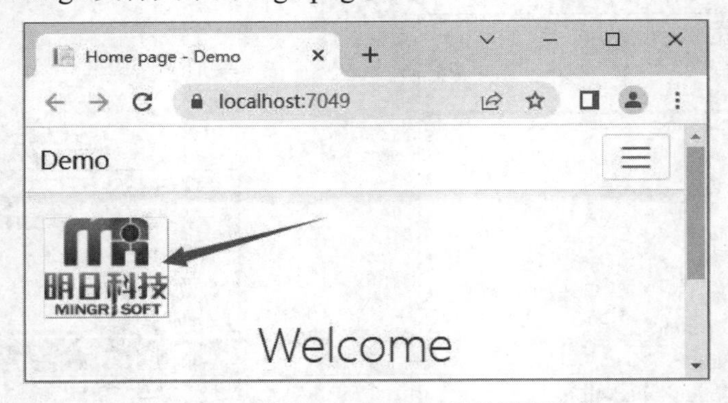

图 8.23　正常访问 wwwroot 外的资源文件

8.3　要点回顾

本章主要对 ASP.NET Core Web 应用开发过程及必须掌握的基础知识进行了讲解。讲解时，首先创建了一个基本的 ASP.NET Core Web 应用，然后围绕该应用了解其项目结构，并讲解 ASP.NET Core Web 开发中常用的技术，包括依赖注入、配置、用户机密配置、中间件、日志、路由、错误处理和静态文件，其中，依赖注入、配置、中间件和路由的使用是关键中的关键，一定要熟练掌握。

第 9 章

Razor 与 ASP.NET Core

在第 8 章中创建 ASP.NET Core Web 应用时，自动生成了.cshtml 类型的文件，这种文件其实就是 Razor 页面文件，它是 Visual Studio 创建 ASP.NET Core Web 应用时使用的默认页面模板，其中包含了使用 Razor 语法的 C#代码和一些 HTML 页面标签。本章将对 Razor 及其在 ASP.NET Core 程序中的使用进行详细讲解。

本章知识架构及重点、难点如下。

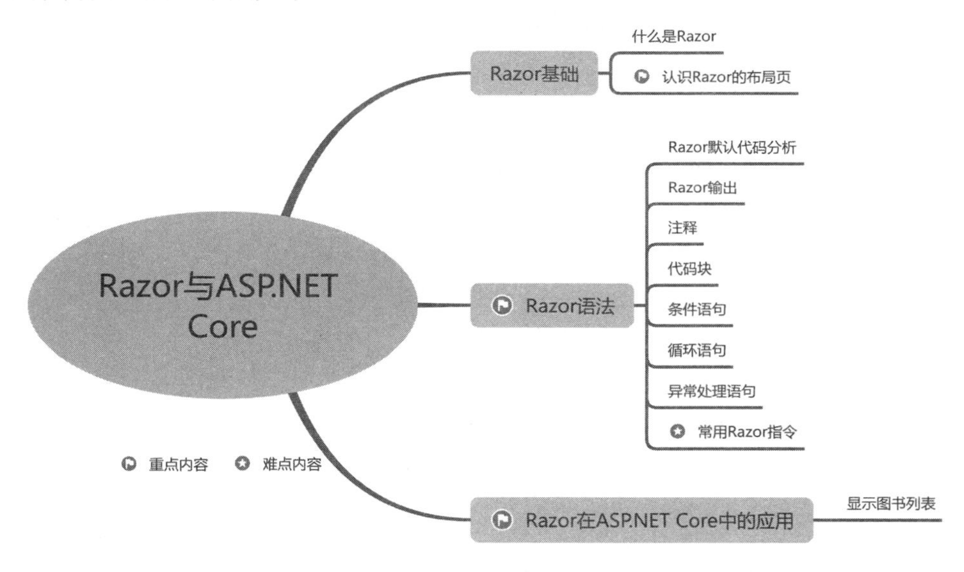

9.1 Razor 基础

9.1.1 什么是 Razor

Razor 是一种允许开发人员向网页中嵌入 C#或者 VB 等服务器代码的标记语法，它不是编程语言，而是一种服务器端标记语言，它其实相当于 ASP.NET Core Web 应用中的一个视图引擎，所有的 Razor 页面最终都会被编译成我们熟悉的 C#类。Razor 语法由 Razor 标记、C#和 HTML 组成。包含 Razor 语法的页面被称为 Razor 页面文件，通常以.cshtml 作为文件扩展名；但是，如果在 Razor 组件中使用 Razor 语法，则其文件扩展名为.razor。例如，图 9.1 所示为使用 Visual Studio 的默认模板创建一个 ASP.NET Core Web 应用后，自动生成的 Razor 页面文件以及文件中的代码格式。

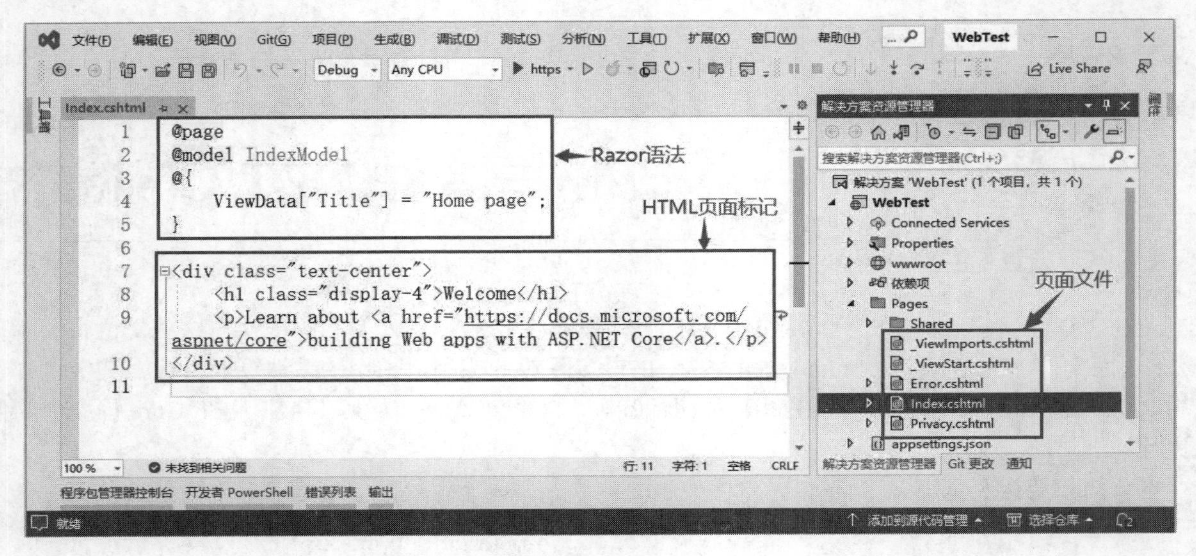

图 9.1　ASP.NET Core Web 应用中默认的 Razor 页面文件及其代码格式

说明

Razor 类似于一种简化的 MVC 框架，它的实现有点类似于以前的 WebForm，即一个 Razor 页面对应一个.cs 代码文件，.cshtml 主要用于展示、渲染页面，.cshtml.cs 主要用于处理业务逻辑、数据计算等。

9.1.2　认识 Razor 的布局页

ASP.NET Core Web 应用的所有 Razor 页面默认放在 Pages 目录中，项目启动时，默认从 Pages 文件夹中的_ViewStart.cshtml 页面启动，该页面的代码如下：

```
@{
    Layout = "_Layout";
}
```

上面代码用来定义项目的默认布局文件，其中的“_Layout”是指项目 Pages/Shared 目录中的_Layout.cshtml 文件，在该文件中定义整个项目页面的布局，同时加载需要的 CSS 文件、JS 文件等，并且使用@RenderBody()方法渲染其他视图主体内容，使用@RenderSectionAsync()或者@RenderSection()渲染其他视图中的分段内容。_Layout.cshtml 文件默认代码如下：

```
<!DOCTYPE html>
<html lang="en">
<head>
    <meta charset="utf-8" />
    <meta name="viewport" content="width=device-width, initial-scale=1.0" />
    <title>@ViewData["Title"] - WebTest</title>
    <link rel="stylesheet" href="~/lib/bootstrap/dist/css/bootstrap.min.css" />
    <link rel="stylesheet" href="~/css/site.css" asp-append-version="true" />
    <link rel="stylesheet" href="~/WebTest.styles.css" asp-append-version="true" />
</head>
<body>
```

```
    <header>
        <nav class="navbar navbar-expand-sm navbar-toggleable-sm navbar-light bg-white border-bottom box-shadow mb-3">
            <div class="container">
                <a class="navbar-brand" asp-area="" asp-page="/Index">WebTest</a>
                <button class="navbar-toggler" type="button" data-bs-toggle="collapse" data-bs-target=".navbar-collapse" aria-controls="navbarSupportedContent"
                        aria-expanded="false" aria-label="Toggle navigation">
                    <span class="navbar-toggler-icon"></span>
                </button>
                <div class="navbar-collapse collapse d-sm-inline-flex justify-content-between">
                    <ul class="navbar-nav flex-grow-1">
                        <li class="nav-item">
                            <a class="nav-link text-dark" asp-area="" asp-page="/Index">Home</a>
                        </li>
                        <li class="nav-item">
                            <a class="nav-link text-dark" asp-area="" asp-page="/Privacy">Privacy</a>
                        </li>
                    </ul>
                </div>
            </div>
        </nav>
    </header>
    <div class="container">
        <main role="main" class="pb-3">
            @RenderBody()
        </main>
    </div>

    <footer class="border-top footer text-muted">
        <div class="container">
            &copy; 2023 - WebTest - <a asp-area="" asp-page="/Privacy">Privacy</a>
        </div>
    </footer>

    <script src="~/lib/jquery/dist/jquery.min.js"></script>
    <script src="~/lib/bootstrap/dist/js/bootstrap.bundle.min.js"></script>
    <script src="~/js/site.js" asp-append-version="true"></script>

    @await RenderSectionAsync("Scripts", required: false)
</body>
</html>
```

上面代码用到了一个@RenderBody()方法和一个@RenderSectionAsync()方法，下面分别介绍。

1．@RenderBody()

@RenderBody()是布局页（_Layout.cshtml）中通过占位符@RenderBody 占用的一个独立部分，当创建基于此布局页的视图时，视图的内容会和布局页合并，而新创建的视图内容会通过布局页的@ReanderBody()方法呈现在页面的 Body 之间，该方法不需要参数，且只能出现一次。

2．@RenderSectionAsync()

@RenderSectionAsync()是一个异步方法，用来在 Layout 布局页中定义分段，以留给使用该布局页的视图来实现，@RenderSectionAsync()可声明多次。@RenderSectionAsync()提供两个参数，具体如下：

```
@RenderSectionAsync("head", required: true|false)
```

☑ head 表示要在视图中实现的分段名称，其在视图中的实现方式如下：

```
@section head
{
    ........
}
```

☑ required 为 true，表示视图中必须实现，否则会报异常错误；required 为 false，表示视图中可以实现，也可以不实现。而@RenderSectionAsync()省略 required 参数时，即采用@RenderSectionAsync("head")形式时，则视图中必须实现，否则会报异常错误。

说明

与@RenderSectionAsync()对应的有一个@RenderSection()方法，它是一个同步方法，实现的功能与@RenderSectionAsync()一样。

3. @RenderPage()

在 Razor 布局页中，除了前面介绍的@RenderBody()和@RenderSectionAsync()方法，比较常用的还有一个@RenderPage()，该方法用来呈现一个视图页面。比如，把网页中通用的头部和底部放在一个共享的视图文件夹中，然后在布局页中使用@RenderPage()方法来引用，方法如下：

```
@RenderPage("~/Views/Shared/_Header.cshtml")
@RenderBody()
@RenderPage("~/Views/Shared/_Bottom.cshtml")
```

另外，@RenderPage()方法在使用时，还可以附带参数，例如：

```
@RenderPage("~/Views/Shared/_Header.cshtml",new{param="mr",param2="mrsoft"})
```

在调用页面中获取@RenderPage()方法附带的参数时，可以使用下面代码：

```
@PageData["param"]
@PageData["param2"]
```

说明

有一个 Html.RenderPartial()方法与@RenderPage()方法功能相似，它们的不同点在于，@RenderPage()调用的页面只能使用其传递过去的数据。而 Html.RenderPartial()方法调用的页面是可以使用 ViewData 或者 Model 模型等数据的，其使用方法如下：

```
@{Html.RenderPartial("view",model/ViewsData[""])}
```

9.2 Razor 语法

从图 9.1 中可以看出，在 ASP.NET Core Web 应用的默认主页 Index.cshtml 文件中提供了以下代码：

```
@page
@model IndexModel
@{
```

```
    ViewData["Title"] = "Home page";
}

<div class="text-center">
    <h1 class="display-4">Welcome</h1>
    <p>Learn about <a href="https://docs.microsoft.com/aspnet/core">building Web apps with ASP.NET Core</a>.</p>
</div>
```

在上面代码中，上半部分的代码都是用@符号包围起来的，而下面代码就是普通的 HTML 代码，那么，上面使用@符号包围起来的代码就是 Razor 代码。本节将对 Razor 的基本语法进行讲解。

9.2.1　Razor 默认代码分析

Razor 使用@符号将代码块包围起来，以指示代码块是服务端代码而不是 HTML，例如下面代码：

```
@page
@model IndexModel
@{
    ViewData["Title"] = "Home page";
}
```

上面代码的说明如下：

☑ 第 1 行的@page 使得当前页面变成一个控制器的 Action，该指令必须是 Razor 页面的第一个指令；另外，如果需要自定义路由，也需要在该指令中处理用户的请求路径，如@page "/Index/{handler?}"；

☑ 第 2 行的@model 用来指定当前视图对应的模型类，该模型类在 Razor 页面对应的.cshtml.cs 文件中定义。例如，这里指定的 IndexModel 类就在 Index.cshtml.cs 文件中进行了定义，代码如下：

```
using Microsoft.AspNetCore.Mvc;
using Microsoft.AspNetCore.Mvc.RazorPages;

namespace WebTest.Pages
{
    public class IndexModel : PageModel
    {
        private readonly ILogger<IndexModel> _logger;

        public IndexModel(ILogger<IndexModel> logger)
        {
            _logger = logger;
        }

        public void OnGet()
        {

        }
    }
}
```

☑ 第 3～5 行使用@符号包围了一句 C#代码“ViewData["Title"] = "Home page";”，它的主要作用是设置当前页面的标题，这里设置的 ViewData 的值会在_Layout.cshtml 模板页面中使用。

另外，在 ASP.NET Core Web 应用中使用 Razor 视图页面时，需要启用 Razor 页面支持，并为其配置终结点路由。由于 ASP.NET Core Web 应用默认使用 Razor 页面作为其视图页面，因此在其 Program.cs 主程序文件中默认启用了 Razor 相关的设置，代码如下：

```
var builder = WebApplication.CreateBuilder(args);
//Add services to the container.
builder.Services.AddRazorPages();
var app = builder.Build();
//省略中间代码……
app.MapRazorPages();
app.Run();
```

上面代码中关于 Razor 配置的两行代码的作用如下：

☑ “builder.Services.AddRazorPages();”：启用 Razor 页面支持。

☑ “app.MapRazorPages();”：为 Razor 页面配置终结点路由。

9.2.2 Razor 输出

在 Razor 语法中，可以使用 C#表达式和语句来生成 HTML 输出，在向页面中输出内容时，Razor 支持隐式 Razor 表达式和显式 Razor 表达式，另外还支持变量输出，以及特殊内容的转义输出。下面分别进行介绍。

1．隐式 Razor 表达式

隐式 Razor 表达式使用@符号将 C#表达式嵌入 HTML 中，例如：

```
<p>Hello,@DateTime.Now</p>
```

在上面的代码中，@DateTime.Now 是一个 C#表达式，用于获取当前系统的时间，并将其插入 HTML 输出中。输出结果如下：

```
Hello,2023/6/8 17:06:03
```

在使用隐式 Razor 表达式时，需要注意表达式中不能包含空格（C# await 关键字除外），也不能包含 C#泛型，因为泛型括号（<>）内的字符会被解释为 HTML 标签。例如，下面的代码是无效的：

```
<p>@GenericMethod<int>()</p>
```

运行上面代码，可能会生成以下错误：

```
"int"元素未结束，所有元素都必须自结束或具有匹配的结束标签。
无法将方法组"GenericMethod"转换为非委托类型"object"。是否希望调用此方法?`
泛型方法调用必须包装在显式 Razor 表达式或 Razor 代码块中。
```

2．显式 Razor 表达式

显式 Razor 表达式使用“@()”包围 C#表达式，例如：

```
<p>计算结果：@(5*8+2-16)</p>
```

在上面的代码中，@(5*8+2-16)是一个显式 Razor 表达式，用于计算一个四则表达式的结果，并将其插入 HTML 输出中。输出结果如下：

```
计算结果：26
```

前面提到隐式 Razor 表达式中不能包含泛型，那么如何在 Razor 页面中使用泛型方法呢？这时可以将其放在显式 Razor 表达式中，例如：

```
<p>@(GenericMethod<int>())</p>
```

3．变量输出

在 Razor 页面中输出内容时，除了使用表达式进行输出，还支持直接使用变量进行输出，例如：

```
@{
    var name = "Razor 变量输出";
}
<p>@name</p>
```

上面代码中使用 Razor 定义了一个 name 变量，然后直接在页面中进行输出，输出结果如下：

```
Razor 变量输出
```

但在输出时，如果不通过变量直接输出，则需要使用上面讲过的显式 Razor 表达式，例如：

```
<p>@("Razor 变量输出")</p>
```

4．转义输出

Razor 支持 C#，并通过使用@符号从 HTML 切换到 C#（当@符号后面紧跟一个 Razor 保留字时，切换为 Razor 特定标记，否则切换到 C#）。但如果 HTML 中包含@符号，则需要使用两个@@符号来进行转义。例如，要使用 Razor 代码呈现以下 HTML：

```
<p>@Razor 变量输出</p>
```

则应该使用如下 Razor 代码：

```
<p>@@Razor 变量输出</p>
```

通过上面的方法，就不会因为在 HTML 内容中包含邮件地址而误将@处理为转换字符（进而切换到 Razor 指定标记或 C#模式）。例如，下面代码是一个含有普通邮件地址的 HTML 标签：

```
<a href="mailto:1511239041@qq.com">1511239041@qq.com</a>
```

5．输出可缩放的向量图形（SVG）

Razor 中支持 SVG 中的 foreignObject 元素，该元素允许包含来自不同 XML 命名空间（如 XHTML、HTML 等）的元素。

【例 9.1】在 Razor 页面中输出 SVG 图形（**实例位置：资源包\Code\09\01**）

使用 Razor 定义一个字符串，然后以 SVG 图形的方式进行显示，代码如下：

```
@page
@model IndexModel
@{
    ViewData["Title"] = "在 Razor 页面中输出 SVG 图形";
    string message = "古之立大事者，不惟有超世之才，亦必有坚忍不拔之志。";
}

<svg viewBox="0 0 130 130" xmlns="http://www.w3.org/2000/svg">
  <style>
```

```
    div {
      color: white;
      font:14px serif;
      overflow: auto;
    }
  </style>

  <polygon points="5,5 125,10 115,115 10,125" fill="black"/>
  <foreignObject x="20" y="20" width="105" height="105">
    <div xmlns="http://www.w3.org/1999/xhtml">
        <p>@message</p>
    </div>
  </foreignObject>
</svg>
```

运行效果如图 9.2 所示。

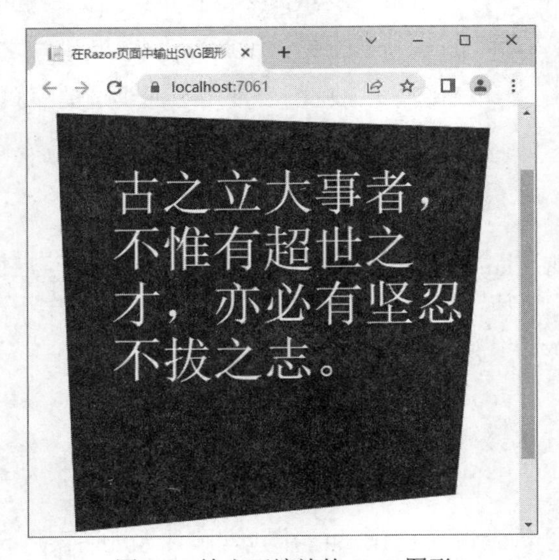

图 9.2　输出可缩放的 SVG 图形

9.2.3　注释

通过使用注释，可以对代码进行说明，方便对代码的理解与维护，Razor 代码支持 C#和 HTML 注释，使用方式如下：

```
@{
    /* C#中的多行注释 */
    // C#单行注释
}
<!—HTML 注释-->
```

另外，Razor 使用@* *@来分隔注释，例如，使用@* *@来注释为页面设置标题的代码：

```
@*@{
    ViewData["Title"] = "Home page";
}*@
```

注释前后的页面运行效果如图 9.3 所示。

图 9.3　使用@* *@来注释为页面设置标题的代码

9.2.4　代码块

Razor 代码块以@开始，并包含在{}中，在代码块中，默认的编程语言是 C#语言，但是我们可以在 HTML 标签和 C#代码之间来回切换，代码块内的 C#代码不会直接呈现在页面中，这点与表达式不同，但是一个.cshtml 页面中的代码块和表达式共享相同的作用域，并按顺序进行定义，例如：

```
@{
    var quote = "Razor 代码块 1";
}
<p>@quote</p>

@{
    quote = "Razor 代码块 2";
}
<p>@quote</p>
```

上面代码在浏览器中的运行效果如图 9.4 所示。

图 9.4　在.cshtml 页面的 Razor 代码块中定义一个变量并改变其值

其呈现为以下 HTML：

```
<p>Razor 代码块 1</p>
<p>Razor 代码块 2</p>
```

另外，在代码块中，可以使用标记将本地函数声明为模板化方法：

```
@{
    void RenderName(string name)
    {
        <p>Name: <strong>@name</strong></p>
    }
    RenderName("明日科技");
    RenderName("清华大学出版社");
}
```

上面代码在浏览器中的运行效果如图 9.5 所示。

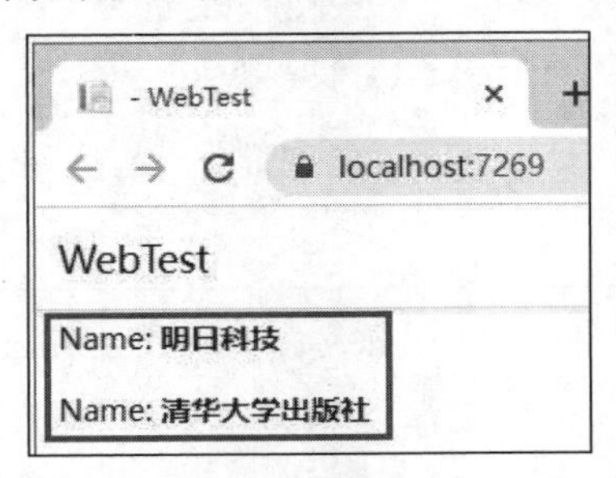

图 9.5　在 Razor 代码块中通过定义函数设置模板

其呈现为以下 HTML：

```
<p>Name: <strong>明日科技</strong></p>
<p>Name: <strong>清华大学出版社</strong></p>
```

使用 Razor 代码块时需要注意，由于 Razor 代码块中默认的语言是 C#，所以对于不包含标记的纯文本是无效的，例如下面代码块中的代码是无效的：

```
@if(true)
{
    person
}
```

要使上面代码中的纯文本“person”有效，可以将其放在<text>标签中，或者使用“@:”语法进行设置。<text>标签用来对放入其中的内容进行渲染，以显示在 HTML 中；而“@:”语法用来设置以 HTML 形式呈现其后面的整行其余内容，其实，“@:”语法相当于<text>标签的简写形式，但“@:”语法只支持单行内容，而<text>标签可以跨行，例如：

```
@if (true)
{
<text>
    明日科技
    清华大学出版社
    </text>
    @:person
}
```

9.2.5　条件语句

除了表达式、代码块之外，Razor 还支持 C#中的控制结构语句，如 if、switch、for、while、do while、foreach 等，具体使用时，只需要在相应的关键字前面加@符号即可。本节将首先对 Razor 中的条件语句进行介绍。

1. @if 语句

@if 语句主要控制在满足某种条件的情况下运行代码，它的用法与 C#中的 if 语句的用法一致，只是需要在 if 关键字前面加一个@符号，例如，下面代码用来判断一个数是否为偶数：

```
@if (value % 2 == 0)
{
    <p>偶数</p>
}
```

这里需要注意的是，在 Razor 中使用@if 语句时，如果遇到有多种条件的情况，需要使用 else if 语句或者 else 语句，但这两个语句在使用时，前面不需要加@符号。例如：

```
@if (value >= 1980)
{
    <p>数值太大</p>
}
else if (value % 2 == 0)
{
    <p>偶数</p>
}
else
{
    <p>奇数</p>
}
```

2．@switch 语句

@switch 语句的用法与 C#中的 switch 语句的用法一致，用来在有多个分支条件时使用，例如：

```
@switch (month)
{
    case 12:
    case 1:
    case 2:
        <p>冬季</p>
        break;
    case 3:
    case 4:
    case 5:
        <p>春季</p>
        break;
    case 6:
    case 7:
    case 8:
        <p>夏季</p>
        break;
    case 9:
    case 10:
    case 11:
        <p>秋季</p>
        break;
    default:
        <p>月份输入有误！</p>
        break;
}
```

9.2.6　循环语句

循环语句主要用于重复执行嵌入语句，Razor 中支持 C#中最常用的 4 种循环语句，分别是@for、@while、@do while 和@foreach，它们的使用方法与 C#中一致。在 Razor 中，可以使用循环语句呈现模板化 HTML。例如，在 Razor 中定义一个代码块，其中定义一个 Person 数组对象，其中保存了用户的姓名和年龄，代码如下：

```
@{
    var people = new Person[]
    {
        new Person("Mike", 25),
        new Person("Tom", 27),
    };
}
```

下面分别使用@for、@while、@do while 和@foreach 语句遍历 Person 数组对象，并输出遍历到的用户姓名和年龄。

☑ 使用@for 语句的实现代码如下：

```
@for (var i = 0; i < people.Length; i++)
{
    var person = people[i];
    <p>Name: @person.Name</p>
    <p>Age: @person.Age</p>
}
```

☑ 使用@while 语句的实现代码如下：

```
@{ var i = 0; }
@while (i < people.Length)
{
    var person = people[i];
    <p>Name: @person.Name</p>
    <p>Age: @person.Age</p>
    i++;
}
```

☑ 使用@do while 语句的实现代码如下：

```
@{ var i = 0; }
@do
{
    var person = people[i];
    <p>Name: @person.Name</p>
    <p>Age: @person.Age</p>
    i++;
} while (i < people.Length);
```

☑ 使用@foreach 语句的实现代码如下：

```
@foreach (var person in people)
{
    <p>Name: @person.Name</p>
    <p>Age: @person.Age</p>
}
```

9.2.7 异常处理语句

Razor 中支持 C#中的 try…catch…finally 异常处理语句，使用时，只需要在 try 关键字前面加@符号即可，这里一定要注意，catch 和 finally 关键字前面不用加@符号。例如：

```
@try
{
    throw new InvalidOperationException("无效操作，产生异常");
}
catch (Exception ex)
{
    <p>异常信息：@ex.Message</p>
}
finally
{
    <p>执行结束！</p>
}
```

9.2.8　常用 Razor 指令

Razor 指令以@ + Razor 保留关键字形式体现，在 ASP.NET Core 中，提供了两种保留关键字，一种是 Razor 关键字，另一种是 C# Razor 关键字，分别如下：

☑ Razor 关键字：page、namespace、functions、inherits、model、section。

☑ C# Razor 关键字：switch、case、if、else、do、while、default、for、foreach、lock、try、catch、finally、using。

其中，Razor 关键字使用@(Razor 关键字)进行转义（如@(functions)），而 C# Razor 关键字使用@(@C# Razor 关键字)进行双转义（如@(@case)，第一个@对 Razor 分析程序转义，第二个@对 C#分析器转义）。

Razor 指令通常用于更改视图分析方式或启用不同的功能，常用的 Razor 指令及说明如表 9.1 所示。

表 9.1　常用 Razor 指令及说明

指　　令	说　　明
@page	用在.cshtml 文件中，表示该文件是 Razor 页面；用在 Razor 组件中，表示指定 Razor 组件应直接处理请求
@implements	类似 C#中的接口，用来为生成的类实现接口
@inherits	类似 C#中的继承，对视图继承的类提供完全控制
@attribute	给 Razor 页面指定需要使用的属性，从而定义生成的 C#类的一些特性
@inject	允许 Razor 页面将服务从服务容器注入视图
@layout	为具有@page 指令的可路由 Razor 组件指定布局
@model	专用于 MVC 视图和 Razor Page 页面，用于指定 Model 模型
@namespace	设置生成的 Razor 页面、MVC 视图或 Razor 组件的类的命名空间
@functions	允许将 C#成员（字段、属性和方法）添加到生成的类中
@section	用于 Razor 页面或 MVC 页面，它能够与 MVC 和 Razor 页面布局结合使用，使视图或页面能够在 HTML 页面的不同部分呈现内容
@using	用于向生成的视图添加 C# using 指令

说明

另外，还有一些专门用于 Razor 组件中的 Razor 指令，例如@code、@attributes、@bind、@on{EVENT}、@on{Event}:preventDefault、@on{event}:stopPropagation、@key、@ref、@preservewhitespace、@typeparam 等，关于 Razor 组件的使用，将在第 13 章进行详细讲解。

下面讲解如何使用 Razor 指令。

☑ 为 Razor 页面设置 Model 模型

例如，默认创建的 ASP.NET Core Web 应用中自动生成的代码：

```
@model IndexModel
```

上面代码将当前页面的模型类指定为 IndexModel 类，

☑ 为 Razor 页面添加命名空间

使用@using 指令在当前 Razor 页面中添加一个 System.IO 命名空间，代码如下：

```
@using System.IO
@{
    var dir = Directory.GetCurrentDirectory();
}
<p>@dir</p>
```

☑ 在 Razor 页面中创建 HTML 标签

使用@using 指令创建包含附加内容的 HTML 标签。例如，下面代码使用@using 指令呈现 HTML 中的<form>标签：

```
@using (Html.BeginForm())
{
    <div>
        Email: <input type="email" id="Email" value="">
        <button>Register</button>
    </div>
}
```

说明

上面代码中的 Html.BeginForm()方法用来构建一个 From 表单的开始，它是 HtmlHelper 类（Html 帮助器）提供的一个方法，在设计.cshtml 页面时，我们会用到各种 HTML 标签，特别是表单和链接类的标签，这些标签可以借助 Html 帮助器来实现，以下列举几个简单常用的 HtmlHelper 类扩展方法。

☑ Raw()方法

返回非 HTML 编码的标签，调用方式如下：

```
@Html.Raw("<font color='red'>颜色</font>")
```

调用前页面将显示“<font color="red">颜色</font>”。

调用后页面将显示颜色为红色的“颜色”二字。

☑ Encode()方法

编码字符串，以防止跨站脚本攻击，调用方式如下：

```
@Html.Encode("<script type=\"text/javascript\"></script>")
```

返回编码结果为“<script type="text/javascript"></script>”。

☑ ActionLink()方法

生成一个连接到控制器行为的 a 标签，调用方式如下：

```
@Html.ActionLink("关于", "About", "Home")
```

页面生成的 a 标签格式为<a href="/Home/About">关于</a>。

☑　BeginForm()方法

生成 Form 表单，调用方式如下：

```
@using(@Html.BeginForm("Save", "User", FormMethod.Post))
{
@Html.TextBox()
…
}
```

在 HtmlHelper 类中还有很多实用的方法，如表单控件等。读者可在开发项目时通过实践去学习和掌握 HtmlHelper 类的每个方法。

上面代码在浏览器中的运行效果如图 9.6 所示。

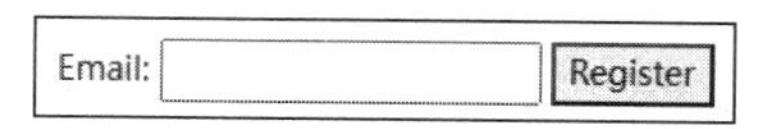

图 9.6　使用@using 指令呈现<form>标签

上面代码呈现为以下 HTML：

```
<form action="/" method="post">
    <div>
        Email: <input type="email" id="Email" value="">
        <button>Register</button>
    </div>
</form>
```

☑　在 Razor 页面中定义方法

使用@functions 指令在 Razor 页面中定义并使用一个方法，代码如下：

```
@functions {
    public string GetHello()
    {
        return "Hello";
    }
}

<div>From method: @GetHello()</div>
```

该代码生成以下 HTML 标签：

```
<div>From method: Hello</div>
```

上面 Razor 页面生成的 C#类中会使用@functions 定义的方法，形式如下：

```
using System.Threading.Tasks;
using Microsoft.AspNetCore.Mvc.Razor;

public class _Views_Home_Test_cshtml : RazorPage<dynamic>
{
    public string GetHello()
    {
        return "Hello";
    }
#pragma warning disable 1998
```

```
    public override async Task ExecuteAsync()
    {
        WriteLiteral("\r\n<div>From method: ");
        Write(GetHello());
        WriteLiteral("</div>\r\n");
    }
#pragma warning restore 1998
}
```

☑ 在 Razor 页面中为生成类实现接口

例如，在 Razor 页面中实现 IDisposable 接口，以调用其 Dispose()方法，代码如下：

```
@implements IDisposable
<h1>Example</h1>
@functions {
    private bool _isDisposed;
    public void Dispose() => _isDisposed = true;
}
```

☑ 在 Razor 页面中使用 C#定义的类

例如，在.cs 代码文件中使用 C#定义一个类，其中定义并初始化一个只读属性 CustomText，代码如下：

```
using Microsoft.AspNetCore.Mvc.Razor;

public abstract class CustomRazorPage<TModel> : RazorPage<TModel>
{
    public string CustomText { get; } =
        "视频大讲堂系列第 7 版正式推出" +
        "新版中增加了很多热门品种，比如 ASP.NET Core、R 语言、Go 语言、SpringBoot……";
}
```

在 Razor 页面中，首先使用@inherits 指令继承 C#定义的类，然后将其中的 CustomText 属性值显示在视图中，代码如下：

```
@inherits CustomRazorPage<TModel>
<div>Custom text: @CustomText</div>
```

该代码呈现以下 HTML：

```
<div>
    Custom text: 视频大讲堂系列第 7 版正式推出
    新版中增加了很多热门品种，比如 ASP.NET Core、R 语言、Go 语言、SpringBoot……
</div>
```

9.3 Razor 在 ASP.NET Core 中的应用

【例 9.2】在 ASP.NET Core Razor 页面中显示图书列表（**实例位置：资源包\Code\09\02**）

开发步骤如下：

（1）创建一个 ASP.NET Core Web 应用，首先打开 Pages/Shared 目录中的_Layout.cshtml 布局模板，修改其中的布局代码，其中主要引入要使用的 JavaScript 和 CSS 样式文件，并且设置显示标题，另外，使用@RenderBody()设置视图页的显示位置。修改后的_Layout.cshtml 代码如下。

```
<!DOCTYPE html>
<html lang="en">
<head>
    <meta charset="utf-8" />
    <meta name="viewport" content="width=device-width, initial-scale=1.0" />
    <title>@ViewData["Title"] - Demo</title>
    <link rel="stylesheet" href="~/lib/bootstrap/dist/css/bootstrap.min.css" />
    <link rel="stylesheet" href="~/css/site.css" asp-append-version="true" />
    <link rel="stylesheet" href="~/Demo.styles.css" asp-append-version="true" />
</head>
<body>
    <h1>图书信息</h1>
    <div style="padding: 20px; border: solid medium black; font-size: 20pt">
        @RenderBody()
    </div>
    <script src="~/lib/jquery/dist/jquery.min.js"></script>
    <script src="~/lib/bootstrap/dist/js/bootstrap.bundle.min.js"></script>
    <script src="~/js/site.js" asp-append-version="true"></script>
    @await RenderSectionAsync("Scripts", required: false)
</body>
</html>
```

（2）打开 Index.cshtml.cs 代码文件，其中定义一个 Book 类，用来表示图书信息，其中定义 5 个属性，分别表示图书的编号、名称、描述、价格和分类，代码如下。

```
public class Book
{
    public int BookID { get; set; }
    public string Name { get; set; }
    public string Description { get; set; }
    public double Price { get; set; }
    public string Category { set; get; }
}
```

（3）在 Index.cshtml.cs 代码文件的 IndexModel 类中，定义一个公有的 Book 数组对象，其中存储多本图书的信息，代码如下。

```
public class IndexModel : PageModel
{
    public Book[] myBook =
    {
        new Book{ BookID = 1,Name = "ASP.NET Core 从入门到精通",Description = "基于.NET 7.0，ASP.NET Core 开发必备",Category = "网页制作工具-程序设计",Price = 79.8 },
        new Book{ BookID = 2,Name = "Python 从入门到精通(第 3 版)",Description = "基于 Python 3.11，Python 新手开发必备",Category = "软件工具-程序设计",Price = 79.8 },
        new Book{ BookID = 3,Name = "Java 从入门到精通(第 7 版)",Description = "基于 JDK 19，百万 Java 开发者选择",Category = "Java 语言-程序设计",Price = 79.8 },
        new Book{ BookID = 4,Name = "C 语言从入门到精通(第 6 版)",Description = "编程入门新手开发必备",Category = "C 语言-程序设计",Price = 79.8 },
        new Book{ Name = "C#从入门到精通(第 7 版)",Description = "基于最新 C#和 Visual Studio 2022",Category = "C 语言-程序设计",Price = 79.8 }
    };
}
```

（4）打开 Index.cshtml 视图页，该页中使用@foreach 语句遍历 IndexMode 类定义的数组对象，并使用@if 语句判断遍历到的图书编号是否为 0，如果不为 0，则显示图书的详细信息，否则显示指定图书缺少编号。代码如下。

```
@page
@model IndexModel
@{
    ViewData["Title"] = "图书信息";
}

<div class="container">
    <h2>图书列表</h2>
    <table class="table table-hover">
        <thead>
            <tr style="text-align: center;">
                <th>编号</th>
                <th>书名</th>
                <th>描述</th>
                <th>分类</th>
                <th>定价</th>
            </tr>
        </thead>
        <tbody>
            @foreach(var v in Model.myBook)
            {
                @if (v.BookID != 0)
                {
                    <tr class="table-danger">
                        <td style="width:50px;">@v.BookID</td>
                        <td style="width:260px;">@v.Name</td>
                        <td style="width:300px;">@v.Description</td>
                        <td style="width:210px;">@v.Category</td>
                        <td style="width:50px;">@v.Price</td>
                    </tr>
                }
                else
                {
                    <tr class="table-warning">
                        <td colspan="5">@v.Name @(" 缺少图书编号!")</td>
                    </tr>
                }
            }
        </tbody>
    </table>
</div>
```

运行程序，效果如图 9.7 所示。

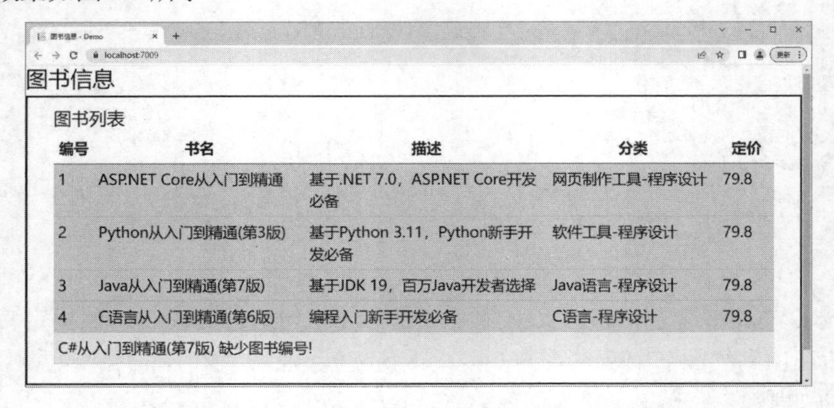

图 9.7　在 ASP.NET Core Razor 页面中显示图书列表

9.4 要点回顾

本章主要对 ASP.NET Core Web 应用中的默认视图引擎 Razor 的使用进行了详细讲解，学习本章时，重点需要熟悉 Razor 布局页的使用过程，并熟练掌握 Razor 的基础语法，能够在实际开发中通过 Razor 语法与 C#、HTML 语法穿插结合的方式去实现指定的视图页。

第 10 章

ASP.NET Core 数据访问

在 ASP.NET Core 应用中访问数据（特别是数据库中的数据）时，通常采用 EF Core 技术，它是微软官方发布的一个基于 Entity Framework（EF）的跨平台的 ORM 框架。本章将对 EF Core 技术及其在 ASP.NET Core 中的应用进行详细讲解。

本章知识架构及重点、难点如下。

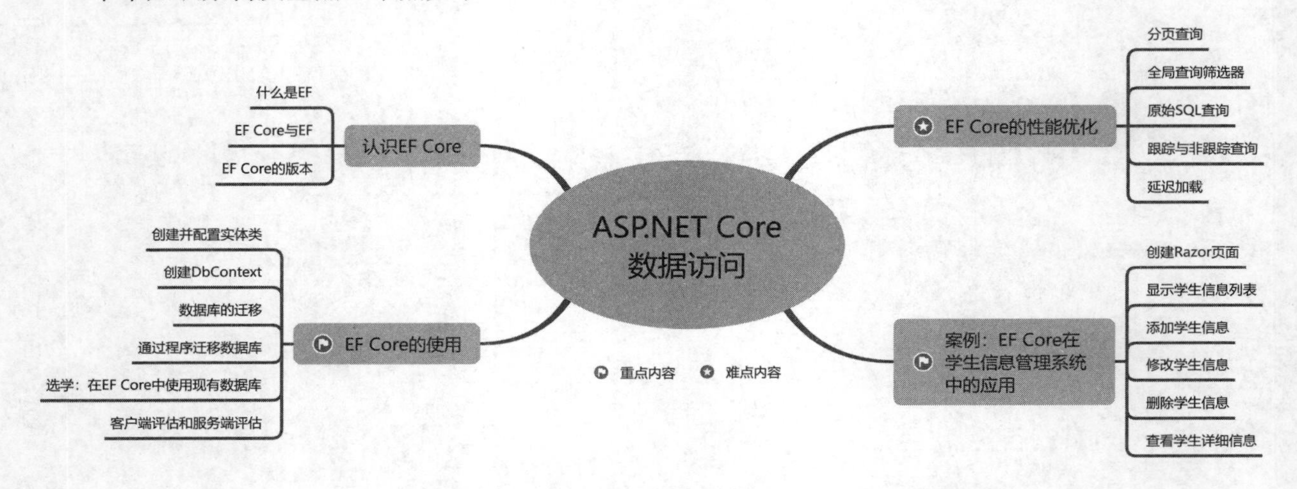

10.1 认识 EF Core

10.1.1 什么是 EF

EF，全称为 Entity Framework，它是微软官方发布的基于 ADO.NET 的 ORM 框架。通过 EF 可以很方便地将表映射到实体对象或将实体对象转换为数据库表。

说明

ORM 是将数据存储从域对象自动映射到关系型数据库的工具。ORM 主要包括 3 个部分：域对象、关系数据库对象、映射关系。ORM 使类提供自动化 CRUD，使开发人员从数据库 API 和 SQL 中解放出来。

EF 有 3 种开发模式：从数据库生成 Class 实体类（DataFirst）；由实体类生成数据库表结构（CodeFirst）；通过数据库可视化设计器设计数据库，同时生成实体类（ModelFirst），如图 10.1 所示。

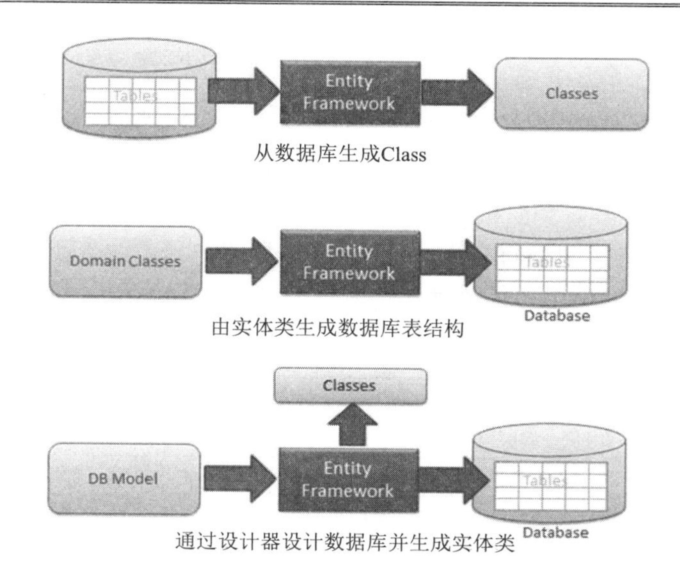

图 10.1　EF 的 3 种开发模式示意图

10.1.2　EF Core 与 EF

EF Core 是轻量化、可扩展、开源和跨平台版的 EF，它是 EF 的升级和改进版本，它使得.NET 开发人员能够使用.NET 对象处理数据库，而不用再像通常那样编写大部分数据访问代码。

10.1.1 节中我们介绍了 EF 有 3 种开发模式，而在 EF Core 中，只支持前两种开发模式，即 DataFirst 和 CodeFirst，而在实际使用时，主要采用的是代码优先方法（CodeFirst），很少提供对数据库优先方法（DataFirst）的支持，因为从 2.0 版本开始，EF Core 就不再支持可视化的 DB 模型设计器或向导。

EF Core 的主要特点如下：

☑　支持多种数据库，如 SQL Server、MySQL、SQLite、PostgreSQL、SQL Compact（压缩型嵌入式数据库）、In-Memory（内存数据库）等，它们使用的 NuGet 包如表 10.1 所示。

表 10.1　EF Core 支持的数据库及对应 NuGet 包

数　据　库	NuGet 包
SQL Server	Microsoft.EntityFrameworkCore.SqlServer
MySQL	MySql.Data.EntityFrameworkCore
SQLite	Microsoft.EntityFrameworkCore.SQLite
PostgreSQL	Npgsql.EntityFrameworkCore.PostgreSQL
SQL Compact	Microsoft.EntityFrameworkCore.SQLite
In-Memory	Microsoft.EntityFrameworkCore.InMemory

☑　支持 LINQ 查询。

☑　支持反向工程，可以将数据库的架构和 EF Core 模型进行同步。

☑　支持迁移，EF Core 模型的更改可以通过迁移同步到数据库架构中。

☑ 支持日志记录、事件和诊断。

☑ 支持使用原生 SQL 语句进行数据操作，类似半自动 ORM。

10.1.3 EF Core 的版本

EF Core 1.0 版自 2016 年 6 月发布至今，经历了多个版本，当前最新版本为 EF Core 7.0。EF Core 的主要版本、支持平台及支持截止时间如表 10.2 所示。

表 10.2 EF Core 的主要版本

版　　本	支持平台（最低）	支持截止时间
EF Core 1.0	.NET Standard 1.3	2019 年 6 月 27 日
EF Core 1.1	.NET Standard 1.3	2019 年 6 月 27 日
EF Core 2.0	.NET Standard 2.0	2018 年 10 月 1 日
EF Core 2.1	.NET Standard 2.0	2021 年 8 月 21 日
EF Core 2.2	.NET Standard 2.0	2019 年 12 月 23 日
EF Core 3.0	.NET Standard 2.1	2020 年 3 月 3 日
EF Core 3.1	.NET Standard 2.0	2022 年 12 月 13 日
EF Core 5.0	.NET Standard 2.1	2022 年 5 月 10 日
EF Core 6.0	.NET 6.0	2024 年 11 月 12 日
EF Core 7.0	.NET 6.0	2024 年 5 月 14 日

说明

EF Core 版本的发布通常与.NET Core 保持一致，其下一个计划的稳定版本是 EF Core 8.0（或 EF8），计划于 2023 年 11 月发布。

10.2 EF Core 的使用

EF Core 用于将对象和数据库中的表进行映射，因此在进行 EF Core 开发时，需要创建实体类和数据库表，由于 EF Core 采用代码优先（CodeFirst）模式，因此，开发人员需要先编写实体类，然后通过 EF Core 根据实体类生成数据库表。下面通过一个实例对 EF Core 的使用过程进行详细讲解。

【例 10.1】演示 EF Core 的使用过程（**实例位置：资源包\Code\10\01**）

使用步骤见 10.2.1～10.2.6 节。

10.2.1 创建并配置实体类

在创建用于生成数据库表的实体类时，有两种配置方式，一种是 FluentAPI 方式，一种是数据注解方式。FluentAPI 方式通过配置领域类来覆盖默认的约定，可以通过 IEntityTypeConfiguration 接口中的

EntityTypeBuilder 类来使用 FluentAPI；数据注解方式是一种直接使用 Attribute 属性修饰类或者类成员，从而指定类或者类成员行为的方式。

1. FluentAPI 方式创建并配置实体类

采用 FluentAPI 方式创建并配置实体类时，首先需要创建实体类，然后对实体类进行配置，例如，创建一个学生实体类 Student，代码如下：

```
public class Student
{
    public long Id { get; set; }
    public string Name { get; set; }
    public string Class { get; set; }
    public int Age { get; set; }
    public string Sex { get; set; }
}
```

创建实体类之后，接下来对该类进行配置，这需要用到 IEntityTypeConfiguration 接口中的 EntityTypeBuilder 类，IEntityTypeConfiguration 接口允许将实体类型的配置分解为单独的类，而不必写在 DBContext 的 OnModelCreating(ModelBuilder)中（在 10.2.2 节中介绍），该接口中提供了一个 Configuration()方法，用来对实体类和数据库表的关系进行配置，其语法格式如下：

```
public void Configure(Microsoft.EntityFrameworkCore.Metadata.Builders.EntityTypeBuilder<TEntity> builder);
```

参数为 EntityTypeBuilder 类型，用于配置实体类型的生成器。

例如，新建一个 Student 类的配置类，使其继承 IEntityTypeConfiguration 接口，然后在其 Configure()方法中对 Student 类的属性进行配置，代码如下：

```
public class StudentConfig : IEntityTypeConfiguration<Student>
{
    public void Configure(EntityTypeBuilder<Student> builder)
    {
        builder.HasKey(x => x.Id);                              //设置主键

        builder.Property(x => x.Id).ValueGeneratedOnAdd();      //设置 Id 自增

        //设置姓名最大长度为 50，字符为 unicode，不能为空
        builder.Property(x=>x.Name).HasMaxLength(50).IsUnicode().IsRequired();

        //设置班级最大长度为 50，字符为 unicode，不能为空
        builder.Property(x=>x.Class).HasMaxLength(50).IsUnicode().IsRequired();

        //设置性别最大长度为 5，字符为 Unicode，不能为空
        builder.Property(x=>x.Sex).HasMaxLength(5).IsUnicode().IsRequired();
    }
}
```

2. 数据注解方式配置实体类

如果使用数据注解方式配置实体类，直接在定义类中的属性时，配置相应的注解即可。例如，创建 Student 实体类并使用数据注解方式进行配置，代码如下：

```
public class Student
{
```

```
    [Key]
    public long Id { get; set; }

    [MaxLength(50)]
    [Unicode]
    [Required]
    public string Name { get; set; }

    [MaxLength(50)]
    [Unicode]
    [Required]
    public string Class { get; set; }

    public int Age { get; set; }

    [MaxLength(50)]
    [Unicode]
    [Required]
    public string Sex { get; set; }
}
```

3. 实体类中的个性化配置

在 EF Core 中，默认将类的名称作为表的名称来创建表，并将类的属性名称作为表中列的名称，但开发人员可以根据自己的需求对要创建的表的表名称、列名称、字段属性等进行设置。例如，上面使用 FluentAPI 方式和数据注解方式对实体类进行配置时，分别对不同的属性进行了一些设置，比如设置 Id 为主键、Name 必须填写并且最大长度为 50 等，这些属性设置，在创建数据表中的相应字段时，会一一映射到相应的字段上。

下面介绍一些开发中常用的实体类个性化配置。

☑ 配置表名称

```
//FluentAPI
builder.Entity<NewStudent>().ToTable("Student");

//数据注解
[Table("Student")]
public class NewStudent   //NewStudent 对应着 Student 表
```

☑ 配置列名称

```
//FluentAPI
builder.Entity<Student>().Property(s => s.Class).HasColumnName("Gender");

//数据注解
[Column("Gender")]
public bool Class{ get; set; }
```

☑ 配置列的说明

```
//FluentAPI
builder.Entity<Student>().Property(s => s.Id).HasComment("学生学号");

//数据注解
[Comment("学生学号")]
public string Id{ get; set; }
```

☑ 配置列的顺序（默认情况下，EF Core 首先为主键列排序，然后为实体类型和从属类型的属性排序，最后为基类型中的属性排序）

```
//FluentAPI
builder.Entity<Student>(x =>
{
    x.Property(s => s.Id).HasColumnOrder(0);
    x.Property(s => s.Name).HasColumnOrder(1);
});

//数据注解
[Column(Order = 0)]
public int Id { get; set; }
[Column(Order = 1)]
public int Name{ get; set; }
```

☑ 列类型

```
//FluentAPI
builder.Property(s => s.Name).HasColumnType("varchar(200)");

//数据注解
[Column(TypeName = "varchar(200)")]
public string Name { get; set; }
```

☑ 最大长度

```
//FluentAPI
builder.Property(s => s.Name).HasMaxLength(500);

//数据注解
[MaxLength(500)]
public string Name { get; set; }
```

☑ 精度和小数位数

```
//FluentAPI
builder.Property(s => s.Salary).HasPrecision(14, 2);

//数据注解
[Precision(14, 2)]
public decimal Salary { get; set; }
```

☑ Unicode 文本数据

```
//FluentAPI
builder.Property(s => s.Name).IsUnicode(false);

//数据注解
[Unicode(false)]
public string Name { get; set; }
```

☑ 必需

```
//FluentAPI
builder.Property(s => s.Name).IsRequired();

//数据注解
[Required]
public string Name { get; set; }
```

☑ 忽略（标记某个属性不必映射到数据库）

```
//FluentAPI
builder.Entity<Student>().Ignore(s => s.Name);

//数据注解
[NotMapped]
public string Name { get; set; }
```

☑ 键配置（在 EF Core 中，如果没有显式指定键，则默认名为“类名+Id 结尾”的属性将被配置为主键）

```
//FluentAPI
builder.Entity<Student>().HasKey(s => s.Id);

//数据注解
[Key]
public long Id { get; set; }
```

☑ 组合键（只能使用 FluentAPI 方式配置）

```
//FluentAPI
builder.Entity<Student>().HasKey(s => new { s.Id, s.Name });
```

☑ 自增

```
//FluentAPI
builder.Property(s => s.Id).ValueGeneratedOnAdd();

//数据注解
[DatabaseGenerated(DatabaseGeneratedOption.Identity)]
public long Id { get; set; }
```

☑ 关系型（关系型描述实体类型也就是表之间的关系，只能使用 FluentAPI 方式配置）

```
builder.Entity<Student>().HasOne(b => b.BlogImage).WithOne(i => i.Blog);          //一对一
builder.Entity<Student>().HasOne(p => p.Blog).WithMany(b => b.Posts);              //一对多
builder.Entity<Student>().HasMany(p => p.Tags).WithMany(p => p.Posts);             //多对多
```

☑ 普通索引

```
//FluentAPI
builder.Entity<Student>().HasIndex(s => s.Id);

//数据注解
[Index(nameof(Url))]
public class Student
```

☑ 复合索引

```
//FluentAPI
builder.Entity<Student>().HasIndex(s => new { s.Id, s.Name });

//数据注解
[Index(nameof(Id), nameof(Name))]
public class Student
```

☑ 唯一索引

```
//FluentAPI
```

```
builder.Entity<Student>().HasIndex(s => s.Id).IsUnique();

//数据注解
[Index(nameof(Url), IsUnique = true)]
public class Student
```

☑　聚集索引

```
//FluentAPI
builder.Entity<Student>().HasIndex(s => s.Id).IsClustered();

//数据注解
[Index(nameof(Url), IsClustered = true)]
public class Student
```

说明

上面讲解了两种配置实体类的方式。数据注解方式比较简单方便，但缺点是耦合性太高；而 FluentAPI 方式编写比较复杂，但其能够更好地分离职责，因此官方推荐使用 FluentAPI 方式。另外需要说明的是，这两种方式可以混合使用，但如果使用这两种方式对实体类的相同内容进行了配置，FluentAPI 方式的优先级要高于数据注解方式。

10.2.2　创建 DbContext

创建实体类之后，需要创建继承自 DbContext 类的“上下文”类，并在其中添加 DbSet<实体>属性。DbContext 类表示与数据库的会话，用于查询和保存实体的实例，它位于 Microsoft. EntityFrameworkCore 命名空间中。DbContext 类常用的属性及说明如表 10.3 所示。

表 10.3　DbContext 类的常用属性及说明

属　　性	说　　明
ChangeTracker	提供对此上下文所跟踪的实体实例的信息和操作的访问
ContextId	上下文实例的唯一标识符
Database	提供对此上下文的数据库相关信息和操作的访问
Model	有关实体形状、实体之间的关系以及它们如何映射到数据库的元数据（不包括初始化数据库所需的所有信息）

DbContext 类常用的方法及说明如表 10.4 所示。

表 10.4　DbContext 类的常用方法及说明

方　　法	说　　明
Add()	开始跟踪给定实体，以及尚未跟踪的任何其他可访问实体，状态为 Added，以便在调用 SaveChanges()时将其插入数据库，参数类型为 Object 或者 TEntity 实体类型
AddAsync()	异步方法，开始跟踪给定实体，以及尚未跟踪的任何其他可访问实体，状态为 Added，以便在调用 SaveChanges()时将其插入数据库，参数类型为 Object 或者 TEntity 实体类型
AddRange()	开始跟踪给定实体，以及尚未跟踪的任何其他可访问实体，状态为 Added，以便在调用 SaveChanges()时将其插入数据库，参数类型为 Object 数组或者 IEnumerable 泛型集合

续表

方　法	说　明
AddRangeAsync()	异步方法，开始跟踪给定实体，以及尚未跟踪的任何其他可访问实体，状态为 Added，以便在调用 SaveChanges()时将其插入数据库，参数类型为 Object 数组或者 IEnumerable 泛型集合
Attach()	默认情况下，使用 Unchanged 状态开始跟踪给定实体和可从给定实体访问的条目，参数类型为 Object 或者 TEntity 实体类型
AttachRange()	默认情况下，使用 Unchanged 状态开始跟踪给定实体和可从给定实体访问的条目，参数类型为 Object 数组或者 IEnumerable 泛型集合
ConfigureConventions()	重写此方法，以在默认值运行之前设置和配置约定，该方法在 OnModelCreating()之前调用
Dispose()	释放为此上下文分配的资源
Entry()	获取给定实体的 EntityEntry，其提供对实体的更改跟踪信息和操作的访问
Find()	查找带给定主键值的实体。如果上下文正在跟踪具有给定主键值的实体，则会立即返回该实体，而不会向数据库发出请求；否则，将在数据库中查询具有给定主键值的实体，如果找到此实体，则会附加到上下文并返回，如果未找到任何实体，则返回 null
FindAsync()	异步方法，查找带给定主键值的实体。如果上下文正在跟踪具有给定主键值的实体，则会立即返回该实体，而不会向数据库发出请求；否则，将在数据库中查询具有给定主键值的实体，如果找到此实体，则会附加到上下文并返回，如果未找到任何实体，则返回 null
FromExpression()	为给定查询表达式创建查询
OnConfiguring()	重写此方法以配置数据库用于此上下文的其他选项
OnModelCreating()	重写此方法以进一步配置根据约定从派生上下文的 DbSet<TEntity>属性中公开的实体类型发现的模型，生成的模型可能会被缓存并重新用于派生上下文的后续实例
Remove()	开始跟踪处于 Deleted 状态的给定实体，以便调用 SaveChanges()时，将该实体从数据库中删除，参数类型为 Object 或者 TEntity 实体类型
RemoveRange()	开始跟踪处于 Deleted 状态的给定实体，以便调用 SaveChanges()时，将该实体从数据库中删除，参数类型为 Object 数组或者 IEnumerable 泛型集合
SaveChanges()	将此上下文中所做的所有更改保存到数据库
SaveChangesAsync()	异步方法，将此上下文中所做的所有更改保存到数据库
Set<TEntity>()	用于创建查询和保存 TEntity 实例的 DbSet<TEntity>
Update()	默认情况下，使用 Modified 状态开始跟踪给定实体和可从给定实体访问的条目，参数类型为 Object 或者 TEntity 实体类型
UpdateRange()	默认情况下，使用 Modified 状态开始跟踪给定实体和可从给定实体访问的条目，参数类型为 Object 数组或者 IEnumerable 泛型集合

在创建继承自 DBContext 类的上下文类时，最重要且最常用的两个方法是：OnConfiguring()和 OnModelCreating()，下面分别介绍这两个方法。

1. OnConfiguring()方法

在创建 DbContext 子类时，通过重写此方法可以根据自己需求进行数据库的配置，以及其他选项的配置，其中主要有以下常用的配置：

☑ 配置连接字符串。

☑ 配置输出的 Logger。

☑ 配置过滤和拦截操作。

☑　禁用和启用并发。

语法格式如下：

```
protected internal virtual void OnConfiguring (Microsoft.EntityFrameworkCore.DbContextOptionsBuilder optionsBuilder);
```

参数 optionsBuilder 用于创建或修改选项的生成器。数据库（或其他扩展）通常在该参数对象上定义扩展方法，以便进行配置。

例如，创建一个继承自 DbContext 类的子类，其中，添加一个 DbSet<Student>属性 student，该属性对应数据库中的 Student 表，对属性 student 的操作会反应到数据库的 Student 数据表中。代码如下：

```
using Microsoft.EntityFrameworkCore;

namespace Demo
{
    public partial class TestDbContext : DbContext
    {
        public DbSet<Student> student { get; set; }
        protected override void OnConfiguring(DbContextOptionsBuilder options)
        {
            options.UseSqlServer(@"data
source=.;database=db_student;Encrypt=True;Trusted_Connection=True;TrustServerCertificate=True;");
        }
    }
}
```

说明

编写上面代码之前，需要先安装 Microsoft.EntityFrameworkCore.SqlServer 包。

另外，我们还可以在 OnConfiguring()方法中进行其他配置，比如：

```
protected override void OnConfiguring(DbContextOptionsBuilder options)
{
    options.UseSqlServer(@"data
source=.;database=db_student;Encrypt=True;Trusted_Connection=True;TrustServerCertificate=True;");
    options.LogTo(Console.WriteLine);                          //日志输出到控制台
    options.EnableThreadSafetyChecks(false);                   //禁用线程安全检查
}
```

2．OnModelCreating()方法

在创建 DbContext 子类时，重写此方法，可以对实体类（即数据表）进行模型配置。OnModelCreating()方法的语法格式如下：

```
protected internal virtual void OnModelCreating (Microsoft.EntityFrameworkCore.ModelBuilder modelBuilder);
```

参数 modelBuilder 用于为此上下文构造模型生成器。数据库（和其他扩展）通常在此对象上定义扩展方法，以便配置特定于给定数据库的模型的各个方面。

在 10.2.1 节中使用 FluentAPI 方式创建并配置实体类时，为 Student 类创建了一个配置类 StudentConfig，其继承自 IEntityTypeConfiguration 接口，接下来在自定义的 DbContext 子类中使用 ModelBuilder 对象的 ApplyConfigurationsFromAssembly()方法加载实现 IEntityTypeConfiguration 接口的 StudentConfig 配置类，代码如下：

```
protected override void OnModelCreating(ModelBuilder builder)
{
    base.OnModelCreating(builder);
    builder.ApplyConfigurationsFromAssembly(this.GetType().Assembly);
}
```

前面讲到，使用 FluentAPI 方式创建并配置实体类时，如果不想建立单独的配置类，可以将实体类的相应配置直接写在 DbContext 上下文类的 OnModelCreating()方法中，例如，下面代码直接在 DbContext 上下文类的 OnModelCreating()方法中实现了 Student 实体类的配置，代码如下：

```
protected override void OnModelCreating(ModelBuilder builder)
{
    #region Student 配置
    builder.Entity<Student>().HasKey(x=>x.Id);                              //设置主键

    builder.Entity<Student>().Property(x => x.Id).ValueGeneratedOnAdd();   //设置 Id 自增

    //设置姓名最大长度为 50，字符为 unicode，不能为空
    builder.Entity<Student>().Property(x => x.Name).HasMaxLength(50).IsUnicode().IsRequired();

    //设置班级最大长度为 50，字符为 unicode，不能为空
    builder.Entity<Student>().Property(x => x.Class).HasMaxLength(50).IsUnicode().IsRequired();

    //设置性别最大长度为 5，字符为 Unicode，不能为空
    builder.Entity<Student>().Property(x => x.Sex).HasMaxLength(5).IsUnicode().IsRequired();
    #endregion
}
```

10.2.3 数据库的迁移

在传统的项目开发中，数据库表都是由开发人员在数据库软件中创建好的，然后在项目中使用，而在 EF Core 中，由于其采用代码优先开发模式，因此，可以根据实体类自动生成数据库表。这种先创建实体类，再生成数据库表的开发模式被称为“模型驱动开发”（以前的先创建数据库表再创建实体类的开发模式通常称为“数据驱动开发”），而 EF Core 中将这种根据实体类生成数据库表的操作叫作“迁移”。

在 EF Core 中实现数据库“迁移”时，需要用到生成数据库工具，因此需要通过 NuGet 安装 Microsoft.EntityFrameworkCore.Tools 包。在 EF Core 中进行数据库迁移时，有以下常用的操作：

☑ 数据库迁移
☑ 添加迁移（添加、修改数据表或者字段）
☑ 回退及删除迁移
☑ 生成 SQL 脚本

下面分别对常用的数据库迁移操作进行讲解。

1. 数据库迁移

数据库迁移，即根据实体类和 DbContext 上下文类自动创建相应的数据库表，进行该操作需要执行以下两个命令：

```
Add-Migration 迁移名称
Update-database
```

其中，“Add-Migration 迁移名称”用来创建一个数据迁移脚本，并将其添加到项目中，迁移名称可以任意定义；Update-database 用来编译并执行数据库迁移代码。

说明

上面的“Add-Migration 迁移名称”命令在 Visual Studio 的“程序包管理器控制台”中使用，在.NET Core 的 CLI 命令行窗口中，则应该使用以下命令：

```
dotnet ef migrations add 迁移名称
```

例如，根据上面创建的实体类和 DBContext 上下文类创建相应的数据库表。首先在 Visual Studio 的“程序包管理器控制台”中输入 Add-Migration 命令，并定义一个迁移名称，比如这里定义为 Create，按 Enter 键，如图 10.2 所示。

当“程序包管理器控制台”中显示“Build succeeded”时，说明执行成功，这时查看项目的“解决方案资源管理器”，可以看到其中多出了一个 Migrations 文件夹，如图 10.3 所示，该文件夹的内容都是数据库迁移生成的代码文件，这些代码文件分为两种类型：一种是以“当前日期时间_迁移名称”命名的文件，每一个文件代表一次对数据库的修改操作，例如这里的“20230620012128_Create.cs”文件；另一种是以“DbContext 上下文类+ModelSnapshot”命名的文件，它是当前状态的快照，例如这里的“TestDbContextModelSnapshot.cs”文件。Migrations 文件夹中的文件代码都是自动生成的，通常不用手动修改。

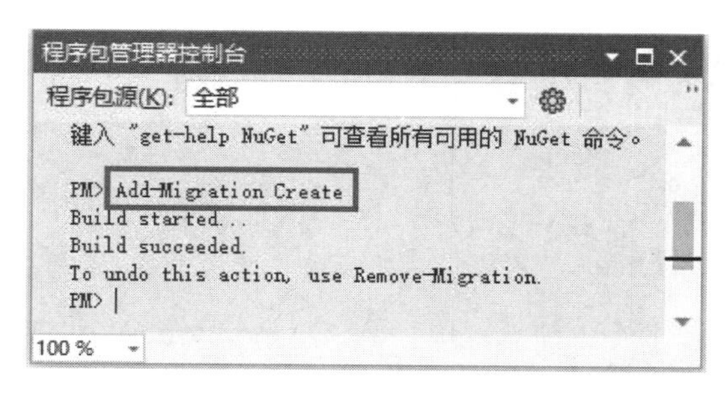

图 10.2　执行 Add-Migration 命令

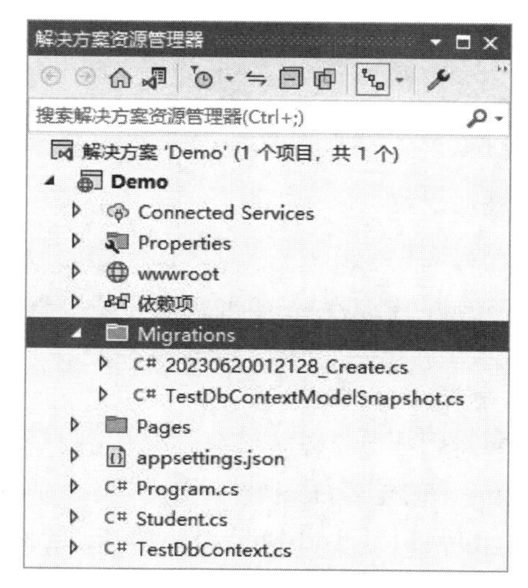

图 10.3　自动生成的 Migrations 文件夹及其文件

这里需要注意的是，在执行 Add-Migration 命令后，并没有创建数据库，而只是生成了创建数据库表等的代码，我们还需要执行 Update-database 命令，才可以执行数据库迁移代码，从而创建相应的数据库表，如图 10.4 所示。

当执行完 Update-database 命令后，会在 Visual Studio 的“程序包管理器控制台”中显示“Done.”提示，说明执行成功，这时打开数据库软件，查看相应的效果，如图 10.5 所示，我们发现已经创建了 db_student 数据库及 student 数据表，并且在 student 数据表中创建了相应的列。

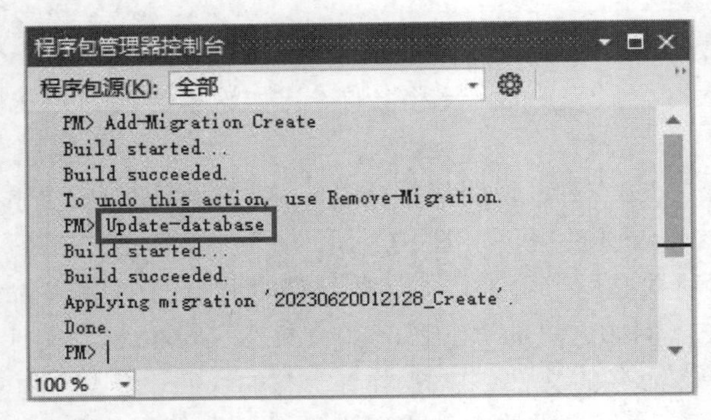

图 10.4　执行 Update-database 命令

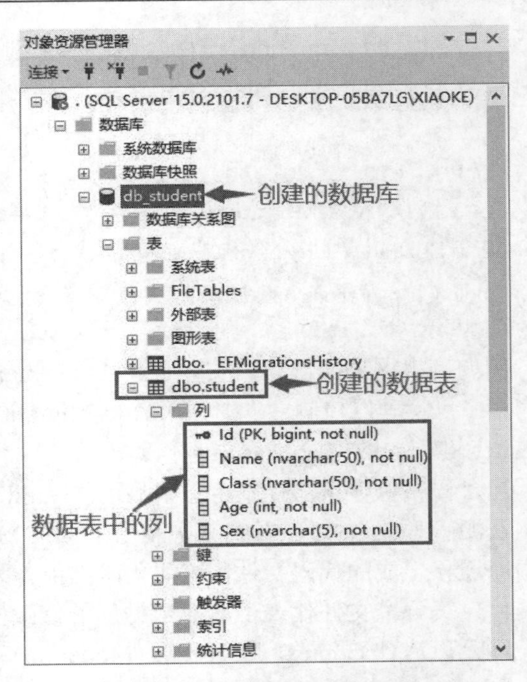

图 10.5　创建的数据库及数据表

**说明**

在使用 EF 自动生成数据库表时，会自动创建一个__EFMigrationsHistory 数据表，其中主要记录执行过的迁移脚本信息。

2．添加迁移

如果已经通过 Add-Migration 和 Update-database 命令实现了数据库的迁移，但现在随着项目的推进，需要增加相应的数据表，或者增加或减少指定的数据表中的字段，这时该怎么办呢？这就需要用到添加迁移操作。

执行添加迁移操作主要分为三个步骤。

（1）对实体类及配置类进行修改或者添加。

（2）修改 DbContext 上下文类。

（3）重新执行 Add-Migration 和 Update-database 命令，注意：执行 Add-Migration 命令时，需要重新定义一个迁移名称。

例如，现在需要为 db_student 数据库增加一个存储老师信息的数据表，则步骤如下。

（1）创建一个老师实体类 Teacher，这里使用数据注解方式创建该实体类，代码如下：

```
using System.ComponentModel.DataAnnotations;

namespace Demo
{
    public class Teacher
    {
        [Key]
```

```
        public int TeacherId { get; set; }
        [MaxLength(50)]
        [Required]
        public string Name { get; set; }
        public int Age { get; set; }
    }
}
```

（2）修改 DbContext 类中的 OnModelCreating()方法，其中增加 Teacher 实体类的相应配置，代码如下：

```
protected override void OnModelCreating(ModelBuilder builder)
{
    base.OnModelCreating(builder);
    builder.Entity<Teacher>();
    builder.ApplyConfigurationsFromAssembly(this.GetType().Assembly);
}
```

（3）再次执行 Add-Migration 和 Update-database 命令，效果如图 10.6 所示。

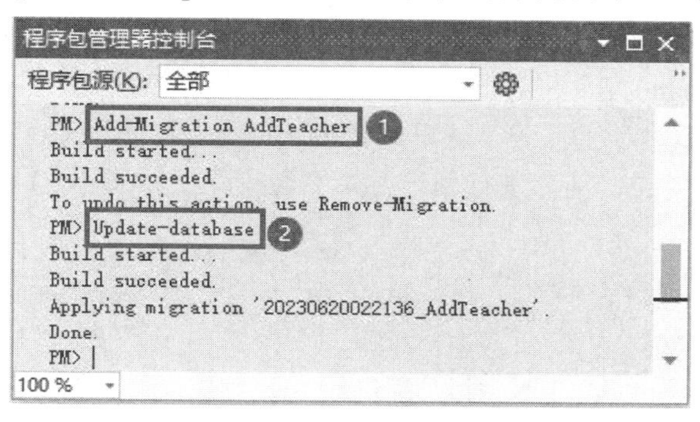

图 10.6　执行数据库迁移命令

执行完之后，查看项目的“解决方案资源管理器”和数据库软件中 db_student 数据库中的数据表，分别如图 10.7 和图 10.8 所示。

图 10.7　新增的数据库迁移脚本

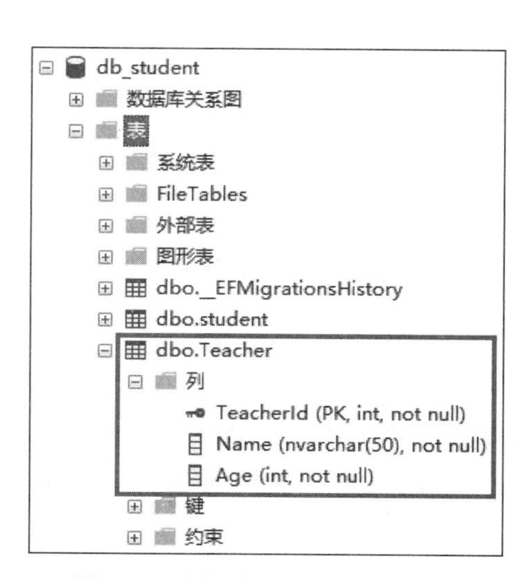

图 10.8　新创建的 Teacher 数据表

说明

在对属性进行修改或者删除时，会出现操作可能导致数据库数据丢失的提示，如果您确认需要这样做，则不用理会该提示。

3. 回退及删除迁移

在执行完 Add-Migration 命令时，最后会有一个提示“To undo this action,use Remove-Migration.”，其中文意思为“要撤销该操作，请使用 Remove-Migration”，如图 10.9 所示。

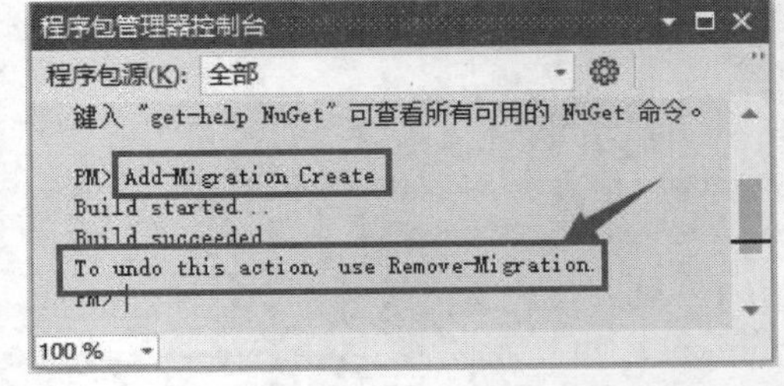

图 10.9 执行完 Add-Migration 命令时的提示信息

因此，如果要删除一个迁移，就可以使用 Remove-Migration 命令，该命令用来删除最后一次创建的迁移脚本，但需要注意的是，如果已经对迁移脚本执行了 Update-database，则不能再使用 Remove-Migration 进行删除。

但是可以采用 Update-DataBase XXX 命令将数据库回退到 XXX 迁移脚本之后的状态，这里需要说明的是，在使用 Update-DataBase XXX 命令执行回退操作时，只是将当前连接的数据库进行回退，并不会删除迁移脚本。Update-DataBase XXX 命令的使用方法如下：

```
Update-database 20230620012128_Create
```

4. 生成 SQL 脚本

前面讲过我们可以使用 Update-database 命令执行迁移脚本来自动创建或者修改数据库表，但这种方式主要用于开发环境，在生产环境下，我们通常需要根据实际情况对数据库进行调整，而且基于安全考虑，很多企业也会对相应的数据库操作进行审核，但 EF Core 生成的迁移代码并不符合审核要求，因此，在 EF Core 中提供了 Script-Migration 命令来根据迁移代码生成 SQL 脚本，而该脚本可提供给相关审核人员，也可以在生产环境下使用。

例如，使用 Script-Migration 命令根据前面生成的迁移代码生成 SQL 脚本，效果如图 10.10 所示，生成的 SQL 脚本文件默认存放在项目的 Debug 文件夹下的.NET 库文件夹中，名称为一个随机生成的名称，扩展名为.sql，如图 10.11 所示。

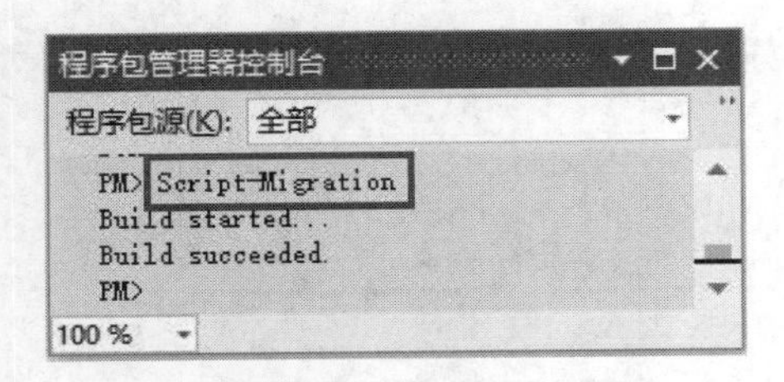

图 10.10 执行 Script-Migration 命令

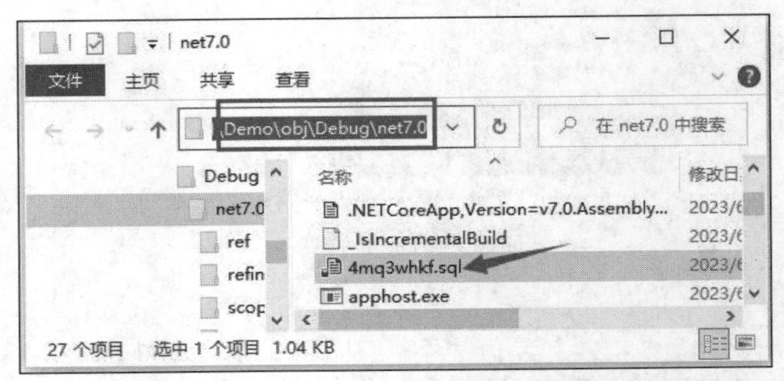

图 10.11 生成的 SQL 脚本的默认保存位置

SQL 脚本文件的代码如下：

```
IF OBJECT_ID(N'[__EFMigrationsHistory]') IS NULL
BEGIN
    CREATE TABLE [__EFMigrationsHistory] (
        [MigrationId] nvarchar(150) NOT NULL,
        [ProductVersion] nvarchar(32) NOT NULL,
        CONSTRAINT [PK___EFMigrationsHistory] PRIMARY KEY ([MigrationId])
    );
END;
GO

BEGIN TRANSACTION;
GO

CREATE TABLE [student] (
    [Id] bigint NOT NULL IDENTITY,
    [Name] nvarchar(50) NOT NULL,
    [Class] nvarchar(50) NOT NULL,
    [Age] int NOT NULL,
    [Sex] nvarchar(5) NOT NULL,
    CONSTRAINT [PK_student] PRIMARY KEY ([Id])
);
GO

INSERT INTO [__EFMigrationsHistory] ([MigrationId], [ProductVersion])
VALUES (N'20230620012128_Create', N'7.0.7');
GO

COMMIT;
GO

BEGIN TRANSACTION;
GO

CREATE TABLE [Teacher] (
    [TeacherId] int NOT NULL IDENTITY,
    [Name] nvarchar(50) NOT NULL,
    [Age] int NOT NULL,
    CONSTRAINT [PK_Teacher] PRIMARY KEY ([TeacherId])
);
GO

INSERT INTO [__EFMigrationsHistory] ([MigrationId], [ProductVersion])
VALUES (N'20230620022136_AddTeacher', N'7.0.7');
GO

COMMIT;
GO
```

另外，上面生成的 SQL 脚本是涉及整个数据库的，除此之外，我们还可以获得局部更改的脚本，这需要在 Script-Migration 命令后指定相应的版本。例如，前面生成数据库迁移代码时，第一次的迁移名称为 Create，后来增加了老师信息表 Teacher，并又生成了一个迁移代码，名称为 AddTeacher，现在要生成 Create 到 AddTeacher 之间的 SQL 脚本，则应该执行下面命令：

```
Script-Migration Create AddTeacher
```

效果如图 10.12 和图 10.13 所示。

```
PM> Script-Migration
Build started...
Build succeeded.
PM> Script-Migration Create AddTeacher
Build started...
Build succeeded.
PM>
```

图 10.12　生成局部 SQL 脚本的命令

```
1   BEGIN TRANSACTION;
2   GO
3
4   CREATE TABLE [Teacher] (
5       [TeacherId] int NOT NULL IDENTITY,
6       [Name] nvarchar(50) NOT NULL,
7       [Age] int NOT NULL,
8       CONSTRAINT [PK_Teacher] PRIMARY KEY ([TeacherId])
9   );
10  GO
11
12  INSERT INTO [__EFMigrationsHistory] ([MigrationId], [ProductVersion])
13  VALUES (N'20230620022136_AddTeacher', N'7.0.7');
14  GO
15
16  COMMIT;
17  GO
```

图 10.13　生成的局部 SQL 脚本

10.2.4　通过程序迁移数据库

前面讲解了使用 Update-database 命令对数据库进行迁移，在实际开发中，我们还可以通过代码完成数据库的迁移，从而避免每次通过控制台进行操作。通常在程序启动期间通过代码迁移数据库，主要用到 DbContext 上下文对象中的 Database.Migrate()方法，其语法格式如下：

```
dbContext.Database.Migrate();
```

这里需要注意的是，使用程序迁移数据库时，首先需要使用 Add-Migration 命令生成迁移脚本，另外，这种方法适用于本地开发和测试，但不适合管理生产数据库，原因如下：

☑ 如果两个应用程序正在运行，这两个应用程序可能会尝试同时应用迁移并导致失败，从而造成数据损坏。
☑ 如果一个应用程序正在访问数据库，而另一个应用程序正在迁移它，这可能会导致严重的问题。
☑ 应用程序必须具有更高的访问权限才能修改数据库架构，但在生产环境中，通常会限制应用程序的数据库权限。
☑ 出现异常时，能够回滚已应用的迁移很重要，但通过程序进行迁移时，会直接应用 SQL 命令，不给开发人员检查或修改的机会，这在生产环境中可能会很危险。

例如，使用代码根据 Student 实体类迁移数据库，则首先应该在 DbContext 上下文类中添加如下代码，以确保能够创建数据库：

```
public TestDbContext()
{
    Database.EnsureCreated();
}

public TestDbContext(DbContextOptions<TestDbContext> options): base(options)
{
    Database.EnsureCreated();
}
```

然后使用 Add-Migration 命令生成迁移脚本，最后在项目启动时（即 Program.cs 代码文件中）添加

如下代码：

```
using (Demo.TestDbContext dbContext = new Demo.TestDbContext())
{
    dbContext.Database.Migrate();
}
```

说明

编写上面代码时，需要添加 Microsoft.EntityFrameworkCore 命名空间；另外，在使用代码自动迁移时，如果要正式发布项目，应该将自动迁移的代码注释掉，从而保证数据库和程序的稳定性。

10.2.5　选学：在 EF Core 中使用现有数据库

前面我们讲解了 EF Core 中推荐的代码优先开发模式，即根据实体类自动生成数据库，但在实际开发中，有时候数据库表是已经存在的，这时我们就需要根据已有的数据库表来生成实体类（类似于传统的“数据库驱动”开发模式），这可以使用 Scaffold-DbContext 工具实现。

Scaffold-DbContext 工具是 EF Core 提供的一个用来生成数据库上下文的工具，我们可以在 Visual Studio 的“程序包管理器控制台”中输入“get-help Scaffold-DbContext”命令来查看其描述及语法等信息，效果如图 10.14 所示。

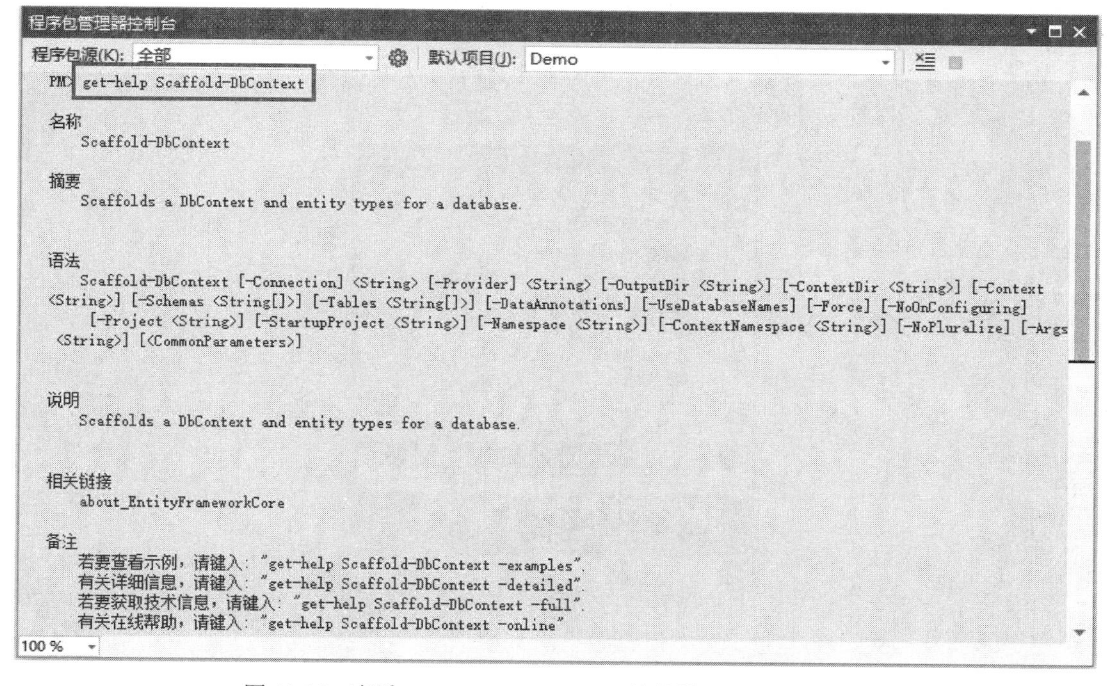

图 10.14　查看 Scaffold-DbContext 工具的描述及语法等信息

例如，现在在 SQL Server 数据库中已经创建了一个 db_Test 数据库，其中包含 tb_Book 和 tb_Pub 两张数据表，如图 10.15 所示。

要根据上面已经存在的数据库表生成实体类，则需要在 Visual Studio 的“程序包管理器控制台”

中输入以下命令：

```
Scaffold-DbContext 'data source=.;database=db_Test;Encrypt=True;Trusted_Connection=True;TrustServerCertificate=True;'
Microsoft.EntityFrameworkCore.SqlServer
```

上面命令的执行效果如图 10.16 所示。

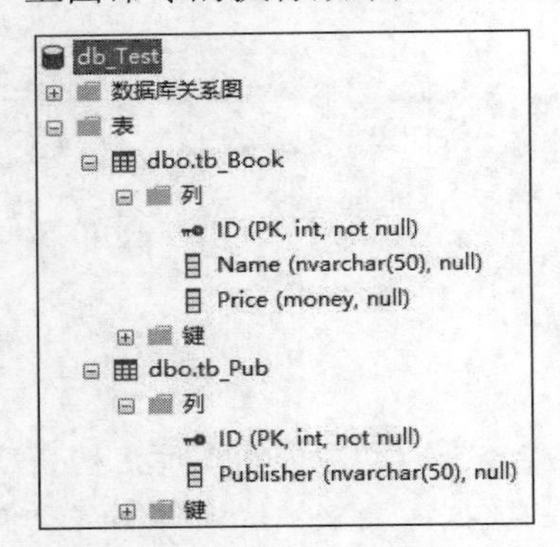

图 10.15　已经存在的数据库表及表中的字段

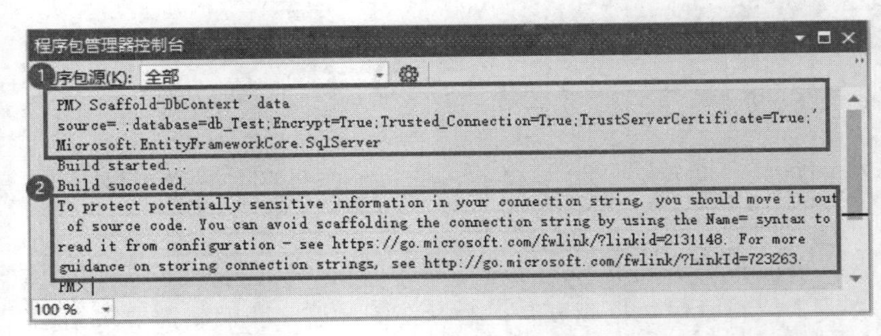

图 10.16　执行 Scaffold-DbContext 命令

说明

图 10.16 中的步骤 2 标示部分是一个警告信息，提示自动生成的连接字符串中有敏感信息，建议从配置文件中读取这些敏感信息。

执行完成后，会为数据库中的每个表自动生成对应的实体类，并且生成一个与该数据库对应的 DbContext 上下文类，如图 10.17 所示。

图 10.17　自动生成实体类及 DbContext 上下文类

生成的实体类及 DbContext 上下文类代码如下：

```
//TbBook 实体类代码
using System;
using System.Collections.Generic;

namespace WebTest;
```

```
public partial class TbBook
{
    public int Id { get; set; }

    public string? Name { get; set; }

    public decimal? Price { get; set; }
}

//TbPub 实体类代码
using System;
using System.Collections.Generic;

namespace WebTest;

public partial class TbPub
{
    public int Id { get; set; }

    public string? Publisher { get; set; }
}

//DbTestContext 上下文类代码
using System;
using System.Collections.Generic;
using Microsoft.EntityFrameworkCore;

namespace WebTest;

public partial class DbTestContext : DbContext
{
    public DbTestContext()
    {
    }

    public DbTestContext(DbContextOptions<DbTestContext> options)
        : base(options)
    {
    }

    public virtual DbSet<TbBook> TbBooks { get; set; }

    public virtual DbSet<TbPub> TbPubs { get; set; }

    protected override void OnConfiguring(DbContextOptionsBuilder optionsBuilder)
#warning To protect potentially sensitive information in your connection string, you should move it out of source code. You can avoid scaffolding the connection string by using the Name= syntax to read it from configuration - see https://go.microsoft.com/fwlink/?linkid=2131148. For more guidance on storing connection strings, see http://go.microsoft.com/fwlink/?LinkId=723263.
        => optionsBuilder.UseSqlServer(
"data source=.;database=db_Test;Encrypt=True;Trusted_Connection=True;TrustServerCertificate=True;");

    protected override void OnModelCreating(ModelBuilder modelBuilder)
    {
        modelBuilder.Entity<TbBook>(entity =>
        {
            entity.ToTable("tb_Book");

            entity.Property(e => e.Id).HasColumnName("ID");
```

```
            entity.Property(e => e.Name).HasMaxLength(50);
            entity.Property(e => e.Price).HasColumnType("money");
        });

        modelBuilder.Entity<TbPub>(entity =>
        {
            entity.ToTable("tb_Pub");

            entity.Property(e => e.Id).HasColumnName("ID");
            entity.Property(e => e.Publisher).HasMaxLength(50);
        });

        OnModelCreatingPartial(modelBuilder);
    }

    partial void OnModelCreatingPartial(ModelBuilder modelBuilder);
}
```

上面代码与我们使用数据注解方式编写的实体类和手动创建的 DbContext 上下文类非常类似，因此使用这种方法，可以减少开发工作量。但由于所有的代码都是自动生成的，因此可能需要开发人员手动修改代码；另外，一旦已有数据库表的结构发生了改变，当再次使用该方法自动生成实体类和 DbContext 上下文类代码时，所有之前所做的更改都将丢失，因此，如果使用了这种方式开发项目，在多次使用 Scaffold-DbContext 根据数据库表生成代码之前，一定要对之前修改的代码进行备份。在 EF Core 中不推荐使用这种方式进行开发！

10.2.6 客户端评估和服务端评估

进行完上面的操作步骤之后，就可以使用 EF Core 对数据库进行操作了，这主要使用 DbContext 对象的方法以 LINQ 查询表达式的形式去实现，例如下面代码：

```
var teachers=dbContext.teacher.ToList();                              //查询所有老师信息
var students = dbContext.student.ToArray();                           //查询所有学生信息
var teacher = dbContext.teacher.Single(x => x.Name == "明日");         //查询指定姓名的老师信息
var teacher = dbContext.teacher.Find(new object[]{ 10001,10002});     //查找指定编号的老师信息
//查询年龄大于 35 的老师信息，并获取第一条记录
var techear = dbContext.Teachers.Where(x => x.Age > 35).FirstOrDefault();
```

以“var techear = dbContext.Teachers.Where(x => x.Age > 35).FirstOrDefault();”为例，当我们使用 DbContextOptionsBuilder 对象的 LogTo 输出日志信息时，查看其结果，发现 EF Core 实际上将这一行 LINQ 查询表达式语句翻译为以下 SQL 语句：

```
SELECT top(1) [t].[TeacherId], [t].[Age], [t].[Name]
FROM [Teachers] AS [t]
WHERE [t].[Age] > 35
```

从上面结果可以看出，使用 EF Core 操作数据库，其实就是将 LINQ 查询的表示形式翻译成 SQL 语句，传给数据库提供程序，然后进行数据的查询，并将查询到的数据封装成实体类返回。

在前面学习 LINQ 编程时，我们知道使用普通的 LINQ 查询表达式可以对集合进行处理，其调用的是 IEnumerable<T>的扩展方法，例如下面代码：

```
IEnumerable<Student> students = list.Where(s => s.Score > 85);
```

```
foreach (Student s in students) //遍历输出
    Console.WriteLine(s);
```

但在 EF Core 中，我们发现 LINQ 查询表达式中调用的是 IQueryable<T>的扩展方法，如图 10.18 所示。

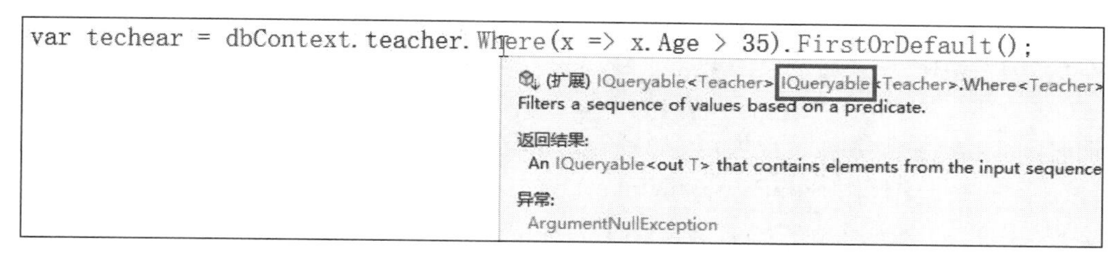

图 10.18　EF Core 中调用的是 IQueryable<T>的扩展方法

而 IQueryable<T>其实是一个继承了 IEnumerable<T>接口的接口，其定义如下：

```
public interface IQueryable<out T> : System.Collections.Generic.IEnumerable<out T>, System.Linq.IQueryable
```

在微软的官方帮助中查看 IQueryable<T>和 IEnumerable<T>，发现它们提供的扩展方法基本是通用的，只是参数和返回值类型不同，那么，既然两者使用方法类似，为什么还要分别提供呢？这就需要我们对“客户端评估”和“服务端评估”有所了解，首先来看它们的概念：

☑　客户端评估：将数据在内存中进行过滤筛选，就是所谓的客户端评估。

☑　服务端评估：把查询操作翻译成 SQL 语句并在数据库服务器中进行过滤筛选的操作，就是服务端评估。

从上面的描述可以看出，客户端评估主要采用 IEnumerable<T>的扩展方法，服务端评估主要采用 IQueryable<T>的扩展方法。客户端评估由于方法无法在数据库上执行，所有数据都将被拉取到内存中，然后在客户端应用过滤，这就会导致内存占用过高，造成性能下降。因此，在 EF Core 中，应该尽量避免使用客户端评估，而推荐使用服务端评估，即采用 IQueryable<T>的扩展方法。

另外，采用 IQueryable<T>的扩展方法还有一个好处，其具有延迟执行的能力，即在构建查询表达式时，如果调用的是“非立即执行方法”（返回值为 IQueryable 类型的方法，如 GroupBy()、OrderBy()、Include()、Skip()、Take()等），则虽然已经构建了表达式，但不会立刻生成 SQL 并发到数据库中执行，那么，IQueryable<T>何时才会真正执行查询呢？

使用 IQueryable<T>的扩展方法时，只有在以下情况下才会执行查询：

☑　使用 for 遍历结果时；

☑　调用了“立即执行方法”（返回值不为 IQueryable 的方法，如 ToList()、ToArray()、Single()、First()、Count()、Sum()、Average()、Min()、Max()等）。

注意

在某些情况下服务端评估是无法完成的，这时需要将其转为客户端评估，有两种转换方式，分别如下：

（1）通过调用 AsEnumerable()方法。

（2）通过调用 ToList()或 ToArray()等方法，需要说明的是，使用 ToList()方法将通过创建列表来进行缓冲，因此也会占用额外的内存。

10.3　EF Core 的性能优化

10.3.1　分页查询

在查询时，如果结果集数据量很大，比如几万行数据，采用分页显示是最好的一种形式，在 EF Core 中可以通过在查询结果中调用 Skip()方法和 Take()方法实现分页查询功能，例如下面代码：

```
dbContext.student.OrderBy(x => x.Id).Skip((page-1)*size).Take(size);
```

其中，page 是页码，从 1 开始；size 是每一页的数据大小。

10.3.2　全局查询筛选器

全局查询筛选器是应用于元数据模型（通常为 OnModelCreating）中的实体类型的 LINQ 查询谓词（传递给 LINQ Where 查询运算符的布尔表达式）。EF Core 会自动将此类筛选器应用于涉及这些实体类型的任何 LINQ 查询。EF Core 还将其应用于使用 Include 或导航属性进行间接引用的实体类型。全局查询筛选器的常见应用场景如下：

☑　软删除：实体类型定义 IsDeleted 属性。例如：

```
builder.Entity<Student>().HasQueryFilter(p => !p.IsDeleted);
```

☑　多租户：实体类型定义 TenantId 属性。例如：

```
builder.Entity<Student>().HasQueryFilter(b => EF.Property<string>(b, "_tenantId") == _tenantId);
```

☑　作用于导航属性上，如果需要禁用导航属性，可以使用 IgnoreQueryFilters 运算符对各个 LINQ 查询禁用筛选器。例如：

```
students = dbContext.student.Include(b => b.Name).IgnoreQueryFilters().ToList();
```

说明

导航属性，即通过该属性可以访问到另外一个实体，比如在上面的 TestDbContext 上下文类中定义 student 属性：

```
public DbSet<Student> student { get; set; }
```

10.3.3　原始 SQL 查询

通过 EF Core 可以在使用关系数据库时使用标准 LINQ 查询语法，但如果所需查询无法使用 LINQ 表示，或者使用 LINQ 查询可能导致生成效率低下的 SQL，则可使用原始 SQL 查询，这需要用到 FromSqlRaw()方法或者 ExecuteSqlRaw()方法，它们的作用如下：

☑　FromSqlRaw()：必须在 DbSet<T>上使用，其可以返回结果集，通常用于执行 SQL 查询语句，该方法是 RelationalQueryableExtensions 类提供的方法。RelationalQueryableExtensions 类是一

个静态类，它用来提供使用 LINQ 查询的关系数据库的特定扩展方法，具体如表 10.5 所示。

表 10.5　RelationalQueryableExtensions 类的方法及说明

方　　法	说　　明
AsSingleQuery<TEntity>()	返回一个新查询，该查询配置为在单个数据库查询中加载查询结果中的集合
AsSplitQuery<TEntity>()	返回一个新查询，该查询配置为通过单独的数据库查询加载查询结果中的集合
CreateDbCommand()	创建一个 DbCommand，用于执行此查询的设置
ExecuteDelete<TSource>()	从数据库中删除与 LINQ 查询匹配的实体实例的所有数据库行
ExecuteDeleteAsync<TSource>()	从数据库中异步删除与 LINQ 查询匹配的实体实例的数据库行
ExecuteUpdate<TSource>()	更新与数据库中的 LINQ 查询匹配的实体实例的所有数据库行
ExecuteUpdateAsync<TSource>()	异步更新与数据库中的 LINQ 查询匹配的实体实例的数据库行
FromSql<TEntity>()	从数据库中查询数据，允许直接传递一个原始 SQL 查询字符串作为参数，但它主要用于直接在 DbSet<>上进行查询
FromSqlInterpolated<TEntity>()	从数据库中查询数据，允许使用字符串插值来构建 SQL 查询
FromSqlRaw<TEntity>()	从数据库中查询数据，允许直接传递一个原始 SQL 查询字符串作为参数， 它与 FromSql 的不同在于，它不局限于在 DbSet<>上使用，它可以用在任何地方

☑ ExecuteSqlRaw()：需要在 DbContext 上下文类的 Database 上执行，通常用于添加、修改、删除等没有结果集返回的操作，该方法是 RelationalDatabaseFacadeExtensions 类提供的方法。RelationalDatabaseFacadeExtensions 类是一个静态类，它用来提供从 Database 返回的 DatabaseFacade 的扩展方法，只能与关系数据库提供程序一起使用。RelationalDatabaseFacadeExtensions 类的常用方法及说明如表 10.6 所示。

表 10.6　RelationalDatabaseFacadeExtensions 类的方法及说明

方　　法	说　　明
BeginTransaction()	启动新事务
BeginTransactionAsync()	异步启动新事务
CloseConnection()	关闭基础 DbConnection
CloseConnectionAsync()	异步关闭基础 DbConnection
ExecuteSql()	对数据库执行给定的 SQL，并返回受影响的行数
ExecuteSqlAsync()	异步方法，对数据库执行给定的 SQL，并返回受影响的行数
ExecuteSqlInterpolated()	执行使用字符串插值构建的 SQL，通过使用字符串插值，可以使用变量和表达式在 SQL 中创建动态查询
ExecuteSqlInterpolatedAsync()	异步执行使用字符串插值构建的 SQL，通过使用字符串插值，可以使用变量和表达式在 SQL 中创建动态查询
ExecuteSqlRaw()	执行原始的、未经处理的 SQL，其允许直接传递原始的 SQL 字符串，而不需要进行任何额外的处理或转换
ExecuteSqlRawAsync()	异步执行原始的、未经处理的 SQL，其允许直接传递原始的 SQL 字符串，而不需要进行任何额外的处理或转换
IsRelational()	判断当前使用的数据库提供程序是否是关系数据库
Migrate()	将上下文的任何挂起迁移应用到数据库。如果数据库尚不存在，将创建该数据库

续表

方　法	说　明
MigrateAsync()	将上下文的任何挂起迁移异步应用到数据库。如果数据库尚不存在，将创建该数据库
OpenConnection()	打开基础 DbConnection
OpenConnectionAsync()	异步打开基础 DbConnection
SetConnectionString()	设置为此 DbContext 配置的基础连接字符串
SetDbConnection()	设置此 DbContext 的基础 ADO.NET DbConnection 对象
SqlQuery<TResult>()	基于原始 SQL 查询创建 LINQ 查询，该查询返回数据库提供程序本机支持的标量类型的结果集
SqlQueryRaw<TResult>()	异步方法，基于原始 SQL 查询创建 LINQ 查询，该查询返回数据库提供程序本机支持的标量类型的结果集
UseTransaction()	设置要由 DbContext 上的数据库操作使用的 DbTransaction
UseTransactionAsync()	异步方法，设置要由 DbContext 上的数据库操作使用的 DbTransaction

例如，分别使用 FromSqlRaw()和 ExecuteSqlRaw()方法执行 SQL 查询和修改语句，代码如下：

```
int age = 20;
string name="明日";
var students = dbContext.student.FromSqlRaw($"select * from tb_student where age> {0}", age);
dbContext.Database.ExecuteSqlRaw($"update tb_student set age={0} where name like {1}",age,name);
```

另外，在使用原始 SQL 查询引入任何用户提供的值时，必须注意防范 SQL 注入攻击。具体来说，不要使用$(“”)的值直接传入 FromSqlRaw()中，而建议采用类似 String.Format 语法，且应该将生成的参数名称插入指定占位符{num}的位置。例如，下面代码会造成 SQL 注入式攻击：

```
string age = "100 or 1=1";
var students = dbContext.student.FromSqlRaw($"select * from tb_student where age> {age}").ToList();
Console.WriteLine("查询的数据个数:"+students.Count);
```

为了避免上述错误，可以使用 FromSqlInterpolated()或者 ExecuteSqlInterpolated()方法，即代码修改如下：

```
string age = "100 or 1=1";
var students = dbContext.student.FromSqlInterpolated($"select * from tb_tudent where age> {age}").ToList();
Console.WriteLine("查询的数据个数:"+students.Count);
```

除此之外，还可以在使用 FromSqlRaw()时，采用 SqlParameter 参数的形式，代码如下：

```
var age = new SqlParameter("age", 20);
var students = dbContext.student.FromSqlRaw($"select * from tb_student where age>@age",age).ToList();
Console.WriteLine("查询的数据个数:" + students.Count);
```

技巧

原始 SQL 查询方式也可以与 LINQ 查询表达式相结合，例如：

```
var age = new SqlParameter("age", 20);
var students = dbContext.student.FromSqlRaw($"select * from tb_student where
age>@age",age).Where(s=>s.Name.Length>2).Include(s=>s.Courses).ToList();
Console.WriteLine("查询的数据个数:" + students.Count);
```

10.3.4 跟踪与非跟踪查询

默认情况下，EF Core 默认会对通过上下文查询出的所有实体类进行跟踪，以便于在执行 SaveChanges()方法时，将对实体类的修改同步到数据库中，但实际中，一些只用于展示结果的操作其实是不用跟踪的，可以通过使用 AsNoTracking()方法实现非跟踪查询，它的效率要比普通的跟踪查询的效率更高。

AsNoTracking()方法表示一个更改跟踪器，它不会跟踪从 LINQ 查询返回的任何实体，即：如果修改了实体实例，更改跟踪器不会检测到这一点，并且 SaveChanges()方法不会将这些更改保存到数据库。AsNoTracking()方法的语法格式如下：

```
public static System.Linq.IQueryable<TEntity> AsNoTracking<TEntity> (this System.Linq.IQueryable<TEntity> source) where TEntity : class;
```

☑ TEntity：类型参数，表示正在查询的实体的类型。

☑ source：IQueryable<TEntity>，表示源查询

☑ 返回值：IQueryable<TEntity>，表示上下文不会跟踪结果集的新查询。

例如，下面代码用来对比跟踪查询与非跟踪查询：

```
//跟踪查询
teacher1 = dbContext.teacher.Single(x => x.TeacherId == 10001);
teacher1.Age = 67;
teacher1.Title = "教授";
dbContext.SaveChanges();

//非跟踪查询
teacher2=dbContext.teacher.AsNoTracking().Single(x => x.TeacherId == 10001);
teacher2.Age = 65;
teacher2.Title = "高级教授";
dbContext.SaveChanges();
```

运行上面代码时，会看到跟踪查询可以修改数据，但是非跟踪查询不能修改数据。

如果想要使用非跟踪查询修改或者删除数据，则需要显式地调用 Update()方法，然后再使用 SaveChanges()方法。示例代码如下：

```
teacher = dbContext.teacher.AsNoTracking().Single(x => x.TeacherId == 10001);
teacher.Age = 65;
teacher.Title = "高级教授";
dbContext.teacher.Update(teacher);
dbContext.SaveChanges();
```

技巧

（1）如果要设置全局非跟踪查询，可以在 DbContext 上下文类的 OnConfiguring()方法中设置，但一般不建议使用这种方法，因为这样会禁止跟踪所有实体：

```
//optionsBuilder.UseQueryTrackingBehavior(QueryTrackingBehavior.NoTracking);
```

（2）在正常的跟踪查询中，EF Core 进行查询时，如果结果中多次包含相同的实体，则每次会返回相同的实例；而非跟踪查询由于不会使用更改跟踪器，因此每次都会返回实体的新实例，即使结果中多次包含相同的实体也是如此，为了避免这种情况，EF Core 中提供了另外一个方法：AsNoTrackingWithIdentityResolution()。这样在使用非跟踪查询进行多次查询时，如果结果中包含相同的实体，则会每次返回相同的实例。

10.3.5 延迟加载

延迟加载也叫按需加载、懒加载，是一种很重要的数据访问特性，可以有效地减少与数据源的交互，从而提升程序性能。延迟加载的最大特点是：按需分配，需要的时候自动处理，不需要的时候不加载，它主要体现在两个方面，具体如下：

☑ 暂时不需要该数据时不用马上加载，而可以推迟到使用它时再加载。

☑ 不确定是否将会需要该数据，所以暂时不要加载，待确定需要后再加载它。

在 EF Core 中使用延迟加载，分为以下两步。

（1）安装 Microsoft.EntityFrameworkCore.Proxie 包，命令如下：

```
Install-Package Microsoft.EntityFrameworkCore.Proxie
```

（2）在 DbContext 上下文类的 OnConfiguring()中启用延迟加载，代码如下：

```
options.UseLazyLoadingProxies();
```

10.4 案例：EF Core 在学生信息管理系统中的应用

本节将通过在 ASP.NET Core Web 应用中使用 EF Core 技术来实现一个简单的学生信息管理系统案例，主要包括学生信息的显示、添加、修改和删除等。

10.4.1 创建 Razor 页面

【例 10.2】开发学生信息管理系统（**实例位置：资源包\Code\10\02**）

开发步骤如下。

（1）本案例在【例 10.1】的基础上实现，首先在“解决方案资源管理器”中选择项目中的 Pages 文件，单击鼠标右键，在弹出的快捷菜单中选择“添加”→“新建文件夹”命令，如图 10.19 所示，添加一个名称为 Student 的文件夹，如图 10.20 所示。

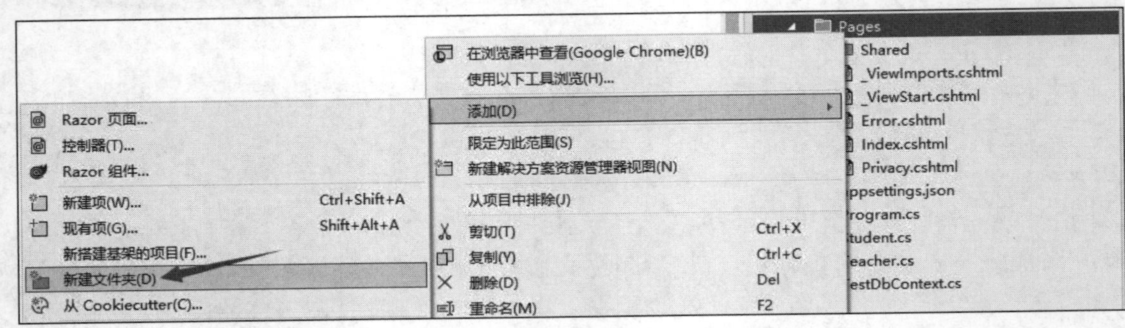

图 10.19 选择“添加”→“新建文件夹”

（2）选中新创建的 Student 文件夹，单击鼠标右键，在弹出的快捷菜单中选择“添加”→“新搭

建基架的项目”命令，如图 10.21 所示。

图 10.20　添加的 Student 文件夹

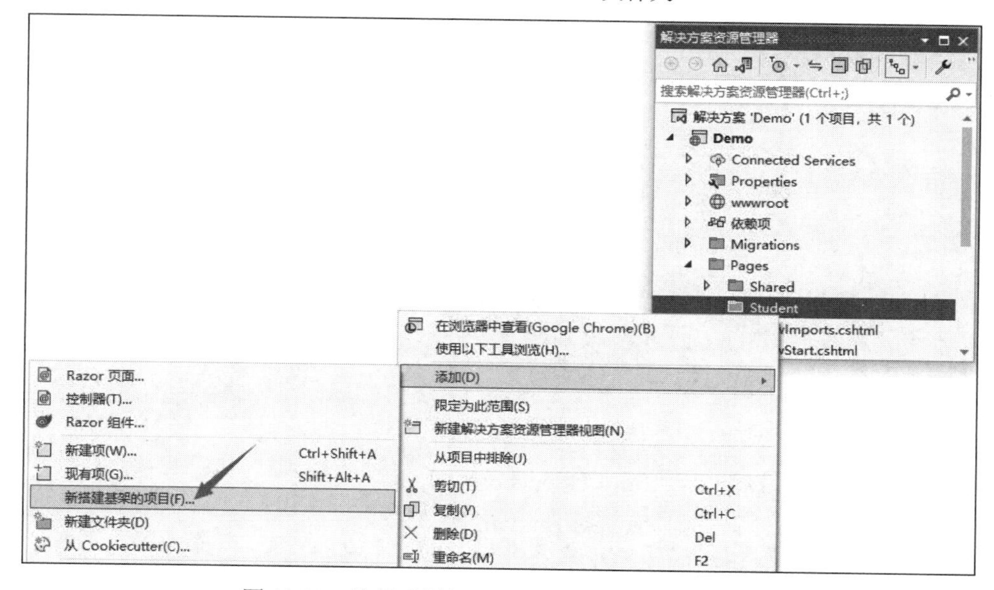

图 10.21　选择“添加”→“新搭建基架的项目”

（3）弹出“添加已搭建基架的新项”对话框，首先单击“Razor 页面”，然后选择“使用实体框架生成 Razor 页面（CRUD）”，单击“添加”按钮，如图 10.22 所示。

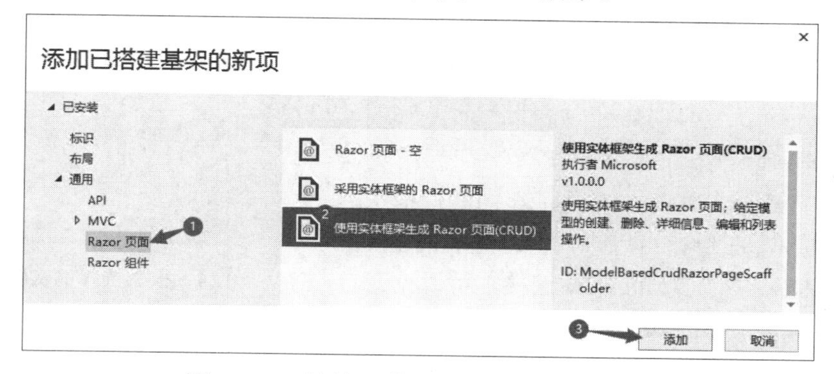

图 10.22　“添加已搭建基架的新项”对话框

（4）弹出“添加 使用实体框架生成 Razor 页面（CRUD）”对话框，首先在“模型类”下拉列表框中选择创建的 Student 实体类，然后在“数据上下文类”下拉列表框中选择创建的 TestDbContext 类，单击“添加”按钮，如图 10.23 所示。

添加 使用实体框架生成 Razor 页面(CRUD)

使用实体框架生成 Razor 页面；所选模型的创建、删除、详细信息、编辑和列表操作。

模型类(M)　Student (Demo)

数据上下文类(D)　TestDbContext (Demo)　+

选项

☐ 创建为分部视图(C)

☑ 引用脚本库(R)

☑ 使用布局页(U)

(如果在 Razor _viewstart 文件中设置了此选项，则留空)

添加　取消

图 10.23 “添加 使用实体框架生成 Razor 页面（CRUD）”对话框

说明

在图 10.23 中选择数据上下文类时，如果还没有创建数据上下文类，可以单击后面的“+”按钮，自动根据选择的模型类生成数据上下文类。

（5）此时会在 Student 文件夹中自动生成 5 个 Razor 页面，分别为 Create.cshtml、Delete.cshtml、Details.cshtml、Edit.cshtml、Index.cshtml，它们分别对应着对 Student 实体类和相应数据表的添加学生信息、删除学生信息、查看学生详细信息、修改学生信息和查看学生信息列表的操作，如图 10.24 所示。

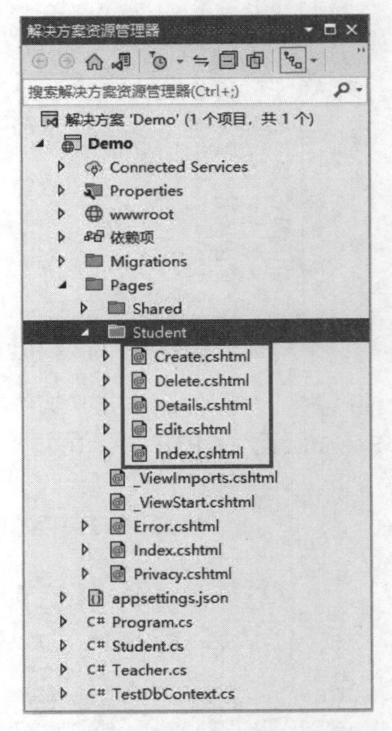

图 10.24 根据选择的实体类自动生成的 5 个 Razor 页面

这里需要说明的是，上面生成的 5 个 Razor 页面都是实现了完整功能的页面，我们在 Program.cs 主程序文件中添加数据上下文类的服务后就可以直接运行，添加服务的代码如下：

```
builder.Services.AddDbContext<TestDbContext>();
```

在 Visual Studio 中运行程序，在地址栏的默认地址后加上“/Student”，按 Enter 键，可以进入自动生成的 Index.cshtml 页面，单击左上方的 Create New 链接，可以打开自动生成的 Create.cshtml 页面。效果如图 10.25 所示。

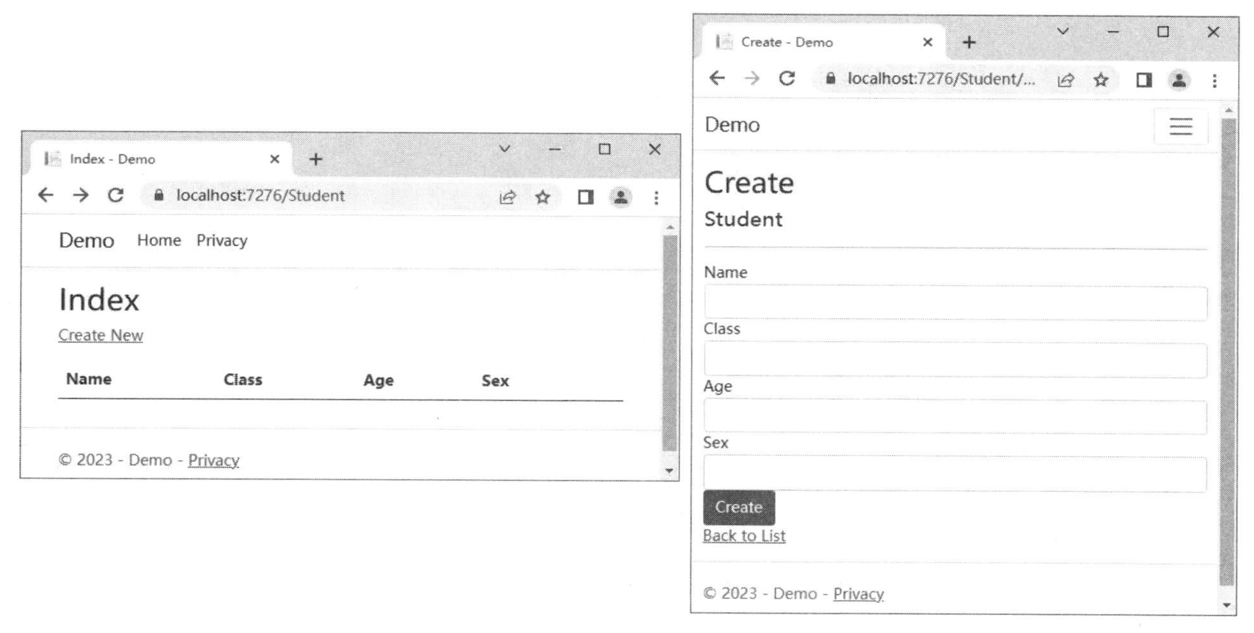

图 10.25　学生信息管理系统默认运行效果

10.4.2　显示学生信息列表

10.4.1 节提到，使用实体框架自动生成的 Razor 页面会默认实现对相应实体类的增、删、改、查操作，并以英文页面的形式展示各种操作，开发人员可以对页面中的显示数据、显示方式进行修改。下面分别对自动生成的页面的实现代码进行讲解。

打开 Index.cshtml 页面，该页面用来显示学生信息列表，相当于一个首页，首先将其中的显示内容修改为中文，然后添加关于学生编号的显示，代码如下：

```
@page
@model Demo.Pages.Student.IndexModel

@{
    ViewData["Title"] = "学生信息管理";
}

<h1>学生信息列表</h1>

<p>
    <a asp-page="Create">添加</a>
</p>
<table class="table">
    <thead>
        <tr>
            <th>
                @Html.DisplayNameFor(model => model.Student[0].Id)
            </th>
            <th>
                @Html.DisplayNameFor(model => model.Student[0].Name)
            </th>
            <th>
```

```
                @Html.DisplayNameFor(model => model.Student[0].Class)
            </th>
            <th>
                @Html.DisplayNameFor(model => model.Student[0].Age)
            </th>
            <th>
                @Html.DisplayNameFor(model => model.Student[0].Sex)
            </th>
            <th></th>
        </tr>
    </thead>
    <tbody>
@foreach (var item in Model.Student) {
        <tr>
            <td>
                @Html.DisplayFor(modelItem => item.Id)
            </td>
            <td>
                @Html.DisplayFor(modelItem => item.Name)
            </td>
            <td>
                @Html.DisplayFor(modelItem => item.Class)
            </td>
            <td>
                @Html.DisplayFor(modelItem => item.Age)
            </td>
            <td>
                @Html.DisplayFor(modelItem => item.Sex)
            </td>
            <td>
                <a asp-page="./Edit" asp-route-id="@item.Id">修改</a> |
                <a asp-page="./Details" asp-route-id="@item.Id">详细信息</a> |
                <a asp-page="./Delete" asp-route-id="@item.Id">删除</a>
            </td>
        </tr>
}
    </tbody>
</table>
```

在 Index.cshtml 对应的.cs 文件中，主要使用数据上下文对象的 ToListAsync()方法获取所有学生信息，并存储到一个列表中，以便进行显示。代码如下：

```
using Microsoft.AspNetCore.Mvc.RazorPages;
using Microsoft.EntityFrameworkCore;

namespace Demo.Pages.Student
{
    public class IndexModel : PageModel
    {
        private readonly Demo.TestDbContext _context;

        public IndexModel(Demo.TestDbContext context)
        {
            _context = context;
        }

        public IList<Demo.Student> Student { get;set; } = default!;

        public async Task OnGetAsync()
        {
```

```
                if (_context.student != null)
                {
                    Student = await _context.student.ToListAsync();
                }
            }
        }
}
```

另外，在图 10.25 中，我们注意到学生信息的相应字段名都显示为英文，为了使交互效果更好，我们将字段名显示为中文，因此修改 Student 实体类，为每个属性添加相应的 Display 属性，代码如下：

```
public class Student
{
    [Display(Name ="编号")]
    public long Id { get; set; }
    [Display(Name = "姓名")]
    public string Name { get; set; }
    [Display(Name = "班级")]
    public string Class { get; set; }
    [Display(Name = "年龄")]
    public int Age { get; set; }
    [Display(Name = "性别")]
    public string Sex { get; set; }
}
```

修改之后的 Index.cshtml 页面的显示效果如图 10.26 所示。

图 10.26　修改为中文状态的学生信息列表页

说明

由于数据库中没有数据，所以图 10.26 中的学生列表只显示了各个字段。

10.4.3　添加学生信息

添加学生信息功能是在 Create.cshtml 页面中实现的，该页面的代码如下：

```
@page
@model Demo.Pages.Student.CreateModel

@{
```

```
    ViewData["Title"] = "学生信息管理";
}


<h4>添加学生信息</h4>
<hr />
<div class="row">
    <div class="col-md-4">
        <form method="post">
            <div asp-validation-summary="ModelOnly" class="text-danger"></div>
            <div class="form-group">
                <label asp-for="Student.Name" class="control-label"></label>
                <input asp-for="Student.Name" class="form-control" />
                <span asp-validation-for="Student.Name" class="text-danger"></span>
            </div>
            <div class="form-group">
                <label asp-for="Student.Class" class="control-label"></label>
                <input asp-for="Student.Class" class="form-control" />
                <span asp-validation-for="Student.Class" class="text-danger"></span>
            </div>
            <div class="form-group">
                <label asp-for="Student.Age" class="control-label"></label>
                <input asp-for="Student.Age" class="form-control" />
                <span asp-validation-for="Student.Age" class="text-danger"></span>
            </div>
            <div class="form-group">
                <label asp-for="Student.Sex" class="control-label"></label>
                <input asp-for="Student.Sex" class="form-control" />
                <span asp-validation-for="Student.Sex" class="text-danger"></span>
            </div>
            <div class="form-group">
                <input type="submit" value="添加" class="btn btn-primary" />
            </div>
        </form>
    </div>
</div>

<div>
    <a asp-page="Index">返回学生列表页</a>
</div>

@section Scripts {
    @{await Html.RenderPartialAsync("_ValidationScriptsPartial");}
}
```

在 Create.cshtml 对应的.cs 文件中，主要使用数据上下文对象的 Add()方法来添加 Student 对象，并调用 SaveChangesAsync()方法将添加的内容同步到数据库。这里需要注意定义 Student 对象时使用了[BindProperty]特性进行修饰，表示将其加入模型绑定，这样当“创建”表单发布表单值时，ASP.NET Core 在运行时会将发布的值绑定到 Student 对象。代码如下：

```
using Microsoft.AspNetCore.Mvc;
using Microsoft.AspNetCore.Mvc.RazorPages;

namespace Demo.Pages.Student
{
    public class CreateModel : PageModel
    {
```

```
        private readonly Demo.TestDbContext _context;

        public CreateModel(Demo.TestDbContext context)
        {
            _context = context;
        }

        public IActionResult OnGet()
        {
            return Page();
        }

        [BindProperty]
        public Demo.Student Student { get; set; } = default!;


        public async Task<IActionResult> OnPostAsync()
        {
          if (!ModelState.IsValid || _context.student == null || Student == null)
            {
                return Page();
            }

            _context.student.Add(Student);
            await _context.SaveChangesAsync();

            return RedirectToPage("./Index");
        }
    }
}
```

运行程序，在图 10.26 中单击“添加”超链接，即可打开添加学生信息页面，如图 10.27 所示。在该页面中输入要添加的学生信息，单击“添加”按钮，如果输入正确，即可成功添加学生信息，并返回学生信息列表页，如图 10.28 所示。

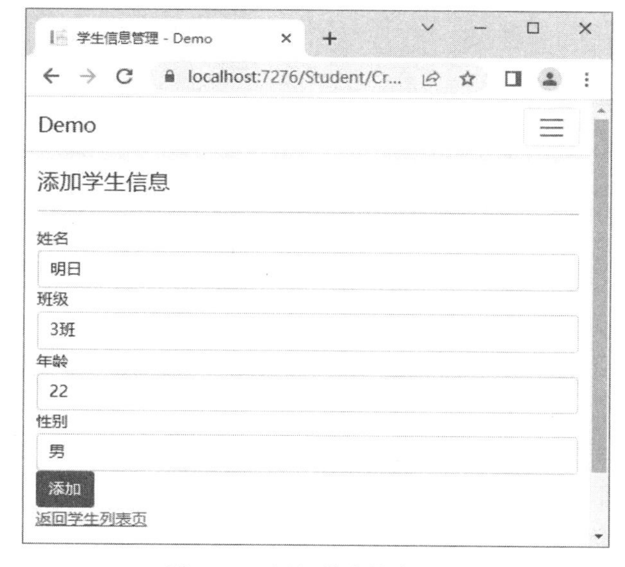

图 10.27　添加学生信息页面

图 10.28　添加数据之后的学生信息列表页

10.4.4 修改学生信息

修改学生信息功能是在 Edit.cshtml 页面中实现的，该页面的代码如下：

```
@page
@model Demo.Pages.Student.EditModel

@{
    ViewData["Title"] = "学生信息管理";
}


<h4>修改学生信息</h4>
<hr />
<div class="row">
    <div class="col-md-4">
        <form method="post">
            <div asp-validation-summary="ModelOnly" class="text-danger"></div>
            <input type="hidden" asp-for="Student.Id" />
            <div class="form-group">
                <label asp-for="Student.Name" class="control-label"></label>
                <input asp-for="Student.Name" class="form-control" />
                <span asp-validation-for="Student.Name" class="text-danger"></span>
            </div>
            <div class="form-group">
                <label asp-for="Student.Class" class="control-label"></label>
                <input asp-for="Student.Class" class="form-control" />
                <span asp-validation-for="Student.Class" class="text-danger"></span>
            </div>
            <div class="form-group">
                <label asp-for="Student.Age" class="control-label"></label>
                <input asp-for="Student.Age" class="form-control" />
                <span asp-validation-for="Student.Age" class="text-danger"></span>
            </div>
            <div class="form-group">
                <label asp-for="Student.Sex" class="control-label"></label>
                <input asp-for="Student.Sex" class="form-control" />
                <span asp-validation-for="Student.Sex" class="text-danger"></span>
            </div>
            <div class="form-group">
                <input type="submit" value="保存" class="btn btn-primary" />
            </div>
        </form>
    </div>
</div>

<div>
    <a asp-page="./Index">返回学生列表页</a>
</div>

@section Scripts {
    @{await Html.RenderPartialAsync("_ValidationScriptsPartial");}
}
```

在 Edit.cshtml 对应的.cs 文件中，首先在 OnGetAsync()方法中根据学生 Id 获取学生信息，并显示在页面中；然后在 OnPostAsync()方法中，在提交表单时调用数据上下文对应的 SaveChangesAsync()方

法以保存用户所做的更改。代码如下：

```
using Microsoft.AspNetCore.Mvc;
using Microsoft.AspNetCore.Mvc.RazorPages;
using Microsoft.EntityFrameworkCore;

namespace Demo.Pages.Student
{
    public class EditModel : PageModel
    {
        private readonly Demo.TestDbContext _context;

        public EditModel(Demo.TestDbContext context)
        {
            _context = context;
        }

        [BindProperty]
        public Demo.Student Student { get; set; } = default!;

        public async Task<IActionResult> OnGetAsync(long? id)
        {
            if (id == null || _context.student == null)
            {
                return NotFound();
            }

            var student =   await _context.student.FirstOrDefaultAsync(m => m.Id == id);
            if (student == null)
            {
                return NotFound();
            }
            Student = student;
            return Page();
        }

        public async Task<IActionResult> OnPostAsync()
        {
            if (!ModelState.IsValid)
            {
                return Page();
            }

            _context.Attach(Student).State = EntityState.Modified;

            try
            {
                await _context.SaveChangesAsync();
            }
            catch (DbUpdateConcurrencyException)
            {
                if (!StudentExists(Student.Id))
                {
                    return NotFound();
                }
                else
                {
                    throw;
```

```
                }
            }

            return RedirectToPage("./Index");
        }

        private bool StudentExists(long id)
        {
          return (_context.student?.Any(e => e.Id == id)). GetValueOrDefault();
        }
    }
}
```

运行程序，在图 10.28 所示的学生信息列表中，单击“修改”超链接，即可打开修改学生信息页面，如图 10.29 所示。在该页面中对学生信息进行修改后，单击“保存”按钮，即可修改指定的学生信息，并返回学生信息列表页。比如这里将新添加的学生的性别修改为“女”，则修改前后的效果如图 10.30 所示。

图 10.29　修改学生信息页面

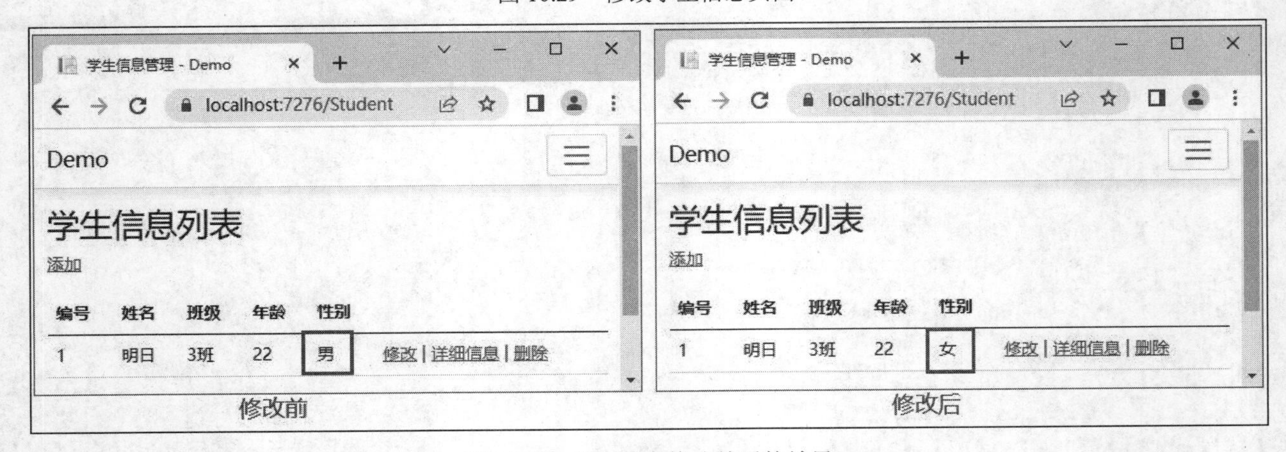

图 10.30　学生信息修改前后的效果

10.4.5　删除学生信息

删除学生信息功能是在 Delete.cshtml 页面中实现的，该页面的代码如下：

```
@page
@model Demo.Pages.Student.DeleteModel

@{
    ViewData["Title"] = "学生信息管理";
}


<h3>确认要删除该学生信息吗?</h3>
<div>
    <h4>删除学生信息</h4>
    <hr />
    <dl class="row">
        <dt class="col-sm-2">
            @Html.DisplayNameFor(model => model.Student.Name)
        </dt>
        <dd class="col-sm-10">
            @Html.DisplayFor(model => model.Student.Name)
        </dd>
        <dt class="col-sm-2">
            @Html.DisplayNameFor(model => model.Student.Class)
        </dt>
        <dd class="col-sm-10">
            @Html.DisplayFor(model => model.Student.Class)
        </dd>
        <dt class="col-sm-2">
            @Html.DisplayNameFor(model => model.Student.Age)
        </dt>
        <dd class="col-sm-10">
            @Html.DisplayFor(model => model.Student.Age)
        </dd>
        <dt class="col-sm-2">
            @Html.DisplayNameFor(model => model.Student.Sex)
        </dt>
        <dd class="col-sm-10">
            @Html.DisplayFor(model => model.Student.Sex)
        </dd>
    </dl>

    <form method="post">
        <input type="hidden" asp-for="Student.Id" />
        <input type="submit" value="删除" class="btn btn-danger" /> |
        <a asp-page="./Index">返回学生列表页</a>
    </form>
</div>
```

在 Delete.cshtml 对应的.cs 文件中，首先在 OnGetAsync()方法中根据要删除的学生的 Id 获取其信息，并以列表形式显示在页面中；然后在 OnPostAsync()方法中，使用 Remove()方法移除相应的学生实体对象，并调用 SaveChangesAsync()方法提交数据库更改。代码如下：

```
using Microsoft.AspNetCore.Mvc;
using Microsoft.AspNetCore.Mvc.RazorPages;
```

```
using Microsoft.EntityFrameworkCore;

namespace Demo.Pages.Student
{
    public class DeleteModel : PageModel
    {
        private readonly Demo.TestDbContext _context;

        public DeleteModel(Demo.TestDbContext context)
        {
            _context = context;
        }

        [BindProperty]
        public Demo.Student Student { get; set; } = default!;

        public async Task<IActionResult> OnGetAsync(long? id)
        {
            if (id == null || _context.student == null)
            {
                return NotFound();
            }

            var student = await _context.student.FirstOrDefaultAsync(m => m.Id == id);

            if (student == null)
            {
                return NotFound();
            }
            else
            {
                Student = student;
            }
            return Page();
        }

        public async Task<IActionResult> OnPostAsync(long? id)
        {
            if (id == null || _context.student == null)
            {
                return NotFound();
            }
            var student = await _context.student.FindAsync(id);

            if (student != null)
            {
                Student = student;
                _context.student.Remove(Student);
                await _context.SaveChangesAsync();
            }

            return RedirectToPage("./Index");
        }
    }
}
```

运行程序，在图 10.28 所示的学生信息列表中，单击“删除”超链接，即可打开删除学生信息页面，如图 10.31 所示。在该页面中确认要删除的学生信息后，单击“删除”按钮，即可删除指定的学生信息。

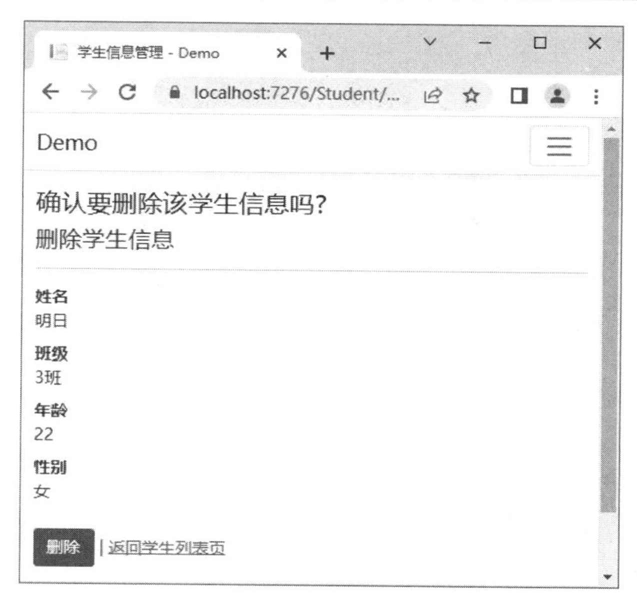

图 10.31　删除学生信息页面

10.4.6　查看学生详细信息

查看学生详细信息功能是在 Details.cshtml 页面中实现的，该页面的代码如下：

```
@page
@model Demo.Pages.Student.DetailsModel

@{
    ViewData["Title"] = "学生信息管理";
}


<div>
    <h4>学生详细信息</h4>
    <hr />
    <dl class="row">
        <dt class="col-sm-2">
            @Html.DisplayNameFor(model => model.Student.Name)
        </dt>
        <dd class="col-sm-10">
            @Html.DisplayFor(model => model.Student.Name)
        </dd>
        <dt class="col-sm-2">
            @Html.DisplayNameFor(model => model.Student.Class)
        </dt>
        <dd class="col-sm-10">
            @Html.DisplayFor(model => model.Student.Class)
        </dd>
        <dt class="col-sm-2">
            @Html.DisplayNameFor(model => model.Student.Age)
        </dt>
        <dd class="col-sm-10">
            @Html.DisplayFor(model => model.Student.Age)
```

```
            </dd>
            <dt class="col-sm-2">
                @Html.DisplayNameFor(model => model.Student.Sex)
            </dt>
            <dd class="col-sm-10">
                @Html.DisplayFor(model => model.Student.Sex)
            </dd>
        </dl>
</div>
<div>
    <a asp-page="./Edit" asp-route-id="@Model.Student?.Id">编辑</a> |
    <a asp-page="./Index">返回学生列表页</a>
</div>
```

在 Details.cshtml 对应的.cs 文件中，主要在 OnGetAsync()方法中使用数据上下文对象的 FirstOrDefaultAsync()方法根据指定的 Id 来获取学生信息。代码如下：

```
using Microsoft.AspNetCore.Mvc;
using Microsoft.AspNetCore.Mvc.RazorPages;
using Microsoft.EntityFrameworkCore;

namespace Demo.Pages.Student
{
    public class DetailsModel : PageModel
    {
        private readonly Demo.TestDbContext _context;

        public DetailsModel(Demo.TestDbContext context)
        {
            _context = context;
        }

        public Demo.Student Student { get; set; } = default!;

        public async Task<IActionResult> OnGetAsync(long? id)
        {
            if (id == null || _context.student == null)
            {
                return NotFound();
            }

            var student = await _context.student.FirstOrDefaultAsync(m => m.Id == id);
            if (student == null)
            {
                return NotFound();
            }
            else
            {
                Student = student;
            }
            return Page();
        }
    }
}
```

运行程序，在图 10.28 所示的学生信息列表中，单击“详细信息”超链接，即可打开查看学生详细信息页面，如图 10.32 所示，该页面中以列表形式显示指定的学生信息，另外，也可以直接单击该页面中的“编辑”按钮，从而对该学生的信息进行修改。

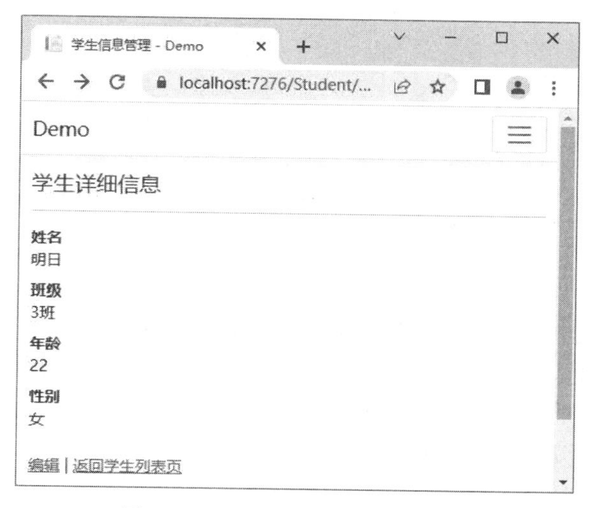

图 10.32　查看学生详细信息页面

10.5　要点回顾

本章主要对 ASP.NET Core 中的数据访问技术 EF Core 的使用进行了详细讲解。首先对 EF Core 技术进行了介绍，并重点讲解了 EF Core 的使用步骤，其中，实体类的创建配置、DbContext 上下文类的创建以及数据库迁移是重点，一定要熟练掌握；其次，本章还对 EF Core 中常见的性能优化操作进行了讲解；最后通过具体的案例讲解了 EF Core 在 ASP.NET Core Web 中的应用，ASP.NET Core Web 应用中提供的“使用实体框架生成 Razor 页面”功能可以大大减少开发人员的工作量，提高工作效率，因此，学习时要重点掌握。

第 11 章

ASP.NET Core MVC 网站开发

ASP.NET Core MVC 是基于视图的 MVC 模式开发的一种框架，其默认采用 Razor 视图引擎。在 ASP.NET Core MVC 开发模式下，虽然后端开发人员的主要工作是实现后端的数据模型、控制器逻辑代码，但由于前端视图文件采用的是 Razor 视图引擎，而不是纯粹的 HTML 前端代码，因此，后端开发人员也需要根据实际需求编写一部分前端代码，其相对于第 12 章中要讲解的 ASP.NET Core WebAPI，并没有实现真正的前后端分离。本章主要对 ASP.NET Core MVC 网站开发的实现过程进行讲解。

本章知识架构及重点、难点如下。

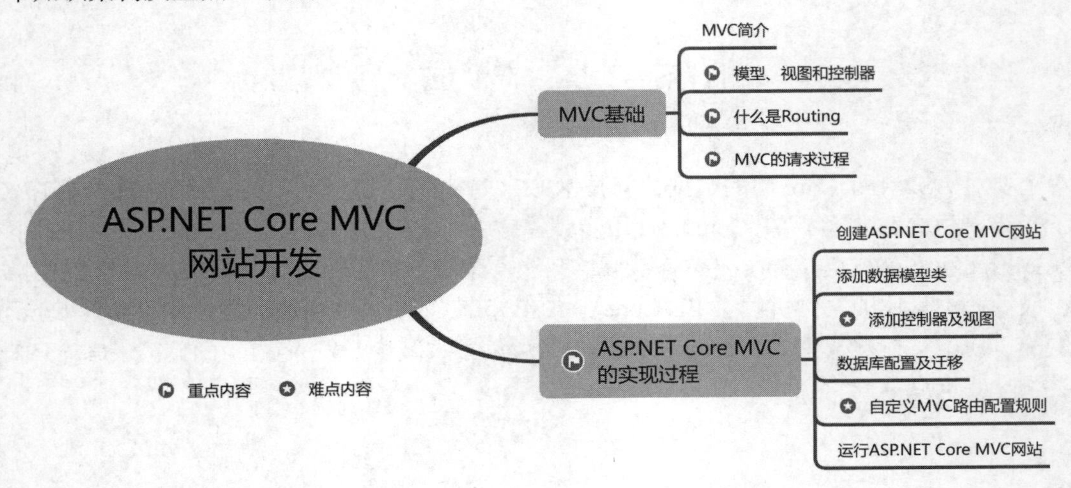

11.1　MVC 基础

MVC（model-view-controller）架构模式将应用程序分为 3 个主要的组件（模型、视图和控制器），它是项目开发中经常用到的一种框架，本节将首先对 MVC 框架及 ASP.NET Core MVC 的基本请求过程进行讲解。

11.1.1　MVC 简介

MVC 是一种软件架构模式，该模式分为 3 个部分：模型（model）、视图（view）和控制器（controller）。MVC 模式最早是由 Trygve Reenskaug 在 1974 年提出的，其特点是松耦合度、关注点分离、易扩展和维护，使前端开发人员和后端开发人员充分分离，不会相互影响工作内容与工作进度。而 ASP.NET

Core MVC 是微软在 2007 年开始设计并于 2009 年 3 月发布的 Web 开发框架，其默认采用 Razor 视图引擎，也可以使用其他第三方或自定义视图引擎，通过强类型的数据交互使开发变得更加清晰高效。ASP.NET Core MVC 是开源的，通过 NuGet 可以下载很多开源的插件类库。

11.1.2　模型、视图和控制器

模型、视图和控制器是 MVC 框架的 3 个核心组件，三者关系如图 11.1 所示。

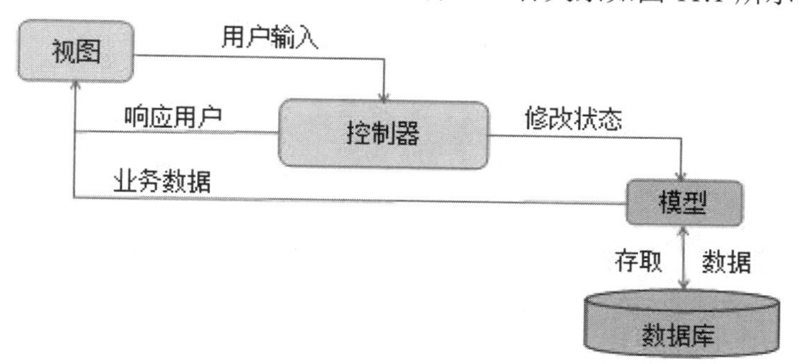

图 11.1　模型、视图和控制器三者之间关系

- ☑ 模型。模型对象是实现应用程序数据域逻辑的部件。通常，模型对象会检索模型状态并储存或读取数据。例如，将 Product 对象模型的信息更改后提交到数据库对应的 Product 表中进行更新。
- ☑ 视图。视图是显示用户界面（UI）的部件。在常规情况下，视图上的内容是由模型中的数据创建的。例如，对于 Product 对象模型，可以将其绑定到视图上。除了展示数据外，还可以实现对数据的编辑操作。
- ☑ 控制器。控制器是处理用户交互、使用模型并最终选择要呈现给用户的视图的部件。控制器接收用户的请求，然后处理用户要查询的信息，最后控制器将一个视图交给用户。

11.1.3　什么是 Routing

在 ASP.NET Core MVC 中，URL 请求是由控制器中的 Action 方法来处理的。这主要是由于使用了 Routing（路由机制），而通过 Routing 路由机制可以准确地定位到 Controller（控制器）和 Action（方法）中，Routing 路由机制的主要作用就是解析 URL 和生成 URL。

在创建 ASP.NET Core MVC 项目时，默认会在主程序文件 Program.cs 中创建基本的路由规则配置方法，该方法会在 ASP.NET 全局应用程序类中被调用：

```
app.MapControllerRoute(
    name: "default",
    pattern: "{controller=Home}/{action=Index}/{id?}");
```

上面这段默认的路由配置规则匹配了以下任意一条 URL 请求。

- ☑ http://localhost
- ☑ http://localhost/Home/Index

☑ http://localhost/Home/Index/3

☑ http://localhost/Home/Index/red

Routing 的执行流程如图 11.2 所示。

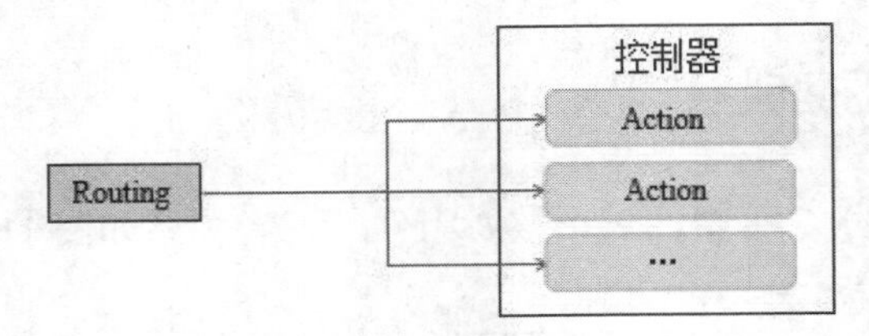

图 11.2 URLRouting 执行流程

11.1.4 MVC 的请求过程

当在浏览器中输入一个有效的请求地址或者通过网页上的某个按钮请求一个地址时，ASP.NET Core MVC 通过配置的路由信息找到最符合请求的地址，如果路由找到了合适的请求，访问先到达控制器和 Action 方法，控制器接收用户请求传递过来的数据（包括 URL 参数、Post 参数和 Cookie 等）并做出相应的判断处理，如果这是一次合法的请求并需要加载持久化数据，那么通过实体模型构造相应的数据。在响应用户阶段可返回多种数据格式，分别如下。

☑ 返回默认视图，视图名与 Action 方法名相同。

☑ 返回指定的视图，但 Action 必须属于该控制器。

☑ 重定向到其他的视图。

例如，当一个用户在浏览器中输入并请求了 http://localhost/Home/Index 地址时，程序会先执行路由匹配，然后转到 Home 控制器再进入 Index()方法中，下面是 Home 控制器的代码片段：

```
public class HomeController : Controller   //Home 控制器类，继承自 Controller
{
    public IActionResult Index()           //Index 方法（Action）
    {
        return View();                     //默认返回 Home 下面的 Index 视图
    }
}
```

11.2 ASP.NET Core MVC 的实现过程

本节将通过具体的步骤讲解如何开发一个 ASP.NET Core MCV 网站。

11.2.1 创建 ASP.NET Core MVC 网站

【例 11.1】ASP.NET Core MVC 网站的开发过程（**实例位置：资源包\Code\11\01**）

创建 ASP.NET Core MVC 网站的步骤如下。

（1）选择“开始”→“所有程序”→Visual Studio 2022 菜单，进入 Visual Studio 2022 开发环境的

开始使用界面，单击“创建新项目”选项，在“创建新项目”对话框的右侧选择“ASP.NET Core Web 应用(模型-视图-控制器)”模板，单击“下一步”按钮，如图 11.3 所示。

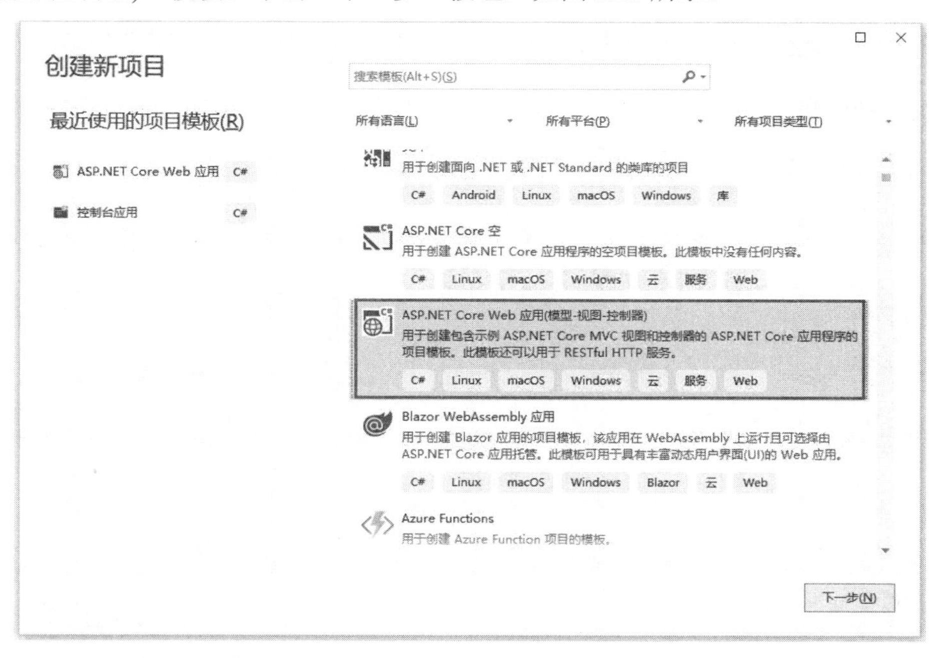

图 11.3　选择“ASP.NET Core Web 应用(模型-视图-控制器)”模板

（2）进入“配置新项目”对话框，在该对话框中输入项目名称，并设置项目的保存路径，然后单击“下一步”按钮，如图 11.4 所示。

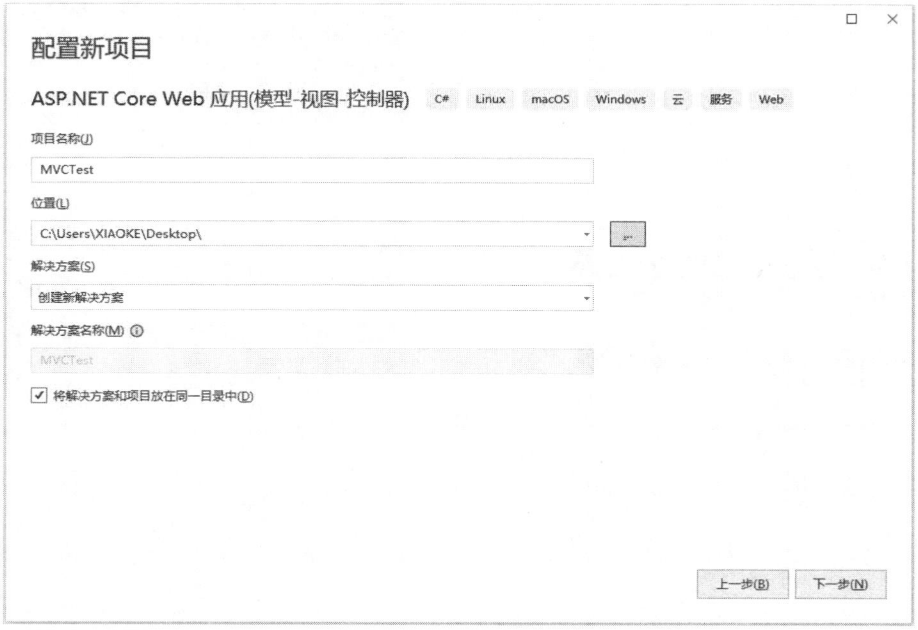

图 11.4　“配置新项目”对话框

（3）进入“其他信息”对话框，如图 11.5 所示，在该对话框中设置要创建的 ASP.NET Core MVC 网站所使用的.NET 版本、身份验证类型、是否配置 HTTPS、是否启用 Docker，以及是否使用顶级语句等，这里一般采用默认设置。设置完成后，单击“创建”按钮，即可创建一个 ASP.NET Core MVC 网站。

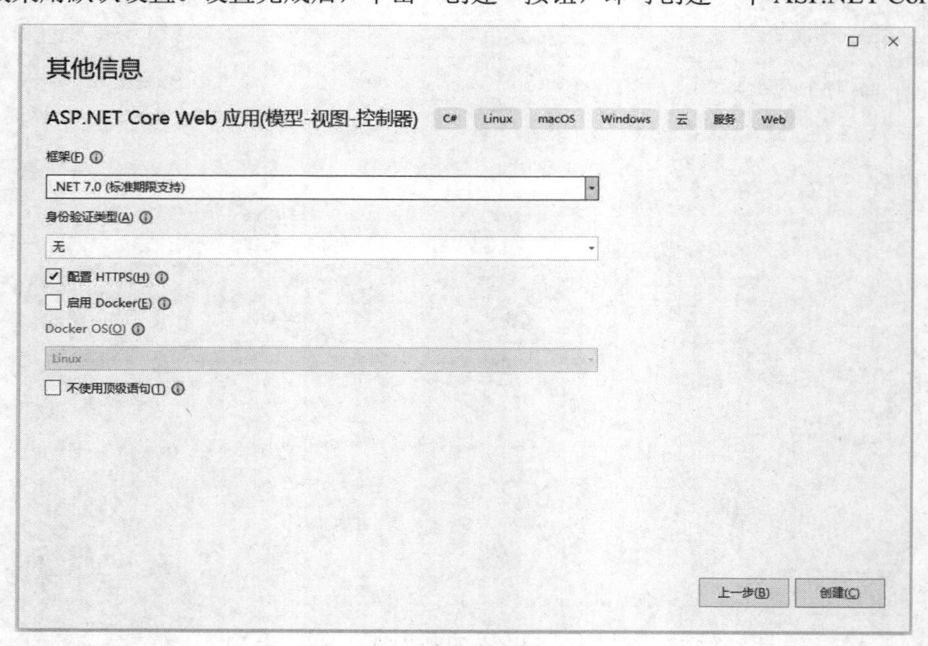

图 11.5 “其他信息”对话框

创建完的 ASP.NET Core MVC 网站项目结构如图 11.6 所示，其展开效果如图 11.7 所示。

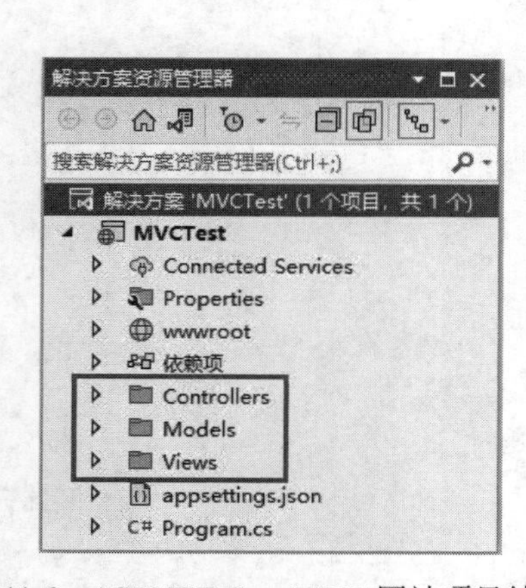

图 11.6 ASP.NET Core MVC 网站项目结构

图 11.7 ASP.NET Core MVC 网站项目结构展开效果

观察图 11.7，与第 8 章中创建的 ASP.NET Core Web 应用的项目结构进行对比，可以看到主要增加了 Controllers、Models 和 Views 这 3 个文件夹，而缺少了 Pages 文件夹，增加的文件夹的作用如下：

☑ Controllers 文件夹中存放控制器类，控制器类的名字一般以 Controller 结尾。
☑ Models 文件夹中存放数据模型类，数据模型类其实就是一些只有属性的 C#类，名字一般以 Model 结尾。
☑ Views 文件夹中存放视图文件，视图文件通常放在 Views 文件夹下的控制器名字文件夹下，而控制器名字就是控制器类名去掉 Controller，比如控制器类名为 HomeController，则其视图文件应该放到 Views/Home 文件夹中。

Views 文件夹与 ASP.NET Core Web 应用中的 Pages 文件夹功能类似，但有一个区别是，Views 文件夹中存放的只是 Razor 视图页面，而在 ASP.NET Core Web 应用的 Pages 文件夹中存放的 Razor 视图页面会有一个对应的.cs 代码文件，用来编写请求处理代码。

ASP.NET Core MVC 网站项目结构和 ASP.NET Core Web 应用项目结构的对比效果如图 11.8 所示。

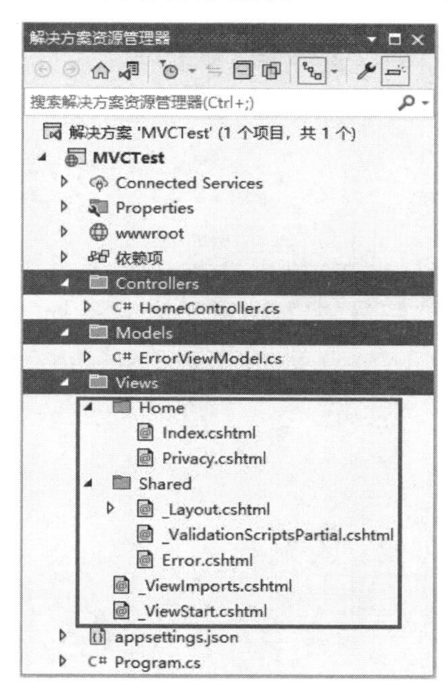

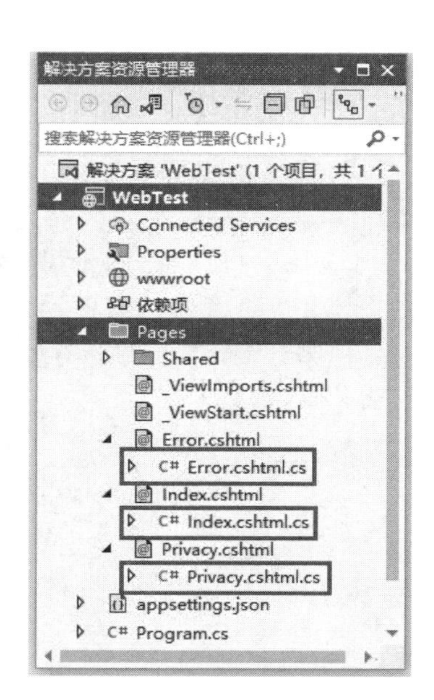

图 11.8　ASP.NET Core MVC 网站项目结构和 ASP.NET Core Web 应用项目结构的对比效果

11.2.2　添加数据模型类

模型装载的是一些数据实体，实际开发中，数据模型类通常采用 EF Core 的 CodeFirst 模式实现，例如，下面创建一个关于图书的数据模型类 BookModel，步骤如下。

（1）在 11.2.1 节创建的 ASP.NET Core MVC 网站项目中，选中 Models 文件夹，单击鼠标右键，在弹出的快捷菜单中选择“添加”→“类”命令，如图 11.9 所示。

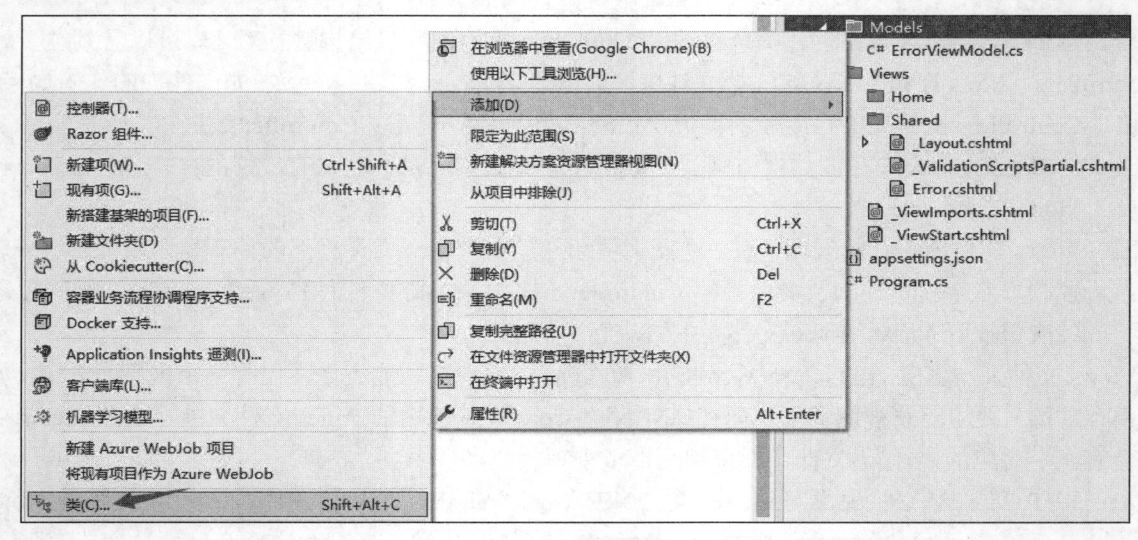

图 11.9 选择“添加”→“类”

（2）弹出“添加新项”对话框，该对话框中默认选中了“类”模板，定义类的名称（这里为BookModel），并单击“添加”按钮，如图 11.10 所示。

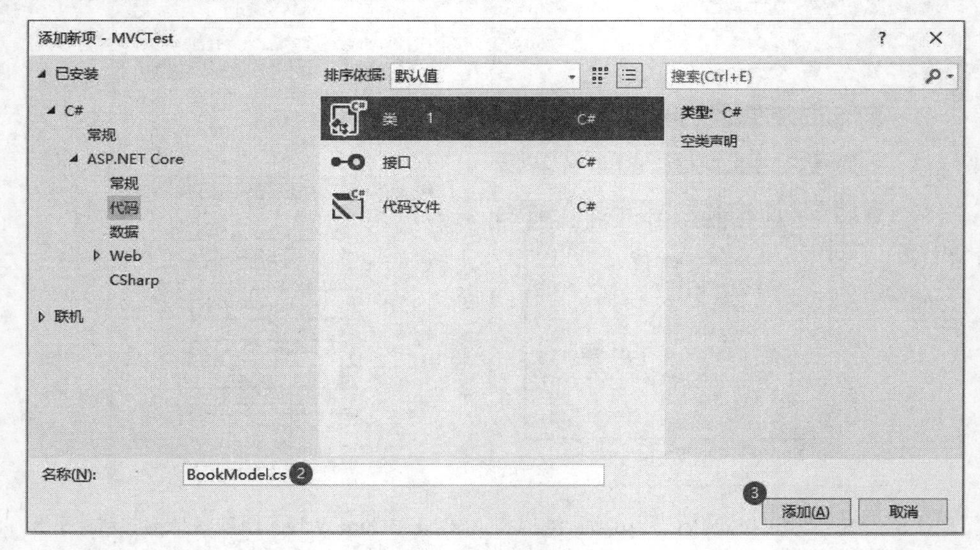

图 11.10 “添加新项”对话框

（3）这样即可创建一个 BookModel 数据模型类，效果如图 11.11 所示。

修改 BookModel 数据模型类的代码，使用数据注解方式为其定义属性，代码如下：

```
using System.ComponentModel.DataAnnotations;

namespace MVCTest.Models
{
    public class BookModel
    {
        [Key]
```

```
        [Display(Name ="图书编号")]
        public long ID { get; set; }

        [MaxLength(50)]
        [Required]
        [Display(Name = "图书名称")]
        public string BookName { get; set; }

        [MaxLength(50)]
        [Required]
        [Display(Name = "作者")]
        public string Author { get; set; }

        [Display(Name = "价格")]
        public decimal Price { get; set; }

        [DataType(DataType.Date)]
        [Required]
        [Display(Name = "出版日期")]
        public DateTime PubDate { get; set; }
    }
}
```

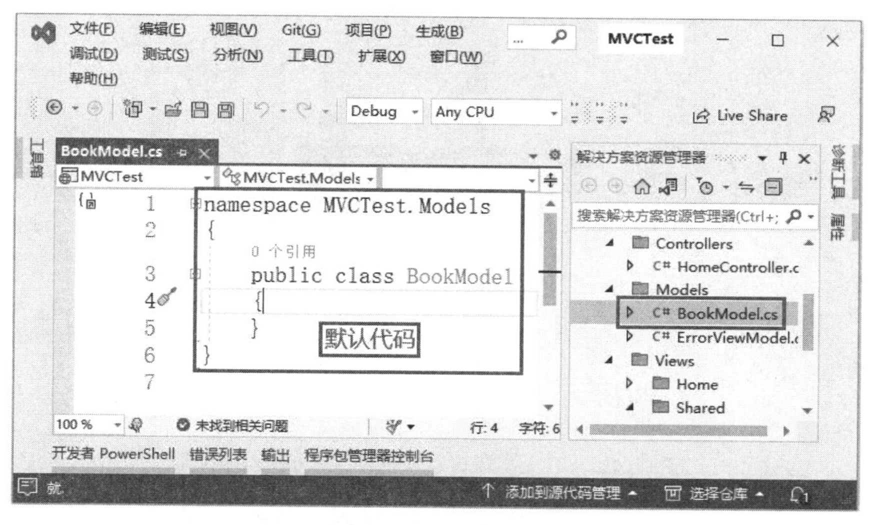

图 11.11 创建的数据模型类及其默认代码

11.2.3 添加控制器及视图

在 ASP.NET Core MVC 网站中，可以根据已经定义的数据模型类添加控制器及视图，其步骤如下。

（1）在 ASP.NET Core MVC 网站项目中选中 Controllers 文件夹，单击鼠标右键，在弹出的快捷菜单中选择“添加”→“控制器”命令，如图 11.12 所示。

（2）弹出“添加已搭建基架的新项”对话框，该对话框中可以选择 3 种控制器，分别是 MVC 空控制器、具有读/写操作的 MVC 控制器、视图使用 Entity Framework 的 MVC 控制器，为了提高开发效率，通常选择“视图使用 Entity Framework 的 MVC 控制器”，这种方式可以根据数据模型类自动生成数据上下文类、控制器类以及视图文件的代码，然后开发人员根据实际需求修改即可。这里选择“视图使用 Entity Framework 的 MVC 控制器”模板，并单击“添加”按钮，如图 11.13 所示。

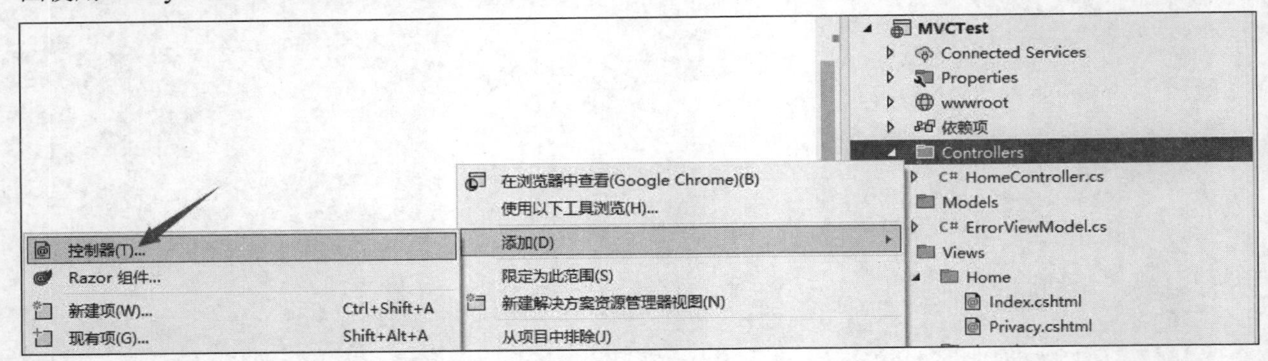

图 11.12 选择“添加”→“控制器”

图 11.13 “添加已搭建基架的新项”对话框

说明

在 ASP.NET Core MVC 网站中也可以添加空的 MVC 控制器，然后根据需求手动编写相应的控制器代码，但根据视图使用 Entity Framework 自动生成 MVC 控制器可以节省开发人员编写一些基础代码的时间，提高开发效率，因此推荐使用“添加 视图使用 Entity Framework 的 MVC 控制器”模板。

（3）弹出“添加 视图使用 Entity Framework 的 MVC 控制器”对话框，在该对话框中，首先选择 11.2.2 节中添加的模型类（这里为 BookModel），然后单击“数据上下文类”下拉列表后的“+”按钮，弹出“添加数据上下文”对话框，该对话框中会自动生成一个数据上下文类的名称，单击“添加”按钮，返回“添加 视图使用 Entity Framework 的 MVC 控制器”对话框，然后保持“生成视图”“引用脚本库”和“使用布局页”复选框的默认选中状态，修改控制器名称（通常是模型类名称去掉 Model，再加上 Controller），单击“添加”按钮，如图 11.14 所示。

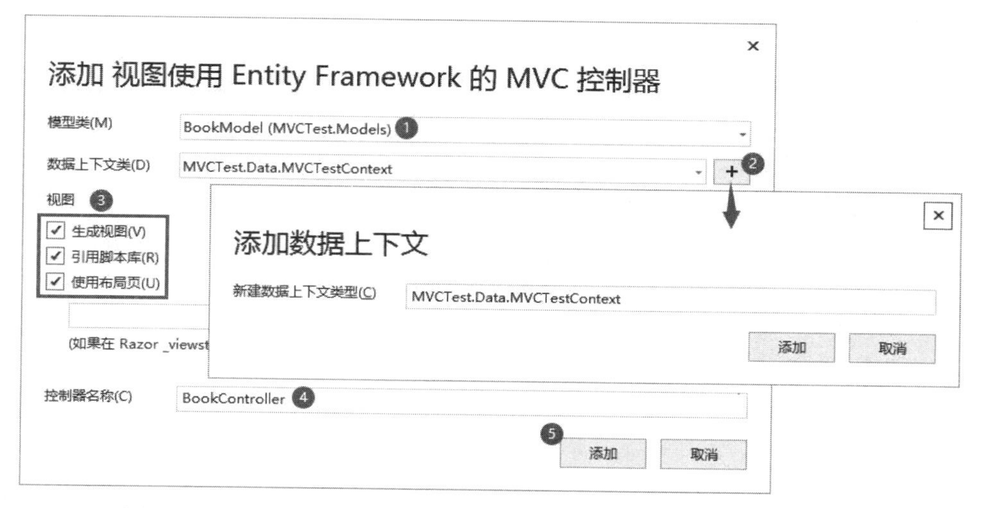

图 11.14　“添加 视图使用 Entity Framework 的 MVC 控制器”对话框

说明

在图 11.14 中选中“生成视图”复选框，Visual Studio 可以根据要操作的模型类和控制器类自动生成相应的视图文件，这样可以大大节省开发人员从零开始设计视图的时间，而只需要根据自己的需求对自动生成的视图文件进行修改即可。

添加完控制器及视图的 ASP.NET Core MVC 网站结构如图 11.15 所示。

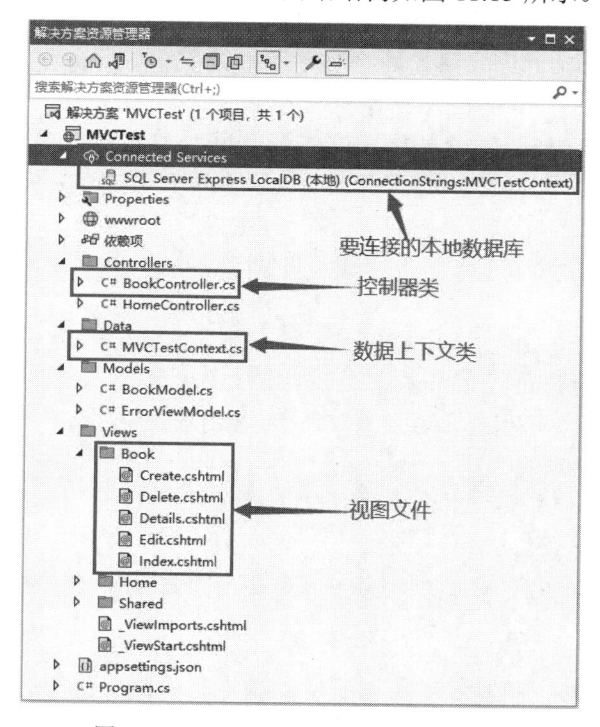

图 11.15　ASP.NET Core MVC 网站结构

BookController 控制器类中自动生成了对图书信息进行获取、添加、修改和删除的相应 Action 方法，具体代码如下：

```
using Microsoft.AspNetCore.Mvc;
using Microsoft.EntityFrameworkCore;
using MVCTest.Data;
using MVCTest.Models;

namespace MVCTest.Controllers
{
    public class BookController : Controller
    {
        private readonly MVCTestContext _context;

        public BookController(MVCTestContext context)
        {
            _context = context;
        }

        // GET: Book   获取所有图书信息
        public async Task<IActionResult> Index()
        {
              return _context.BookModel != null ?
                          View(await _context.BookModel.ToListAsync()) :
                          Problem("Entity set 'MVCTestContext.BookModel'   is null.");
        }

        // GET: Book/Details/5   根据指定编号获取图书信息
        public async Task<IActionResult> Details(long? id)
        {
            if (id == null || _context.BookModel == null)
            {
                return NotFound();
            }
            var bookModel = await _context.BookModel
                .FirstOrDefaultAsync(m => m.ID == id);
            if (bookModel == null)
            {
                return NotFound();
            }
            return View(bookModel);
        }

        // GET: Book/Create   显示 Create 视图页面
        public IActionResult Create()
        {
            return View();
        }

        // POST: Book/Create   当输入图书数据并提交时，Create 视图页面要执行的操作
        [HttpPost]
        [ValidateAntiForgeryToken]
        public async Task<IActionResult> Create([Bind("ID,BookName,Author,Price,PubDate")] BookModel bookModel)
        {
            if (ModelState.IsValid)
            {
                _context.Add(bookModel);
                await _context.SaveChangesAsync();
                return RedirectToAction(nameof(Index));
```

```
        }
        return View(bookModel);
    }

    // GET: Book/Edit/5 显示 Edit 视图，并根据指定编号获取图书信息
    public async Task<IActionResult> Edit(long? id)
    {
        if (id == null || _context.BookModel == null)
        {
            return NotFound();
        }
        var bookModel = await _context.BookModel.FindAsync(id);
        if (bookModel == null)
        {
            return NotFound();
        }
        return View(bookModel);
    }

    // POST: Book/Edit/5  当在 Edit 视图中编辑完图书信息并单击提交按钮时要执行的操作
    [HttpPost]
    [ValidateAntiForgeryToken]
    public async Task<IActionResult> Edit(long id, [Bind("ID,BookName,Author,Price,PubDate")] BookModel
bookModel)
    {
        if (id != bookModel.ID)
        {
            return NotFound();
        }
        if (ModelState.IsValid)
        {
            try
            {
                _context.Update(bookModel);
                await _context.SaveChangesAsync();
            }
            catch (DbUpdateConcurrencyException)
            {
                if (!BookModelExists(bookModel.ID))
                {
                    return NotFound();
                }
                else
                {
                    throw;
                }
            }
            return RedirectToAction(nameof(Index));
        }
        return View(bookModel);
    }

    // GET: Book/Delete/5  显示 Delete 视图，并根据指定编号获取图书信息
    public async Task<IActionResult> Delete(long? id)
    {
        if (id == null || _context.BookModel == null)
        {
            return NotFound();
        }
```

```
            var bookModel = await _context.BookModel
                .FirstOrDefaultAsync(m => m.ID == id);
            if (bookModel == null)
            {
                return NotFound();
            }
            return View(bookModel);
        }

        // POST: Book/Delete/5 当在 Delete 视图中单击删除按钮时要执行的操作
        [HttpPost, ActionName("Delete")]
        [ValidateAntiForgeryToken]
        public async Task<IActionResult> DeleteConfirmed(long id)
        {
            if (_context.BookModel == null)
            {
                return Problem("Entity set 'MVCTestContext.BookModel'  is null.");
            }
            var bookModel = await _context.BookModel.FindAsync(id);
            if (bookModel != null)
            {
                _context.BookModel.Remove(bookModel);
            }

            await _context.SaveChangesAsync();
            return RedirectToAction(nameof(Index));
        }

        //判断指定的图书编号是否存在
        private bool BookModelExists(long id)
        {
          return (_context.BookModel?.Any(e => e.ID == id)).GetValueOrDefault();
        }
    }
}
```

说明

Index.cshtml、Create.cshtml、Edit.cshtml、Delete.cshtml 和 Details.cshtml 视图文件的代码与 10.4.1 节中自动生成的相应文件的代码类似，这里不再列出。

11.2.4 数据库配置及迁移

根据模型类添加控制器类及数据上下文类时，Visual Studio 会自动在项目的 appsettings.json 配置文件中生成数据库连接字符串，其中，会自动将 Server 服务器指定为本地数据库，并随机生成一个数据库名，代码如下：

```
"ConnectionStrings": {
  "MVCTestContext":
"Server=(localdb)\\mssqllocaldb;Database=MVCTestContext-37bced92-68b9-44a7-b5b5-f42e62f1e614;Trusted_Connection
=True;MultipleActiveResultSets=true"
}
```

修改上面自动生成的数据库连接字符串，使其能够连接指定 SQL Server 服务器上的指定数据库，修改后的代码如下：

```
"ConnectionStrings": {
  "MVCTestContext":
    " Server= .;Database=db_Book;Encrypt=True;Trusted_Connection=True;TrustServerCertificate=True;"
}
```

打开 Visual Studio 的“程序包管理器控制台”，依次执行以下命令，完成数据库的迁移：

```
Add-Migration Create
Update-database
```

迁移后的数据库及数据表结构如图 11.16 所示。

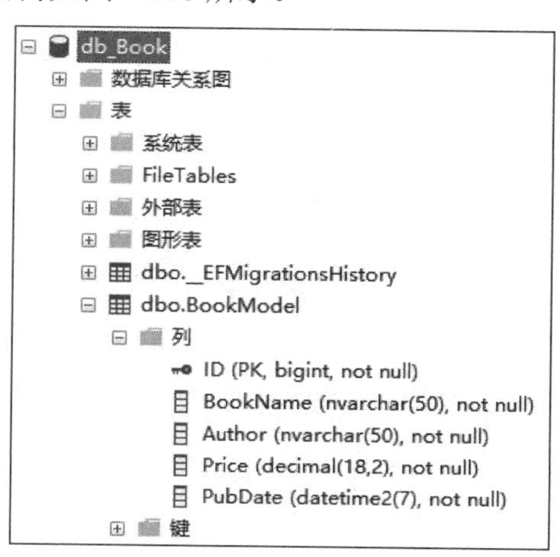

图 11.16　数据库表结构

11.2.5　自定义 MVC 路由配置规则

在实际开发中，默认的路由规则可能无法满足项目需求，在这种情况下，开发者可以创建自定义的路由规则。

比如有这样一个 URL 请求，用户想要查询某一天的数据报表：

```
http://localhost/ReportForms/Data/2023-8-10
```

对于上面这个 URL 请求，如果使用默认的配置规则，理论上是可以支持的，但是实际上无论从参数名称（id）还是参数类型上都是不友好的匹配方式。从长远来讲可能会导致功能上的瓶颈。正确的做法应该是自己定义一个路由匹配规则，如下面的定义：

```
app.MapControllerRoute(
    name: "ReportForms",                                    //路由名称
    pattern: "{controller}/{action}/{SearchDate}",          //路由配置规则
    //路由配置规则的默认值
    defaults: new { controller = "ReportForms", action = "Data" }
);
```

这段路由规则定义了参数 SearchDate。在后台控制器的 Action 方法参数中同样也需要定义同名的 SearchDate 参数。例如，Action 方法可以定义如下：

```
public ActionResult Data(DateTime SearchDate)              //定义 Data()方法并接收 SearchDate 参数
{
```

```
        ViewBag.dt = SearchDate;                                    //定义动态变量
        return View();                                              //返回视图
}
```

这里需要注意，添加到路由表中的路由的顺序非常重要，上面自定义的路由应放在默认路由的上面，这是因为默认的路由规则也能够匹配所请求的 URL 路径，但默认的路由定义的参数为 id。所以，当路由映射到 ReportForms 控制器中的 Data()动作时并没有传入 SearchDate 参数，这就可能导致程序会抛出 SearchDate 参数为 null 的异常。

11.2.6 运行 ASP.NET Core MVC 网站

在 Visual Studio 中运行程序，在运行后的浏览器地址后加上“/Book”，按 Enter 键，效果如图 11.17 所示。

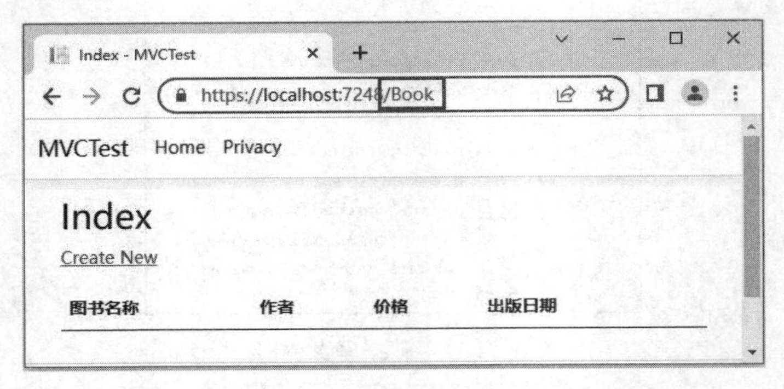

图 11.17 Book 主页默认效果

单击图 11.17 中的 Create New 链接，打开“/Book/Create”视图，该页面为图书信息添加页面，如图 11.18 所示。

图 11.18 图书信息添加页面

在图 11.18 中输入要添加的图书信息后，单击 Create 按钮，执行添加操作，并返回主页，效果如图 11.19 所示。

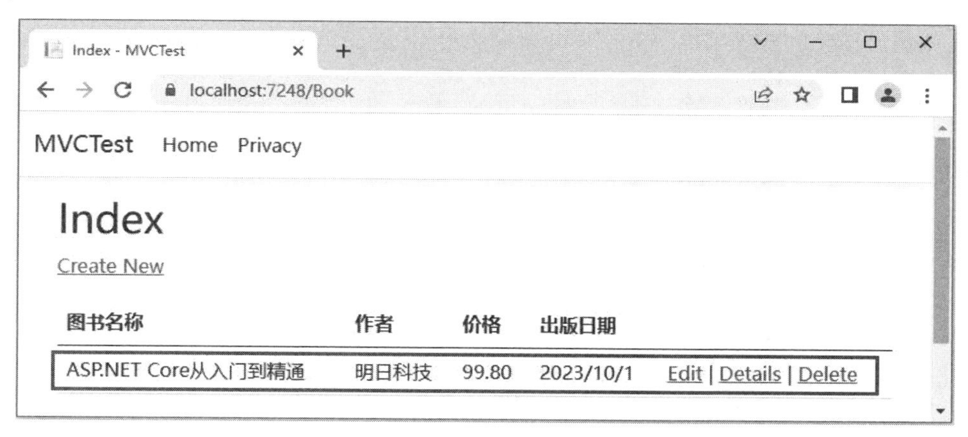

图 11.19　添加数据后的 Book 主页

单击图 11.19 下面的 Edit 链接，打开“Book/Edit/图书 ID”视图，该页面为图书信息编辑页面，如图 11.20 所示，该页面中可以对指定编号的图书信息进行修改，并通过单击 Save 按钮保存所做的修改。单击图 11.19 下面的 Details 链接，打开“Book/Details/图书 ID”视图，该页面为图书信息查看页面，如图 11.21 所示，该页面中可以通过单击 Edit 链接直接对相应的图书信息进行修改，也可以通过单击 Back to List 链接，返回 Book 主页。

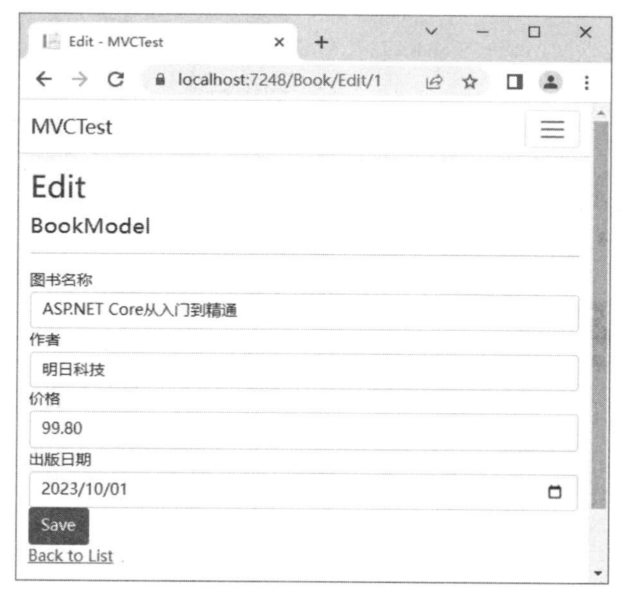

图 11.20　图书信息编辑页面

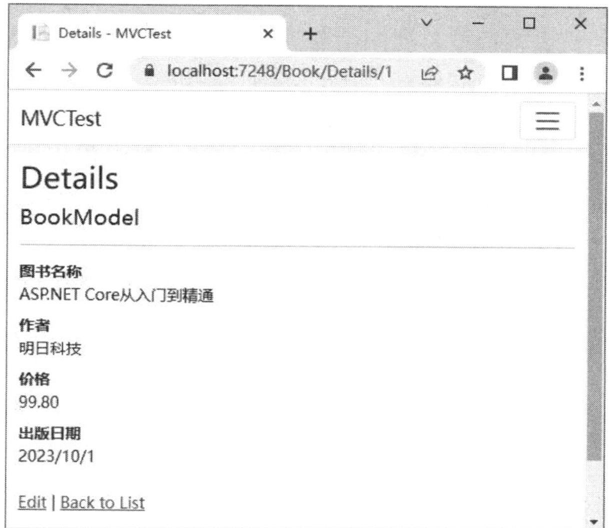

图 11.21　图书信息查看页面

单击图 11.19 下面的 Delete 链接，打开“Book/Delete/图书 ID”视图，该页面为图书信息删除页面，如图 11.22 所示，该页面中可以通过单击 Delete 按钮删除指定编号的图书信息。

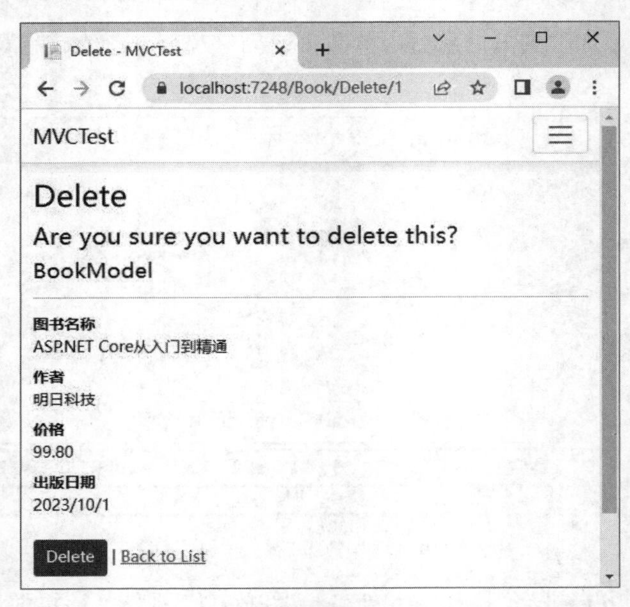

图 11.22　图书信息删除页面

11.3　要点回顾

本章主要对 ASP.NET Core MVC 网站的实现过程进行了详细讲解，具体讲解时，首先对 MVC 及其代表的模型、视图、控制器进行了介绍，然后讲解了 ASP.NET Core MVC 中的路由机制以及网页请求过程，最后通过具体的案例分步讲解了 ASP.NET Core MVC 网站的实现过程。学习本章时，重点需要掌握 ASP.NET Core MVC 网站的实现过程；另外，由于当前的开发模式越来越趋向于前后端分离模式，而 ASP.NET Core MVC 其实并没有真正地实现前后端分离，因此，如果是作为团队开发人员，熟悉本章所讲知识即可，但对于倾向于全栈开发的开发人员，本章知识应该熟练掌握。

第 12 章

ASP.NET Core WebAPI

在第 11 章中讲解 ASP.NET Core MVC 网站时，我们提到前后端分离模式开发，而 ASP.NET Core MVC 其实并没有真正实现前后端分离，在 ASP.NET Core 中，真正实现前后端分离开发的是 WebAPI，本章就将对 ASP.NET Core WebAPI 的使用进行详细讲解。

本章知识架构及重点、难点如下。

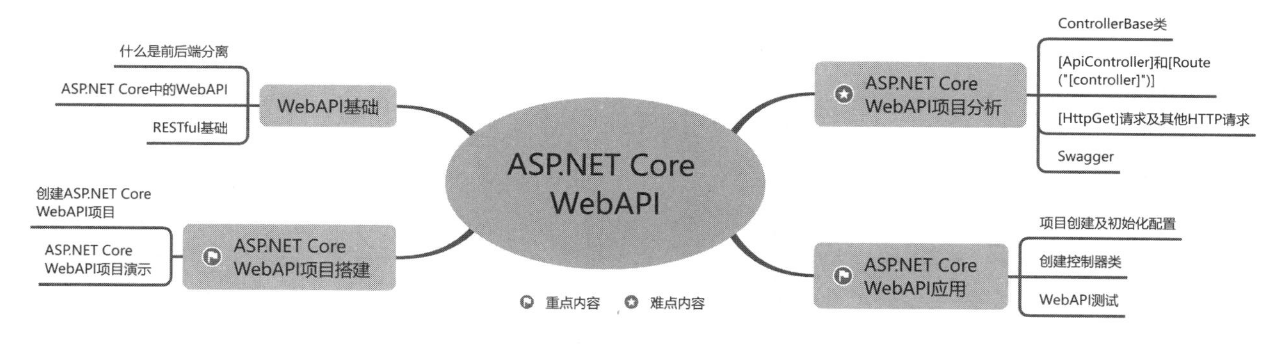

12.1 WebAPI 基础

12.1.1 什么是前后端分离

前后端分离是现在流行的一种开发模式，即前端负责渲染 HTML 页面，后端负责返回前端所需的数据，而不再控制前端的效果，用户看到什么样的效果，从后端请求的数据如何加载到前端中，都由前端自己决定。在前后端分离开发模式下，前端与后端的耦合度相对较低，在这种模式中，通常将后端开发的每个视图都称为一个接口，或者 API，前端通过访问接口来对后端数据进行增、删、改、查等操作。前后端分离开发模式下的数据交互方式如图 12.1 所示。

使用前后端分离开发模式有以下好处：

☑ 提高工作效率，分工更加明确。前后端分离的工作流程使得前端开发人员专心前端，后端开发人员关心后端，两者可以同时进行开发，可以提高开发效率，页面的增加和路由的修改也不必再去麻烦后端，开发更加灵活。

☑ 降低服务器负载，提升系统性能。通过前端路由的配置，可以实现页面的按需加载，无须一开始便加载网站的所有资源，服务器也不再需要解析前端页面，在页面交互及用户体验上有所提升。

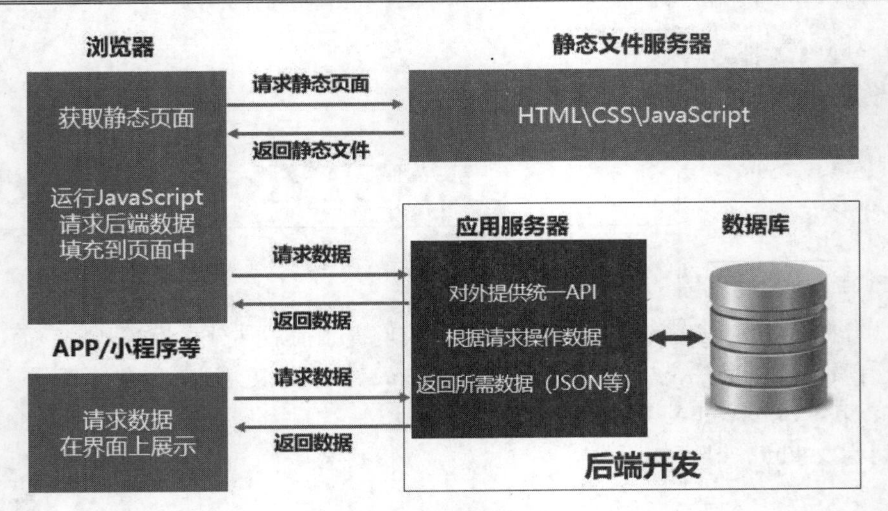

图 12.1　前后端分离开发模式下的数据交互方式

☑ 增强代码的可维护性。前后端分离开发模式下，项目的代码不再是前后端混合，降低了前后端耦合度，只有在运行期才会调用依赖关系，并且分层明确，应用代码变得整洁清晰。

虽然使用前后端分离开发模式有很多优点，但是当后端接口发生改变时，会比较麻烦，而且，使用前后端分离开发模式，需要前后端开发人员统一对项目进行合作开发（开发+测试+联调），这也可能会影响项目的整体效率，并增加运维成本。

因此，如果团队人员齐全、分工明确、研发技能储备足够，并且项目比较大，建议使用前后端分离开发模式；而如果团队人员比较少，而且项目又比较小，则不用必须采用前后端分离开发模式。

12.1.2　ASP.NET Core 中的 WebAPI

WebAPI 是一种用于创建 Web 应用程序的 API（应用程序接口），它使用 HTTP 协议来发送请求和接收响应，通常用于为 Web 应用提供数据和功能。比如，在开发 Web 应用时经常需要调用第三方数据接口（例如天气预报、地图定位等），这里的所谓第三方数据接口就可以用 ASP.NET Core WebAPI 进行开发。

相对于第 11 章所讲的 ASP.NET Core MVC 来说，ASP.NET Core WebAPI 基于 REST 风格，搭建在 HTTP 协议之上，本质上是一种 HTTP 服务，它支持使用控制器，不需要编写前端页面，前后端完全分离，它只关注返回数据；而 ASP.NET Core MVC 大部分需要返回前端页面，是一套完整的 Web 框架。因此，在开发项目时，如果需要前后端分离开发，或者需要与手机 APP、微信小程序以及其他应用程序进行交互，则应该使用 ASP.NET Core WebAPI。

12.1.3　RESTful 基础

REST 全称是 representational state transfer（表征性状态转移），它是 2000 年由罗伊·菲尔丁提出的一种 Web 服务设计原则，它是基于 HTTP 的，可以使用 XML 格式或 JSON 格式定义。如果一个系统的设计符合 REST 原则，则可以称这个系统是 RESTful 风格的。

RESTful 具有高度的可扩展性和可维护性，适用于前后端分离开发，因此 WebAPI 非常适合于按照 RESTful 服务的统一标准来进行开发。RESTful 服务的开发规范如下：

☑ URL 链接一般采用 HTTPS 协议进行传输。

☑ 接口中带 API 关键字。

☑ 接口名称尽量使用名词。

☑ 通过请求方式决定对资源进行什么操作（获取数据：GET 请求；新增数据：POST 请求；删除数据：DELETE 请求；修改数据：PUT、PATCH 请求）。

☑ URL 地址中带过滤参数（指定?后面携带的数据）。

☑ 响应体中返回错误信息。

☑ 根据响应状态码确定请求是否成功（1xx：表示请求正在处理，一般看不到；2xx：表示请求处理成功，如 200、201 等；3xx：重定向，如 302、301 等；4xx：客户端错误，如 403、404 等；5xx：服务端错误）。

☑ 响应中带链接。

☑ 针对不同操作，服务器向用户返回的结果应该符合下列规范：

- GET/collection：返回资源对象的列表，是一个数组（[{},{}]）；
- GET/collection/resource：返回新生成的资源对象（{}）；
- POST/collection：返回新生成的资源对象（{}）；
- PUT/collection/resource：返回完整的资源对象（{}）；
- PATCH/collection/resource：返回完整的资源对象（{}）；
- DELETE/collection/resource：返回一个空文档。

例如，表 12.1 是一个通用的表示用户信息的 RESTful API 标准。

表 12.1　表示用户信息的 RESTful API

路　　径	说　　明	路　　径	说　　明
GET/user	查询所有的用户信息	PUT/user/273	修改 id 为 273 的用户信息
GET/user/273	查询 id 为 273 的用户信息	DELETE/user/273	删除 id 为 273 的用户信息
POST/user	添加用户信息		

12.2　ASP.NET Core WebAPI 项目搭建

12.2.1　创建 ASP.NET Core WebAPI 项目

【例 12.1】第一个 ASP.NET Core WebAPI 项目（**实例位置：资源包\Code\12\01**）

创建 ASP.NET Core WebAPI 项目的步骤如下。

（1）选择“开始”→“所有程序”→Visual Studio 2022 菜单，进入 Visual Studio 2022 开发环境的开始使用界面，单击“创建新项目”选项，在“创建新项目”对话框的右侧选择“ASP.NET Core Web API”

模板，单击“下一步”按钮，如图 12.2 所示。

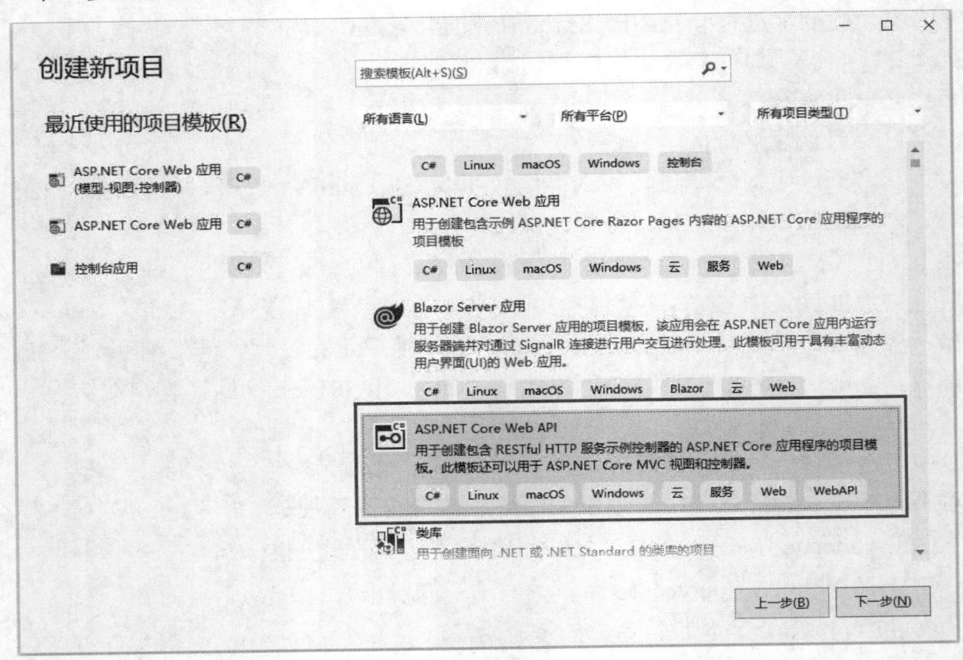

图 12.2　选择“ASP.NET Core Web API”模板

（2）进入“配置新项目”对话框，在该对话框中输入项目名称，并设置项目的保存路径，然后单击“下一步”按钮，如图 12.3 所示。

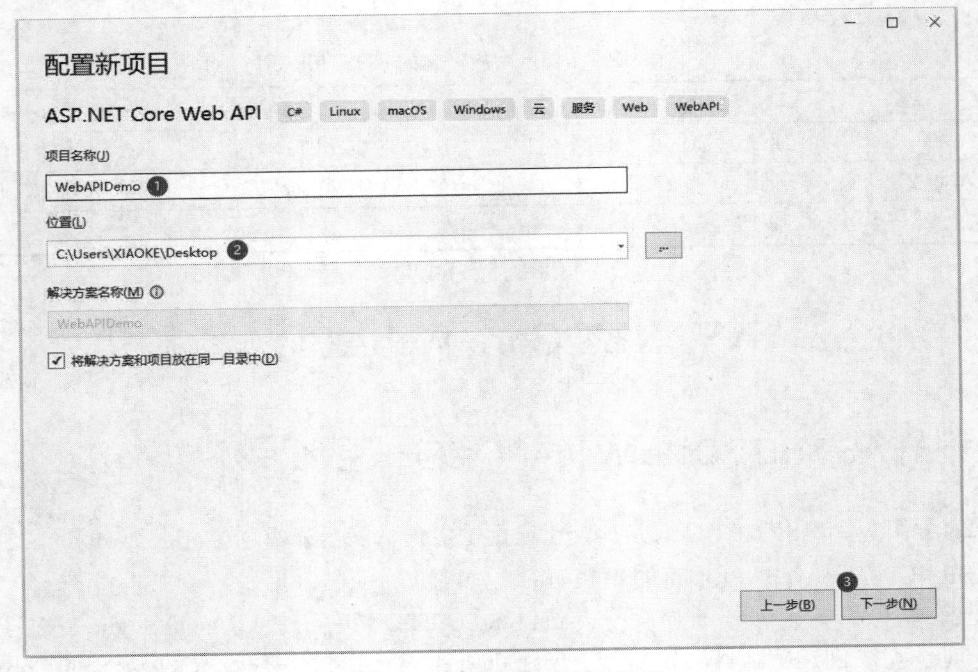

图 12.3　“配置新项目”对话框

（3）进入“其他信息”对话框，如图 12.4 所示，在该对话框中设置要创建的 ASP.NET Core WebAPI 项目所使用的.NET 版本、是否配置 HTTPS、是否启用 Docker、是否使用控制器、是否启用 OpenAPI 支持，以及是否使用顶级语句等，这里一般采用默认设置。设置完成后，单击“创建”按钮，即可创建一个 ASP.NET Core WebAPI 项目。

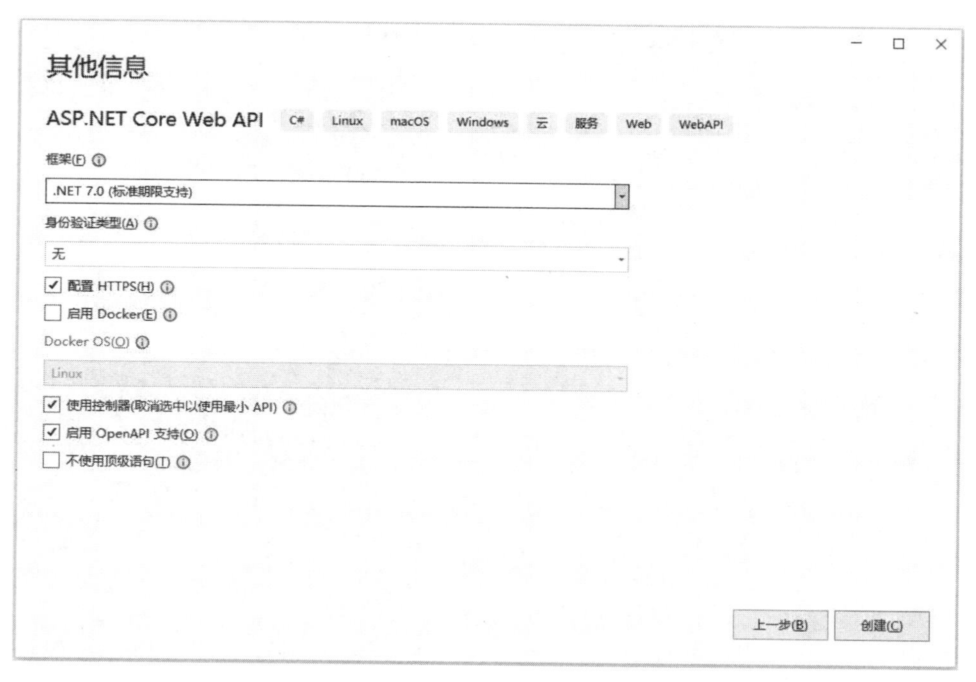

图 12.4　“其他信息”对话框

创建完的 ASP.NET Core WebAPI 项目结构如图 12.5 所示。

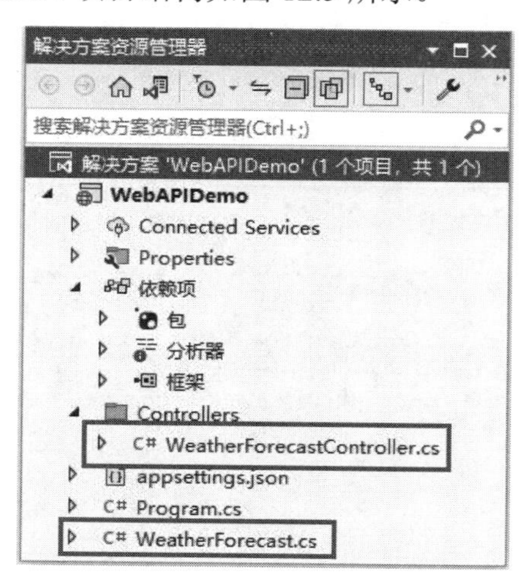

图 12.5　ASP.NET Core WebAPI 项目结构

从图 12.5 可以看出，WebAPI 项目相对于 MVC 网站项目，缺少了 Views 文件夹，这是因为 WebAPI 只专注于提供数据，而不用关心数据的显示，因此，不用视图页面。

由于在图 12.4 中创建 WebAPI 项目时，默认选中了“使用控制器”复选框，因此，在创建的 WebAPI 项目结构中默认创建了一个 WeatherForecast 实体类及对应的控制器类 WeatherForecastController，这是一个关于天气预报的 API 示例。其中 WeatherForecast.cs 文件代码如下：

```
namespace WebAPIDemo
{
    public class WeatherForecast
    {
        public DateOnly Date { get; set; }                                    //日期

        public int TemperatureC { get; set; }                                 //摄氏温度

        public int TemperatureF => 32 + (int)(TemperatureC / 0.5556);         //华氏温度

        public string? Summary { get; set; }                                  //天气情况
    }
}
```

WeatherForecastController.cs 文件代码如下：

```
using Microsoft.AspNetCore.Mvc;

namespace WebAPIDemo.Controllers
{
    [ApiController]
    [Route("[controller]")]
    public class WeatherForecastController : ControllerBase
    {
        private static readonly string[] Summaries = new[]
        {
        "Freezing", "Bracing", "Chilly", "Cool", "Mild", "Warm", "Balmy", "Hot", "Sweltering", "Scorching"
    };

        private readonly ILogger<WeatherForecastController> _logger;

        public WeatherForecastController(ILogger<WeatherForecastController> logger)
        {
            _logger = logger;
        }

        [HttpGet(Name = "GetWeatherForecast")]
        public IEnumerable<WeatherForecast> Get()
        {
            return Enumerable.Range(1, 5).Select(index => new WeatherForecast
            {
                Date = DateOnly.FromDateTime(DateTime.Now.AddDays(index)),
                TemperatureC = Random.Shared.Next(-20, 55),
                Summary = Summaries[Random.Shared.Next(Summaries.Length)]
            })
            .ToArray();
        }
    }
}
```

另外，在创建 WebAPI 项目时，会默认启用 Swagger（Swagger 的详细介绍见 12.3.4 节），具体在 Program.cs 主程序文件中体现，首先使用 AddSwaggerGen()方法添加 Swagger 服务，然后使用 UseSwaggerXX()方法添加 Swagger 中间件，代码如下：

```
var builder = WebApplication.CreateBuilder(args);

// Add services to the container.

builder.Services.AddControllers();
// Learn more about configuring Swagger/OpenAPI at https://aka.ms/aspnetcore/swashbuckle
builder.Services.AddEndpointsApiExplorer();
builder.Services.AddSwaggerGen();

var app = builder.Build();

// Configure the HTTP request pipeline.
if (app.Environment.IsDevelopment())
{
    app.UseSwagger();
    app.UseSwaggerUI();
}

app.UseHttpsRedirection();

app.UseAuthorization();

app.MapControllers();

app.Run();
```

说明

默认情况下，上面代码中关于 Swagger 的代码会造成“CS1061:WebApplication 未包含 UseSwagger 的定义……”的错误提示，如图 12.6 所示。

```
if (app.Environment.IsDevelopment())
{
    app.UseSwagger();
    app.UseSwa  CS1061: "WebApplication"未包含"UseSwagger"的定义，并且找不到可接受第一个"WebApplication"类型参数的可访问扩展方法"UseSwagger"(是否缺少 using 指令或程序集引用?)
}
```

图 12.6　“CS1061:WebApplication 未包含 UseSwagger 的定义……”的错误提示

出现上面错误提示是由于缺少相应的 NuGet 包造成的，需要使用 Install-Package 命令安装 Swashbuckle.AspNetCore 包。

12.2.2　ASP.NET Core WebAPI 项目演示

在 Visual Studio 中运行创建的 WebAPI 项目，由于我们在图 12.4 中默认选中了“启用 OpenAPI 支持”复选框，因此会在 Swagger UI 窗口中显示 API，效果如图 12.7 所示。

单击图 12.7 中 GET 请求后面的下拉图标，可以展开并查看该接口的信息，如图 12.8 所示，其中显示该接口的参数（如果有），以及响应成功后返回的数据格式。

单击图 12.7 中 Schemas 后面的下拉图标，可以查看该接口返回的数据结构，如图 12.9 所示。

另外，我们还可以在 Swagger UI 窗口中对 WebAPI 进行测试，单击指定接口后面的 Try it out 按钮，如图 12.10 所示。

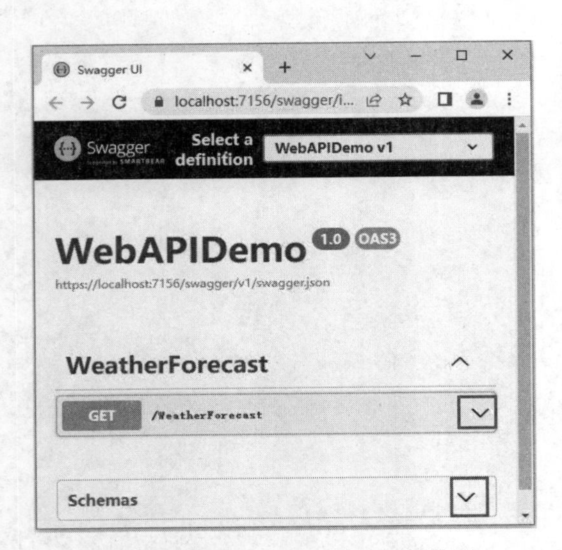

图 12.7　WebAPI 项目默认运行效果

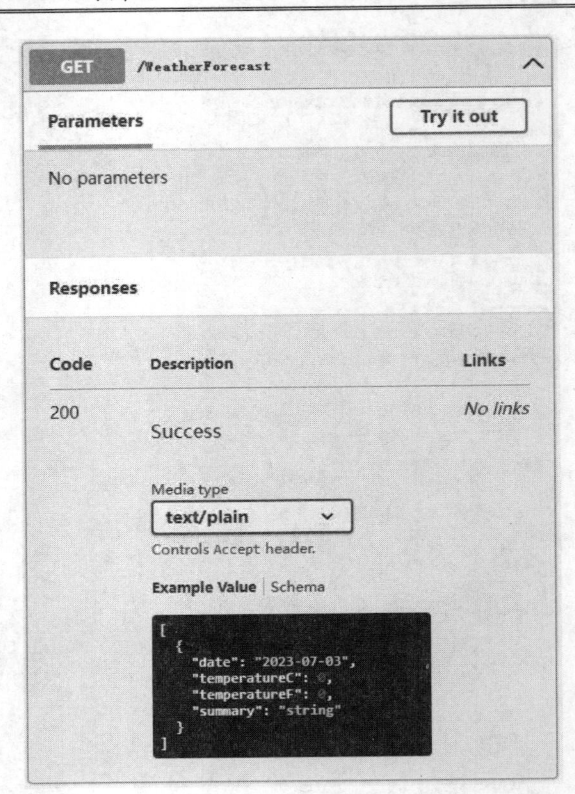

图 12.8　查看接口信息

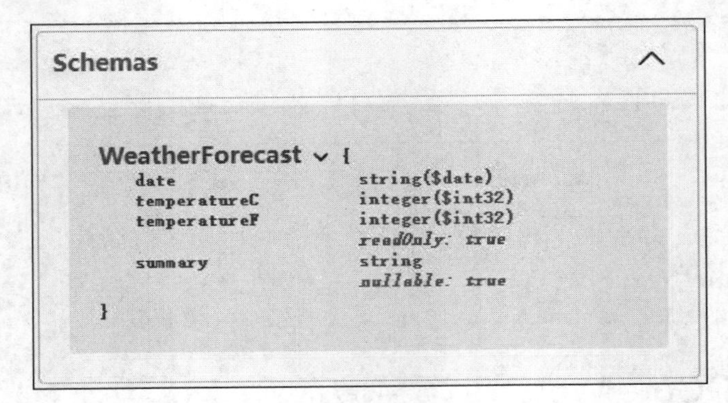

图 12.9　WebAPI 返回的数据结构

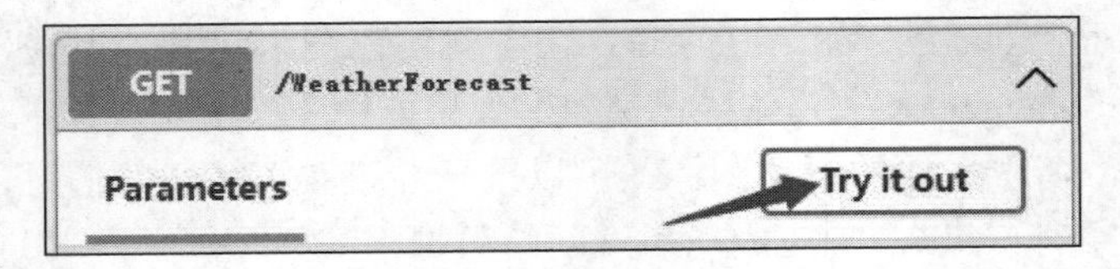

图 12.10　单击 Try it out 按钮

这时将显示 Execute 按钮，并且 Try it out 按钮处会变成红色的 Cancel 按钮，如图 12.11 所示。单击图 12.11 中的 Execute 按钮，即可通过 Curl 模拟 HTTP 请求，访问相应的 WebAPI，并根据请

求返回相应的状态码、响应体和响应头信息，如图 12.12 所示。

图 12.11　单击 Try it out 按钮后的效果

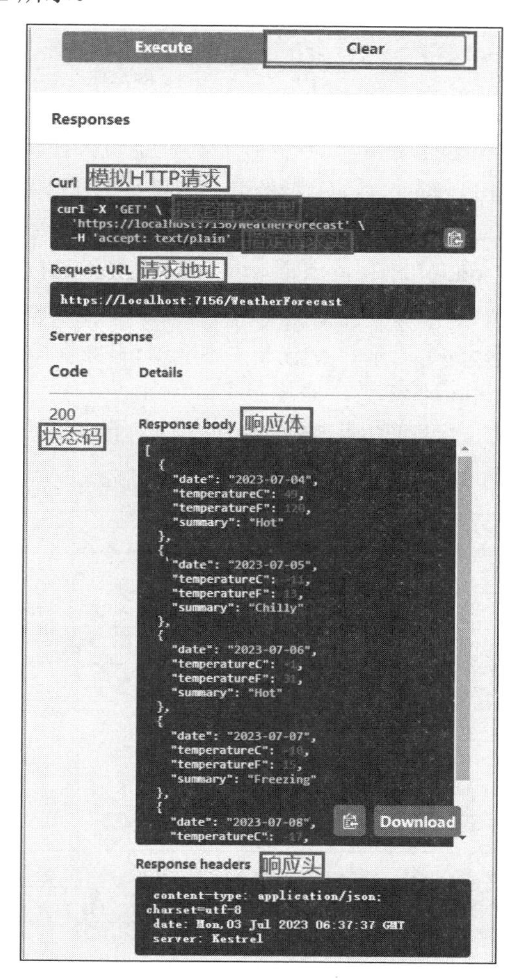

图 12.12　测试 WebAPI

12.3　ASP.NET Core WebAPI 项目分析

12.2.1 节中创建了一个 WebAPI 项目，其中默认包含了一个关于天气预报的 WebAPI，该示例接口是通过 WeatherForecast 实体类及对应的控制器类 WeatherForecastController 实现的；另外，在 Program.cs 主程序文件中还默认启用了 Swagger 服务。本节就以默认创建的 ASP.NET Core WebAPI 项目为例，对 WebAPI 项目的结构进行分析。

12.3.1　ControllerBase 类

12.2.1 节中创建 WebAPI 项目时，默认创建了一个关于天气预报的 API，其控制器类代码如下：

```
public class WeatherForecastController : ControllerBase
{
    //省略部分代码
}
```

上面代码中的 WeatherForecastController 控制器类继承自 ControllerBase 类，这是它与 ASP.NET Core MVC 中的控制器不同的地方，在 ASP.NET Core MVC 中，控制器类继承自 Controller 类，那么这里的 ControllerBase 类与 Controller 类有什么区别呢？为什么 WebAPI 中的控制器需要继承自 ControlldderBase 类呢？下面将对 ControllerBase 类进行讲解。

ControllerBase 类表示无视图支持的 MVC 控制器的基类，其位于 Microsoft.AspNetCore.Mvc 命名空间中，MVC 项目中控制器类继承的 Controller 类是其子类，由于 Controller 类中包含了对视图的支持，而 WebAPI 则专注于提供数据，不用展示数据，因此，创建 WebAPI 项目时，其控制器类通常继承自 ControllerBase 类，而不是 Controller 类。

ControllerBase 类提供了很多用于处理 HTTP 请求的属性和方法，其常用属性及说明如表 12.2 所示。

表 12.2　ControllerBase 类的属性及说明

属　　性	说　　明
ControllerContext	获取或设置 ControllerContext
Empty	获取 EmptyResult 的实例
HttpContext	获取执行操作的 HttpContext
MetadataProvider	获取或设置 IModelMetadataProvider
ModelBinderFactory	获取或设置 IModelBinderFactory
ModelState	获取包含模型状态和模型绑定验证状态的 ModelStateDictionary
ObjectValidator	获取或设置 IObjectModelValidator
ProblemDetailsFactory	获取或设置 ProblemDetailsFactory
Request	获取执行操作的 HttpRequest
Response	获取执行操作的 HttpResponse
RouteData	获取执行操作的 RouteData
Url	获取或设置 IUrlHelper
User	获取与执行操作关联的用户的 ClaimsPrincipal

ControllerBase 类的常用方法及说明如表 12.3 所示。

表 12.3　ControllerBase 类的方法及说明

方　　法	说　　明
Accepted()	创建一个生成 Status202Accepted 响应的 AcceptedResult 对象
AcceptedAtAction()	创建一个生成 Status202Accepted 响应的 AcceptedAtActionResult 对象
AcceptedAtRoute()	创建一个生成 Status202Accepted 响应的 AcceptedAtRouteResult 对象
BadRequest()	创建一个生成 Status400BadRequest 响应的 BadRequestResult 对象
Challenge()	创建一个 ChallengeResult 对象
Conflict()	创建一个生成 Status409Conflict 响应的 ConflictResult 对象
Content()	通过指定 content 字符串创建 ContentResult 对象
Created()	创建一个生成 Status201Created 响应的 CreatedResult 对象

续表

方　法	说　明
CreatedAtAction()	创建一个生成 Status201Created 响应的 CreatedAtActionResult 对象
CreatedAtRoute()	创建一个生成 Status201Created 响应的 CreatedAtRouteResult 对象
File()	返回一个文件
Forbid()	创建一个 ForbidResult 对象（默认情况为 Status403Forbidden）
LocalRedirect()	创建一个 LocalRedirectResult 对象，该对象将 Status302Found 重定向到指定的本地 localUrl
LocalRedirectPermanent()	使用指定的 localUrl 创建一个 LocalRedirectResult 对象，其中 Permanent 设置为 true，PreserveMethod 设置为 true（Status308PermanentRedirect）
LocalRedirectPreserveMethod()	使用指定的 localUrl 创建一个 LocalRedirectResult 对象，其中 Permanent 设置为 false，PreserveMethod 设置为 true（Status307TemporaryRedirect）
NoContent()	创建一个生成空 Status204NoContent 响应的 NoContentResult 对象
NotFound()	创建一个生成 Status404NotFound 响应的 NotFoundResult 对象
Ok()	创建一个生成空 Status200OK 响应的 OkResult 对象
PhysicalFile()	返回由 physicalPath（Status200OK）指定的文件
Problem()	创建一个生成 ProblemDetails 响应的 ObjectResult 对象
Redirect()	创建一个 RedirectResult 对象，该对象将 Status302Found 重定向到指定的 url
RedirectPermanent()	使用指定的 url 创建一个将 Permanent 设置为 true（Status301MovedPermanently）的 RedirectResult 对象
RedirectPermanentPreserveMethod()	使用指定的 url 创建一个 RedirectResult 对象，其中 Permanent 设置为 true，PreserveMethod 设置为 true（Status308PermanentRedirect）
RedirectPreserveMethod()	使用指定的 url 创建一个 RedirectResult 对象，其中 Permanent 设置为 false，PreserveMethod 设置为 true（Status307TemporaryRedirect）
RedirectToAction()	将 Status302Found 重定向到与当前操作同名的操作
RedirectToActionPermanent()	使用指定的 actionName 将 Status301MovedPermanently 重定向到 Permanent 设置为 true 的指定操作
RedirectToActionPermanentPreserveMethod()	使用指定的 actionName、controllerName、routeValues 和 fragment，将 Status308PermanentRedirect 重定向到 Permanent 设置为 true、PreserveMethod 设置为 true 的指定操作
RedirectToActionPreserveMethod()	使用指定的 actionName、controllerName、routeValues 和 fragment，将 Status307TemporaryRedirect 重定向到 Permanent 设置为 false、PreserveMethod 设置为 true 的指定操作
RedirectToPage()	将 Status302Found 重定向到指定的 pageName
RedirectToPagePermanent()	将 Status301MovedPermanently 重定向到指定的 pageName
RedirectToPagePermanentPreserveMethod()	使用指定的 pageName、routeValues 和 fragment，将 Status308PermanentRedirect 重定向到 Permanent 设置为 true、PreserveMethod 设置为 true 的指定路由
RedirectToPagePreserveMethod()	使用指定的 pageName、routeValues 和 fragment，将 Status307TemporaryRedirect 重定向到 Permanent 设置为 false、PreserveMethod 设置为 true 的指定页面

续表

方　法	说　明
RedirectToRoute()	使用指定的 routeValues 将 Status302Found 重定向到指定的路由
RedirectToRoutePermanent()	使用指定的 routeValues 将 Status301MovedPermanently 重定向到 Permanent 设置为 true 的指定路由
RedirectToRoutePermanentPreserveMethod()	使用指定的 routeName、routeValues 和 fragment，将 Status308PermanentRedirect 重定向到 Permanent 设置为 true、PreserveMethod 设置为 true 的指定路由
RedirectToRoutePreserveMethod()	使用指定的 routeName、routeValues 和 fragment，将 Status307TemporaryRedirect 重定向到 Permanent 设置为 false、PreserveMethod 设置为 true 的指定路由
SignIn()	创建一个 SignInResult 对象
SignOut()	创建一个 SignOutResult 对象
StatusCode()	通过指定 statusCode 创建 StatusCodeResult 对象
TryUpdateModelAsync()	调用 model 模型绑定
TryValidateModel()	调用 model 模型验证
Unauthorized()	创建一个生成 Status401Unauthorized 响应的 UnauthorizedResult 对象
UnprocessableEntity()	创建一个生成 Status422UnprocessableEntity 响应的 UnprocessableEntityResult 对象
ValidationProblem()	创建一个生成带有验证错误的 Status400BadRequest 响应的 ActionResult 对象

12.3.2　[ApiController]和[Route("[controller]")]

12.2.1 节中创建的天气预报 API 的 WeatherForecastController 控制器类使用了[ApiController]和[Route("[controller]")]这两个 Attribute 属性进行修饰，代码如下：

```
[ApiController]
[Route("[controller]")]
public class WeatherForecastController : ControllerBase{}
```

下面分别对这两个 Attribute 属性进行讲解。

1．[ApiController]

[ApiController]属性本质上指的是 Microsoft.AspNetCore.Mvc 命名空间下的 ApiControllerAttribute 类，用来为使用它的类型和所有派生类型提供 HTTP API 响应，它可应用于控制器类，以启用 WebAPI 的以下功能：

☑　属性路由要求；
☑　自动 HTTP 400 响应；
☑　绑定源参数推理；
☑　Multipart/form-data 请求推理；

☑　错误状态代码的问题详细信息。

另外，[ApiController]属性还可以应用于多个控制器上，在多个控制器上使用[ApiController]属性时，首先需要创建通过[ApiController]属性修饰的自定义基控制器类，然后使其他控制器类继承自该基控制器类，示例代码如下：

```
[ApiController]
public class MyControllerBase : ControllerBase
{
}

[Route("[getStudentInfo]")]
public class StudentController : MyControllerBase
{
}

[Route("[getTeacherInfo]")]
public class TeacherController : MyControllerBase
{
}
```

如果将[ApiController]属性应用于程序集，则程序集中的所有控制器都将应用[ApiController]属性，即程序集中的所有控制器都将被视为具有 API 行为的控制器。将[ApiController]属性应用于程序集，可以在 Program.cs 文件中设置，代码如下：

```
using Microsoft.AspNetCore.Mvc;
[assembly: ApiController]
var builder = WebApplication.CreateBuilder(args);
//……
```

2．[Route("[controller]")]

[Route]属性本质上指的是 Microsoft.AspNetCore.Mvc 命名空间下的 RouteAttribute 类，它用来指定控制器上的属性路由，属性路由用来指定访问 WebAPI 时的地址，其在使用时，可以不带参数，也可以带参数，如果带参数，支持[controller]和[action]两个参数，如果要使用其他参数，则需要使用大括号“{}”，如“[Route("{id?}")]”；另外，[Route]属性既可以用于 Controller 类型，也可能用于单个 Action 方法上。例如：

```
[Route("api/[controller]/[action]")]
public class StudentController : Controller
{
    [Route("{id?}")]
    public IActionResult GetInfo(string id)
    {
        //……
    }
}
```

说明

调用上面 API 时，id 参数可以是任意类型的值，我们可以对参数的值类型进行限制，比如要求给 id 传入 int 类型的值，则可以使用“[Route("{id:int}")]”。

12.3.3 [HttpGet]请求及其他 HTTP 请求

在 WebAPI 项目中默认生成的天气预报 API 方法上，有一个[HttpGet]属性修饰，代码如下：

```
[HttpGet(Name = "GetWeatherForecast")]
public IEnumerable<WeatherForecast> Get()
{
    //省略部分代码
}
```

使用[HttpGet]属性修饰，表示该接口方法用来处理 GET 请求。[HttpGet]是 WebAPI 中的一种 HTTP 方法，用于从 Web 应用程序中获取数据，它通常用于从服务器检索数据，并将其返回给客户端。在[HttpGet]请求中，数据通常以 JSON 或 XML 格式返回。[HttpGet]属性实质上是指 Microsoft.AspNetCore.Mvc 命名空间下的 HttpGetAttribute 类，其作用于 API 方法时，有两种形式，分别如下：

```
[HttpGet]
[HttpGet(Name = "APIName")]
[HttpGet(Name = "APIName", Order =1)]
[HttpGet("{id}")]
[HttpGet("{id}", Name = "APIName")]
[HttpGet("{id}",Name = "APIName", Order =1)]
```

其中，Name 属性用来设置路由的名称，Order 属性用来设置路由的执行顺序，而"{id}"表示一个字符串类型的路由模板。实际使用时，Name 属性和 Order 属性通常省略，路由模板可以根据实际访问的 WebAPI 地址进行设置。

RESTful WebAPI 的 HTTP 请求除了[HttpGet]请求方式之外，还有其他的几种常用请求方式，它们使用的 HTTP 属性及它们的作用如表 12.4 所示。

表 12.4　RESTful WebAPI 中的其他 HTTP 请求方式

请求方式	使用的 HTTP 属性	对应类	作用
POST 请求	[HttpPost]	HttpPostAttribute	在服务器上新建一个资源
PUT 请求	[HttpPut]	HttpPutAttribute	在服务器上更新资源（客户端提供改变后的完整资源）
PATCH 请求	[HttpPatch]	HttpPatchAttribute	在服务器上更新资源（客户端提供改变的资源）
DELETE 请求	[HttpDelete]	HttpDeleteAttribute	从服务器中删除资源

例如，下面代码定义一个处理 DELETE 请求的 WebAPI 方法：

```
[HttpDelete("{id}")]
public async Task<IActionResult> Delete(long id)
{
    var bookModel = await _context.BookModel.FindAsync(id);
    if (bookModel != null)
    {
        _context.BookModel.Remove(bookModel);
    }
    await _context.SaveChangesAsync();
    return NoContent();
}
```

12.3.4　Swagger

Swagger 是一个规范和完整的框架，用于生成、描述、调用和可视化 RESTful 风格的 Web 服务，由于 Swagger 项目已于 2015 年捐赠给 OpenAPI 计划，自此它也被称为 OpenAPI，这两个名称可以互换使用。

说明

通常在提到 OpenAPI 和 Swagger 时，将 OpenAPI 看作是一种规范，而 Swagger 是一种使用 OpenAPI 规范的工具，例如 SwaggerUI。

Swagger 使计算机和用户无须直接访问源代码即可了解 REST API 的功能，其主要目标如下：

- ☑ 尽量减少连接后端分离服务所需的工作量。
- ☑ 减少准确记录服务所需的时间。

在.NET Core 中，通常使用 Swashbuckle 生成 ASP.NET Core WebAPI 的 Swagger 文档，Swashbuckle 是一个开源项目，使用时，需要安装相应的 NuGet 包：

```
Install-Package Swashbuckle.AspNetCore
```

Swashbuckle 有 3 个主要组成部分：

- ☑ Swashbuckle.AspNetCore.Swagger：将 SwaggerDocument 对象公开为 JSON 终结点的 Swagger 对象模型和中间件。
- ☑ Swashbuckle.AspNetCore.SwaggerGen：从路由、控制器和模型直接生成 SwaggerDocument 对象的 Swagger 生成器，它通常与 Swagger 终结点中间件结合，以自动公开 Swagger JSON。
- ☑ Swashbuckle.AspNetCore.SwaggerUI：Swagger UI 工具的嵌入式版本，它解释 Swagger JSON 以构建描述 WebAPI 功能的可自定义的丰富体验，并且包括针对公共方法的内置测试工具。

使用 Swagger 时，首先需要在 Program.cs 主文件中使用 AddSwaggerGen()方法添加 Swagger 服务，代码如下：

```
builder.Services.AddSwaggerGen();
```

然后使用 UseSwaggerXXX()方法添加相应的 Swagger 中间件。例如，下面代码启用 Swagger 中间件，为生成的 JSON 文档和 SwaggerUI 提供服务：

```
if (app.Environment.IsDevelopment())
{
    app.UseSwagger();
    app.UseSwaggerUI();
}
```

12.4　ASP.NET Core WebAPI 应用

【例 12.2】ASP.NET Core WebAPI 与前端结合应用（**实例位置：资源包\Code\12\02**）

本节使用 ASP.NET Core WebAPI 开发一个有关图书信息管理的 WebAPI 项目，并在 SwaggerUI 中

进行测试。

12.4.1 项目创建及初始化配置

创建 WebAPI 项目及实体类、数据上下文类，并根据实体类和数据上下文类初始化数据库，步骤如下。

（1）按照 12.2.1 节的步骤创建一个名称为 BookManage 的 WebAPI 项目，并在其中添加一个名称为 Book 的实体类，用来表示图书的实体结构，代码如下：

```
namespace BookManage
{
    public class Book
    {
        public long ID { get; set; }

        public string BookName { get; set; }

        public string Author { get; set; }

        public decimal Price { get; set; }

        public DateTime PubDate { get; set; }
    }
}
```

（2）添加数据上下文类 BookContext，具体步骤为：选中项目，单击鼠标右键，在弹出的快捷菜单中选择“添加”→“新建项”命令。然后在弹出的“添加新项”对话框中选中“类”，并设置名称，单击“添加”按钮，如图 12.13 所示。

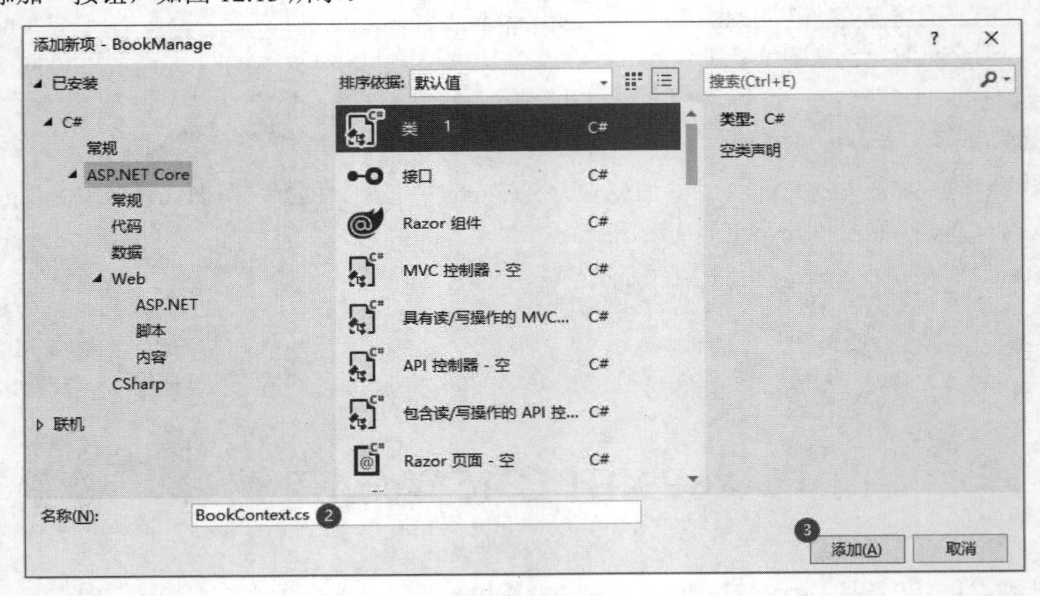

图 12.13 添加数据上下文类 BookContext

（3）在 BookContext 数据上下文类中，首先设置继承 DbContext 类，然后添加一个 DbSet<Book>属性 book，该属性对应数据库中的 book 数据表，对属性 book 的操作会反应到数据库的 book 数据表中。BookContext 数据上下文类代码如下：

```
using Microsoft.EntityFrameworkCore;

namespace BookManage
{
    public class BookContext : DbContext
    {
        public BookContext(DbContextOptions<BookContext> options)
            : base(options)
        {
        }

        public DbSet<Book> book { get; set; } = default!;
    }
}
```

（4）在项目的 appsettings.json 文件中设置数据库连接字符串，代码如下：

```
"ConnectionStrings": {
    "BookContext": "Server= .;Database=db_Books;Encrypt=True;Trusted_Connection=True;TrustServerCertificate=True;"
}
```

（5）在 Program.cs 主程序文件中注册数据库上下文服务，代码如下：

```
builder.Services.AddDbContext<BookContext>(options =>
    options.UseSqlServer(builder.Configuration.GetConnectionString("BookContext")));
builder.Services.AddControllers();
```

（6）在 Visual Studio 的“程序包管理器控制台”中依次执行以下两个命令，以便根据 Book 实体类和 BookContext 数据上下文类迁移数据库：

```
Add-Migration CreateBook
Update-database
```

12.4.2　创建控制器类

通过以上步骤即创建了一个 WebAPI 项目，并且对数据库进行了初始化。接下来需要根据创建的实体类和数据上下文类创建控制器类，步骤如下。

（1）选中 WebAPI 项目中的 Controllers 文件夹，单击鼠标右键，在弹出的快捷菜单中选择“添加”→“控制器”命令，弹出“添加已搭建基架的新项”对话框，在该对话框中，首先在左侧选中“通用”→“API”，然后选中“其操作使用 Entity Framework 的 API 控制器”模板，单击“添加”按钮，如图 12.14 所示。

（2）弹出“添加 其操作使用 Entity Framework 的 API 控制器”对话框，在该对话框中选择 12.4.1 节中创建的 Book 实体类（模型类）和 BookContext 数据上下文类，并设置要创建的控制器名称为 BooksController，如图 12.15 所示。

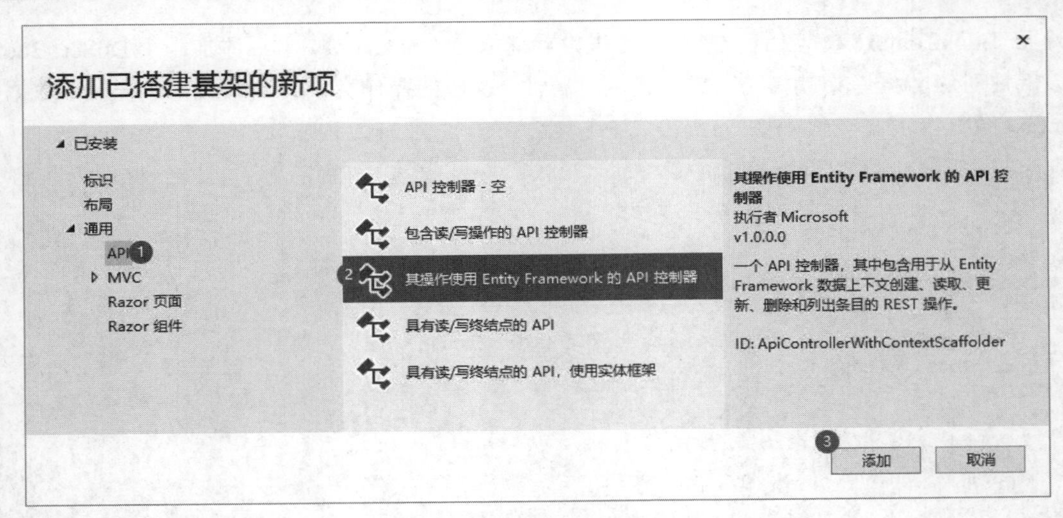

图 12.14 “添加已搭建基架的新项”对话框

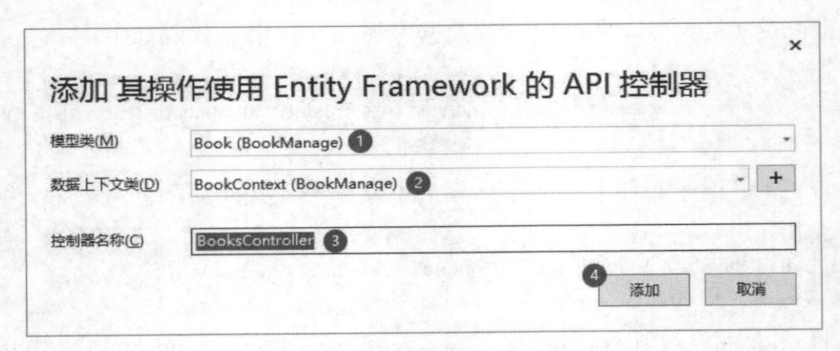

图 12.15 添加 API 控制器类

（3）单击“添加”按钮，即可添加一个 BooksController 控制器类。该类中默认包含了对 Book 实体类进行操作的通用 WebAPI 方法，分别用来处理 GET 请求、POST 请求、PUT 请求和 DELETE 请求；另外还包含一个普通的 BookExists()方法，用来检测指定的图书 ID 是否存在。BooksController 控制器类的实现代码如下：

```
using System;
using System.Collections.Generic;
using System.Linq;
using System.Threading.Tasks;
using Microsoft.AspNetCore.Http;
using Microsoft.AspNetCore.Mvc;
using Microsoft.EntityFrameworkCore;
using BookManage;

namespace BookManage.Controllers
{
    [Route("api/[controller]")]
    [ApiController]
    public class BooksController : ControllerBase
    {
        private readonly BookContext _context;
```

```
    public BooksController(BookContext context)
    {
        _context = context;
    }

    // GET: api/Books
    [HttpGet]
    public async Task<ActionResult<IEnumerable<Book>>> Getbook()
    {
      if (_context.book == null)
      {
          return NotFound();
      }
        return await _context.book.ToListAsync();
    }

    // GET: api/Books/5
    [HttpGet("{id}")]
    public async Task<ActionResult<Book>> GetBook(long id)
    {
      if (_context.book == null)
      {
          return NotFound();
      }
        var book = await _context.book.FindAsync(id);

        if (book == null)
        {
            return NotFound();
        }

        return book;
    }

    // PUT: api/Books/5
    [HttpPut("{id}")]
    public async Task<IActionResult> PutBook(long id, Book book)
    {
        if (id != book.ID)
        {
            return BadRequest();
        }

        _context.Entry(book).State = EntityState.Modified;

        try
        {
            await _context.SaveChangesAsync();
        }
        catch (DbUpdateConcurrencyException)
        {
            if (!BookExists(id))
            {
                return NotFound();
            }
            else
            {
                throw;
            }
```

```
            }

            return NoContent();
        }

        // POST: api/Books
        [HttpPost]
        public async Task<ActionResult<Book>> PostBook(Book book)
        {
          if (_context.book == null)
          {
              return Problem("Entity set 'BookContext.book'    is null.");
          }
            _context.book.Add(book);
            await _context.SaveChangesAsync();

            return CreatedAtAction("GetBook", new { id = book.ID }, book);
        }

        // DELETE: api/Books/5
        [HttpDelete("{id}")]
        public async Task<IActionResult> DeleteBook(long id)
        {
            if (_context.book == null)
            {
                return NotFound();
            }
            var book = await _context.book.FindAsync(id);
            if (book == null)
            {
                return NotFound();
            }

            _context.book.Remove(book);
            await _context.SaveChangesAsync();

            return NoContent();
        }

        private bool BookExists(long id)
        {
            return (_context.book?.Any(e => e.ID == id)).GetValueOrDefault();
        }
    }
}
```

12.4.3 WebAPI 测试

在 Visual Studio 中运行创建的 BookManage 接口，其默认在 SwaggerUI 中显示，效果如图 12.16 所示。

单击每个接口方法最右侧的向下箭头，可以查看该接口方法的详细信息，另外也可以单击 Try it out 按钮来模拟测试该接口方法。

由于新创建的数据库中没有数据，所以这里先测试 POST 请求，单击图 12.16 中的“POST/api/Books”，展开之后单击 Try it out 按钮，在 Ruequest body 文本框中输入以下内容：

```
{
```

```
    "bookName": "ASP.NET Core 从入门到精通",
    "author": "明日科技",
    "price": 89.8,
    "pubDate": "2023-10-01"
}
```

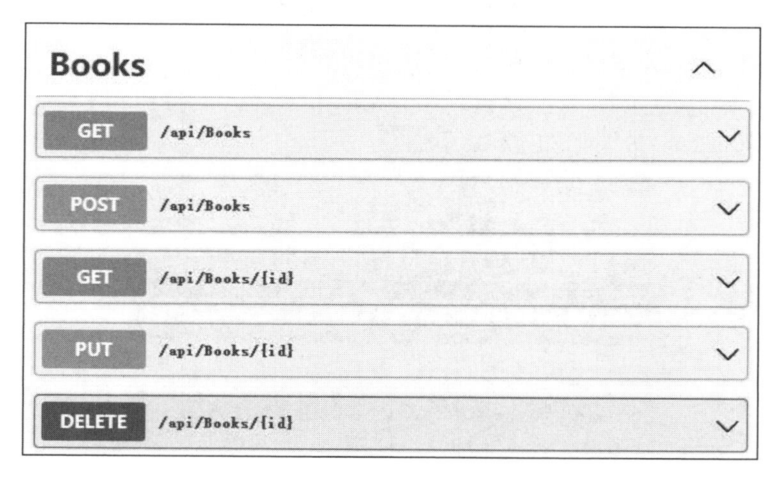

图 12.16　BookManage 接口预览效果

效果如图 12.17 所示，单击 Execute 按钮，测试该 POST 请求，效果如图 12.18 所示。

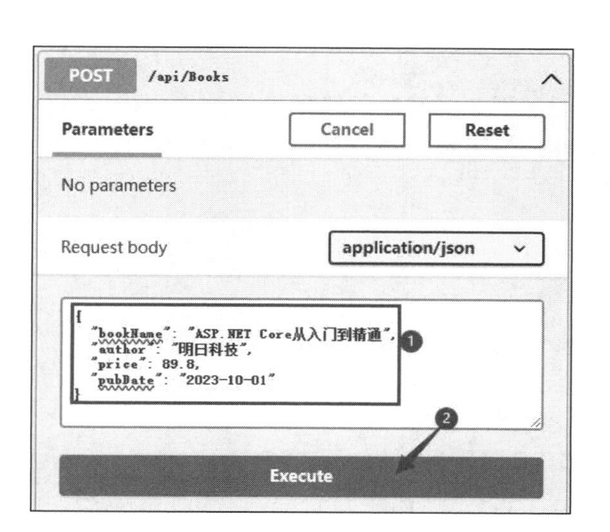

图 12.17　输入 POST 请求需要的数据

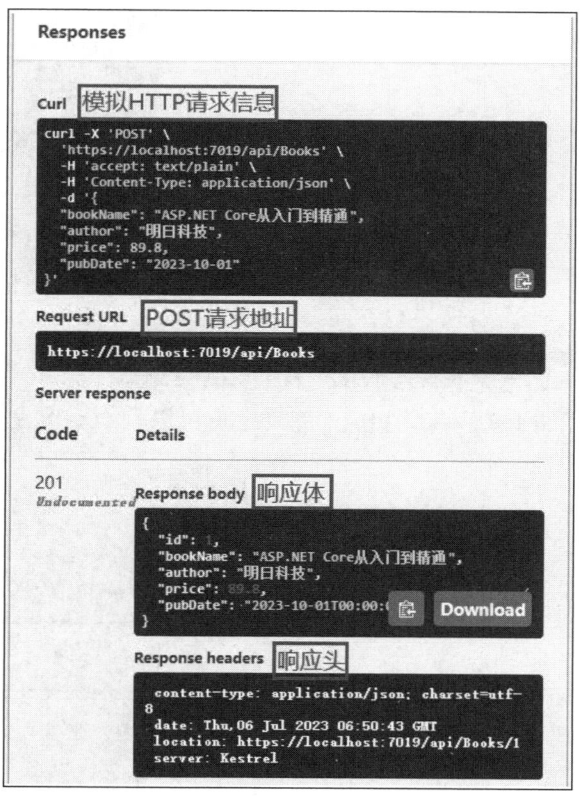

图 12.18　POST 请求返回的响应信息

通过以上 POST 请求测试，已经在数据库中新增了一条记录，如图 12.19 所示。

DESKTOP-05BA7L...Book - dbo.book

	ID	BookName	Author	Price	PubDate
▸	1	ASP.NET Core...	明日科技	89.80	2023-10-01 ...

图 12.19　在数据库中新增的记录

这时单击图 12.16 中的“GET/api/Books”，并依次单击 Try it out 按钮和 Execute 按钮，测试该 GET 请求，获取所有的图书信息，效果如图 12.20 所示。

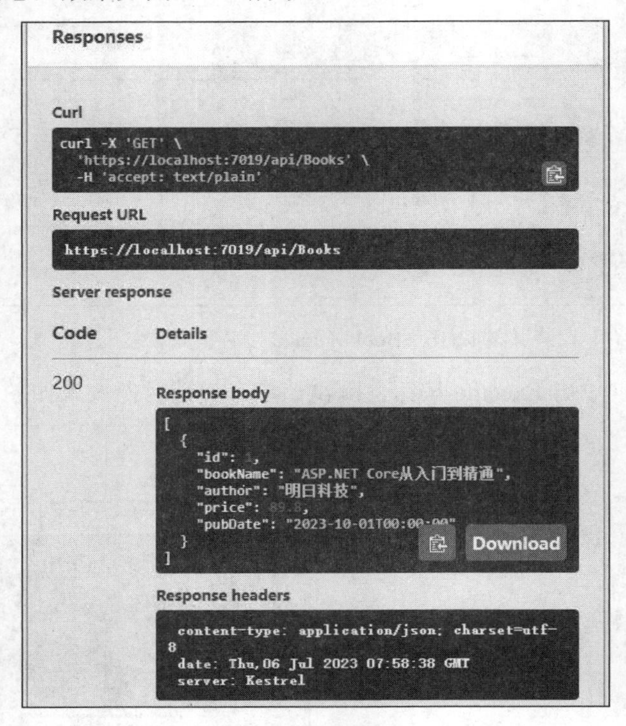

图 12.20　获取图书所有信息的 GET 请求

以上是不带参数的 HTTP 请求测试，接下来我们来测试带参数的接口方法，单击图 12.16 中“GET/api/Books/{id}”，展开之后可以看到要求提供 int 类型的 id 参数，如图 12.21 所示。

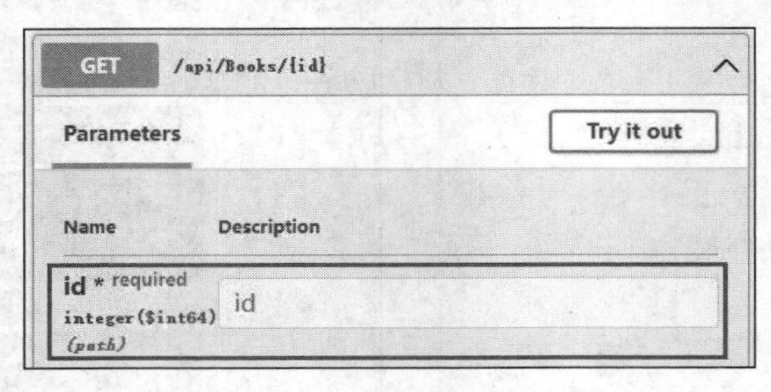

图 12.21　带参数的 API 方法测试效果

单击 Try it out 按钮后，在 id 参数文本框中输入一个 int 值，比如输入 1，单击 Execute 按钮，返回的响应结果如图 12.22 所示。

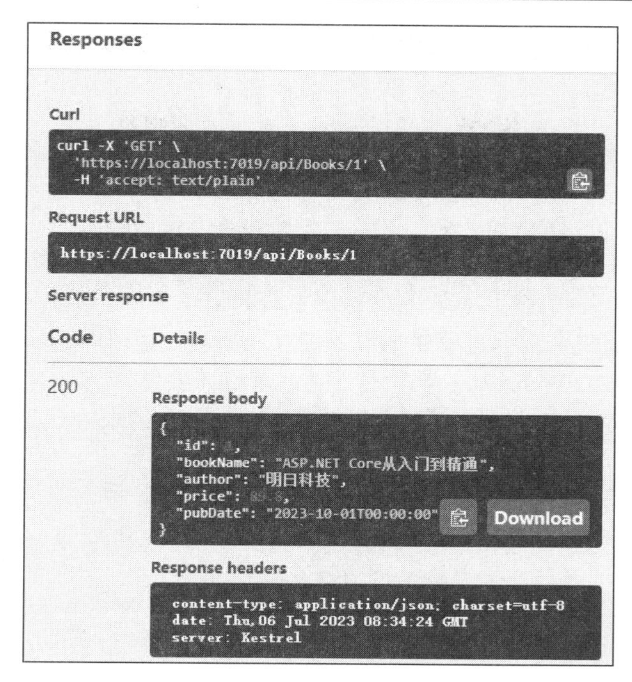

图 12.22　带参数的 API 方法响应结果

说明

在 Visual Studio 中创建的 ASP.NET Core WebAPI 项目，由于默认启用了 Swagger，因此运行时，默认会在 SwaggerUI 中显示相应的 WebAPI 方法，但实际上，我们可以直接通过请求地址访问相应的接口方法，比如，将图 12.22 中的 Request URL 请求地址复制到浏览器中，可以看到如图 12.23 所示的返回结果，这里直接以 JSON 格式返回了查询到的数据。

图 12.23　直接在浏览器中访问请求地址时的返回结果

如果访问该请求地址时没有查询到数据，则返回图 12.24 所示的结果，因为在 GET 请求方法代码中设置了 “return NotFound();” 。

图 12.24　没有查询到数据时的返回结果

关于 PUT 请求和 DELETE 请求的测试方法，与“GET/api/Books/{id}”类似，读者可以自行尝试。

12.5 要 点 回 顾

本章主要对 ASP.NET Core WebAPI 项目的创建及使用进行了详细讲解。首先对 WebAPI 的基础概念知识进行了简单的介绍；然后重点讲解了如何创建 ASP.NET Core WebAPI 项目，并对项目中用到的知识进行了分析；最后通过一个案例讲解了 ASP.NET Core WebAPI 如何与 EF Core 数据访问技术相结合，提供图书信息管理相关的 WebAPI。学习本章时，重点需要掌握 ASP.NET Core WebAPI 项目的搭建，以及如何在 ASP.NET Core WebAPI 项目中设置路由、HTTP 请求方式等。

第 3 篇 高级应用

本篇介绍使用 Blazor 构建应用、SignalR 服务器端消息推送、gRPC 远程过程调用、身份验证和授权、ASP.NET Core 应用发布部署等内容。学习完本篇，读者能够为 ASP.NET Core 应用添加 Blazor 组件以及服务器端消息推送、远程过程调用、身份验证授权等高级功能，还可以将开发完成的应用发布部署到服务器上。

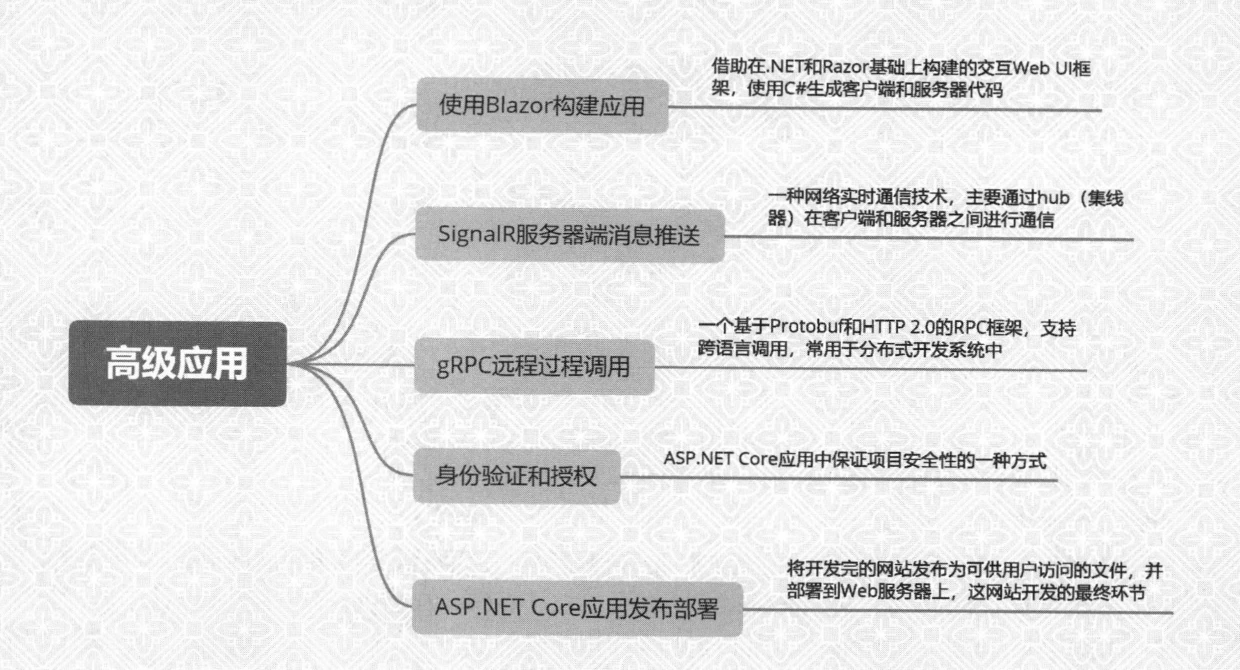

第 13 章

使用 Blazor 构建应用

在前面的章节中学过 Razor，我们知道 Razor 是一种服务器端标记语法，相当于是一种页面视图引擎，那么，与之非常相似的 Blazor 是什么呢？它与 Razor 又是什么关系呢？本章将对 Blazor 的基础知识、如何使用 Blazor 构建应用，以及如何在实际开发中使用 Blazor 应用进行详细讲解。

本章知识架构及重点、难点如下。

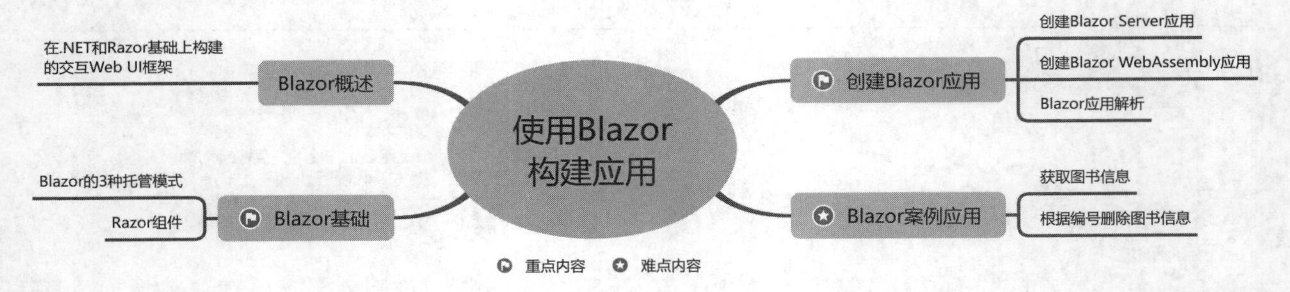

13.1 Blazor 概述

Blazor 是在.NET 和 Razor 基础上构建的交互 Web UI 框架，借助 Blazor，开发人员可以使用 C#生成客户端和服务器代码。Blazor 应用程序可以在服务器上作为 ASP.NET 应用程序的一部分运行，也可以部署为在用户计算机上的浏览器中运行（类似于单页应用程序）。

Blazor 框架的优点如下：

☑ 使用 C#代替 JavaScript 来编写代码，使客户端可以使用与服务器端相同的语言。

☑ 利用现有的.NET 库，提高开发效率，并且受益于.NET 的性能、可靠性和安全性。

☑ 共享使用.NET 编写的服务器端和客户端应用逻辑。

☑ 将 UI 呈现为 HTML 和 CSS，以支持众多浏览器，其中包括移动浏览器。

☑ 与新式托管平台（如 Docker）集成。

☑ 使用.NET 和 Blazor 生成混合桌面和移动应用。

☑ 使用统一的开发环境（如 Visual Studio 或 Visual Studio Code）保持 Windows、Linux 或 macOS 等跨平台的工作效率。

☑ 以一组稳定、功能丰富且易用的通用语言、框架和工具为基础来进行生成。

☑ 通过 WebAssembly 生成直接在浏览器中运行的客户端 Web 应用。

13.2　Blazor 基础

13.2.1　Blazor 的 3 种托管模式

Blazor 是一个可使用.NET/C#来编写交互式客户端的 Web UI 框架，它有 3 种托管模式，分别是 Blazor Server 模式、Blazor WebAssembly 模式和 Blazor Hybrid 模式，下面分别对这 3 种托管模式进行讲解。

1．Blazor Server

Blazor Server 模式基于 ASP.NET Core 部署，客户端和服务器的交互通过 SignalR 来完成，用来实现客户端 UI 的更新和行为的交互。

Blazor Server 是 Blazor 用户界面框架的实现，它可以部署到 Web 服务器。使用 Blazor Server 开发的应用程序会在 Web 服务器上生成 HTML，当用户使用 Web 浏览器浏览该应用，并通过单击按钮、导航等操作与 Blazor Server 应用进行交互时，将通过 SignalR 连接传输其操作，并且服务器将使用相同的连接来通过用户界面更新进行响应（Blazor Server 框架使用 Web 服务器上生成的内容来自动更新浏览器）。

说明

SignalR 是 ASP .NET Core 中的一个类库，可以在 ASP .NET Core Web 项目中实现实时通信，即：让客户端（Web 页面）和服务器端可以实时互相发送消息及调用方法。关于 SignalR 的使用，将在第 14 章进行详细讲解。

Blazor Server 应用运行时，在服务器上执行以下处理：

☑　执行应用的 C#代码。

☑　将 UI 事件从浏览器发送到服务器。

☑　将 UI 更新应用于服务器发回的呈现组件。

Blazor Server 应用架构如图 13.1 所示。

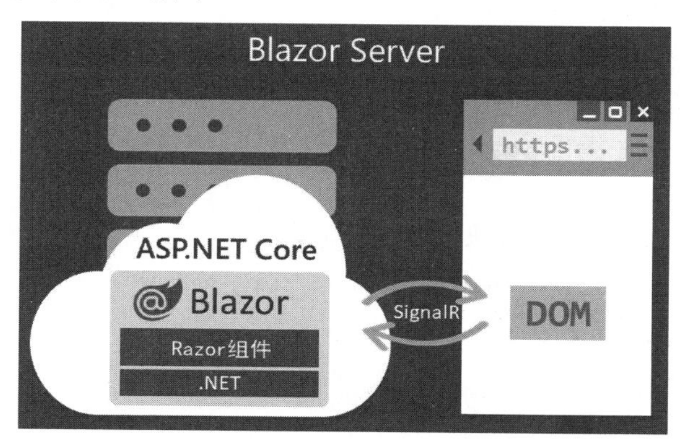

图 13.1　Blazor Server 应用架构

2. Blazor WebAssembly

Blazor WebAssembly（简称为 Blazor WASM）是一种单页应用框架，其在浏览器中包含的 HTML5 标准 WebAssembly 运行时上运行。通过使用 Blazor WebAssembly，开发人员可以在浏览器中运行.NET 代码。浏览器中通过 WebAssembly 执行的.NET 代码，在浏览器的 JavaScript 沙盒中运行，该代码具有沙盒提供的所有安全和保护特性，这有助于防止客户端计算机上的恶意操作，而且可以降低对 Web 服务器的要求，将应用程序的所有处理都转移到用户计算机。

说明

WebAssembly（WASM）是一种文本程序集语言，具有专用于实现快速下载和近乎本机性能的精简二进制格式，它用于定义旨在 Web 浏览器中运行的程序的可移植代码格式。WebAssembly 为 C、C++和 Rust 等语言提供了编译目标。它设计为与 JavaScript 一起运行，因此两者可协同工作。WebAssembly 还可生成能下载和脱机运行的渐进式 Web 应用程序。

Blazor WebAssembly 应用架构如图 13.2 所示。

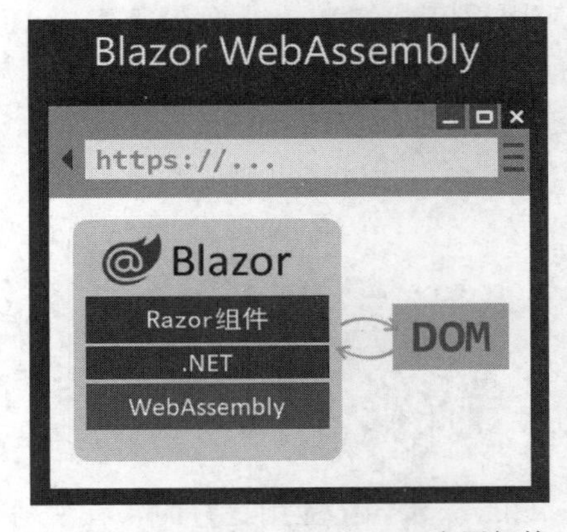

图 13.2　Blazor WebAssembly 应用架构

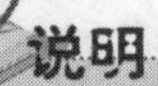

说明

Blazor WebAssembly 应用仅限于执行该应用的浏览器的功能，但可以通过 JavaScript 互操作访问完整的浏览器功能，它支持现在的大部分主流浏览器，如 Microsoft Edge、Google Chrome、Mozilla Firefox、Apple Safari 等。

3. Blazor Hybrid

Blazor 可用于使用混合方法生成本机客户端应用，这就是 Blazor Hybrid 混合应用模式。混合应用是利用 Web 技术实现其功能的本机应用。在 Blazor Hybrid 应用中，Razor 组件与任何其他.NET 代码一起直接在本机应用中（而不在 WebAssembly 上）运行，并通过本地互操作通道基于 HTML 和 CSS 将 Web UI 呈现到嵌入式 Web View 控件。

实际使用时，可以使用不同的.NET 本机应用框架（包括.NET MAUI、WPF 和 Windows 窗体）生成 Blazor Hybrid 应用，Blazor 提供 BlazorWebView 控件，将 Razor 组件添加到使用这些框架生成的应用。

通过结合使用 Blazor 和.NET MAUI，可以便捷地生成适用于移动和桌面的跨平台 Blazor Hybrid 应用；而将 Blazor 与 WPF 和 Windows 窗体集成可以更好地实现现有应用的现代化。Blazor Hybrid 应用结合了 Web、本机应用和.NET 平台的优点。

Blazor Hybrid 混合应用架构如图 13.3 所示。

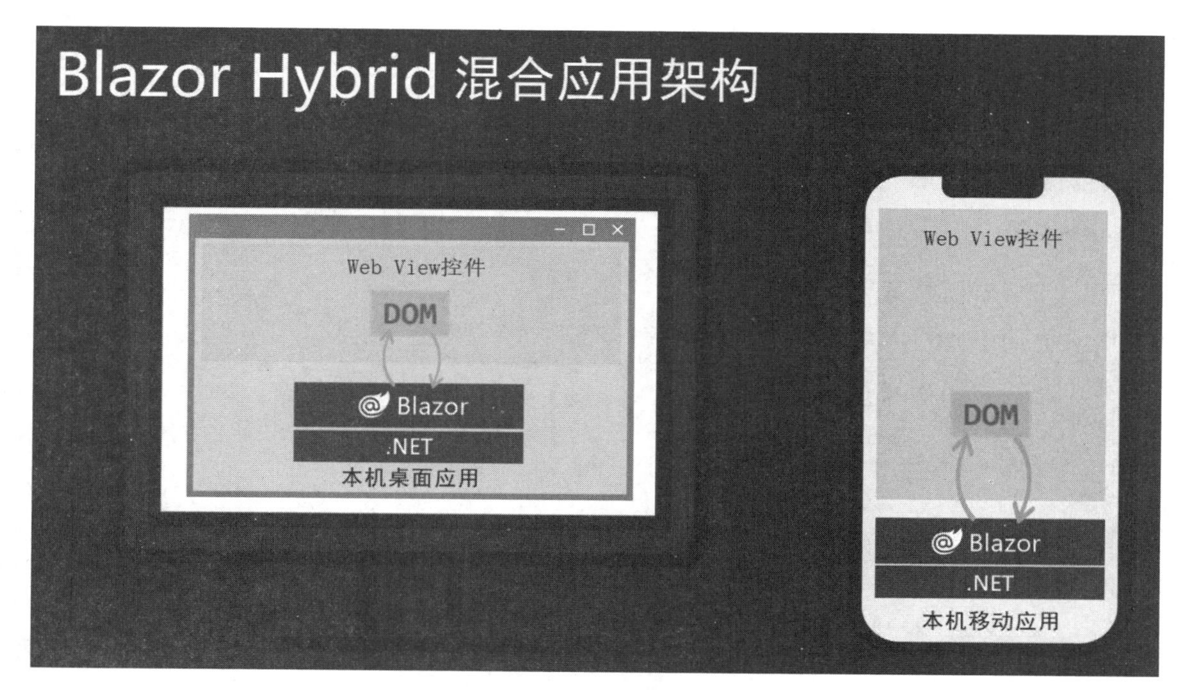

图 13.3　Blazor Hybrid 混合应用架构

说明

由于本书中主要讲解 ASP.NET Core 相关内容，不对桌面应用和移动端应用进行讲解，因此，关于 Blazor Hybrid 的使用，本章不做详细介绍，这里了解即可。

13.2.2　Razor 组件

Blazor 应用是基于组件的，Blazor 中的组件是指 UI 元素，例如页面、对话框或数据输入窗体等。组件是内置到.NET 程序集的.NET C#类，它们能够：

☑　定义灵活的 UI 呈现逻辑。

☑　处理用户事件。

☑　嵌套和重用。

☑　作为类库或 NuGet 包共享和分发。

Blazor 应用中的组件类通常以 Razor 标记页（文件扩展名为.razor）的形式编写，它被称为 Razor 组件（也称为 Blazor 组件）。

Razor 组件遵循 Razor 语法，可以将 HTML 标记与 C#代码结合在一起，专门用于处理客户端 UI 逻辑和构成。这里需要注意的是，Razor 组件的名称必须以大写字符开头，如 Counter.razor，如果使用 counter.razor，则 Razor 组件无效。

在 Razor 组件中，使用@page 设置页面路由，使用@using 引用命名空间，使用@inject 注入服务类，使用<PageTitle>标记设置页面标题，而定义 C#代码需要使用@code{}代码块。

例如，下面代码是一个实现计数器的 Razor 组件：

```
@page "/counter"

<PageTitle>Counter</PageTitle>

<h1>Counter</h1>

<p role="status">Current count: @currentCount</p>

<button class="btn btn-primary" @onclick="IncrementCount">Click me</button>

@code {
    private int currentCount = 0;

    private void IncrementCount()
    {
        currentCount++;
    }
}
```

另外，Razor 组件中支持 CSS 和 JavaScript 隔离，这样可以确保 Razor 组件中使用的 CSS 样式或者 JavaScript 不会与站点级的 CSS 和 JavaScript 冲突。例如，有一个名为 MainLayout.razor 的组件，我们只需要创建一个名为 MainLayout.razor.css 的 CSS 文件，在 Razor 组件中使用的样式就会覆盖项目中任何其他样式，结构如图 13.4 所示。

图 13.4　Razor 的 CSS 隔离结构

13.3　创建 Blazor 应用

13.3.1　创建 Blazor Server 应用

【例 13.1】创建一个 Blazor Server 应用并运行（**实例位置：资源包\Code\13\01**）

创建 Blazor Server 应用的步骤如下。

（1）选择“开始”→“所有程序”→Visual Studio 2022 菜单，进入 Visual Studio 2022 开发环境的开始使用界面，单击“创建新项目”选项，在“创建新项目”对话框的右侧选择“Blazor Server 应用”模板，单击“下一步”按钮，如图 13.5 所示。

（2）进入“配置新项目”对话框，在该对话框中输入项目名称，并设置项目的保存路径，然后单击“下一步”按钮，如图 13.6 所示。

（3）进入“其他信息”对话框，如图 13.7 所示，在该对话框中设置要创建的 Blazor Server 应用所使用的.NET 版本、是否配置 HTTPS、是否启用 Docker，以及是否使用顶级语句等，这里一般采用默认设置。设置完成后，单击“创建”按钮，即可创建一个 Blazor Server 应用。

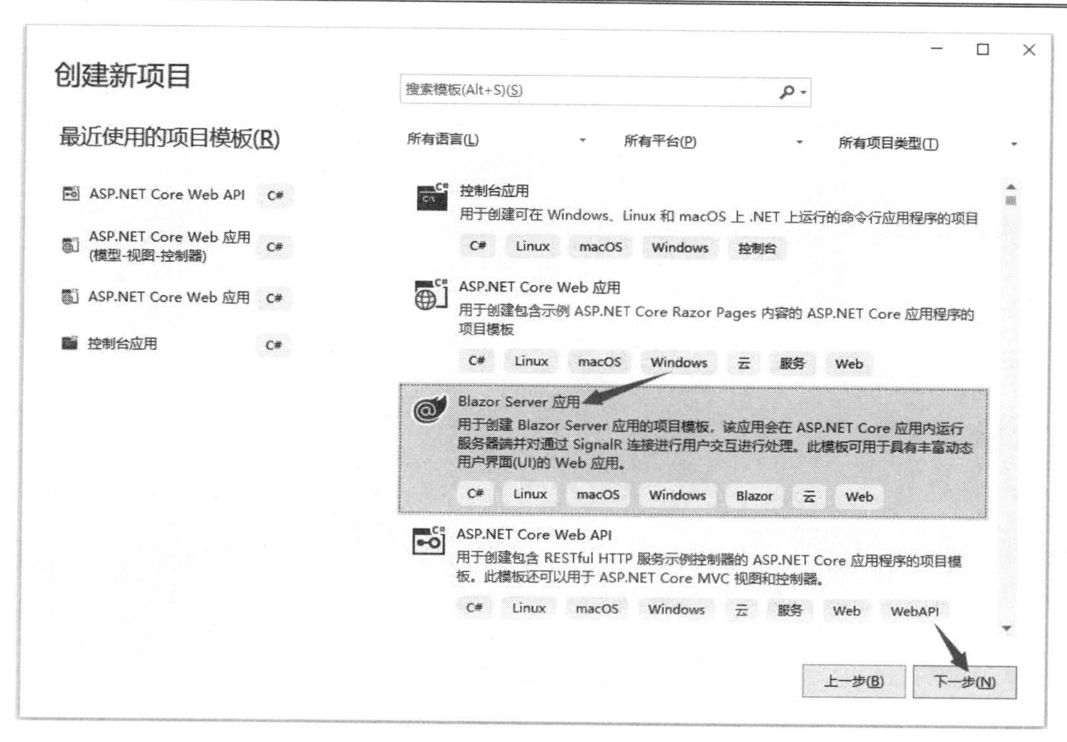

图 13.5　选择“Blazor Server 应用”模板

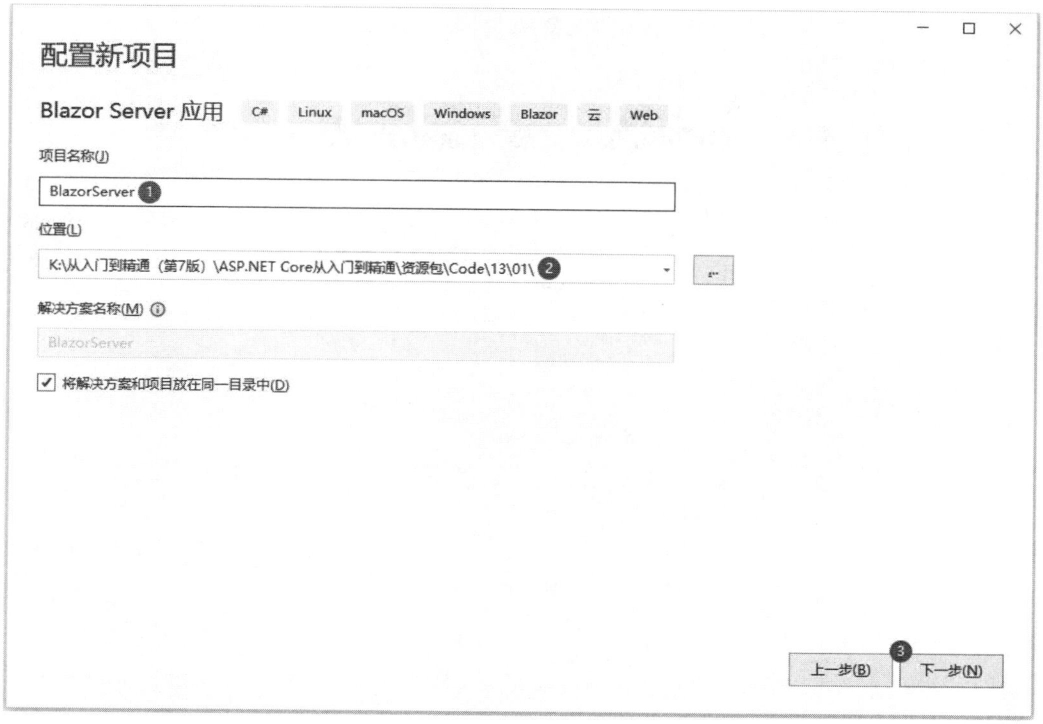

配置新项目

Blazor Server 应用　C#　Linux　macOS　Windows　Blazor　云　Web

项目名称(J)

BlazorServer ❶

位置(L)

K:\从入门到精通（第7版）\ASP.NET Core从入门到精通\资源包\Code\13\01\ ❷

解决方案名称(M)

BlazorServer

✓ 将解决方案和项目放在同一目录中(D)

上一步(B)　❸ 下一步(N)

图 13.6　“配置新项目”对话框

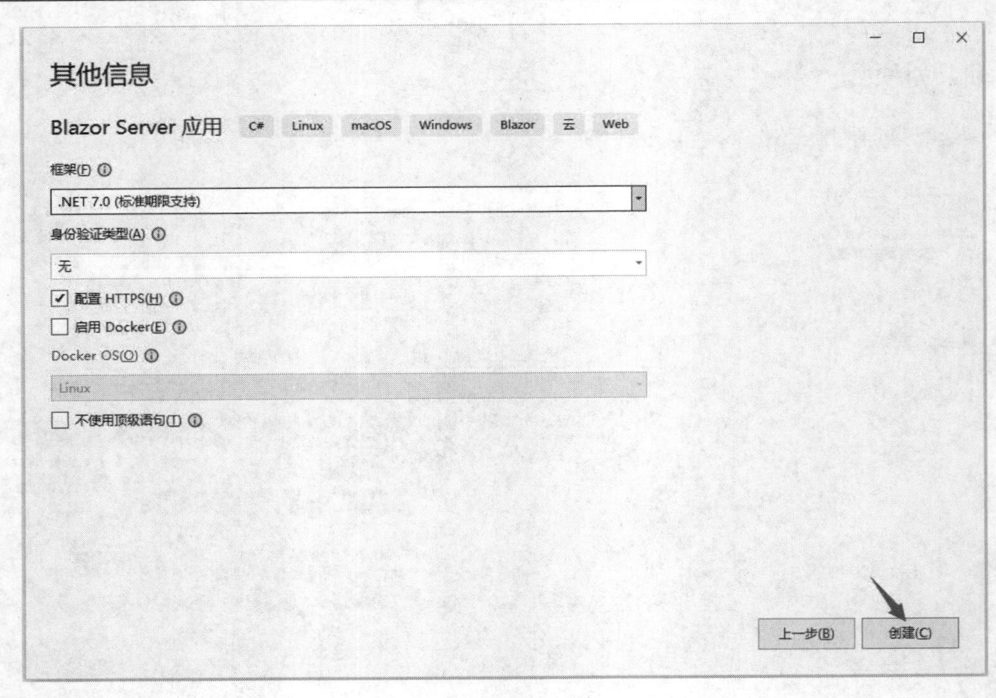

图 13.7 “其他信息”对话框

创建完的 Blazor Server 应用的项目结构如图 13.8 所示。

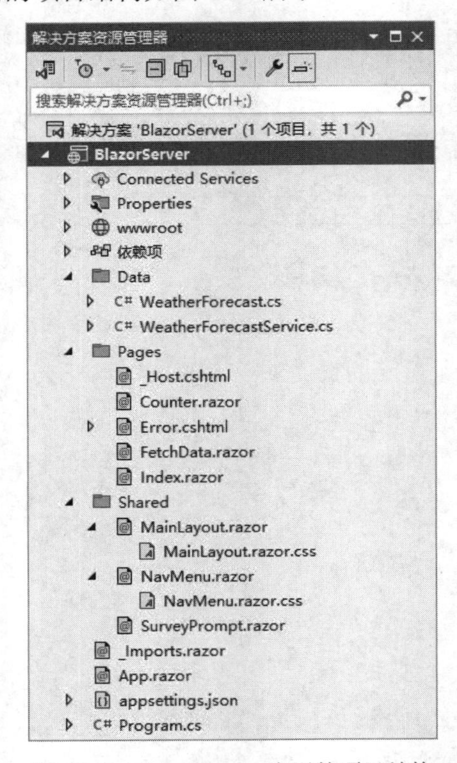

图 13.8 Blazor Server 应用的项目结构

从图 13.8 可以看出，Blazor Server 应用中包含了多个文件夹以及文件，它们的作用如下：

- ☑ Properties 文件夹：项目的属性文件夹，其中包括一个 launchSettings.json 文件，用来设置项目的属性。这里需要注意的是，launchSettings.json 仅在本地计算机上使用。
- ☑ wwwroot 文件夹：包含项目用到的静态资源，如 CSS 文件和图像文件等。
- ☑ 依赖项：包含项目用到的.NET 库。
- ☑ Data 文件夹：数据文件夹，默认包含 WeatherForecast 类和 WeatherForecastService 类的实现，它们用来向应用的 FetchData 组件提供示例天气数据。
- ☑ Pages 文件夹：包含组成 Blazor Server 应用的可路由 Razor 组件(.razor)和 Razor 页面(.cshtml)，每个组件或者页面的路由使用@page 指令指定，其中包含的文件作用如下：
  - ➢ _Host.cshtml：实现 Razor 页面的应用的根页面，在最初请求应用中的任何页面时，首先出现该页，并在响应中返回，该页面中会加载_framework/blazor.server.js 文件，以便设置浏览器与服务器之间的实时 SignalR 连接。
  - ➢ Counter.razor：Counter 组件，实现“计数器”页面。
  - ➢ Error.cshtml：Error 页面，当应用中发生未经处理的异常时呈现。
  - ➢ FetchData.razor：FetchData 组件，实现“提取数据”页面。
  - ➢ Index.razor：Index 组件，实现应用主页 。
- ☑ Shared 文件夹：包含 Blazor Server 应用的共享 Razor 组件，其中包含的文件作用如下：
  - ➢ MainLayout.razor：MainLayout 组件，应用的布局组件。
  - ➢ MainLayout.razor.css：应用主布局的样式表。
  - ➢ NavMenu.razor：NavMenu 组件，实现侧边栏导航，包括 NavLink 组件，该组件可以向其他 Razor 组件呈现导航链接。NavLink 组件会在系统加载其组件时自动指示选定状态。
  - ➢ NavMenu.razor.css：应用导航菜单的样式表。
  - ➢ SurveyPrompt.razor：SurveyPrompt 组件，Blazor 调查组件。
- ☑ _Imports.razor：包括要包含在应用组件(.razor)中的常见 Razor 指令，如用于命名空间的@using 指令。
- ☑ App.razor：应用的根组件，它使用 Router 组件来设置客户端路由。Router 组件会截获浏览器导航并呈现与请求的地址匹配的页面。
- ☑ appsettings.json 文件：包含配置数据，如连接字符串等。
- ☑ Program.cs 文件：主程序文件，应用程序从这里启动。

运行创建的 Blazor Server 应用，默认效果如图 13.9 所示。

单击左侧导航栏中的 Counter，可以打开计数器页面，如图 13.10 所示。单击 Click me 按钮，可以模拟计数。

单击左侧导航栏中的 Fetch data，可以打开天气预报页面，如图 13.11 所示，该页面中显示从 WeatherForecastService 类中获取到的示例天气预报。

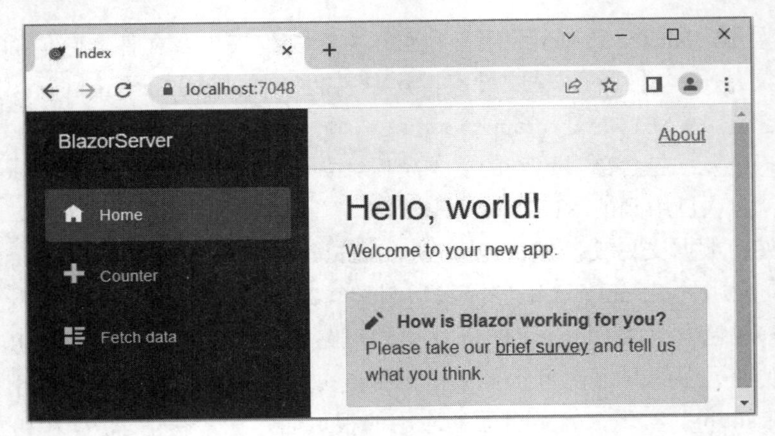

图 13.9 Blazor Server 应用默认效果

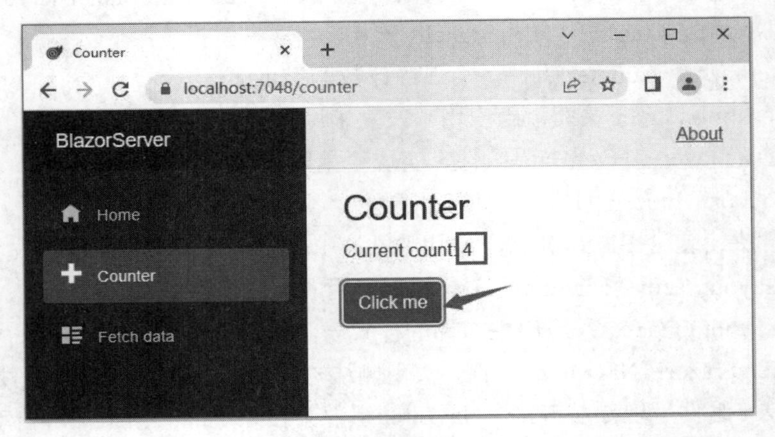

图 13.10 计数器页面

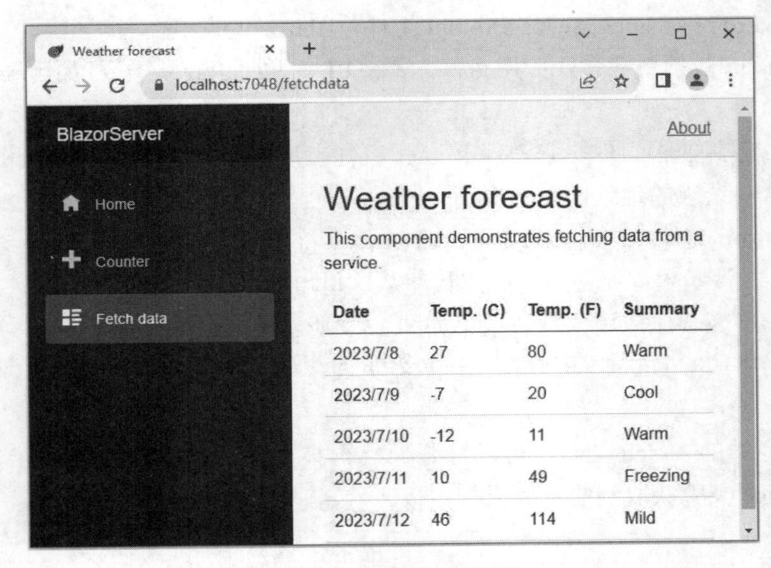

图 13.11 天气预报页面

13.3.2　创建 Blazor WebAssembly 应用

【例 13.2】创建一个 Blazor WebAssembly 应用并运行（**实例位置：资源包\Code\13\02**）

创建 Blazor WebAssembly 应用的步骤如下。

（1）选择“开始”→“所有程序”→Visual Studio 2022 菜单，进入 Visual Studio 2022 开发环境的开始使用界面，单击“创建新项目”选项，在“创建新项目”对话框的右侧选择“Blazor WebAssembly 应用”模板，单击“下一步”按钮，如图 13.12 所示。

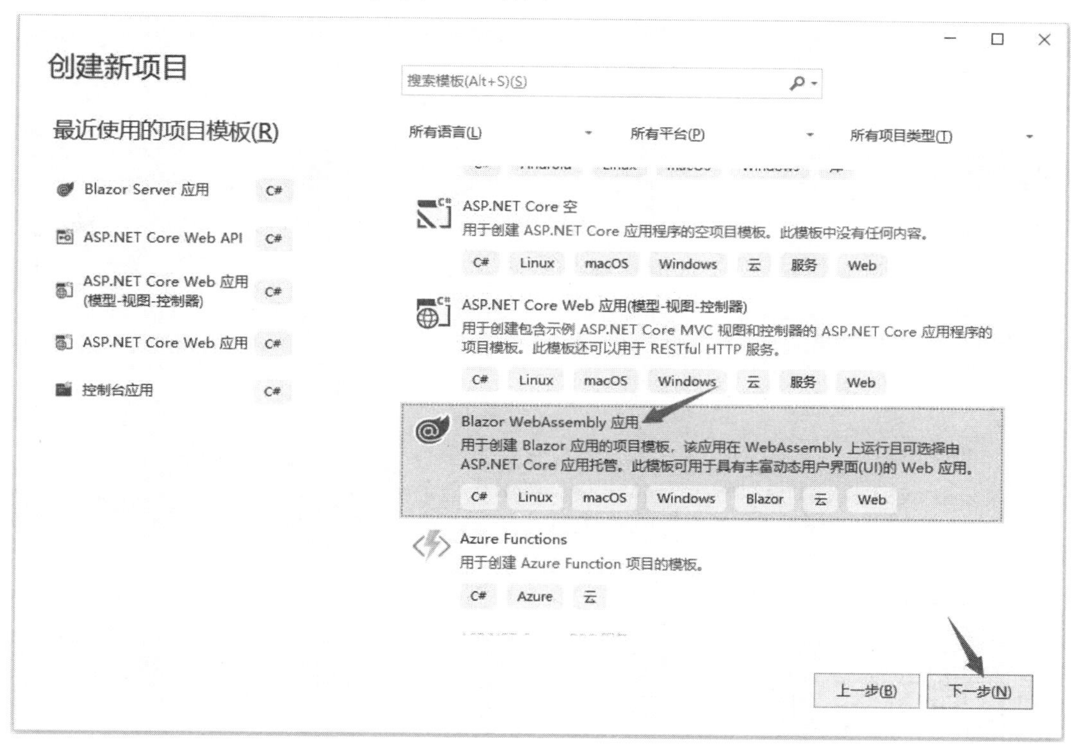

图 13.12　选择“Blazor WebAssembly 应用”模板

（2）进入“配置新项目”对话框，在该对话框中输入项目名称，并设置项目的保存路径，然后单击“下一步”按钮，如图 13.13 所示。

（3）进入“其他信息”对话框，如图 13.14 所示，在该对话框中设置要创建的 Blazor WebAssembly 应用所使用的.NET 版本、是否配置 HTTPS、是否使用顶级语句等，这里建议选中“ASP.NET Core 托管”和“渐进式 Web 应用程序”复选框。选中“ASP.NET Core 托管”后可以使用 ASP.NET Core 程序创建一个服务器端，用来托管 Blazor WebAssembly 应用程序；而“渐进式 Web 应用程序”则允许将 Blazor WebAssembly 应用程序添加到桌面，以便像桌面应用程序一样直接双击运行。设置完成后，单击“创建”按钮，即可创建一个 Blazor WebAssembly 应用。

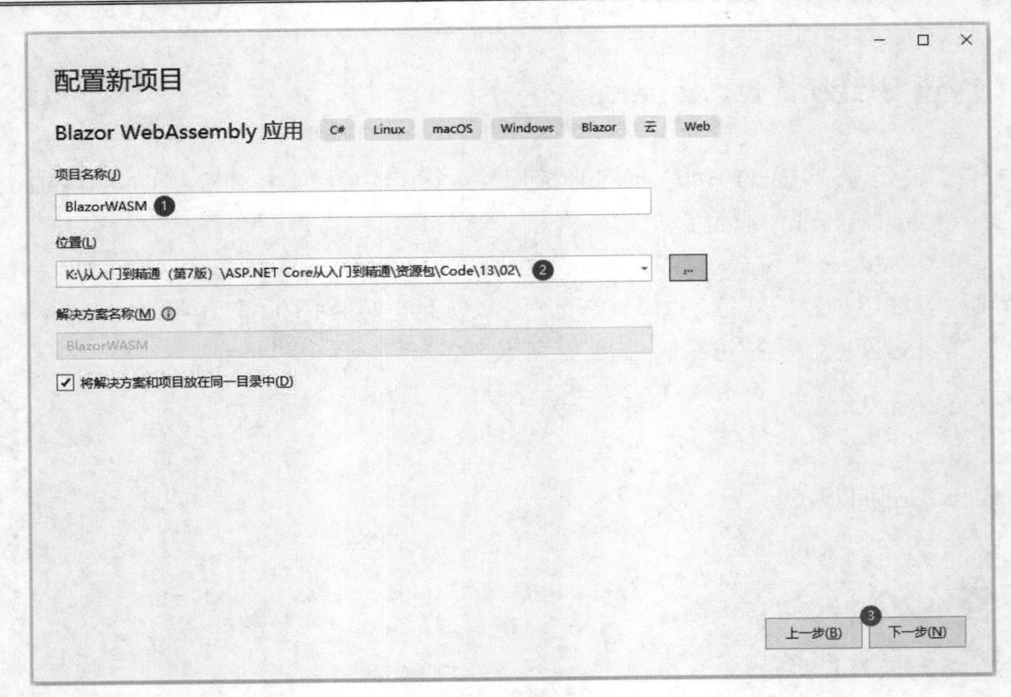

图 13.13　“配置新项目”对话框

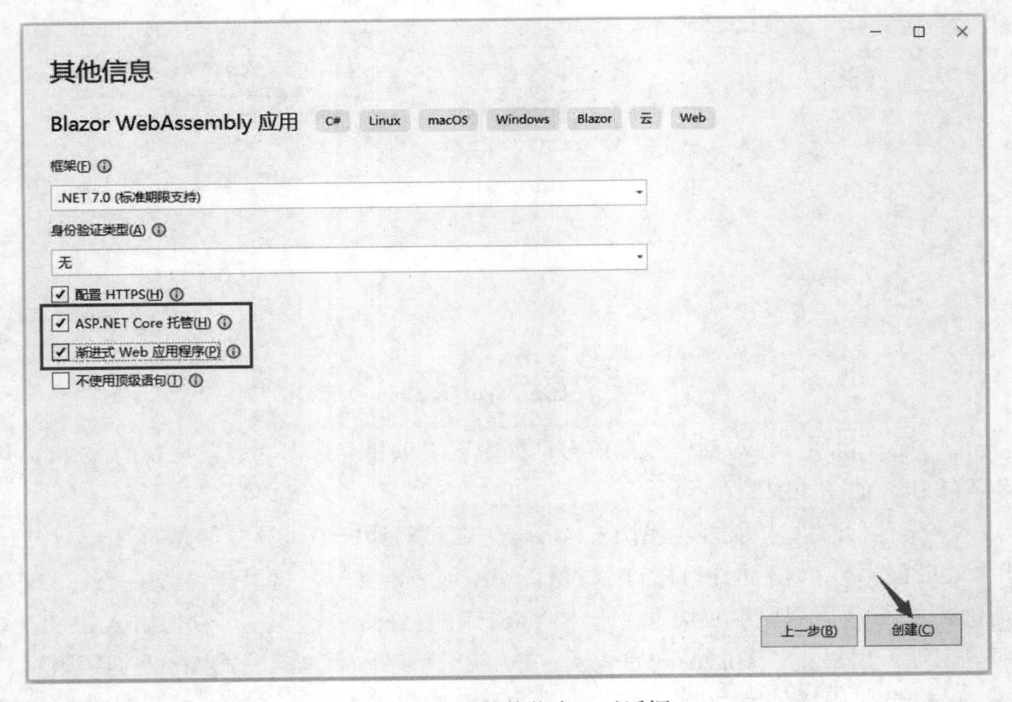

图 13.14　“其他信息”对话框

创建完的 Blazor WebAssembly 应用的项目结构如图 13.15 所示。

从图 13.15 可以看出，Blazor WebAssembly 应用中包含了 3 个项目，它们的作用如下：

☑　Client 项目：Blazor WebAssembly 应用。
☑　Server 项目：向客户端提供 Blazor WebAssembly 应用和示例天气数据的应用。
☑　Shared 项目：类库项目，常用来维护类、方法和其他通用资源等。

在 Visual Studio 中运行 Blazor WebAssembly 应用时可以选择 Client 和 Server，如图 13.16 所示。

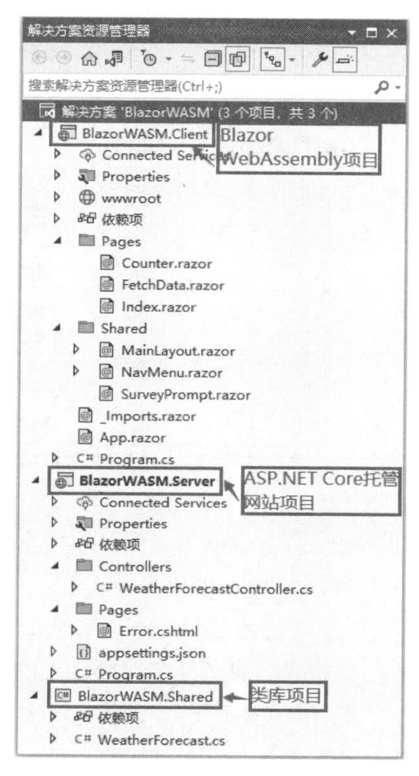

图 13.15　Blazor WebAssembly 应用的项目结构

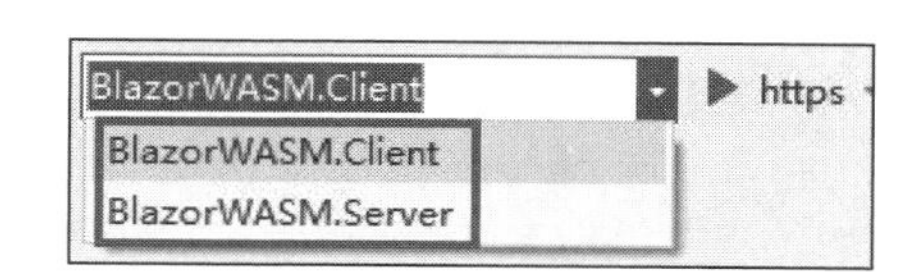

图 13.16　选择要运行的 Blazor WebAssembly 应用项目

如果选择运行 Client 项目，由于没有启动服务器端，因此在页面加载之后，会出现如图 13.17 所示的错误提示，因为无法从服务器端获取数据。

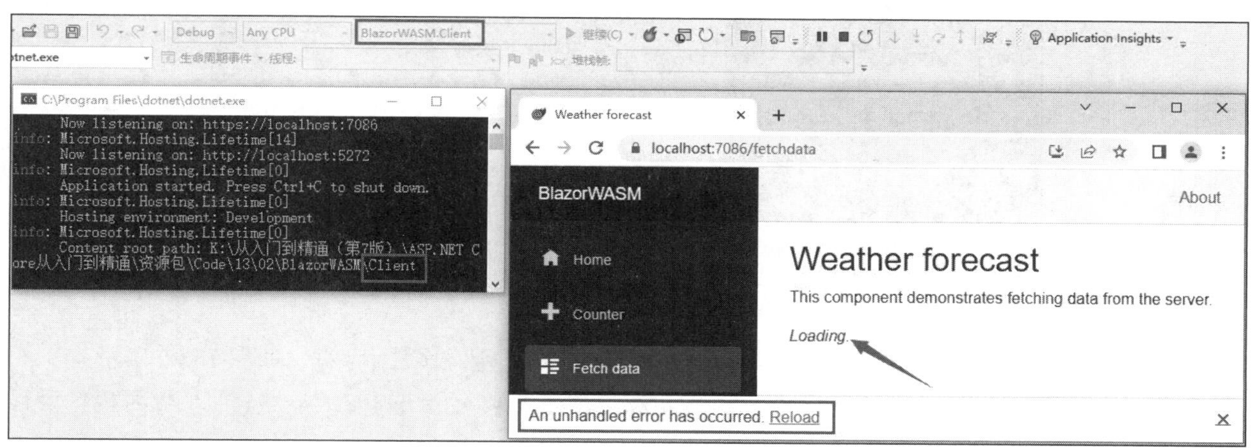

图 13.17　运行 Blazor WebAssembly 应用的 Client 项目时的效果

如果选择运行 Server 项目，则首先启动服务器，然后打开客户端浏览器页面，当我们单击左侧导航中的 Fetch data 菜单时，从服务器获取示例数据并显示，效果如图 13.18 所示。

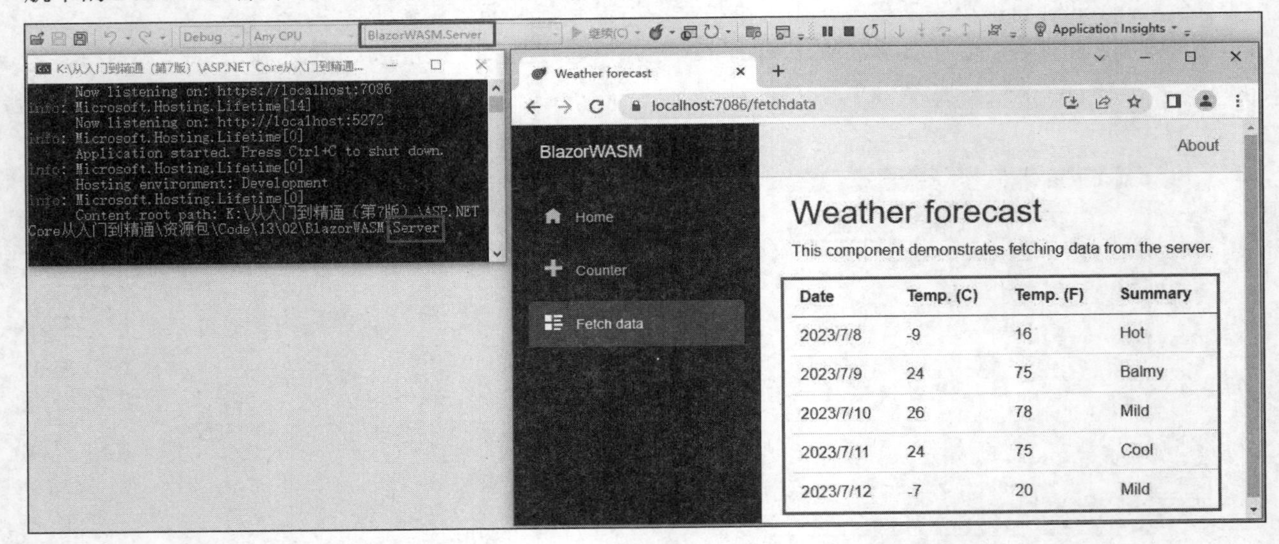

图 13.18　运行 Blazor WebAssembly 应用的 Server 项目时的效果

另外，13.2.1 节中讲到 Blazor WebAssembly 是一种单页应用框架，因此，可以将 Blazor WebAssembly 应用的客户端安装到本地机器上，以使其能够像桌面应用一样去直接运行。步骤如下。

（1）在浏览器中访问 Blazor WebAssembly 客户端页面，打开浏览器的菜单，可以看到有一个“安装 BlazorWASM”菜单项（BlazorWASM 是创建的 Blazor WebAssembly 应用名称），如图 13.19 所示。

图 13.19　在浏览器菜单中找到“安装 BlazorWASM”菜单项

（2）单击“安装 BlazorWASM”菜单项，弹出“安装应用”确认对话框，如图 13.20 所示。

（3）单击图 13.20 中的“安装”按钮，即可在桌面上安装一个快捷方式，然后我们就可以像运行桌面应用一样，通过双击该快捷方式打开应用了，如图 13.21 所示。

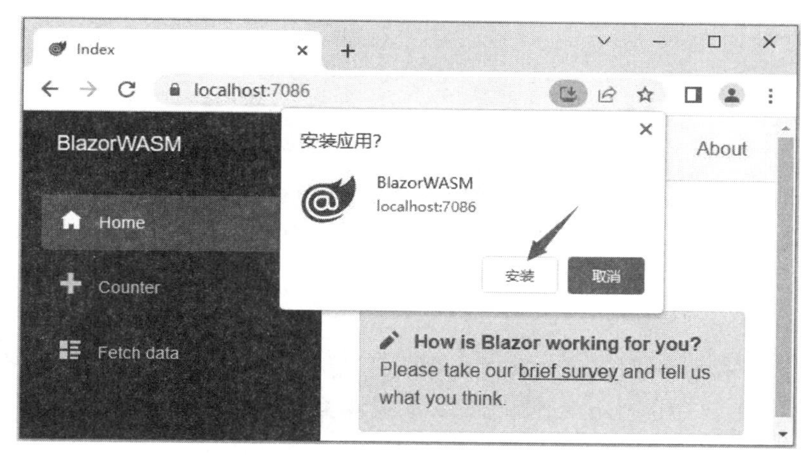

图 13.20　“安装应用”确认对话框

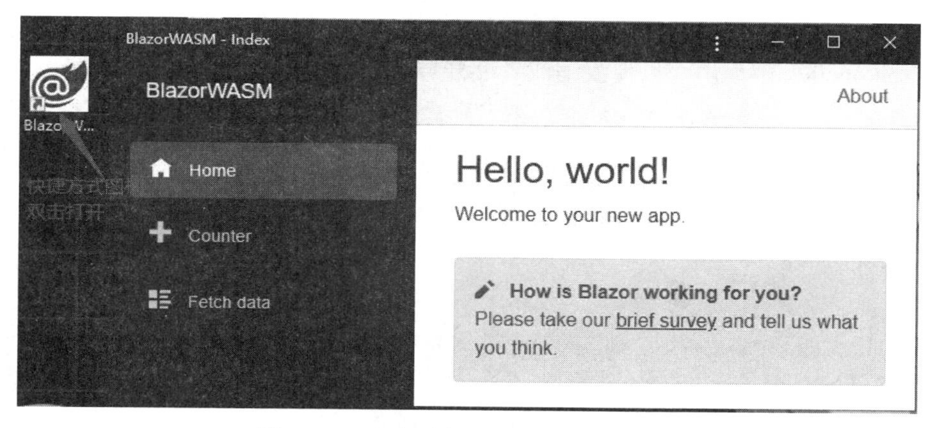

图 13.21　在桌面上安装快捷方式并打开

说明

运行时需要先启动 Blazor WebAssembly 应用的服务器，尤其是涉及服务器与客户端数据交互的功能时，否则，会出现类似图 13.17 所示的错误提示。

13.3.3　Blazor 应用解析

本节将主要以 Blazor Server 应用为例，对 Blazor 应用中的代码进行分析。

首先在创建 Blazor Server 应用后，会在 Program.cs 主程序中添加 Blazor 相关的服务和中间件，其中，AddServerSideBlazor()方法用来添加 Blazor 服务，MapBlazorHub()方法用来设置与浏览器进行实时连接（通过 SignalR 创建）时所使用的终结点。关键代码如下：

```
using BlazorServer.Data;

var builder = WebApplication.CreateBuilder(args);
```

```
//Add services to the container.
builder.Services.AddRazorPages();
builder.Services.AddServerSideBlazor();
builder.Services.AddSingleton<WeatherForecastService>();

var app = builder.Build();

//省略部分代码……
app.MapBlazorHub();
app.MapFallbackToPage("/_Host");

app.Run();
```

在 Shared 文件夹中存放了 Blazor Server 应用的公共组件，其中，NavMenu.razor 为侧边栏导航组件，该组件中用到了 Razor 中的<NavLink>标记，该组件类似于 HTML 中的<a>，其可以设置导航，导航链接可以是其他的 Razor 组件，比如，这里一共有 3 个<NavLink>标记，其中，第一个<NavLink>标记的 href 属性为空，表示导航到主页，后面两个<NavLink>标记的 href 属性分别导航到了 Counter 组件和 FetchData 组件；另外，在 NavMenu.razor 中还使用@code {}定义了一个 ToggleNavMenu()方法，其在<button>按钮的 onclick 中调用，以便收缩或者展开导航菜单。NavMenu.razor 组件代码如下：

```
<div class="top-row ps-3 navbar navbar-dark">
    <div class="container-fluid">
        <a class="navbar-brand" href="">BlazorServer</a>
        <button title="Navigation menu" class="navbar-toggler" @onclick="ToggleNavMenu">
            <span class="navbar-toggler-icon"></span>
        </button>
    </div>
</div>

<div class="@NavMenuCssClass nav-scrollable" @onclick="ToggleNavMenu">
    <nav class="flex-column">
        <div class="nav-item px-3">
            <NavLink class="nav-link" href="" Match="NavLinkMatch.All">
                <span class="oi oi-home" aria-hidden="true"></span> Home
            </NavLink>
        </div>
        <div class="nav-item px-3">
            <NavLink class="nav-link" href="counter">
                <span class="oi oi-plus" aria-hidden="true"></span> Counter
            </NavLink>
        </div>
        <div class="nav-item px-3">
            <NavLink class="nav-link" href="fetchdata">
                <span class="oi oi-list-rich" aria-hidden="true"></span> Fetch data
            </NavLink>
        </div>
    </nav>
</div>

@code {
    private bool collapseNavMenu = true;

    private string? NavMenuCssClass => collapseNavMenu ? "collapse" : null;

    private void ToggleNavMenu()
    {
        collapseNavMenu = !collapseNavMenu;
```

```
    }
}
```

MainLayout.razor 为 Blazor Server 应用布局组件，其中使用<NavMenu />引用了上面定义的 NavMenu.razor 组件，而主体内容则使用@Body 添加了一个标记，以便引用具体的 Razor 组件或者 Razor 页面。MainLayout.razor 组件代码如下：

```
@inherits LayoutComponentBase

<PageTitle>BlazorServer</PageTitle>

<div class="page">
    <div class="sidebar">
        <NavMenu />
    </div>

    <main>
        <div class="top-row px-4">
            <a href="https://docs.microsoft.com/aspnet/" target="_blank">About</a>
        </div>

        <article class="content px-4">
            @Body
        </article>
    </main>
</div>
```

默认创建的 Blazor Server 应用中创建了一个 Counter.razor 组件，该组件中有一个 Click me 按钮，单击该按钮时，可以在不刷新页面的情况下增加计数器的值。具体实现时，首先使用@page 命令指定页面路由地址，然后使用@currentCount 显示计数器值，并在 Click me 按钮的 onclick 中绑定 IncrementCount()方法。IncrementCount()方法是在@code{}代码块中定义的，用来实现计数器值的增加。Counter.razor 组件代码如下：

```
@page "/counter"

<PageTitle>Counter</PageTitle>

<h1>Counter</h1>

<p role="status">Current count: @currentCount</p>

<button class="btn btn-primary" @onclick="IncrementCount">Click me</button>

@code {
    private int currentCount = 0;

    private void IncrementCount()
    {
        currentCount++;
    }
}
```

默认创建的 Blazor Server 应用中创建了一个客户端与服务器端进行交互的 FetchData.razor 组件，用来模拟获取天气数据，其数据是通过 WeatherForecastService 服务类中的 GetForecastAsync()方法来获取的。该组件中重写了 Razor 组件的 OnInitializedAsync()方法，该方法在异步初始化组件时执行。

FetchData.razor 组件代码如下：

```
@page "/fetchdata"
@using BlazorServer.Data
@inject WeatherForecastService ForecastService

<PageTitle>Weather forecast</PageTitle>

<h1>Weather forecast</h1>

<p>This component demonstrates fetching data from a service.</p>

@if (forecasts == null)
{
    <p><em>Loading...</em></p>
}
else
{
    <table class="table">
        <thead>
            <tr>
                <th>Date</th>
                <th>Temp. (C)</th>
                <th>Temp. (F)</th>
                <th>Summary</th>
            </tr>
        </thead>
        <tbody>
            @foreach (var forecast in forecasts)
            {
                <tr>
                    <td>@forecast.Date.ToShortDateString()</td>
                    <td>@forecast.TemperatureC</td>
                    <td>@forecast.TemperatureF</td>
                    <td>@forecast.Summary</td>
                </tr>
            }
        </tbody>
    </table>
}

@code {
    private WeatherForecast[]? forecasts;

    protected override async Task OnInitializedAsync()
    {
        forecasts = await ForecastService.GetForecastAsync(DateOnly.FromDateTime(DateTime.Now));
    }
}
```

FetchData.razor 组件中的天气数据是通过 WeatherForecastService 服务类来获取的，该服务类中主要对 WeatherForecast 实体类进行操作，并返回随机生成的天气数据。WeatherForecast 实体类及 WeatherForecastService 服务类的实现代码如下：

```
// WeatherForecast 实体类
namespace BlazorServer.Data
{
    public class WeatherForecast
```

```
    {
        public DateOnly Date { get; set; }

        public int TemperatureC { get; set; }

        public int TemperatureF => 32 + (int)(TemperatureC / 0.5556);

        public string? Summary { get; set; }
    }
}
// WeatherForecastService 服务类
namespace BlazorServer.Data
{
    public class WeatherForecastService
    {
        private static readonly string[] Summaries = new[]
        {
        "Freezing", "Bracing", "Chilly", "Cool", "Mild", "Warm", "Balmy", "Hot", "Sweltering", "Scorching"
    };

        public Task<WeatherForecast[]> GetForecastAsync(DateOnly startDate)
        {
            return Task.FromResult(Enumerable.Range(1, 5).Select(index => new WeatherForecast
            {
                Date = startDate.AddDays(index),
                TemperatureC = Random.Shared.Next(-20, 55),
                Summary = Summaries[Random.Shared.Next(Summaries.Length)]
            }).ToArray());
        }
    }
}
```

说明

Blazor WebAssembly 应用的实现代码与 Blazor Server 应用类似，但是它将数据实体、服务器端和客户端分别放在了不同的项目中，其中，服务器端主要通过定义 Controller 控制器返回数据，而客户端获取服务器端返回的数据时，需要使用 HttpClient 对象的 GetFromJsonAsync()方法，以便通过 GET 请求，在异步操作中以 JSON 形式返回服务器端传递的数据。

13.4　Blazor 案例应用

【例 13.3】获取所有图书信息并根据编号删除指定图书（**实例位置：资源包\Code\13\03**）

开发步骤如下。

（1）创建一个 Blazor Server 应用，在 Data 文件夹中创建一个 Book 实体类，用来表示图书信息，其中定义 5 个属性，分别表示图书的编号、书名、描述、价格和分类，代码如下：

```
public class Book
{
    public int BookID { get; set; }          //编号
    public string Name { get; set; }         //书名
    public string Description { get; set; }  //描述
```

```
    public double Price { get; set; }                    //价格
    public string Category { set; get; }                 //分类
}
```

（2）在 Data 文件夹中创建一个与 Book 类对应的 BookService 服务类，该服务类中首先初始化图书数据，然后分别定义 GetBookInfoAsync()方法和 DeleteBook()方法。其中，GetBookInfoAsync()方法用来获取所有图书信息；DeleteBook()方法用来根据编号删除指定图书信息。代码如下：

```
public class BookService
{
    //初始化图书数据
    public List<Book> books=new List<Book>
    {
    new Book{ BookID = 1,Name = "ASP.NET Core 从入门到精通",Description = "基于.NET 7.0，ASP.NET Core 开发必备",Category = "网页制作工具-程序设计",Price = 79.8 },
        new Book{ BookID = 2,Name = "Python 从入门到精通(第 3 版)",Description = "基于 Python 3.11，Python 新手开发必备",Category = "软件工具-程序设计",Price = 79.8 },
        new Book{ BookID = 3,Name = "Java 从入门到精通(第 7 版)",Description = "基于 JDK 19，百万 Java 开发者选择",Category = "Java 语言-程序设计",Price = 79.8 },
        new Book{ BookID = 4,Name = "C 语言从入门到精通(第 6 版)",Description = "编程入门新手开发必备",Category = "C 语言-程序设计",Price = 79.8 },
        new Book{ Name = "C#从入门到精通(第 7 版)",Description = "基于最新 C#和 Visual Studio 2022",Category = "C 语言-程序设计",Price = 79.8 }
    };

    //获取所有图书信息
    public Task<List<Book>> GetBookInfoAsync()
    {
        return Task.FromResult(books);
    }

    private Book book;                                   //声明一个 Book 对象，表示要删除的对象
    //根据编号删除指定的图书
    public void DeleteBook(int bookid)
    {
        book = books.Find(x => x.BookID == bookid);      //根据编号找到相应图书
        books.Remove(book);                              //从集合中移除指定的图书相关信息
    }
}
```

（3）在 Program.cs 主程序文件中添加 BookService 服务，代码如下：

```
builder.Services.AddSingleton<BookService>();            //添加服务
```

（4）在 Pages 文件夹中创建一个 BookInfo.razor 组件，该组件中主要显示获取到的图书信息，并且能够调用 BookService 服务类的 DeleteBook()方法删除指定编号的图书信息。BookInfo.razor 组件代码如下。

```
@page "/bookinfo"
@using BlazorApp.Data
@inject BookService bookservice                          //引入服务类

<PageTitle>图书信息</PageTitle>

<h1>图书信息</h1>

@if (books == null)
{
```

```
    <p><em>Loading...</em></p>
}
else
{
    <table class="table">
        <thead>
            <tr>
                <th>编号</th>
                <th>书名</th>
                <th>描述</th>
                <th>分类</th>
                <th>定价</th>
                <th>操作</th>
            </tr>
        </thead>
        <tbody>
            @foreach (var book in books) @* 遍历图书信息 *@
            {
                <tr>
                    <td>@book.BookID</td> @* 编号 *@
                    <td>@book.Name</td> @* 书名 *@
                    <td>@book.Description</td> @* 描述 *@
                    <td>@book.Category</td> @* 分类 *@
                    <td>@book.Price</td> @* 价格 *@
                    <td>
                        @* 调用服务类的 DeleteBook 方法删除指定图书信息 *@
                        <button @onclick="()=>{bookservice.DeleteBook(book.BookID);}">删除</button>
                    </td>
                </tr>
            }
        </tbody>
    </table>
}

@code {
    private List<Book> books;                                   //存储图书信息

    protected override async Task OnInitializedAsync()
    {
        books = await bookservice.GetBookInfoAsync();   //获取所有图书信息
    }
}
```

（5）打开 Shared 文件夹中的 NavMenu.razor 组件，在其中使用<NavLink>标记添加 Book 导航菜单，并通过 href 属性链接到上面定义的 BookInfo.razor 组件。代码如下：

```
<div class="nav-item px-3">
    <NavLink class="nav-link" href="bookinfo">
        <span class="oi oi-list-rich" aria-hidden="true"></span> Book
    </NavLink>
</div>
```

运行程序，Blazor 服务启动后，在浏览器中单击左侧导航菜单中的 Book 菜单项，即可跳转到“/bookinfo”页面，并显示所有图书信息，效果如图 13.22 所示。

单击图 13.22 最后一列中的“删除”按钮，即可删除指定编号的图书信息，例如，这里单击编号为 4 的图书所对应的“删除”按钮，则效果如图 13.23 所示。

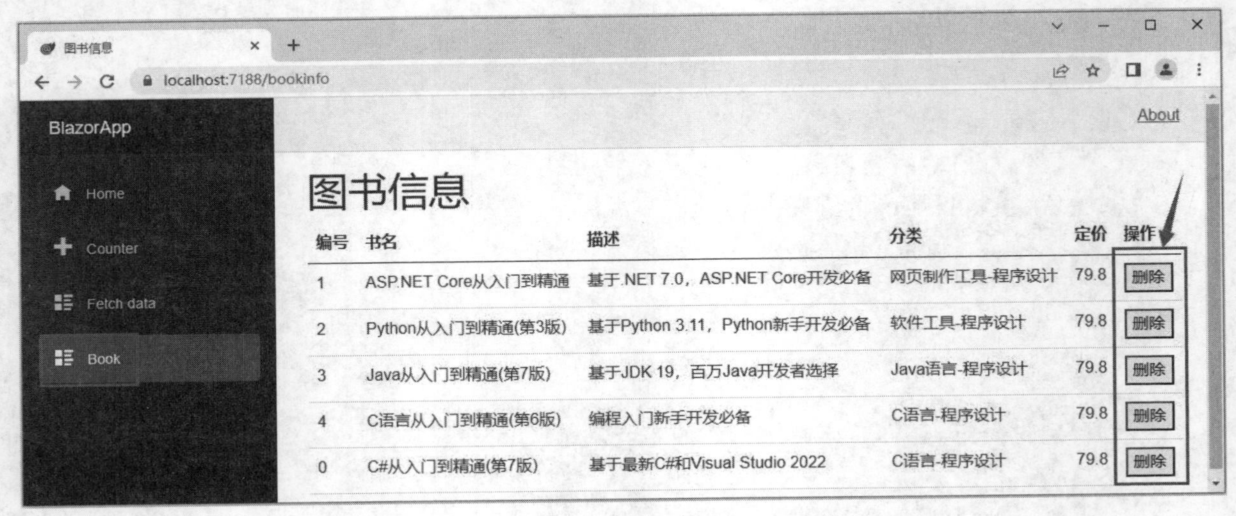

图 13.22　在 Blazor Server 应用中显示图书信息

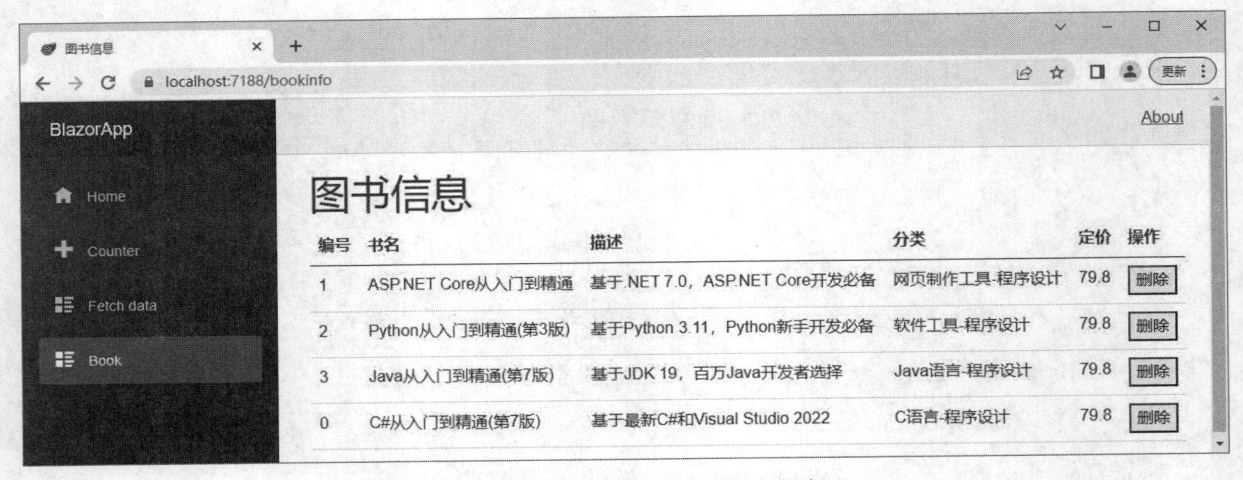

图 13.23　删除了编号为 4 的图书信息

13.5　要点回顾

本章主要对 ASP.NET Core 中 Blazor 应用的基础知识以及使用方法进行了详细讲解，Blazor 是在.NET 和 Razor 基础上构建的交互 Web UI 框架，它是基于 Razor 组件的，通过对不同模式 Blazor 应用的使用，我们可以方便地创建不同类型的应用。学习本章时，重点需要掌握不同类型 Blazor 应用的创建过程，并熟悉 Blazor 在实际开发中的使用过程。

第 14 章

SignalR 服务器端消息推送

在第 13 章的 Blazor Server 应用中，客户端和服务器通过 SignalR 来进行交互，那么什么是 SignalR 呢？它有什么作用？如何在实际开发中使用 SignalR 呢？本章将带领大家一起来了解 SignalR，并演示如何在 ASP.NET Core 网站中使用 SignalR。

本章知识架构及重点、难点如下。

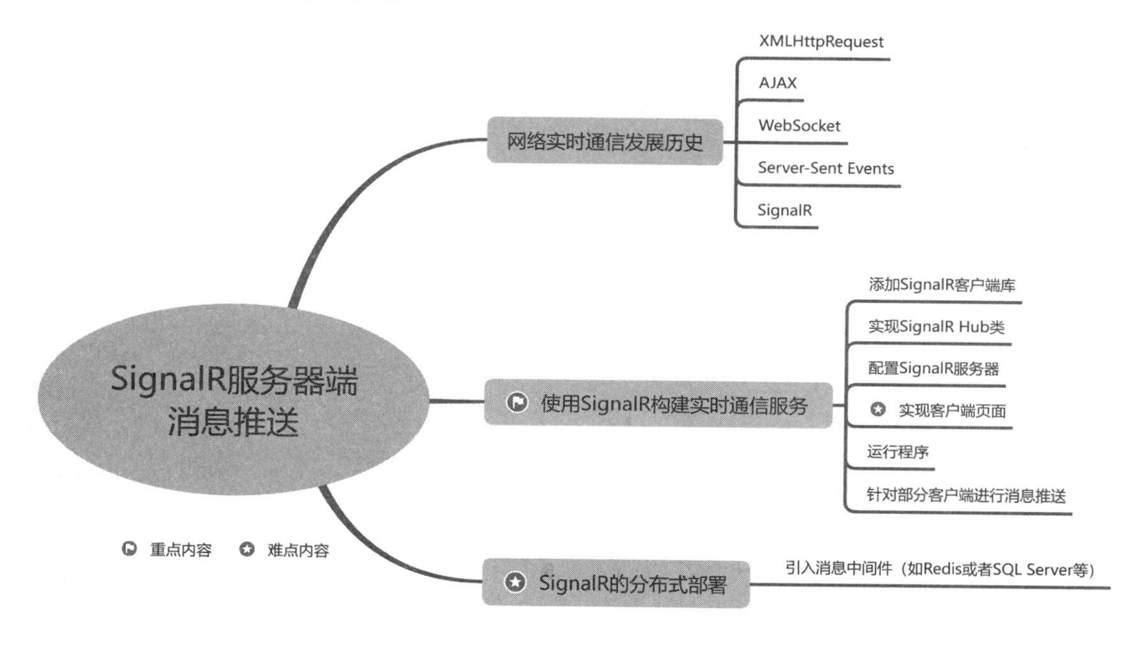

14.1 网络实时通信发展历史

SignalR 是一种网络实时通信技术，要学习 SignalR，首先需要对网络实时通信技术的发展有一个大致的了解，网络实时通信，即在客户端和服务器端之间进行实时通信，其主要经历了 XMLHttpRequest、AJAX、WebSocket、SSE（Server-Sent Events）、signalR 这 5 个阶段，下面分别对这 5 个网络实时通信的发展阶段进行介绍。

14.1.1 XMLHttpRequest

在早期，客户端浏览器与服务器进行通信时，必须向 Web 服务器发送一个完整的 HTTP GET 请求，以获得要显示的信息，而在 1999 年年底，微软发布了带有 XMLHttpRequest 组件的 IE 5.0，该组件用于与服务器进行交互，它允许从 URL 检索数据，而无须执行整页刷新，这使网页能够仅更新页面的一部分，而不会中断用户正在执行的操作。

14.1.2 AJAX

几年后，以谷歌为主导，在 XMLHttpRequest 基础上提出了 AJAX（asynchronous JavaScript and XML）的概念，AJAX 本身不是一种技术，而是一种将许多现有技术一起使用的方法，包括 HTML 或 XHTML、CSS、JavaScript、DOM、XML、XSLT 等，其中最重要的是 XMLHttpRequest。当这些技术在 AJAX 模型中组合时，Web 应用程序能够对用户界面进行快速的增量更新，而无须重新加载整个浏览器页面，这使得应用程序更快，对用户操作的响应速度更快。

AJAX 最吸引人的特点是它的“异步”特性，这意味着它可以与服务器通信、交换数据和更新页面，而无须刷新页面，但 AJAX 仍然使用 HTTP 进行通信，这意味着服务器不能向客户端推送数据，因为 HTTP 是一个请求-响应通信协议，它必须等待客户端发出请求。

14.1.3 WebSocket

WebSocket 是一种网络通信协议，于 2008 年诞生，并在 2011 年被正式确定为 RFC 标准和 W3C 标准，它不属于 HTTP 无状态协议，而是基于 TCP 的，其协议名为“ws”，用于在单个 TCP 连接上进行全双工通信。

WebSocket 为客户端和服务器搭起一座桥梁，从而实现客户端向服务器发送消息，以及服务器主动向客户端推送消息。在 WebSocket 中，浏览器和服务器只需要完成一次握手，两者之间就可以创建持久性的连接，并进行双向数据传输，这使客户端和服务器之间的数据交换变得更加简单。

客户端与服务器使用 WebSocket 进行通信时，客户端与服务器的交互如图 14.1 所示。

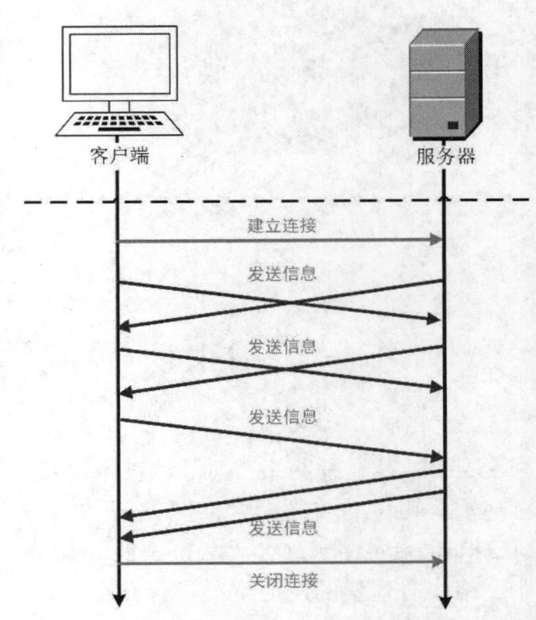

图 14.1　WebSocket 中客户端与服务器的交互示意图

14.1.4 Server-Sent Events

想要实现从服务器端向浏览器推送信息，除了可以使用 WebSocket，还有另一种方法，即使用 Server-Sent Events（服务器发送事件，以下简称 SSE）。SSE 是 HTML5 规范的一部分，该规范非常简单，主要由两部分组成：第一部分是服务端与浏览器端的通信协议（HTTP 协议），第二部分是浏览器端可供 JavaScript 使用的 EventSource 对象（用于接收服务器发送过来的消息）。

SSE 不同于 WebSocket，SSE 只能是服务器向客户端发送消息，而 WebSocket 可以实现双向通信，但是 SSE 更加轻量级。

14.1.5　SignalR

SignalR 是.NET Core 的一个开源实时框架，它可以简化开发人员将实时 Web 功能添加到应用程序的过程，其本质上是使用 WebSocket、Server Sent Events 和 Long Polling（长轮询）这 3 种技术作为底层传输方式，让开发人员可以更好地关注业务问题，而不是底层传输技术问题。

说明

实时 Web 功能是指这样一种功能：当所连接的客户端变得可用时，服务器代码可以立即向其推送内容，而不是让服务器等待客户端请求新的数据。

SignalR 框架分为服务器端和客户端，其中，服务器端支持 ASP.NET Core 和 ASP.NET，而客户端除了支持浏览器中的 JavaScript 外，也支持其他类型的客户端（如桌面应用、WPF 等）。SignalR 主要适用于以下场景：

- ☑ 需要从服务器进行高频更新的应用，如游戏、社交网络、地图、投票等。
- ☑ 通知类应用，如社交网络、游戏、电子邮件、聊天室等。
- ☑ 协作类应用，如办公自动化系统、团队会议应用、白板应用等。
- ☑ 仪表板和监视类应用，如公司仪表板、即时销售数据更新等。

SignalR 提供了用于创建服务器到客户端远程过程调用的 API，这样即可通过服务器端的.NET Core 代码调用客户端上的 JavaScript 函数，它主要通过 hub（集线器）在客户端和服务器之间进行通信，所有连接到同一个 hub 上的程序都可以互相通信，如图 14.2 所示。

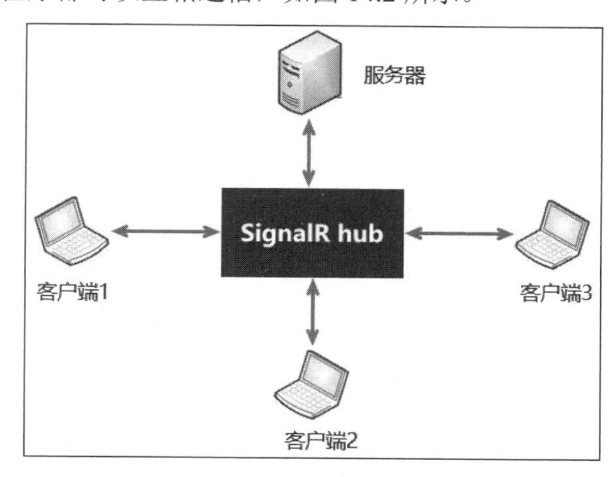

图 14.2　SignalR 中通过 hub 通信的示意图

在 SignalR 中提供了两个内置的 hub 协议，分别为基于 JSON 的文本协议和基于 MessagePack 的二进制协议。使用 MessagePack 创建的消息由于是二进制类型，因此，相对于 JSON 来说，体积更小，但对于一些比较旧的浏览器，其支持不太好。

14.2 使用 SignalR 构建实时通信服务

使用 SignalR 构建实时通信服务主要分为添加 SignalR 客户端库、实现 SignalR Hub 类、配置 SignalR 服务器、实现客户端页面等 4 个步骤，下面以案例步骤的形式分别进行讲解。

【例 14.1】使用 SignalR 构建聊天室应用（**实例位置：资源包\Code\14\01**）

开发步骤见 14.2.1～14.2.6 节。

14.2.1 添加 SignalR 客户端库

SignalR 服务器库包含在 ASP.NET Core 中，但其客户端库不会自动包含在项目中，需要手动进行添加，步骤如下。

（1）打开 Visual Studio 2022，创建一个名称为 SignalRDemo 的 ASP.NET Core Web 应用，然后在“解决方案资源管理器”中，右击该项目，在弹出的快捷菜单中选择“添加”→“客户端库”命令，如图 14.3 所示。

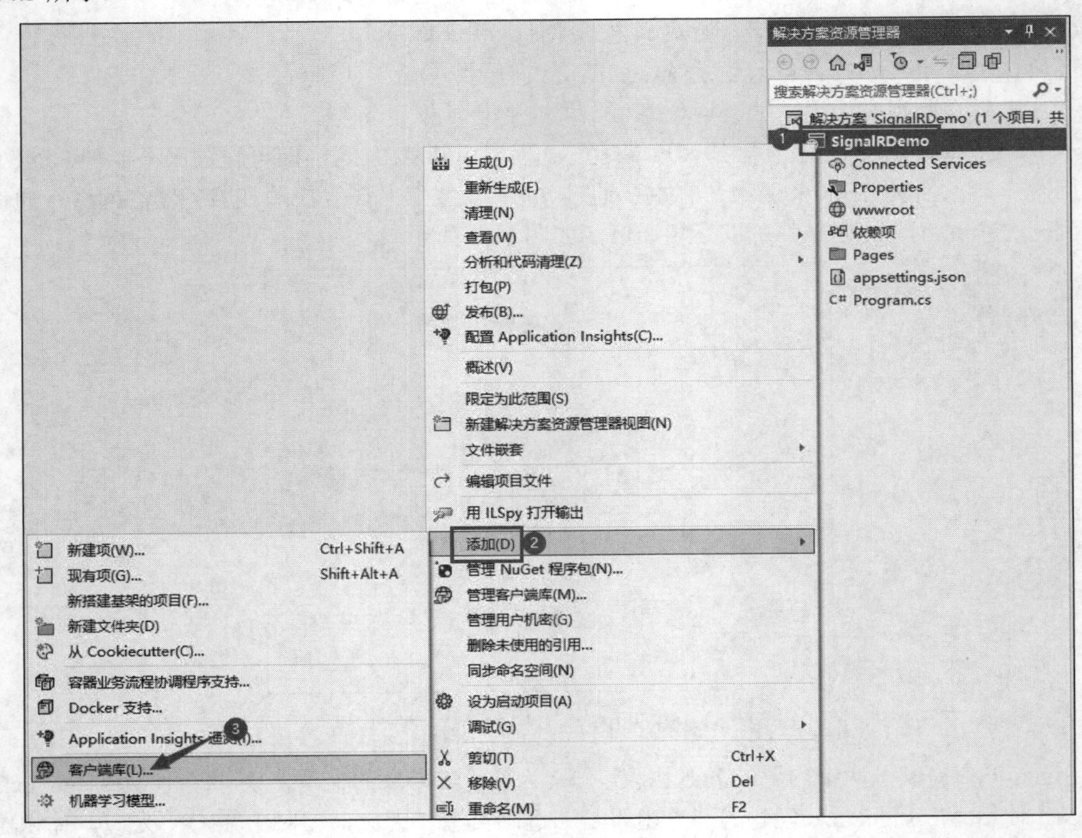

图 14.3　选择“添加”→“客户端库”

（2）弹出“添加客户端库”对话框，在该对话框中，首先选择 unpkg 提供程序，并输入“@microsoft/signalr@latest”库。然后选中“选择特定文件”单选按钮，并依次展开下方的“文件”“dist”“browser”节点，选中“signalr.js”和“signalr.min.js”两个复选框。接下来设置“目标位置”，默认为“wwwroot/lib/microsoft/signalr/”。最后单击“安装”按钮，如图 14.4 所示。

说明

unpkg 是一个内容源自 npm 的全球快速 CDN（内容交付网络），它可以交付 Node.js 包管理器中的任何内容；而“@microsoft/signalr@latest”表示微软提供的最新的 signalr 库。

（3）等待安装之后，即可在项目的“wwwroot/lib/microsoft/signalr/”路径中添加“signalr.js”和“signalr.min.js”这两个 SignalR 客户端库文件，如图 14.5 所示。

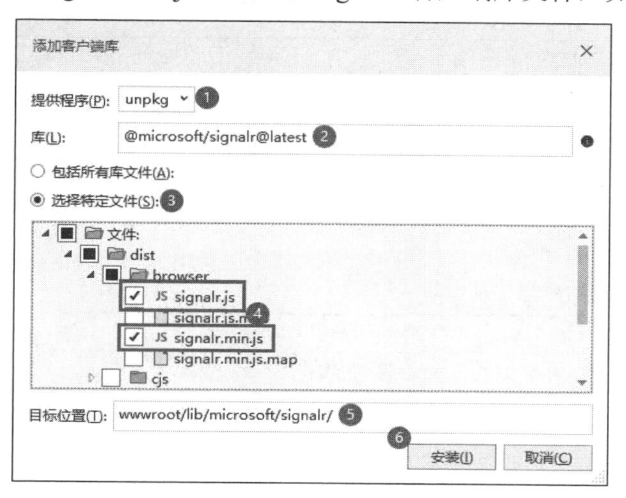

图 14.4　“添加客户端库”对话框

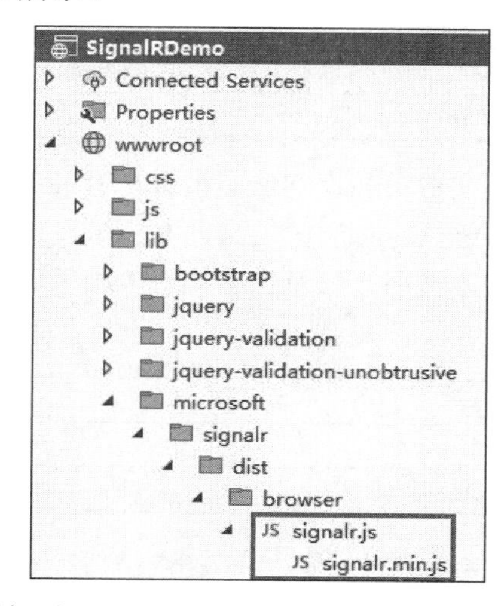

图 14.5　添加到 ASP.NET Core 项目中的 SignalR 客户端库文件

14.2.2　实现 SignalR Hub 类

Hub 类位于 Microsoft.AspNetCore.SignalR 命名空间中，它主要用作处理 SignalR 中客户端到服务器通信的高级管道，该类常用的属性及说明如表 14.1 所示。

表 14.1　Hub 类的常用属性及说明

属　性	说　明
Clients	获取或设置一个对象，该对象可用于在连接到此 Hub 的客户端上调用方法
Context	获取或设置 Hub 调用方上下文
Groups	获取或设置组管理器

在使用 Hub 类的属性时，可以使用 Context.ConnectionId 来获得当前调用方法的客户端唯一标识符；另外，Hub 类的 Clients 属性返回一个 IHubCallerClients 接口对象，该对象提供了对连接到当前 Hub 的客户端进行筛选的成员，如表 14.2 所示。

表 14.2　IHubCallerClients 接口对象的成员及说明

成　员	说　明
All	获取所有连接的客户端
AllExcept	获取除了参数指定的 ConnectionId 以外的所有客户端
Caller	获取当前连接的客户端
Client	获取指定 ConnectionId 的客户端
Clients	获取指定的多个 ConnectionId 的客户端
Group	获取指定组中的客户端
Groups	获取多个组中的客户端
GroupExcept	获取除了指定组以外的客户端
Others	获取除了当前连接之外的其他客户端
OtherInGroup	获取指定组中除了当前连接之外的其他客户端
User	获取指定用户 ID 的客户端
Users	获取指定的多个用户 ID 的客户端

上面这些成员的返回值类型都是 IClientProxy 类型，该类型中定义了一个 SendCoreAsync()方法（扩展方法为 SendAsync()），用来向客户端发送消息。

Hub 类的常用方法及说明如表 14.3 所示。

表 14.3　Hub 类的常用方法及说明

方　法	说　明
OnConnectedAsync()	使用 Hub 建立新连接时调用
OnDisconnectedAsync(Exception)	终止与 Hub 的连接时调用

在 SignalRDemo 项目中创建一个 Hubs 文件夹，并在其中创建一个 ChatHub.cs 类文件，该文件中定义 ChatHub 类，并继承自 SignalR 的 Hub 类，然后定义一个 SendMessage()方法，用来调用 Hub 对象的 Clients.All.SendAsync()方法向所有客户端发送消息。代码如下：

```
using Microsoft.AspNetCore.SignalR;

namespace SignalRDemo.Hubs
{
    public class ChatHub:Hub
    {
        public async Task SendMessage(string user,string message)
        {
            string msg = $"{user} {DateTime.Now}：{message}";           //拼接消息字符串
            await Clients.All.SendAsync("ReceiveMessage", msg);          //向所有客户端发送消息
        }
    }
}
```

14.2.3　配置 SignalR 服务器

在实现了 SignalR 的 Hub 类之后，需要配置 SignalR 服务器，即在 Program.cs 主程序文件中注册

SignalR 服务，并启用 SignalR Hub 中间件。关键代码如下：

```
using SignalRDemo.Hubs;

var builder = WebApplication.CreateBuilder(args);

//Add services to the container.
builder.Services.AddRazorPages();
builder.Services.AddSignalR();             //注册 SignalR 服务

var app = builder.Build();

//省略部分代码……

app.MapHub<ChatHub>("/chathub");      //启用 SignalR 中间件
app.MapRazorPages();

app.Run();
```

14.2.4 实现客户端页面

在 SignalRDemo 项目的 Pages 文件夹中创建一个 Chat.cshtml 页面文件，该文件中首先设置页面标题；然后通过两个<input>标签创建用户名和消息文本框；添加一个“发送”按钮，用来实现发送消息功能；添加一个名称为 messagesList 的列表，用来显示从 SignalR Hub 接收的消息；最后，在页面中包含对 SignalR 客户端脚本的引用，以及对自定义脚本文件 chat.js 的引用。Chat.cshtml 页面文件代码如下：

```
@page
@model SignalRDemo.Pages.ChatModel
@{
    ViewData["Title"] = "聊天室";
}
<div class="container">
    <div class="row p-1">
        <div class="col-1">用户名：</div>
        <div class="col-5"><input type="text" id="userInput" /></div>
    </div>
    <div class="row p-1">
        <div class="col-1">消　息：</div>
        <div class="col-5"><input type="text" class="w-100" id="messageInput" /></div>
    </div>
    <div class="row p-1">
        <div class="col-6 text-end">
            <input type="button" id="sendButton" value="发送"/>
        </div>
    </div>
    <div class="row p-1">
        <div class="col-6">
            <hr />
        </div>
    </div>
    <div class="row p-1">
        <div class="col-6">
```

```
                <ul id="messagesList"></ul>
            </div>
        </div>
</div>
<script src="~/lib/microsoft/signalr/dist/browser/signalr.js"></script>
<script src="~/js/chat.js"></script>
```

上面代码中引用了一个自定义脚本文件 chat.js，其位于 wwwroot/js 文件夹中，该脚本文件实现的主要功能如下：

☑ 创建并启动 SignalR 连接。

☑ 为“发送”按钮添加一个用于向 Hub 发送消息的处理程序。

☑ 为 SignalR 连接对象添加一个用于从 Hub 接收消息并将其添加到列表的处理程序。

chat.js 脚本文件代码如下：

```
"use strict";                                                          //执行严格错误检查

//创建从客户端到服务器端的连接（地址必须与 MapHub 中设置相同）
var connection = new signalR.HubConnectionBuilder().withUrl("/chathub").build();

document.getElementById("sendButton").disabled = true;                 //设置“发送”按钮不可用

//向连接对象添加一个用于从 SignalR Hub 接收消息并将其添加到列表的处理程序
connection.on("ReceiveMessage", function (msg) {
    var li = document.createElement("li");                             //定义列表项
    document.getElementById("messagesList").appendChild(li);           //添加列表项
    li.textContent = `${msg}`;                                         //设置列表内容
});

//建立连接时执行
connection.start().then(function () {
    document.getElementById("sendButton").disabled = false;            //设置“发送”按钮可用
}).catch(function (err) {
    return console.error(err.toString());
});

//为“发送”按钮添加 click 事件监听
document.getElementById("sendButton").addEventListener("click", function (event) {
    var user = document.getElementById("userInput").value;             //获取输入的用户名
    var message = document.getElementById("messageInput").value;       //获取输入的消息
    //异步调用 SendMessage 方法发送消息
    connection.invoke("SendMessage", user, message).catch(function (err) {
        return console.error(err.toString());
    });
    event.preventDefault();                                            //设置 Web 浏览器不执行与事件关联的默认动作
});
```

上面代码中使用 signalR.HubConnectionBuilder()方法创建了从客户端到服务器端的连接，然后使用 withUrl()方法设置了 SignalR 服务器的 Hub 地址，该地址必须与 SignalR 服务器端 MapHub 设置的路径一致，最后使用 build()方法构建了一个客户端到 SignalR Hub 的连接，但这里需要注意的是，使用 build()构建的连接只是一个逻辑上的连接，还需要使用 start()方法来启动连接。而在启动连接之后，就可以在连接对象的 invoke()方法中调用 Hub 实现类中的方法，并且可以在 on()方法中监听服务器端使用 SendAsync()发送的消息。

14.2.5　运行程序

在 Visual Studio 中运行 SignalRDemo 应用，在浏览器地址栏的默认地址后添加“/Chat”，同时再次打开一个或者多个其他浏览器窗口，每个浏览器中都访问“https://localhost:****/Chat”地址，当其中某一个用户输入用户名和消息并单击“发送”按钮时，打开的多个浏览器窗口都可以看到该用户发送的消息。

图 14.6 为打开 3 个浏览器窗口的效果，其中第 3 个浏览器窗口是后来加入的，因此，在该窗口中看不到前两个浏览器窗口之前发送的消息，但能够获取到其加入时间点之后的所有消息。

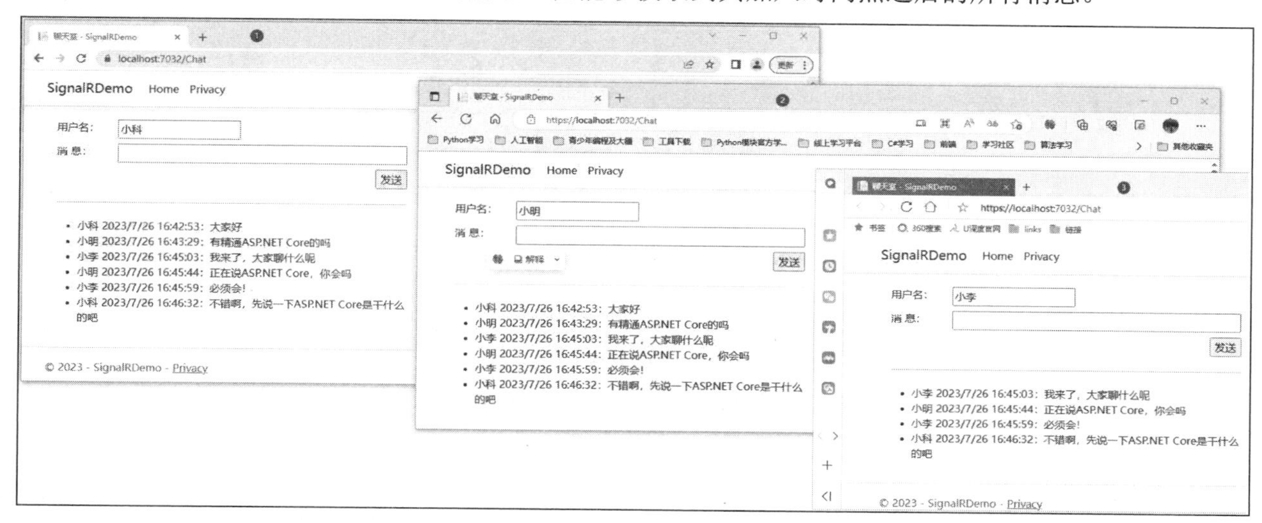

图 14.6　聊天室运行效果

14.2.6　针对部分客户端进行消息推送

在 14.2.2 节的 Hub 实现类中实现的是向所有客户端发送消息，但在很多实际的场景中，可能只需要向指定的部分客户端发送消息，比如聊天室中的私聊功能、办公自动化系统的请假审批等，这时就可以使用 IHubCallerClients 对象（即 Hub 类的 Clients 属性的返回类型对象）的其他成员。例如，14.2.2 节中 Hub 实现类中有如下代码：

```
await Clients.All.SendAsync("ReceiveMessage", msg);          //向所有客户端发送消息
```

将上面代码修改为：

```
await Clients.Others.SendAsync("ReceiveMessage", msg);       //向除了自己的其他客户端发送消息
```

即将代码中的 All 成员修改为 Others 成员，这样就表示向除了当前连接之外的其他客户端发送消息。运行程序，打开两个浏览器窗口，分别在其中发送消息，效果如图 14.7 所示。

另外，还可以使用下面代码实现向除了当前连接之外的其他客户端发送消息的功能：

```
await Clients.AllExcept(this.Context.ConnectionId).SendAsync("ReceiveMessage", msg);
```

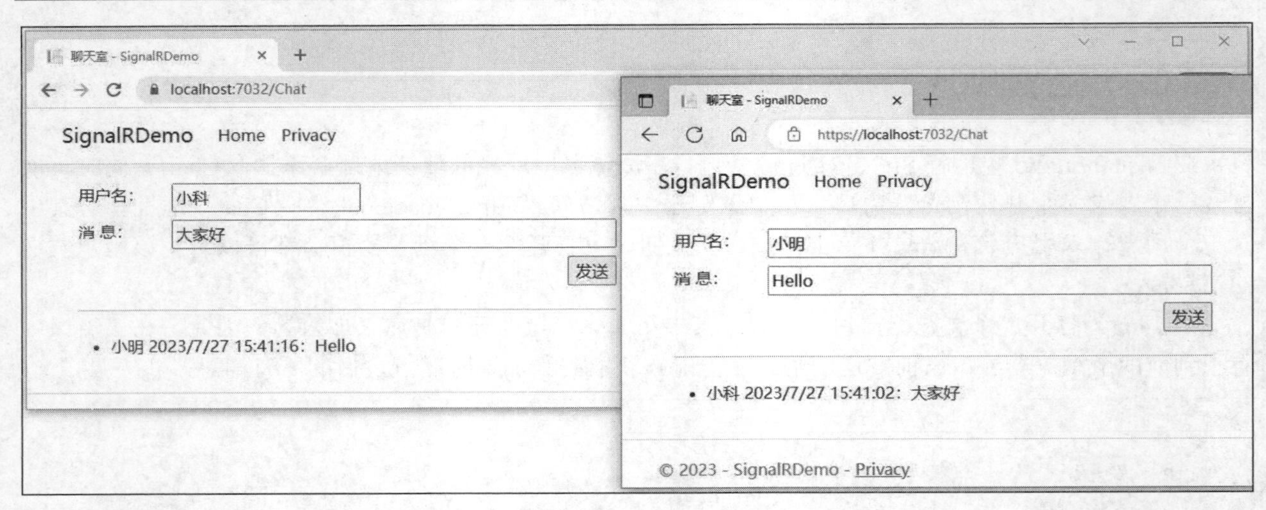

图 14.7 聊天室中只显示其他人发送的消息

14.3 SignalR 的分布式部署

SignalR 支持多种服务器推送方式，包括 WebSocket、Server-Sent Events、长轮询等，但是当不同的客户端被连接到两个或者多个服务器上时，会出现群发消息可能只有部分客户端知道的情况，遇到这种情况时，可以将所有服务器连接到同一个消息中间件，即实现 SignalR 的分布式部署，其前提条件为启用粘性会话，或者禁用协商。

☑ 粘性会话：对负载均衡服务器进行配置，以便把来自同一个客户端的请求都转发给同一台服务器，它主要根据网络请求的客户端 IP 地址来判断是否为同一客户端，因此，这种方式有可能会因为共享公网 IP 等造成请求无法被平均分配到服务器集群。

☑ 禁用协商：直接向服务器发出 WebSocket 请求，WebSocket 连接一旦建立后，在客户端和服务器端上就可以直接建立持续的网络连接通道，这样，在这个 WebSocket 连接中的后续往返 WebSocket 通信都由同一台服务器来处理。禁用协商的方式非常简单，只需要在创建 SignalR 连接的 withUrl()函数中设置 skipNegotiation 参数和 transport 参数即可，其中，skipNegotiation 参数设置为 true，表示跳过协商，transport 参数设置为 signalR.HttpTransportType.WebSocket，表示将通信方式强制设置为 WebSocket。代码如下：

```
options= { skipNegotiation: true, transport: signalR.HttpTransportType.WebSocket };
var connection = new signalR.HubConnectionBuilder().withUrl("/chathub",options).build();
```

在分布式环境中，当某个服务器上的 SignalR 要向客户端发送消息时，该消息默认只能发送给连接到该服务器的客户端，如果要发送给所有客户端，应该怎么办呢？答案是使用中间件。

微软官方提供了 Redis 作为中间件来解决 SignalR 部署在分布式环境中时的消息共享问题，其使用方法如下。

（1）通过 NuGet 安装 Microsoft.AspNetCore.SignalR.StackExchangeRedis 包。

（2）在主程序文件 Program.cs 的 AddSignalR()后添加 AddStackExchangeRedis()来指定要连接的 Redis 配置。例如，如果有一个 Redis 服务器连接到本地地址（127.0.0.1），则可以添加以下代码：

```
builder.Services.AddSignalR()
    .AddStackExchangeRedis("127.0.0.1", options => {
        options.Configuration.ChannelPrefix = "Test1_";
    });
```

上面代码中，AddStackExchangeRedis()方法的第一个参数为 Redis 服务器的连接字符串，第二个参数为可选参数，如果有多个 SignalR 应用程序连接同一台 Redis 服务器，则需要为每一个应用程序配置唯一的 ChannelPrefix。

通过这种方式，可以确保在分布式环境中，所有服务器都可以访问同一个 Redis 服务器，并使用相同的 ChannelPrefix 来通信，这样，就可以实现 SignalR 的分布式部署。

说明

常用的 SQL Server 数据库也可以作为中间件来使用，具体使用时，首先需要创建一个空的数据库，比如命名为 SignalRDB，然后安装 Microsoft.AspNet.SignalR.SqlServer 包，最后在 Program.cs 主程序文件中进行如下配置：

```
app.UseCors(CorsOptions.AllowAll).MapSignalR();
//SQLServer（跨服务器通信代码配置）
string sqlConnectionString = "data source=localhost;initial catalog=SignalRDB;persist security info=True;user id=sa;password=123456;";
GlobalHost.DependencyResolver.UseSqlServer(sqlConnectionString);
```

但需要说明的是，使用 SQL Server 数据库作为中间件时，其性能要比 Redis 中间件低很多，因此，实际应用中，推荐使用 Redis 作为 SignalR 分布式部署的中间件。

14.4　要点回顾

本章主要对 ASP.NET Core 应用中 SignalR 技术的使用进行了讲解，SignalR 是一种网络实时通信技术，它能够从服务器端向客户端推送消息，而这个过程主要借助 hub（集线器）来实现，所有连接到同一个 hub 上的程序都可以互相通信；另外，在不同的客户端被连接到不同的服务器上时，可以借助 Redis 中间件实现 SignalR 的分布式部署，从而使所有服务器都能够连接到同一个消息中间件。

第 15 章

gRPC 远程过程调用

gRPC 是谷歌公司的一个基于 ProtoBuf 和 HTTP 2.0 的开源 RPC 框架，它支持跨语言的 RPC 调用，常用于分布式开发系统中。本章将对 ASP.NET Core 中 gRPC 的创建及使用进行讲解。

本章知识架构及重点、难点如下。

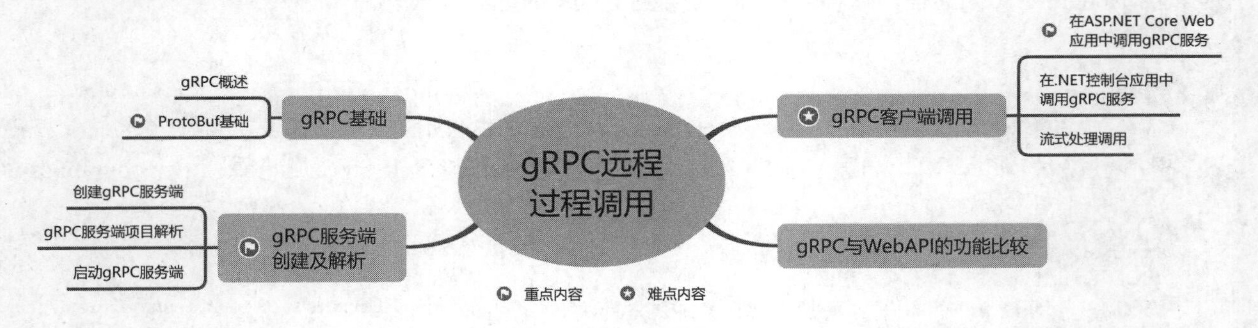

15.1　gRPC 基础

gRPC 的全称是 Google remote procedure call，它是谷歌的一个高性能开源 RPC 框架，主要用于远程过程调用，本节将对 gRPC 的基础知识进行介绍。

15.1.1　gRPC 概述

gRPC 是基于 HTTP 2.0 协议标准而设计的，其内容交换格式采用 ProtoBuf 序列化协议（Google protocol buffers，作用与 XML、JSON 类似，但使用二进制，序列化速度快，压缩效率高），支持多种语言（如 Golang、Python、Java、C#等），由于 gRPC 对 HTTP 2.0 协议的支持，使其在 Android、IOS 等客户端后端服务的开发领域具有良好的前景。

gRPC 提供了一种简单的方法来定义服务，同时客户端可以充分利用 HTTP 2.0 Stream 的特性，从而有助于节省带宽、降低 TCP 的连接次数、节省 CPU 的使用等。

说明

RPC（remote procedure call），即远程过程调用，常用于分布式系统中。比如有两台服务器 A、B，如果一个在 A 服务器上的应用想要调用 B 服务器上的应用提供的函数或者方法，由于它们不在一个内存空间，因此不能直接调用，而需要通过网络来表达调用的语义和传达调用的数据，这就需要用到 RPC 技术。

和很多 RPC 系统一样，gRPC 的服务端负责实现定义好的接口并处理客户端的请求，客户端根据接口描述直接调用需要的服务。gRPC 相对于传统的 RPC，主要解决了以下三大问题。

（1）协议约定。gRPC 的协议是 Protocol Buffers，这是一种压缩率极高的序列化协议，Google 在 2008 年开源了 Protocol Buffers，其支持多种编程语言，所以 gRPC 支持客户端与服务端使用不同语言实现。

（2）传输协议。gRPC 的数据传输用的是 Netty Channel，Netty 是一个高效的基于异步 I/O 的网络传输架构，在 Netty Channel 中，每个 gRPC 请求都被封装成 HTTP 2.0 的 Stream。

（3）服务发现。gRPC 中可以借助组件提供服务发现的机制。

gRPC 的服务端与客户端通信如图 15.1 所示。

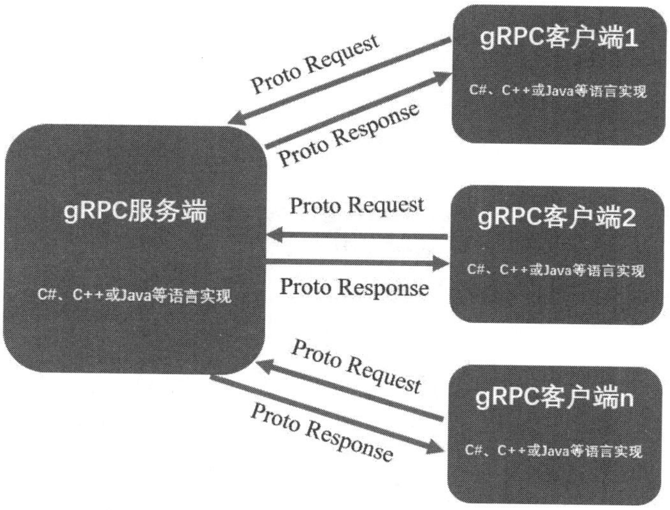

图 15.1　gRPC 的服务端与客户端通信示意图

15.1.2　ProtoBuf 基础

gRPC 的内容交换格式采用 ProtoBuf 序列化协议，ProtoBuf 是谷歌提出的一种数据交换的格式，它独立于语言，独立于平台，其提供多种语言的实现：Golang、Python、Java、C#等，每一种实现都包含了相应语言的编译器以及库文件，由于它是一种二进制的格式，比使用 XML 或者 JSON 进行数据交换快很多。可以把它用于分布式应用之间的数据通信或者异构环境下的数据交换。另外，作为一种效率和兼容性都很优秀的二进制数据传输格式，ProtoBuf 可以用于诸如网络传输、配置文件、数据存储等诸多领域。

ProtoBuf 的最新版本为 3.0，简称为 proto3，其文件扩展名为.proto。proto3 的基本语法规则如下：

☑　指定使用的 ProtoBuf 版本

文件第一行指定使用的 ProtoBuf 版本，如果不指定，默认使用 proto2。如果指定，则必须在文件的非空非注释的第一行。例如：

```
syntax = "proto3";
```

☑　定义包

```
package protobuf;
```

☑　引入其他 ProtoBuf 文件

```
import public "other_protos.proto";
import "google/protobuf/any.proto";
```

☑　标注选项

```
option csharp_namespace = "GrpcServiceDemo";    //表明生成 C#代码所在的命名空间
option java_package = "com.example.foo";        //表明生成 java 类所在的包
```

☑ 定义变量

```
//格式为：[修饰符][数据类型][变量名] = [唯一编号];其中，唯一编号是用来标识字段不能重复
string var1 = 1;
//string var2 = 1;                                    //该变量定义会编译报错，因为编号 1 已经被使用了
```

☑ 注释

可以使用 C/C++风格的双斜杠（//）语法格式。

☑ 指定变量规则

在 proto3 中，可以给变量指定以下两个规则：

- singular：0 或者 1 个，但不能多于 1 个。
- repeated：任意数量（包括 0）。

☑ 保留变量不被使用

```
reserved 3, 15, 9 to 11;
reserved "foo", "bar";

//string var2 = 3;                                    //编译会报错，因为 3 被保留了
//string var3 = 10;                                   //编译会报错，因为 10 被保留了
//string foo = 12;                                    //编译会报错，因为 foo 被保留了
```

☑ 定义一个消息类型

```
message SearchRequests {
    //定义成员变量，需要指定：变量类型、变量名、变量唯一编号
    string query = 1;
    int32 page_number = 2;
    int32 result_per_page = 3;
}
```

☑ 定义多个消息类型

```
message SearchRequest {
    string query = 1;
    int32 page_number = 2;
    int32 result_per_page = 3;
}
message SearchResponse {
    repeated string result = 1;
}
```

☑ 嵌套定义消息类型

```
message SearchResponse {
    message Result {
        string url = 1;
        string title = 2;
        repeated string snippets = 3;
    }
    repeated Result results = 1;
}
```

☑ 定义枚举

```
enum Corpus {
    UNIVERSAL = 0;                                    //第一个枚举值，这里的数字必须是 0，不然编译不能通过
    WEB = 1;
    //WEB1 = 1;                                       //这里编译不能通过，数字 1 只能对应一个枚举值
```

```
    IMAGES = 2;
    LOCAL = 3;
    NEWS = 4;
    PRODUCTS = 5;
    VIDEO = 6;
}
Corpus corpus = 4;
```

☑ 使用 Any 变量，定义任意的值

```
import "google/protobuf/any.proto";        //必须导入
repeated google.protobuf.Any details = 21;
```

☑ 使用 Oneof 变量

如果消息中有很多可选字段，并且同时至多一个字段会被设置，则可以使用 Oneof。Oneof 字段就像可选字段，除了会共享内存，至多一个字段会被设置，设置其中一个字段时，会清除其他 Oneof 字段。例如：

```
oneof test_oneof {
    string name = 24;
    Result sub_message = 29;
}
```

☑ 定义 Map 类型

```
map<key_type, value_type> map_field = N;
```

☑ 定义服务

```
service SearchService {
    rpc Search (SearchRequest) returns (SearchResponse);
}
```

☑ 简单 RPC

客户端使用 Stub 发送请求到服务器并等待响应返回，就像普通的函数调用一样，这是一个阻塞型的调用，例如：

```
rpc GetFeature(Point) returns (Feature) {}
```

☑ 服务器端流式 RPC

客户端发送请求到服务器，并通过流去读取返回的消息序列。客户端读取返回的流，直到没有任何消息，这可以通过在响应类型前插入 stream 关键字指定一个服务器端的流方法实现。例如：

```
rpc ListFeatures(Rectangle) returns (stream Feature) {}
```

☑ 客户端流式 RPC

客户端写入一个消息序列并将其发送到服务器，同样使用流，一旦客户端完成写入消息，它等待服务器完成读取并返回它的响应，这可以通过在请求类型前插入 stream 关键字来指定一个客户端的流方法实现。例如：

```
rpc RecordRoute(stream Point) returns (RouteSummary) {}
```

☑ 双向流式 RPC

双方使用读写流去发送一个消息序列，两个流独立操作，客户端和服务器能以任意顺序读写消息，比如，服务器可以在写入前等待接收所有的客户端消息，或者可以交替读取和写入消息，这可以通过在请求和响应前加 stream 关键字指定方法的类型来实现。例如：

```
rpc RouteChat(stream RouteNote) returns (stream RouteNote) {}
```

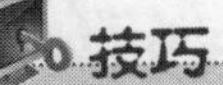

技巧

使用 protoc 工具可以把编写好的.proto 文件“编译”为 Java、Python、C++、Go、Ruby、JavaNano、Objective-C、C#或者 PHP 代码，该工具可以到 Google 谷歌的开发者网站或者 GitHub 开源网站（https://github.com/protocolbuffers/protobuf/releases）进行下载。

15.2 gRPC 服务端创建及解析

15.2.1 创建 gRPC 服务端

ASP.NET 中的 gRPC 主要基于 Grpc.AspNetCore 实现，在 Visual Studio 中创建 gRPC 服务端的步骤如下。

（1）选择“开始”→“所有程序”→Visual Studio 2022 菜单，进入 Visual Studio 2022 开发环境的开始使用界面，单击“创建新项目”选项，在“创建新项目”对话框的右侧选择“ASP.NET Core gRPC 服务”选项（可以在“创建新项目”对话框上方的搜索框中输入“grpc”快速搜索到该选项），单击“下一步”按钮，如图 15.2 所示。

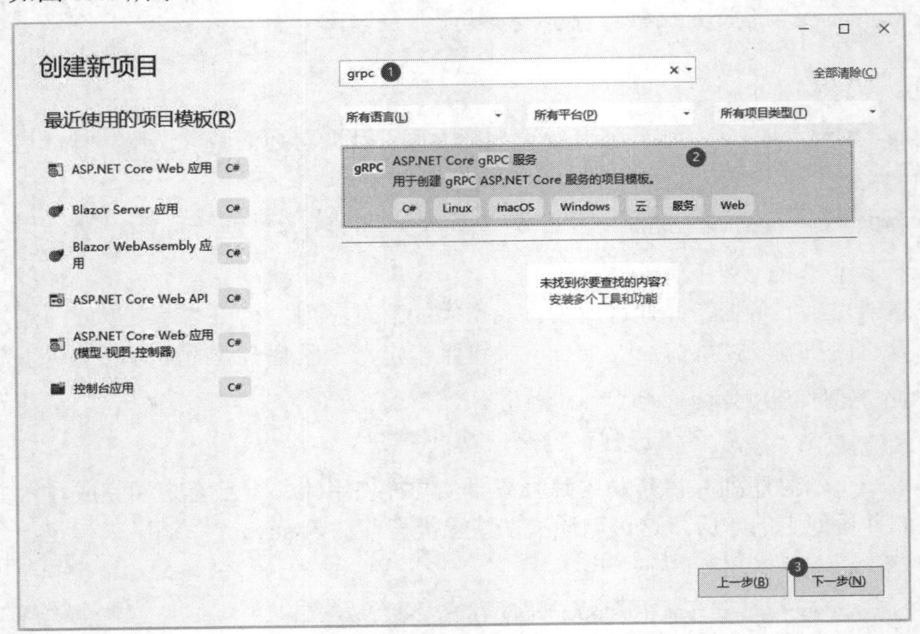

图 15.2　选择“ASP.NET Core gRPC 服务”

（2）进入“配置新项目”对话框，在该对话框中输入项目名称，这里输入 GrpcServiceDemo，并设置项目的保存路径，然后单击“下一步”按钮，如图 15.3 所示。

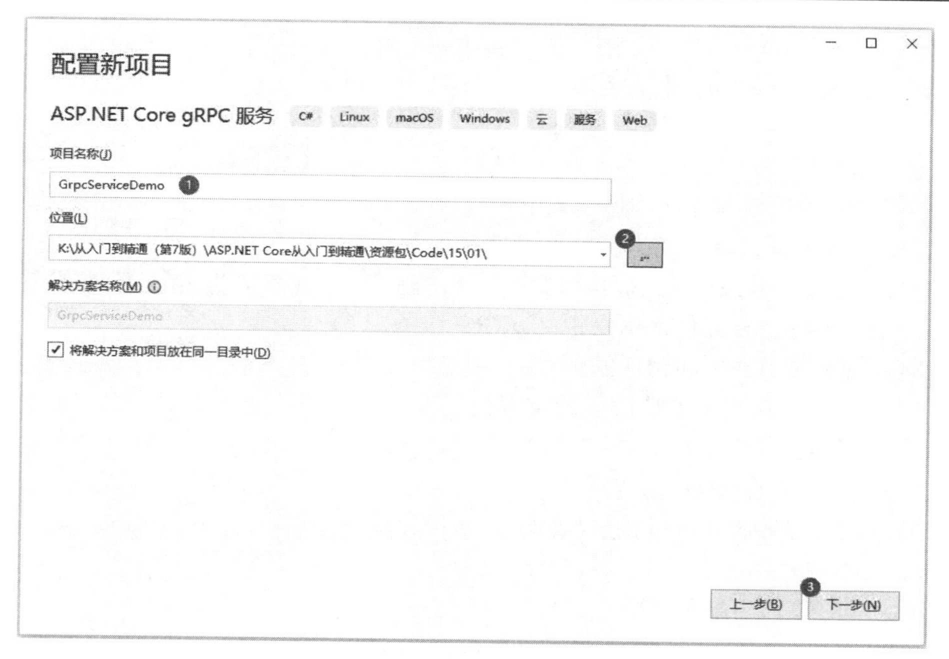

图 15.3　“配置新项目”对话框

（3）进入“其他信息”对话框，如图 15.4 所示，该对话框中可以设置要创建的 ASP.NET Core gRPC 服务所使用的.NET 版本，默认为最新的长期支持版，但通过单击向下箭头，可以选择最新的标准版；另外，可以选择是否启用 Docker，以及是否使用顶级语句等，这里一般采用默认设置。设置完成后，单击“创建”按钮，即可创建一个 ASP.NET Core gRPC 服务端项目。

图 15.4　“其他信息”对话框

15.2.2 gRPC 服务端项目解析

创建完成的 gRPC 服务端项目结构如图 15.5 所示。

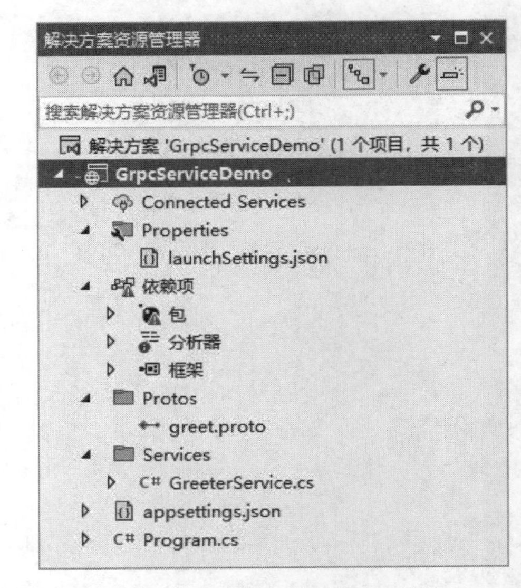

图 15.5 gRPC 服务端项目结构

gRPC 服务端项目的主要文件结构说明如下：

☑ launchSettings.json：项目的运行配置文件。

☑ Protos 文件夹：存放.proto 接口协议文件，其中默认包含一个 greet.proto 文件，用来定义 gRPC 服务，及在客户端和服务器之间传送的消息。

☑ Services 文件夹：包含 gRPC 服务的实现类，其中默认包含一个 GreeterService.cs 类文件，用来实现 greet.proto 文件中定义的 gRPC 服务。

☑ appsettings.json：包含项目的配置数据。

☑ Program.cs：包含 gRPC 服务的入口点。

下面对创建的 gRPC 服务端项目的主要代码进行讲解。

在 gRPC 服务端项目的 Protos 文件夹中有一个 greet.proto 文件，该文件中定义了一个名称为 Greeter 的 gRPC 服务，该服务中，定义了一个名称为 SayHello()的请求，用来发送一个包含 name 的 HelloRequest 请求对象，并返回一个包含一条消息的 HelloReply 对象，代码如下：

```
syntax = "proto3";

option csharp_namespace = "GrpcServiceDemo";

package greet;

// The greeting service definition.
service Greeter {
  // Sends a greeting
  rpc SayHello (HelloRequest) returns (HelloReply);
}

// The request message containing the user's name.
message HelloRequest {
  string name = 1;
}

// The response message containing the greetings.
message HelloReply {
  string message = 1;
}
```

双击打开 GrpcServiceDemo 项目文件，可以看到项目文件中存在如下代码，其用来将 greet.proto 文件包含在项目中，并注册为在服务端使用，代码如下：

```
<ItemGroup>
  <Protobuf Include="Protos\greet.proto" GrpcServices="Server" />
</ItemGroup>
```

在 gRPC 服务端项目的 Services 文件夹中有一个 GreeterService.cs 类文件，其中定义了 GreeterService 类，该类继承自 Greeter.GreeterBase（GreeterBase 类是从 greet.proto 文件的 Greeter 服务生成的），主要用来实现 greet.proto 文件的 Greeter 服务中定义的 SayHello()请求方法，代码如下：

```
using Grpc.Core;
using GrpcServiceDemo;

namespace GrpcServiceDemo.Services
{
    public class GreeterService : Greeter.GreeterBase
    {
        private readonly ILogger<GreeterService> _logger;
        public GreeterService(ILogger<GreeterService> logger)
        {
            _logger = logger;
        }
        //实现 Greeter 服务中的 SayHello()方法
        public override Task<HelloReply> SayHello(HelloRequest request, ServerCallContext context)
        {
            return Task.FromResult(new HelloReply
            {
                Message = "Hello " + request.Name
            });
        }
    }
}
```

在 gRPC 服务端项目的 Program.cs 主程序文件中，使用 AddGrpc()方法启用 gRPC 服务，并使用 MapGrpcService()方法将 GreeterService 服务添加到路由管道。代码如下：

```
using GrpcServiceDemo.Services;

var builder = WebApplication.CreateBuilder(args);

// Additional configuration is required to successfully run gRPC on macOS.
// Add services to the container.
builder.Services.AddGrpc();

var app = builder.Build();

// Configure the HTTP request pipeline.
app.MapGrpcService<GreeterService>();
app.MapGet("/", () => "Communication with gRPC endpoints must be made through a gRPC client. To learn how to create a client, visit: https://go.microsoft.com/fwlink/?linkid=2086909");

app.Run();
```

15.2.3　启动 gRPC 服务端

gRPC 服务端项目创建完成后，我们可以通过启动该项目来查看 gRPC 服务的相关信息，步骤如下。

（1）在 Visual Studio 的“解决方案资源管理器”中选中 gRPC 服务端项目，单击鼠标右键，在弹出的快捷菜单中选择“在终端中打开”命令，如图 15.6 所示。

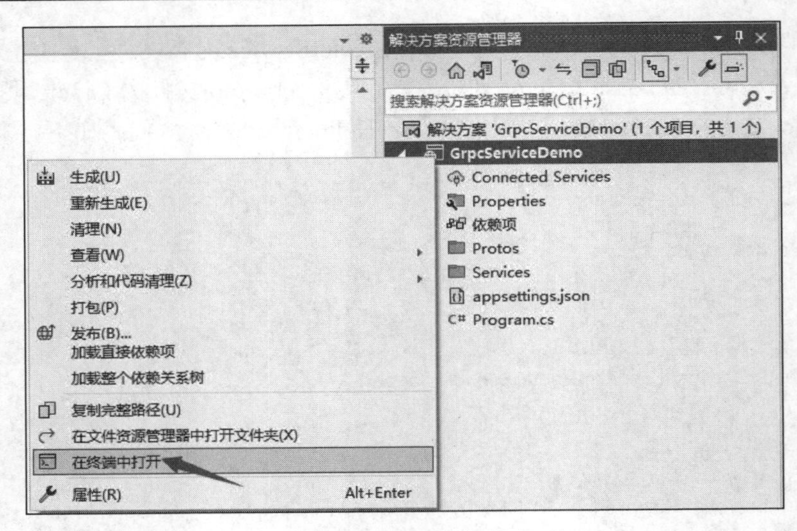

图 15.6　选择“在终端中打开”命令

（2）在打开的终端命令窗口中输入“dotnet run”命令来启动 gRPC 服务，效果如图 15.7 所示，该窗口中可以看到 gRPC 服务所监听的地址，以及具体路径。

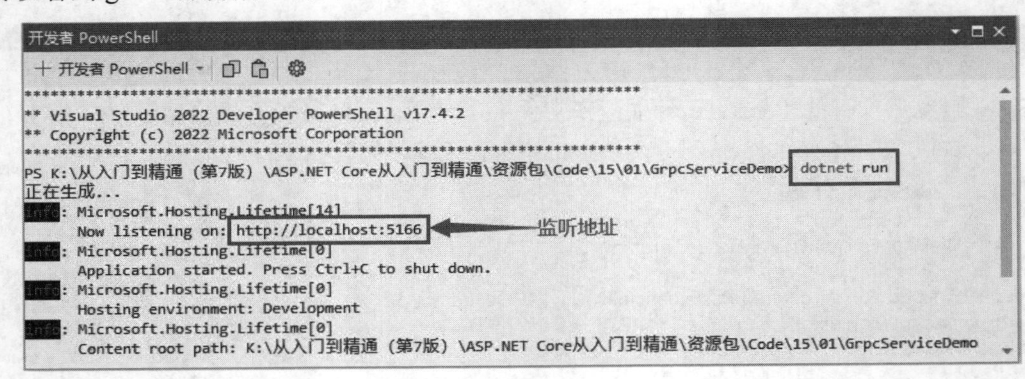

图 15.7　启动 gRPC 服务

15.3　gRPC 客户端调用

gRPC 服务端创建完成后，就可以在客户端进行调用了，本节将分别以 ASP.NET Core Web 应用客户端项目和.NET Core 控制台应用客户端项目为例，讲解如何在不同类型的客户端项目中调用 gRPC 服务。

15.3.1　在 ASP.NET Core Web 应用中调用 gRPC 服务

【例 15.1】在 ASP.NET Core Web 应用中调用 gRPC 服务（**实例位置：资源包\Code\15\01**）

在 ASP.NET Core Web 应用中使用 15.2.1 节创建的 gRPC 服务的步骤如下。

（1）在 Visual Studio 中，选中解决方案名称，单击鼠标右键，在弹出的快捷菜单中选择“添加”→“新建项目”命令，如图 15.8 所示。

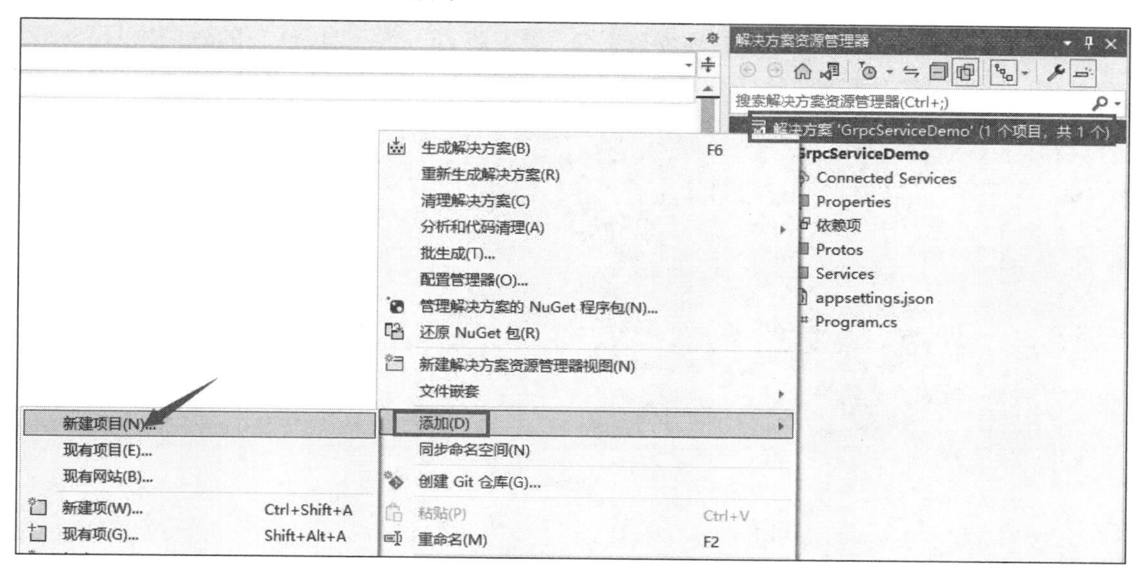

图 15.8　选择“添加”→“新建项目”命令

（2）弹出“添加新项目”对话框，该对话框中选择“ASP.NET Core Web 应用”，然后按照向导创建一个名称为 GrpcServiceDemo.Client 的项目，创建完成的项目结构如图 15.9 所示。

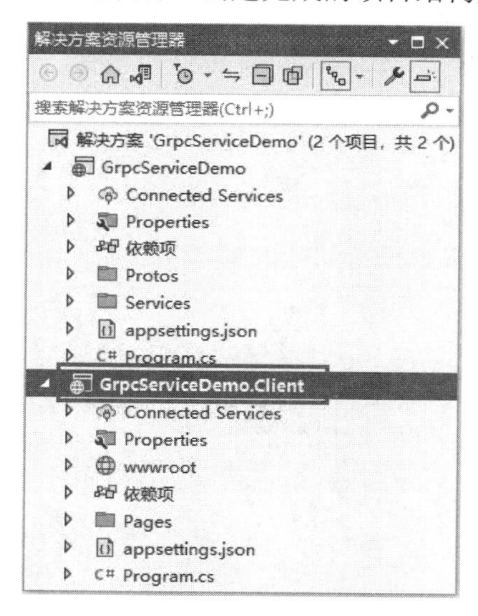

图 15.9　ASP.NET Core Web 应用的项目结构

（3）为了在客户端项目中使用 gRPC 服务，为新创建的 GrpcServiceDemo.Client 项目安装 Grpc.Net.Client、Grpc.Tools 和 Google.Protobuf 包，其中，Grpc.Net.Client 包中包含.NET Core gRPC 客户端，Grpc.Tools 包含适用于 Protobuf 文件的 C#工具支持，Google.Protobuf 包含适用于 C#的 Protobuf 支持。安装命令如下：

```
Install-Package Grpc.Net.Client
Install-Package Grpc.Tools
Install-Package Google.Protobuf
```

例如，在 Visual Studio 的“程序包管理器控制台”中安装 Grpc.Net.Client 包的效果如图 15.10 所示。

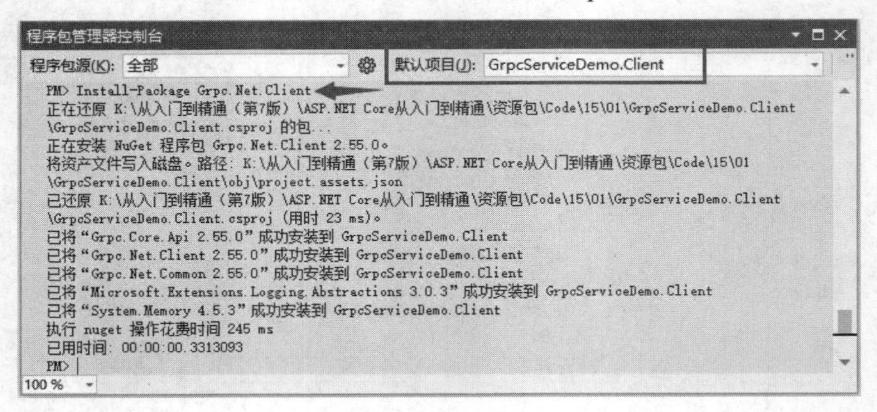

图 15.10　安装 Grpc.Net.Client 包的效果

说明

在“程序包管理器控制台”中安装包时，一定要将该窗口右上方的“默认项目”设置为客户端项目，这里为 GrpcServiceDemo.Client。

在 GrpcServiceDemo.Client 项目中安装完上面的 3 个包后，会自动添加到项目的配置文件中，项目配置文件代码如下：

```
<Project Sdk="Microsoft.NET.Sdk.Web">

  <PropertyGroup>
    <TargetFramework>net7.0</TargetFramework>
    <Nullable>enable</Nullable>
    <ImplicitUsings>enable</ImplicitUsings>
  </PropertyGroup>

  <ItemGroup>
    <PackageReference Include="Google.Protobuf" Version="3.23.4" />
    <PackageReference Include="Grpc.Net.Client" Version="2.55.0" />
    <PackageReference Include="Grpc.Tools" Version="2.56.2">
      <PrivateAssets>all</PrivateAssets>
      <IncludeAssets>runtime; build; native; contentfiles; analyzers; buildtransitive</IncludeAssets>
    </PackageReference>
  </ItemGroup>

</Project>
```

（4）在 GrpcServiceDemo.Client 项目中添加一个 Protos 文件夹，并在其中添加与服务端相同的 greet.proto 文件（可以直接将服务端的 greet.proto 文件复制到 GrpcServiceDemo.Client 项目中），打开 GrpcServiceDemo.Client 项目中的 greet.proto 文件，将配置的命名空间修改为“GrpcServiceDemo.Client”，以便与当前项目的命名空间相匹配，这样可以保证自动生成的类在同一个命名空间下，代码如下：

```
option csharp_namespace = "GrpcServiceDemo.Client";
```

（5）在 GrpcServiceDemo.Client 项目中添加 greet.proto 文件后，会自动在项目配置文件中添加包含该文件的组，这里需要将其 GrpcServices 属性设置为 Client，以将 greet.proto 文件注册为在客户端使用，配置代码如下：

```
<ItemGroup>
  <Protobuf Include="Protos\greet.proto" GrpcServices="Client" />
</ItemGroup>
```

（6）编译生成 GrpcServiceDemo.Client 项目，以确保创建自动生成的类（注意：一定要先执行这步，否则下面编写的代码将会找不到相应的类）。

（7）打开 Pages 文件夹中 Index.cshtml 页面对应的.cs 代码文件，在其中添加 Grpc.Net.Client 命名空间，代码如下：

```
using Grpc.Net.Client;
```

（8）实现 IndexModel 的 OnGet()方法，该方法中首先使用 gRPC 服务监听地址创建 GrpcChannel 对象，并根据该对象创建客户端连接，然后使用客户端连接对象调用 gRPC 服务方法，并记录 gRPC 服务返回的数据。代码如下：

```
public void OnGet()
{
    //使用 gRPC 服务监听地址（该地址可在项目的 launchSettings.json 文件中查看）创建 GrpcChannel 对象
    using (GrpcChannel channel=GrpcChannel.ForAddress("https://localhost:7241"))
    {
        //创建客户端连接
        Greeter.GreeterClient client = new Greeter.GreeterClient(channel);
        //客户端调用 gRPC 服务方法
        HelloReply reply= client.SayHello(new HelloRequest { Name="小明"});
        ViewData["Message"] = reply.Message;//记录 gRPC 返回的数据
    }
}
```

说明

（1）上面代码中的 GrpcChannel 表示一个通道，它表示与 gRPC 服务的长期连接，通道创建后，可在其上配置与调用服务相关的选项，如用于调用的 HttpClient、发收和接收消息的最大大小以及记录日志等；另外，可以从一个通道创建多个 gRPC 客户端，而且，从通道创建的客户端可同时进行多个调用。

（2）.proto 文件中的每个服务方法会自动在用于调用该方法的具体 gRPC 客户端上产生两个.NET 方法：异步方法和阻塞方法。例如，上面代码中调用 SayHello()方法，可以有两种调用方式：

☑ client.SayHello()：调用 Greeter.SayHello()服务方法并阻塞，直至方法执行结束。

☑ client.SayHelloAsync()：以异步方式调用 Greeter.SayHello()服务方法。

（9）在 Index.cshtml 页面中，判断记录的 gRPC 返回数据是否为空，如果不为空，则显示在页面上。代码如下：

```
@page
@model IndexModel
@{
    ViewData["Title"] = "Home page";
```

```
}

<div class="text-center">
    <h1 class="display-4">Welcome</h1>
    @if (ViewData["Message"] != null)
    {
        <p>@ViewData["Message"]</p>
    }
    <p>Learn about <a href="https://docs.microsoft.com/aspnet/core">building Web apps with ASP.NET Core</a>.</p>
</div>
```

通过以上步骤即可完成在 ASP.NET Core Web 应用中调用 gRPC 服务的功能，运行程序时，首先需要运行 gRPC 服务端，然后再运行 ASP.NET Core Web 客户端。具体方法为：首先将 GrpcServiceDemo 项目设置为启动项目，然后按 Ctrl+F5 快捷键启动 gRPC 服务；然后将 GrpcServiceDemo.Client 项目设置为启动项目，再次按 Ctrl+F5 快捷键启动 ASP.NET Core Web 应用。效果如图 15.11 所示。

图 15.11　使用 ASP.NET Core Web 应用调用 gRPC 服务

15.3.2　在.NET 控制台应用中调用 gRPC 服务

在.NET 控制台应用中调用 gRPC 服务的过程与在 ASP.NET Core Web 应用中调用 gRPC 服务的过程类似，只是显示数据方式不同。下面简单说明。

【例 15.2】在.NET 控制台应用中调用 gRPC 服务（**实例位置：资源包\Code\15\02**）

首先按照 15.2.1 节的步骤创建一个 ASP.NET Core gRPC 服务项目；然后在创建该项目时自动生成的解决方案中新添加一个.NET 控制台项目，并在该项目中安装 Grpc.Net.Client、Grpc.Tools 和 Google.Protobuf 包，同时添加与 gRPC 项目相同的.proto 文件（注意修改相应的命名空间）；添加完成后，编译生成新创建的.NET 控制台项目；最后打开 Program.cs 主程序文件，添加 gRPC 服务的客户端命名空间，并通过 gRPC 服务地址创建 GrpcChannel 对象，根据该对象创建客户端连接，使用创建的客户端连接对象调用 gRPC 服务方法，最后使用控制台输出方法输出 gRPC 服务返回的数据。代码如下：

```
using Grpc.Net.Client;
using GrpcServiceDemo.Client;

//创建 GrpcChannel 对象
using (GrpcChannel channel = GrpcChannel.ForAddress("https://localhost:7262"))
```

```
{
    //创建客户端连接
    Greeter.GreeterClient client = new Greeter.GreeterClient(channel);
    //客户端调用 gRPC 服务方法
    HelloReply reply = client.SayHello(new HelloRequest { Name = "小明" });
    Console.WriteLine(reply.Message);//输出 gRPC 返回的数据
}
```

运行程序时，首先运行 gRPC 服务端，然后再运行.NET 控制台应用，效果如图 15.12 所示。

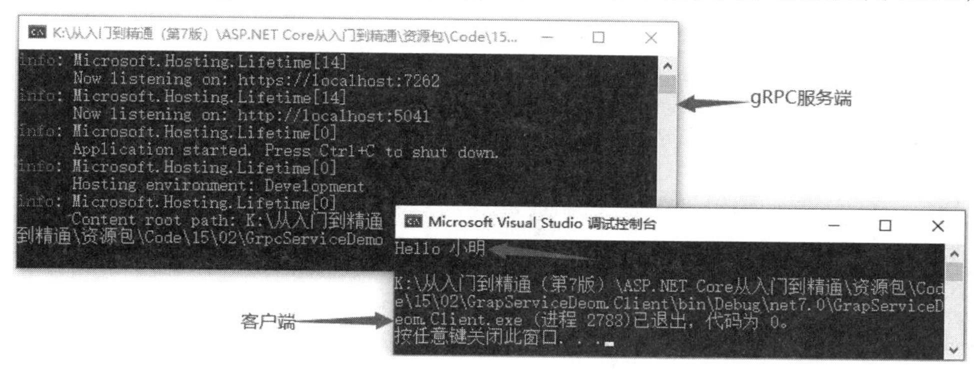

图 15.12　使用.NET 控制台应用调用 gRPC 服务

15.3.3　流式处理调用

gRPC 是基于 HTTP 2.0 协议而设计的，由于该协议为长期实时通信流提供基础，因此，gRPC 可以为通过 HTTP 2.0 协议进行流式传输提供支持，其支持的流式处理调用方式如下：

☑　服务器流式处理调用。
☑　客户端流式处理调用。
☑　双向流式处理调用。

下面分别进行介绍。

1．服务器流式处理调用

服务器流式处理调用从客户端发送请求消息开始，其中，ResponseStream.MoveNext()方法用来读取从服务器流式处理的消息，当该方法返回 false 时，服务器流式处理调用完成。示例代码如下：

```
var client = new Greet.GreeterClient(channel);
using var call = client.SayHellos(new HelloRequest { Name = "World" });

while (await call.ResponseStream.MoveNext())
{
    Console.WriteLine("Greeting: " + call.ResponseStream.Current.Message);
}
```

或者

```
var client = new Greet.GreeterClient(channel);
using var call = client.SayHellos(new HelloRequest { Name = "World" });

await foreach (var response in call.ResponseStream.ReadAllAsync())
```

```
{
    Console.WriteLine("Greeting: " + response.Message);
}
```

2．客户端流式处理调用

客户端无须发送消息即可开始客户端流式处理调用，具体实现时，可以在客户端使用RequestStream.WriteAsync()方法发送消息，发送完消息后，调用RequestStream.CompleteAsync()方法来通知服务端，当服务端返回响应消息时，调用完成。示例代码如下：

```
var client = new Counter.CounterClient(channel);
using var call = client.AccumulateCount();

for (var i = 0; i < 3; i++)
{
    await call.RequestStream.WriteAsync(new CounterRequest { Count = 1 });
}
await call.RequestStream.CompleteAsync();

var response = await call;
Console.WriteLine($"Count: {response.Count}");
```

3．双向流式处理调用

客户端无须发送消息即可开始双向流式处理调用，具体实现时，可以在客户端使用 RequestStream.WriteAsync()方法发送消息，然后使用ResponseStream.MoveNext()方法或ResponseStream.ReadAllAsync()方法访问从服务流式处理的消息，当 ResponseStream 没有更多消息时，双向流式处理调用完成。示例代码如下：

```
var client = new Echo.EchoClient(channel);
using var call = client.Echo();                    //启动新的双向流式调用

Console.WriteLine("开始在后台任务中接收消息");
var readTask = Task.Run(async () =>
{
    //创建用于从服务中读取消息的后台任务
    await foreach (var response in call.ResponseStream.ReadAllAsync())
    {
        Console.WriteLine(response.Message);
    }
});

Console.WriteLine("开始发送消息……");
Console.WriteLine("输入要发送的消息：");
while (true)
{
    var result = Console.ReadLine();
    if (string.IsNullOrEmpty(result))
    {
        break;
    }
    //将消息发送到服务器
    await call.RequestStream.WriteAsync(new EchoMessage { Message = result });
}

Console.WriteLine("连接已断开");                   //提示连接已断开
```

```
await call.RequestStream.CompleteAsync();    //通知服务器已发送消息
await readTask;                              //等待到后台任务已读取所有传入消息
```

说明

默认情况下，无法通过浏览器直接调用 gRPC 是服务，因为 gRPC 是基于 HTTP 2.0 的，但 ASP.NET Core 中提供了两种 gRPC 兼容浏览器的解决方案：gRPC-Web 和 gRPC JSON 转码，其中，gRPC-Web 允许浏览器应用通过 gRPC-Web 客户端和 ProtoBuf 调用 gRPC 服务，而 gRPC JSON 转码则允许浏览器应用像使用 JSON 的 RESTful API 一样调用 gRPC 服务。

15.4　gRPC 与 WebAPI 的功能比较

使用 gRPC 和 WebAPI 都可以为应用提供 API 服务，其中，gRPC 是基于 HTTP 2.0 的，使用 ProtoBuf 格式，而 WebAPI 是基于 HTTP 协议的，可以使用 JSON、XML 等格式，两者的主要功能比较如表 15.1 所示。

表 15.1　gRPC 与 WebAPI 的功能比较

功　　能	gRPC	ASP.NET Core WebAPI
协定	必需（.proto）	可选（OpenAPI）
协议	HTTP 2.0	HTTP
Payload（传输的有效数据）	ProtoBuf（小型，二进制）	JSON 等（大型，人工可读取）
规范性	严格遵守 gRPC 规范	宽松。任何 HTTP 可以识别的格式均有效
流式处理	客户端、服务器、双向	客户端、服务器
浏览器支持	否（需要 gRPC-Web）	是
安全性	传输（TLS）	传输（TLS）
客户端代码生成	是	OpenAPI +第三方工具

15.5　要 点 回 顾

本章主要对 gRPC 的使用进行了详细讲解，gRPC 是一个开源的高性能远程过程调用框架，其数据交换格式严格遵循 ProtoBuf 协议，而且支持多种语言，因此，其客户端和服务端可以采用不同的语言进行设计，但需要注意的是，gRPC 不能直接通过浏览器调用，而需要借助 gRPC-Web 和 gRPC JSON 转码。实际开发中，gRPC 更多地用于轻量级微服务、点对点实时通信以及多语言开发环境等方向。

第 16 章

身份验证和授权

身份验证是确定用户身份的过程，而授权是确定用户是否有权访问资源的过程，比如我们经常使用的用户名和密码登录就是一种最简单的身份验证方式，而根据登录用户的身份设置系统访问权限的过程就是授权的过程。本章将对 ASP.NET Core 中的身份验证和授权进行讲解。

本章知识架构及重点、难点如下。

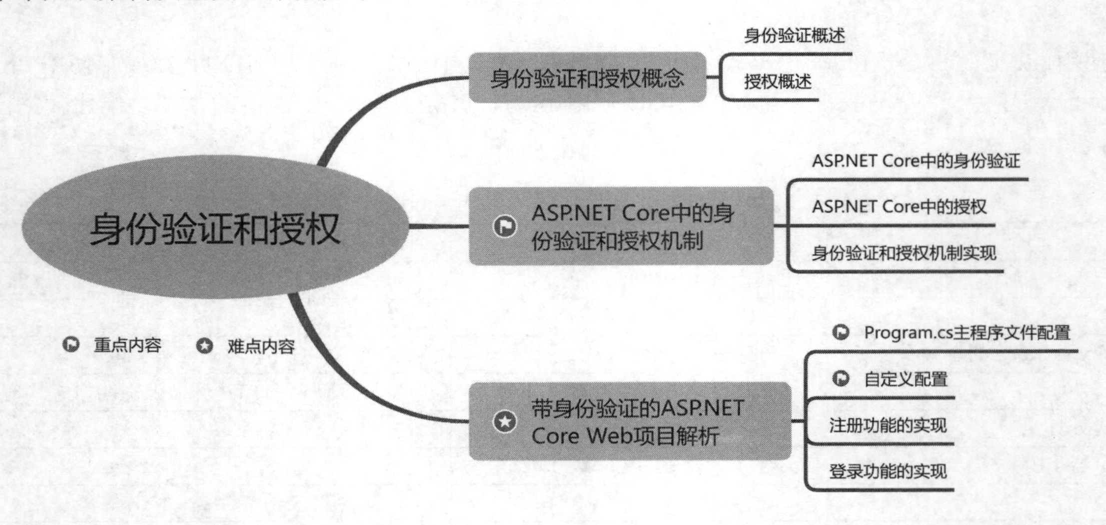

16.1 身份验证和授权概念

16.1.1 身份验证概述

身份验证是确定用户标识的一个过程，它可以为当前用户创建一个或多个标识。身份验证是这样一个过程：由用户提供凭据，然后将其与存储在操作系统、数据库、应用或资源中的凭据进行比较，如果凭据匹配，则用户身份验证成功，后续即可执行向其授权的操作。下面介绍与身份验证相关的几个概念。

1．身份验证处理程序

身份验证处理程序是一种实现方案行为的类型，派生自 IAuthenticationHandler 或 AuthenticationHandler <TOptions>，其主要作用是对用户进行身份验证。

根据身份验证方案的配置和传入的请求上下文，身份验证处理程序执行以下操作：

☑ 构造表示用户身份的 AuthenticationTicket 对象（若身份验证成功）。

☑ 返回“无结果”或“失败”（若身份验证失败）。

☑ 具有用于质询和禁止操作的方法，供用户在下述情况下访问资源时使用：

  ➢ 未获得访问授权（禁止）。

  ➢ 未经过身份验证（质询）。

2. 身份验证方案

已注册的身份验证处理程序及其配置选项被称为“方案”，方案可用作一种机制，供用户参考相关处理程序的身份验证、质询和禁止行为。例如，授权策略可使用方案名称来指定应使用哪种（或哪些）身份验证方案以对用户进行身份验证。配置身份验证时，通常指定默认身份验证方案。除非资源请求了特定方案，否则使用默认方案；另外，可以通过以下方式设置身份验证方案：

☑ 指定其他默认方案，供授权、质询和禁止操作使用。

☑ 可通过策略方案将多个方案合成一个。

3. 质询

当未经身份验证的用户请求要求身份验证的终结点时，授权会发起身份验证质询，质询操作应告知用户要使用哪种身份验证机制来访问所请求的资源。例如，当匿名用户请求受限资源或访问登录链接时，会引发身份验证质询。授权会使用指定的身份验证方案发起质询；如果未指定任何方案，则使用默认方案。例如：

☑ 将用户重定向到登录页面的 cookie 身份验证方案。

☑ 返回具有 www-authenticate: bearer 标头的 401 结果的 JWT 持有者方案。

4. 禁止

当经过身份验证的用户尝试访问其无权访问的资源时，授权会调用身份验证方案的禁止操作。例如：

☑ 将用户重定向到表示访问遭禁的页面的 cookie 身份验证方案。

☑ 返回 403 结果的 JWT 持有者方案。

☑ 重定向到用户可请求资源访问权限的页面的自定义身份验证方案。

通过禁止操作，用户可以知道下面内容：

☑ 他们经过了身份验证。

☑ 他们无权访问所请求的资源。

16.1.2 授权概述

授权是指判断用户可执行什么操作的过程，授权与身份验证相互独立，但是，授权的前提是要确定一种身份验证机制。例如，允许管理用户创建文档库，以及添加、编辑和删除文档等，允许用户查看库存信息，禁止用户访问财务报表信息等，都是授权的过程。

授权是在允许访问应用程序的功能和数据等资源之前，验证组或角色成员资格的一个过程，因此，虽然可以基于用户身份，但是更推荐基于组或角色的成员身份，进行授权（即使角色或组中只有一个用户），因为这种方式允许用户的成员身份在未来发生更改，而无须重新分配用户的个人访问权限。

16.2 ASP.NET Core 中的身份验证和授权机制

16.2.1 ASP.NET Core 中的身份验证

在 ASP.NET Core 中，身份验证由身份验证服务 IAuthenticationService 负责，而它供身份验证中间件使用。身份验证服务会使用已注册的身份验证处理程序来完成与身份验证相关的操作。

身份验证方案由 Program.cs 中的注册身份验证服务指定，主要有以下两种方式：

- ☑ 在调用 AddAuthentication()后，再调用方案特定的扩展方法（如 AddJwtBearer()或 AddCookie()），这些扩展方法使用 AuthenticationBuilder.AddScheme()向适当的设置注册方案。
- ☑ 不常用的方式是直接调用 AuthenticationBuilder.AddScheme()。

例如，下列代码会为 cookie 和 JWT 持有者身份验证方案注册身份验证服务和处理程序：

```
uilder.Services.AddAuthentication(JwtBearerDefaults.AuthenticationScheme)
    .AddJwtBearer(JwtBearerDefaults.AuthenticationScheme,
        options => builder.Configuration.Bind("JwtSettings", options))
    .AddCookie(CookieAuthenticationDefaults.AuthenticationScheme,
        options => builder.Configuration.Bind("CookieSettings", options));
```

- ☑ 参数 JwtBearerDefaults.AuthenticationScheme 是方案的名称，未请求特定方案时默认使用此名称。
- ☑ 如果使用了多个方案，授权策略（或授权属性）可指定对用户进行身份验证时要依据的一个或多个身份验证方案。例如，上面代码中，可以通过指定 cookie 身份验证方案的名称来使用该方案（默认为 CookieAuthenticationDefaults.AuthenticationScheme，也可以在调用 AddCookie()时提供其他名称）。
- ☑ 在某些情况下，其他扩展方法会自动调用 AddAuthentication()。例如，使用 ASP.NET Core Identity 时，会在内部调用 AddAuthentication()。

通过在 Program.cs 中调用 UseAuthentication()方法，可以添加身份验证中间件。由于调用 UseAuthentication()方法时，会使用之前注册的身份验证方案的中间件，因此需要在依赖于要进行身份验证的用户的所有中间件之前调用它，比如，如果路由信息需要用在身份验证方案中，则应该在 UseRouting()之后调用 UseAuthentication()，而如果需要用户在经过身份验证之后才能访问终结点，则应该在 UseEndpoints()之前调用 UseAuthentication()。

16.2.2 ASP.NET Core 中的授权

ASP.NET Core 中的授权用来提供简单的声明性角色和丰富的基于策略的模型，这些策略用于评估用户标识和用户尝试访问的资源的属性。例如，在创建一个 ASP.NET Core Web 应用后，默认会在

Program.cs 主程序文件中使用 UseAuthorization()方法添加用于授权的中间件，如图 16.1 所示。

```
Program.cs
WebTest
3   // Add services to the container.
4   builder.Services.AddRazorPages();
5
6   var app = builder.Build();
7
8   // Configure the HTTP request pipeline.
9   if (!app.Environment.IsDevelopment())
10  {
11      app.UseExceptionHandler("/Error");
12      // The default HSTS value is 30 days.
           You may want to change this
13      // for production scenarios, see
          https://aka.ms/aspnetcore-hsts.
14      app.UseHsts();
15  }
16
17  app.UseHttpsRedirection();
18  app.UseStaticFiles();
19
20  app.UseRouting();
21
22  app.UseAuthorization();
23
24  app.MapRazorPages();
25
26  app.Run();
```

图 16.1　ASP.NET Core Web 应用中默认添加的授权中间件

另外，授权只能与身份验证一起使用，因此在管道中必须同时拥有 app.UseAuthentication()和 app.UseAuthorization()，而且顺序必须正确，即 app.UseAuthorization()必须放在 app.UseAuthentication()后面。

说明

ASP.NET Core 中的授权组件（包括 AuthorizeAttribute 和 AllowAnonymousAttribute 属性）位于 Microsoft.AspNetCore.Authorization 命名空间中。

16.2.3　身份验证和授权机制实现

在 ASP.NET Core 中，有多种身份验证和授权机制可供选择，常用的是通过 Identity 实现的，下面对其进行详细介绍。

ASP.NET Core Identity 是一个支持用户界面（UI）登录功能的 API，它管理用户、密码、配置文件数据、角色、声明、令牌、电子邮件确认等，用户可以使用存储在 Identity 中的登录信息创建账户，也可以使用外部登录提供程序（如微软账户、Google 账户等）。

Identity 的主包是 Microsoft.AspNetCore.Identity，该包包含 ASP.NET Core Identity 的核心接口集，并且由 Microsoft.AspNetCore.Identity.EntityFrameworkCore 包含。在 ASP.NET Core 中，提供了一个 AddDefaultIdentity()方法，用来向应用程序添加一组常见的 Identity 标识服务，包括默认 UI、令牌提供

程序等，其语法格式如下：

```
public static Microsoft.AspNetCore.Identity.IdentityBuilder AddDefaultIdentity<TUser>
    (this Microsoft.Extensions.DependencyInjection.IServiceCollection services,
    Action<Microsoft.AspNetCore.Identity.IdentityOptions> configureOptions) where TUser : class;
```

下面通过具体的实例讲解如何创建使用身份验证的 ASP.NET Core Web 应用。

【例 16.1】创建使用身份验证的 ASP.NET Core Web 应用（**实例位置：资源包\Code\16\01**）

步骤如下。

（1）选择“开始”→“所有程序”→Visual Studio 2022 菜单，进入 Visual Studio 2022 开发环境的开始使用界面，单击“创建新项目”选项，在“创建新项目”对话框的右侧选择“ASP.NET Core Web 应用”选项，单击“下一步”按钮，然后为应用命名，这里命名为 Demo，单击“下一步”按钮，进入“其他信息”对话框中，该对话框中将“身份验证类型”更改为“个人账户”，如图 16.2 所示。

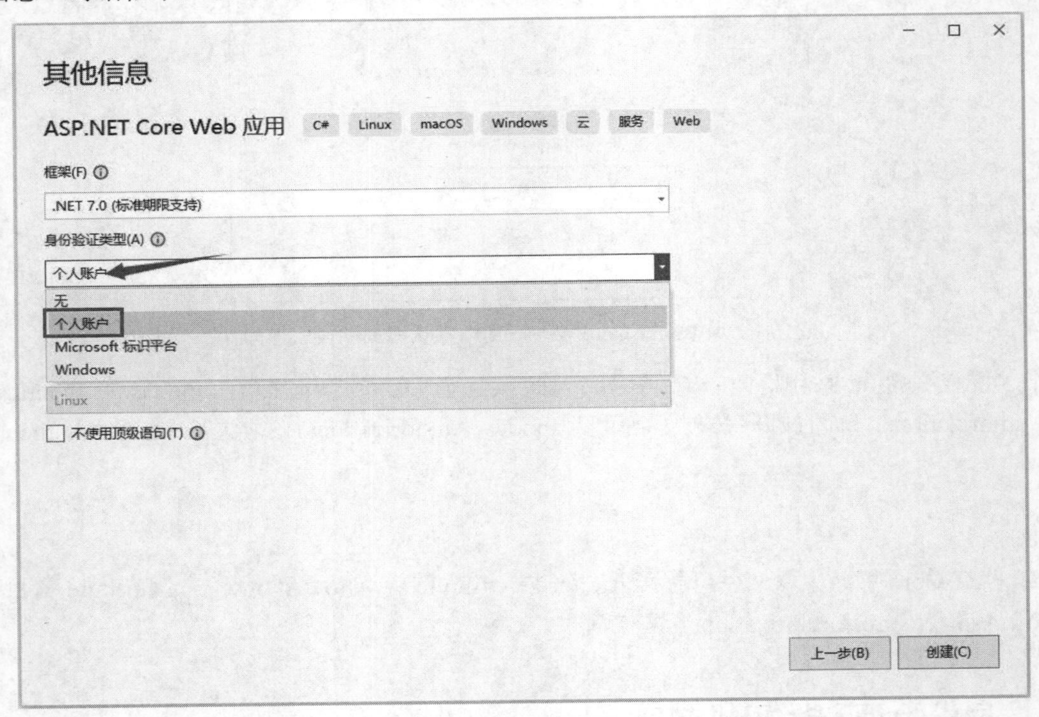

图 16.2　更改创建项目时的“身份验证类型”

（2）单击“创建”按钮，即可创建一个使用个人账户的 ASP.NET Core Web 应用程序。创建完的项目的目录结构如图 16.3 所示（方框标注的内容为与普通 ASP.NET Core Web 应用不同之处），该项目会将 ASP.NET Core Identity 作为 Razor 类库提供。IdentityRazor 类库公开具有 Identity 区域的终结点。例如：

```
/Identity/Account/Login
/Identity/Account/Logout
/Identity/Account/Register
/Identity/Account/ForgotPassword
```

（3）打开项目的 appsettings.json 文件，发现该文件中默认生成了一个 ConnectionStrings 数据库连

接字符串，如图 16.4 所示。

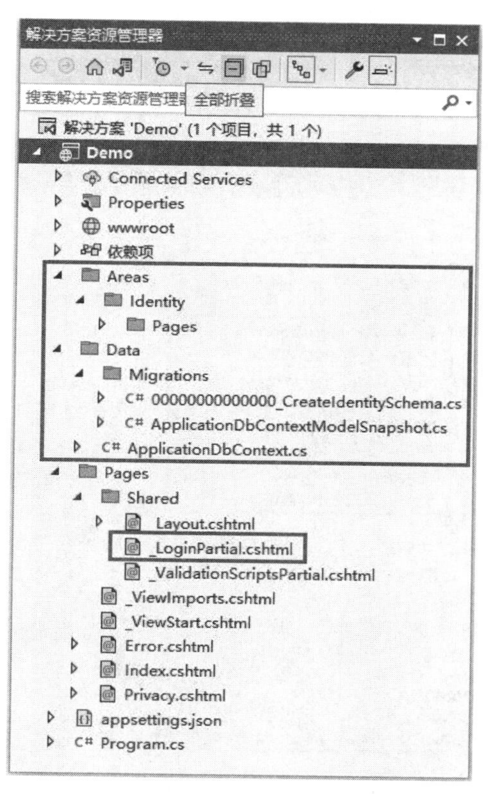

图 16.3　创建的带有身份验证的项目目录结构

```
appsettings.json
架构: https://json.schemastore.org/appsettings.json
1  {
2    "ConnectionStrings": {
3      "DefaultConnection": "Server=(localdb)\\mssqllocaldb;Database=aspnet-
       Demo-53bc9b9d-9d6a-45d4-8429-2a2761773502;Trusted_Connection=True;MultipleActiveResultSets=true"
4    },
5    "Logging": {
6      "LogLevel": {
7        "Default": "Information",
8        "Microsoft.AspNetCore": "Warning"
9      }
10   },
11   "AllowedHosts": "*"
12 }
```

图 16.4　appsettings.json 文件中默认生成的 ConnectionStrings 数据库连接字符串

说明

ConnectionStrings 数据库连接字符串中，默认连接的是本地数据库，可以根据实际需要改成你指定的数据库地址和数据库名称。

基于生成的迁移代码，在“程序包管理器控制台中”运行 Update-database 命令以同步到数据库，运行成功后，打开“SQL Server 对象资源管理器”，可以查看自动生成的数据库以及数据表，如图 16.5 所示。

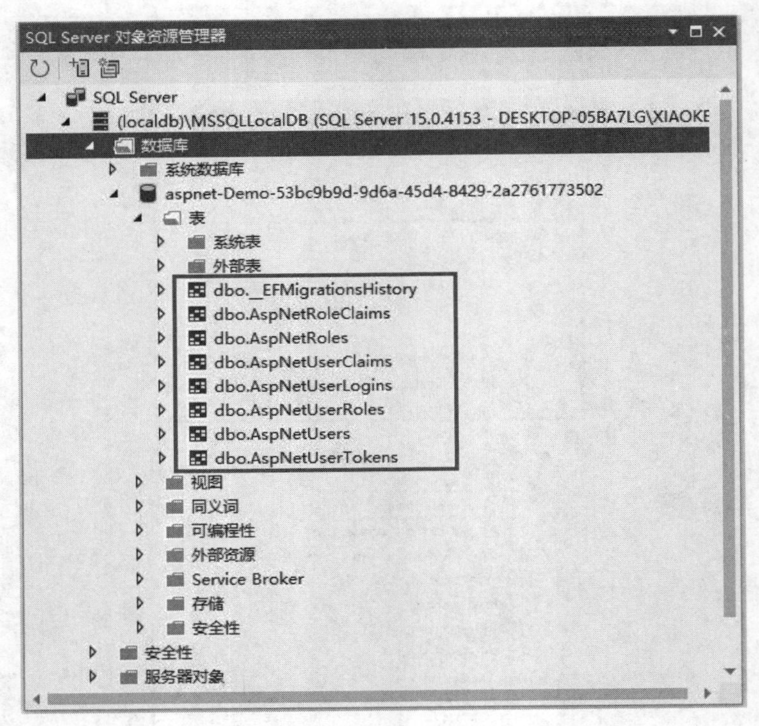

图 16.5　自动生成的数据库以及数据表

技巧

打开“SQL Server 对象资源管理器”的方式为：在 Visual Studio 的“解决方案资源管理器”中展开项目的 Connected Services 节点，选中本地数据库，单击鼠标右键，在弹出的快捷菜单中选择“在 SQL Server 对象资源管理器中打开”命令，如图 16.6 所示。

图 16.6　打开“SQL Server 对象资源管理器”的方式

通过以上步骤，我们就创建了一个基本的使用了个人账户的 ASP.NET Core Web 应用程序，运行程

序，在网页右上角可以看到 Register（注册）和 Login（登录）链接，如图 16.7 所示。

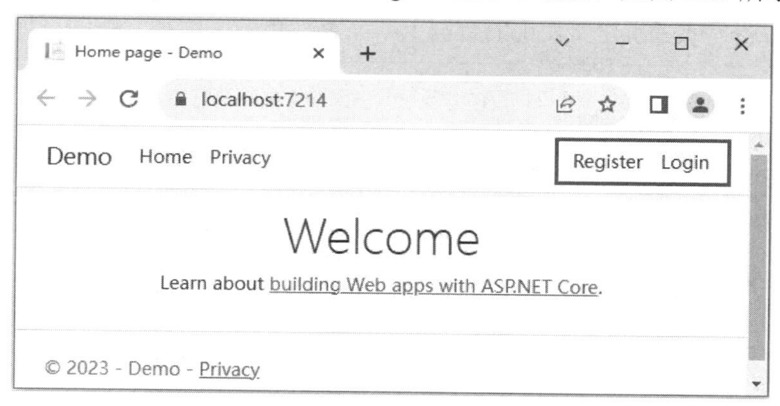

图 16.7　带有注册和登录功能的 ASP.NET Core Web 网页

单击 Register 链接，跳转到注册页面，其路由地址为/Identity/Account/Register，如图 16.8 所示；单击 Login 链接，跳转到登录页面，其路由地址为/Identity/Account/Login，如图 16.9 所示。

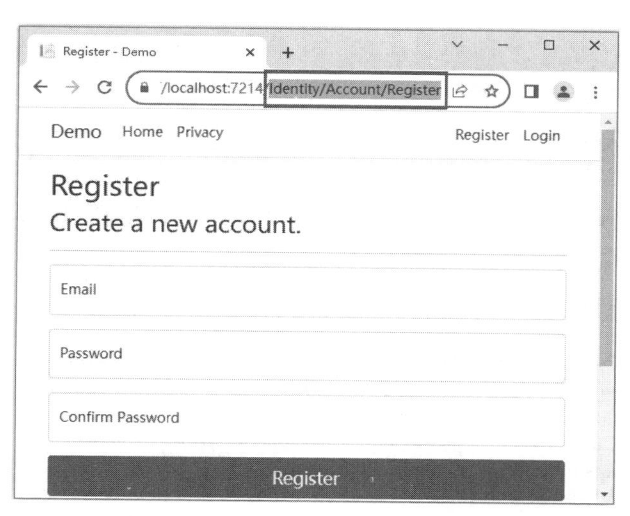

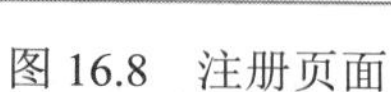
图 16.8　注册页面

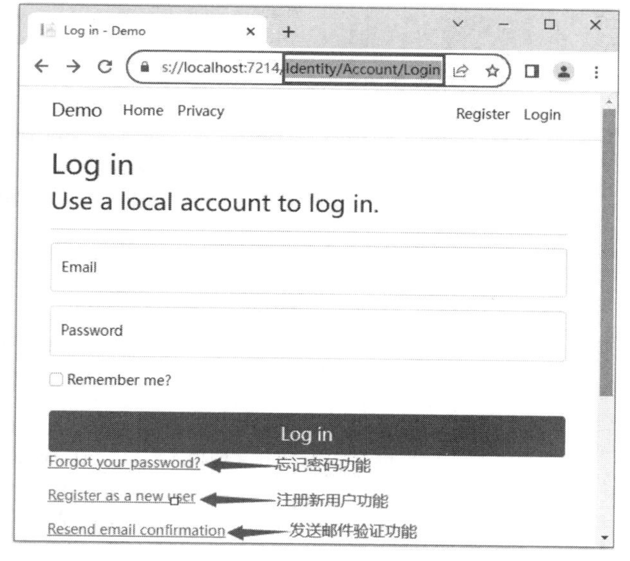

图 16.9　登录页面

观察运行结果，再对比图 16.3，发现项目目录结构中并没有 Identity 用户相关的.cshtml 页面或者 Model 类等文件。这是为何呢？这主要是由于这些相关的文件已经由内置的 Razor 类库提供了，因此项目目录结构中并没有这些文件，但在实际开发中，如果需要生成相应的源代码，或者扩展原有功能，可以通过.NET Core 提供的基架标识添加需要重写的文件，具体步骤如下。

（1）在“解决方案资源管理器”中选中项目，单击鼠标右键，在弹出的快捷菜单中选择“添加”→“新搭建基架的项目”命令，在弹出的对话框左侧选择“标识”，并选择中间模板的“标识”，单击“添加”按钮，如图 16.10 所示。

（2）在“添加 标识”对话框中，选择要添加的项目，比如这里添加 Login（登录）、ForgotPassword

（忘记密码）、Register（注册）、ResetPassword（重置密码）和 Manage 模块中的 PersonalData（查看个人信息）文件，然后选择或者新建要使用的数据上下文类，单击“添加”按钮，如图 16.11 所示。

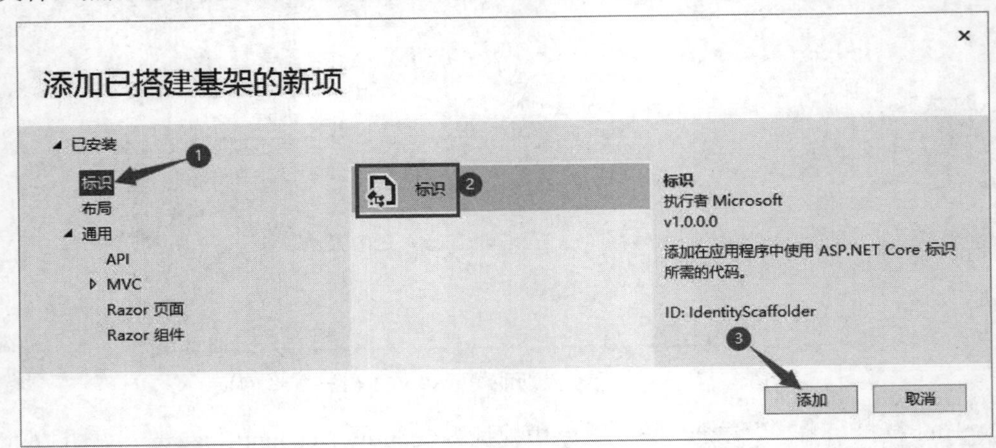

图 16.10　选择添加标识

图 16.11　选择要添加的身份验证文件

添加完相应文件的项目目录结构如图 16.12 所示，可以看到在 Areas 目录下生成了我们选中的页面相对应的 Razor Page 文件，这时如果需要对指定页面进行修改，只需通过双击打开相应页面进行操作即可。

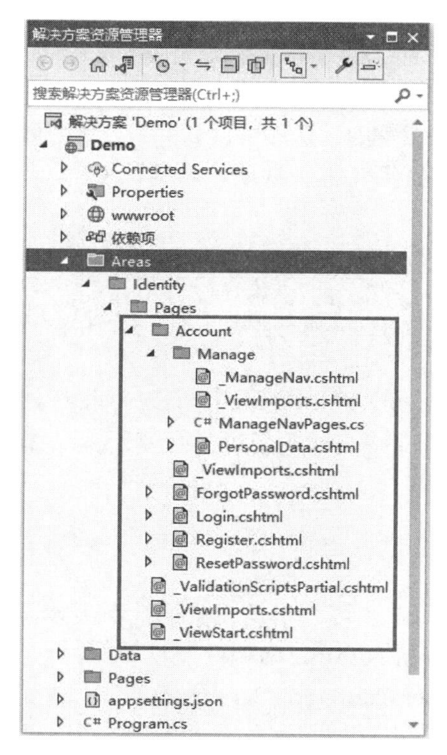

图 16.12　添加完身份验证文件之后的项目目录结构

16.3　带身份验证的 ASP.NET Core Web 项目解析

16.2 节中根据 Visual Studio 中提供的模板创建了一个带身份验证的 ASP.NET Core Web 应用项目，本节将对该项目中涉及的身份验证配置及实现的部分进行解析。

16.3.1　Program.cs 主程序文件配置

创建带身份验证的 ASP.NET Core Web 项目后，打开其 Program.cs 主程序文件，可以看到该文件中自动通过依赖关系注入提供了 Identity 身份验证相关的服务，代码如下：

```
//从配置文件中获取数据库连接字符串
var connectionString = builder.Configuration.GetConnectionString("DefaultConnection") ?? throw new InvalidOperationException
("Connection string 'DefaultConnection' not found.");
//添加数据上下文服务
builder.Services.AddDbContext<ApplicationDbContext>(options =>
    options.UseSqlServer(connectionString));
//添加数据库异常筛选服务
builder.Services.AddDatabaseDeveloperPageExceptionFilter();
//添加默认身份验证服务，这里将 options.SignIn.RequireConfirmedAccount 设置为 ture，
```

```
//表示新注册的用户需要确认才能完成注册（因此要求项目中有邮件确认页面）
builder.Services.AddDefaultIdentity<IdentityUser>(options => options.SignIn.RequireConfirmedAccount = true)
    .AddEntityFrameworkStores<ApplicationDbContext>();
```

上面代码是添加的与身份验证相关的默认服务配置，另外，还可以通过 Add{Service}()方法添加其他的服务配置，比如，要使项目支持第 3 方微软账户注册新用户，则可以使用下面代码：

```
builder.Services.AddAuthentication()
    .AddMicrosoftAccount(microsoftOptions =>
    {
        microsoftOptions.ClientId = config["Authentication:Microsoft:ClientId"];
        microsoftOptions.ClientSecret = config["Authentication:Microsoft:ClientSecret"];
    });
```

另外，通过调用 UseAuthorization()方法将授权中间件添加到请求管道，代码如下：

```
app.UseAuthorization();
```

16.3.2 自定义配置

除了上面的默认配置选项以外，还可以根据自身的业务要求进行一些自定义配置，这主要通过 Add{Service}() 方法和 services.Configure{Service}() 方法实现，它们的调用顺序通常是先调用 Add{Service}()方法，再调用 services.Configure{Service}()方法。常用的配置如下：

☑ 配置用户名

```
builder.Services.AddDefaultIdentity<IdentityUser>(options =>
{
    options.User = new UserOptions
    {
        RequireUniqueEmail = true,                    //要求 Email 唯一
        //设置用户名只能用小写字母和数字，默认是
        //abcdefghijklmnopqrstuvwxyzABCDEFGHIJKLMNOPQRSTUVWXYZ0123456789-._@+
        AllowedUserNameCharacters = " abcdefghijklmnopqrstuvwxyz0123456789"
    };
});
```

☑ 配置密码

```
builder.Services.AddDefaultIdentity<IdentityUser>(options=>
{
    options.Password = new PasswordOptions
    {
        RequireDigit = true,                          //要求是 0~9 的数字，默认 true
        RequiredLength = 8,                           //要求密码最小长度，默认是 6 个字符
        RequireLowercase = true,                      //要求小写字母，默认 true
        RequireNonAlphanumeric = true,                //要求特殊字符，默认 true
        RequiredUniqueChars = 3,                      //要求密码中的非重复字符数，默认 1
        RequireUppercase = true                       //要求大写字母，默认 true
    };
})
```

☑ 锁定账户

```
builder.Services.AddDefaultIdentity<IdentityUser>(options=>
{
    options.Lockout = new LockoutOptions
```

```
    {
        AllowedForNewUsers = true,                              //新用户锁定账户，默认 true
        DefaultLockoutTimeSpan = TimeSpan.FromHours(1),         //锁定时长，默认是 5 分钟
        MaxFailedAccessAttempts = 3                             //登录错误最大尝试次数，默认 5 次
    };
})
```

☑ 登录配置

```
builder.Services.AddDefaultIdentity<IdentityUser>(options=>
{
    options.SignIn = new SignInOptions
    {
        RequireConfirmedEmail = true,                           //要求激活邮箱，默认 false
        RequireConfirmedPhoneNumber = true                      //要求激活手机号才能登录，默认 false
    };
})
```

☑ 全局要求对所有用户进行身份验证

```
builder.Services.AddAuthorization(options =>
{
    options.FallbackPolicy = new AuthorizationPolicyBuilder().RequireAuthenticatedUser().Build();
});
```

☑ Cookie 设置

```
builder.Services.ConfigureApplicationCookie(options =>
{
    options.Cookie.HttpOnly = true;                              //设置浏览器允许客户端 JavaScript 访问 Cookie
    options.ExpireTimeSpan = TimeSpan.FromMinutes(5);            //设置 Cookie 的有效时间
    options.LoginPath = "/Identity/Account/Login";               //处理 ChallengeAsync 时的重定向地址
    options.AccessDeniedPath = "/Identity/Account/AccessDenied"; //处理 ForbidAsync 时的重定向地址
    options.SlidingExpiration = true;                            //使用新的过期时间重新发出新的 Cookie
});
```

说明

在 Program.cs 配置身份验证选项时，需要调用 UseAuthentication()方法启用 Identity 身份验证，调用 UseAuthorization()方法向请求管道添加授权中间件。

上面配置 Identity 的选项时用到了 IdentityOptions 类，该类位于 Microsoft.AspNetCore.Identity 命名空间中，其常用的属性如表 16.1 所示。

表 16.1　IdentityOptions 类的常用属性及说明

属　性	说　明
ClaimsIdentity	获取或设置标识系统的用于已知声明的声明类型选项 ClaimsIdentityOptions
Lockout	获取或设置标识系统的用户锁定选项 LockoutOptions
Password	获取或设置标识系统的密码要求选项 PasswordOptions
SignIn	获取或设置标识系统的登录选项 SignInOptions
Stores	获取或设置标识系统的用于存储的特定选项 StoreOptions
Tokens	获取或设置标识系统的用户令牌的选项 TokenOptions
User	获取或设置标识系统的用户验证选项 UserOptions

在实际项目开发中，通常不会自己去构建安全系统，而是采用一些商业或者开源的解决方案，Duende Identity Server 就是其中一个很好的选择，它是适用于 ASP.NET Core 的 OpenID Connect 和 OAuth 2.0 的框架，它支持以下安全功能。

☑ 身份验证即服务（AaaS）。

☑ 跨多个应用程序类型的单一登录/注销（SSO）。

☑ API 的访问控制。

☑ 联合网关（federation gateway）。

16.3.3 注册功能的实现

当用户单击注册页面上的 Register 按钮时，会调用 RegisterModel.OnPostAsync()方法进行操作，而在 RegisterModel.OnPostAsync()方法中需要调用 CreateAsync()方法，以便在_userManager 对象上创建用户。代码如下（Register.cshtml.cs 代码文件中）：

```
public async Task<IActionResult> OnPostAsync(string returnUrl = null)
{
    returnUrl ??= Url.Content("~/");                //定义完成登录后跳转回用户开始请求的页面
    //获取身份验证的外部提供程序
    ExternalLogins = (await _signInManager.GetExternalAuthenticationSchemesAsync()).ToList();
    if (ModelState.IsValid)                        //验证是否可以将请求中的传入值正确绑定到模型，以及是否违反了验证规则
    {
        var user = CreateUser();                   //创建用户实体对象
        //将邮箱设置为用户名
        await _userStore.SetUserNameAsync(user, Input.Email, CancellationToken.None);
        //设置邮箱
        await _emailStore.SetEmailAsync(user, Input.Email, CancellationToken.None);
        //创建用户
        var result = await _userManager.CreateAsync(user, Input.Password);
        if (result.Succeeded)                      //判断是否创建成功
        {
            //弹出提示信息
            _logger.LogInformation("User created a new account with password.");
            //获取创建的用户 ID
            var userId = await _userManager.GetUserIdAsync(user);
            //生成一个电子邮件确认令牌
            var code = await _userManager.GenerateEmailConfirmationTokenAsync(user);
            //对电子邮件确认令牌（邮件验证码）进行 Base64 编码
            code = WebEncoders.Base64UrlEncode(Encoding.UTF8.GetBytes(code));
            //生成一个包含电子邮件确认令牌的 URL
            var callbackUrl = Url.Page(
                "/Account/ConfirmEmail",
                pageHandler: null,
                values: new { area = "Identity", userId = userId, code = code, returnUrl = returnUrl },
                protocol: Request.Scheme);
            //发送邮箱确认邮件
            await _emailSender.SendEmailAsync(Input.Email, "Confirm your email",
                $"Please confirm your account by <a href='{HtmlEncoder.Default.Encode(callbackUrl)}'>clicking here</a>.");
            if (_userManager.Options.SignIn.RequireConfirmedAccount)          //判断登录是否需要确认用户
            {
```

```
                return RedirectToPage("RegisterConfirmation", new { email = Input.Email, returnUrl = returnUrl });
                                                                                    //跳转到确认用户注册页面
            }
            else
            {
                await _signInManager.SignInAsync(user, isPersistent: false);        //用户登录
                return LocalRedirect(returnUrl);                                    //返回开始访问的页面
            }
        }
        foreach (var error in result.Errors)                                        //遍历所有错误信息
        {
            ModelState.AddModelError(string.Empty, error.Description);             //记录所有错误的描述信息
        }
    }
    return Page();
}
```

16.3.4　登录功能的实现

当用户单击登录页面上的 Login 按钮时，会调用 LoginModel.OnPostAsync()方法进行操作，该方法中对_signInManager 对象调用 PasswordSignInAsync()方法进行验证。代码如下（Login.cshtml.cs 代码文件中）：

```
public async Task<IActionResult> OnPostAsync(string returnUrl = null)
{
returnUrl ??= Url.Content("~/");        //定义完成登录后跳转回用户开始请求的页面
    //获取身份验证的外部提供程序
    ExternalLogins = (await _signInManager.GetExternalAuthenticationSchemesAsync()).ToList();
    if (ModelState.IsValid)            //验证是否可以将请求中的传入值正确绑定到模型，以及是否违反了验证规则
    {
        var result = await _signInManager.PasswordSignInAsync(Input.Email, Input.Password, Input.RememberMe,
lockoutOnFailure: false);                                                          //以指定邮箱和密码登录
        if (result.Succeeded)                                                      //判断是否登录成功
        {
            _logger.LogInformation("User logged in.");                             //登录成功提示信息
            return LocalRedirect(returnUrl);                                       //返回开始访问的页面
        }
        if (result.RequiresTwoFactor)                                              //判断用户是否需要双重身份验证
        {
            return RedirectToPage("./LoginWith2fa", new { ReturnUrl = returnUrl, RememberMe = Input.RememberMe });
                                                                                   //跳转到用户双重身份验证页面
        }
        if (result.IsLockedOut)                                                    //判断是否锁定
        {
            _logger.LogWarning("User account locked out.");                        //用户账户锁定提示
            return RedirectToPage("./Lockout");                                    //跳转到账户锁定页面
        }
        else
        {
            ModelState.AddModelError(string.Empty, "Invalid login attempt.");     //记录拒绝用户登录的错误信息
            return Page();
        }
    }
    return Page();
}
```

16.4 要点回顾

本章主要对 ASP.NET Core Web 应用中的身份验证和授权技术进行了讲解，身份验证和授权是保证项目安全性的非常重要的一环，在 ASP.NET Core 应用中，可以通过内置的 Identity 对用户的名称、密码、配置文件数据、角色、声明、令牌、电子邮件确认等进行管理，这主要通过在 Program.cs 主程序文件中使用 AddDefaultIdentity 方法来实现。学习本章时，重点掌握如何创建带身份验证的 ASP.NET Core Web 应用，并能熟悉一些常用的关于身份验证的配置，如配置用户名、配置密码、锁定账户、登录配置等。

第 17 章

ASP.NET Core 应用发布部署

发布部署是指将开发完成的网站发布为可供用户访问的文件，并部署到 Web 服务器上，以让用户浏览的一个过程。由于开发网站的最终目的是让更多的人可以通过互联网或者局域网浏览网站，因此，网站的发布部署也就成了一个非常重要的环节。本章将详细介绍如何使用 Visual Studio 自带的工具对 ASP.NET Core 网站进行发布，并将发布后的网站部署到常用的服务器上。

本章知识架构及重点、难点如下。

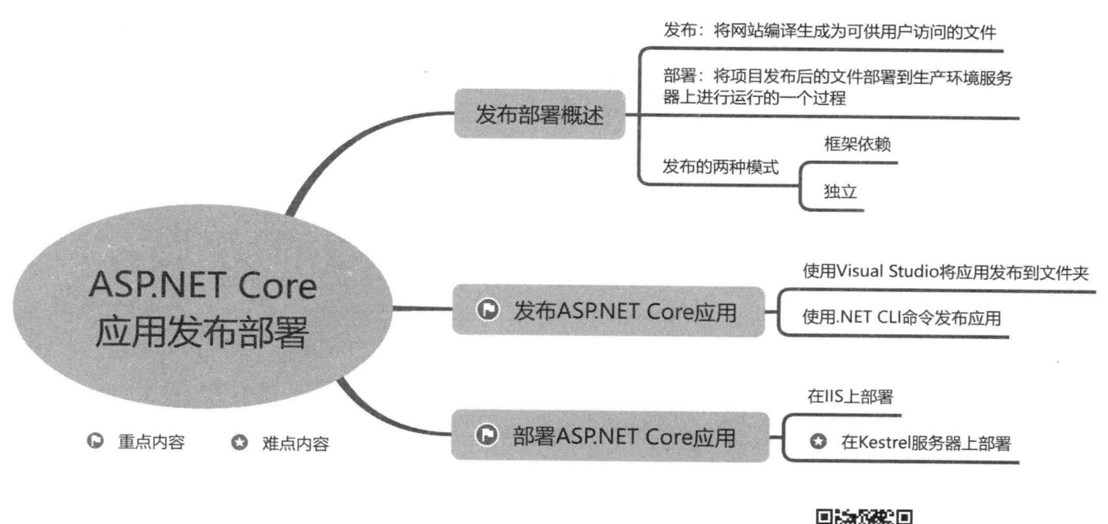

17.1 发布部署概述

发布通常表示将网站编译生成为可供用户访问的文件，而部署则主要是将项目发布后的文件部署到生产环境服务器上进行运行的一个过程，因为我们在开发时，都是在自己的开发环境中测试运行网站的，环境相对是固定的，而生产环境的服务器则有很多的不确定性，比如系统可能是 Windows、Linux 或者 macOS，运行时可能会有多个.NET Core 运行时等，而且，其他互联网用户也需要通过公开的域名或者 IP 地址才能访问到部署在生产环境服务器上的网站，因此，网站发布部署对于开发或者运维来说，是非常重要的一环！

在发布 ASP.NET Core 网站时，主要有两种模式可供选择，分别为“框架依赖”模式和“独立”模式，它们的说明如下：

☑ 框架依赖：发布后文件体积相对较小，发布生成的程序集中不包含.NET Core 运行时，需要手动在服务器上安装对应版本的.NET Core 运行时；另外，它可以生成用于所有操作系统平台的

"可执行文件",所以在部署上具有跨平台性,适用于将一套应用部署在多个不同的操作系统上。

☑ 独立:在独立模式下,发布生成的程序集中包含了.NET Core 运行时,因此运维人员不再需要在服务器上安装.NET Core 运行时,而只需要把生成的程序集复制到服务器上即可;而且这种模式不会受到服务器上已有.NET Core 运行时的干扰,但缺点是生成的程序集比框架依赖模式要大很多,因为其包含了.NET Core 运行时;而且,因为生成的"可执行文件"是专属于某个操作系统平台的,所以如果要更换为其他的操作系统部署,则需要重新编译发布。

在发布 ASP.NET Core 网站时,如果已经选择好了要部署的平台,推荐使用独立模式,而如果部署平台不确定,要求发布的程序具有可移植性,则应该使用框架依赖模式。

说明

因为.NET Core 是跨平台的应用,所以在不同的操作系统和 CPU 体系结构上运行的时候,可能会存在一些差异性。因此.NET Core 应用在发布后会生成"可执行文件",该文件主要用于处理不同平台上运行时的差异性。

17.2 发布 ASP.NET Core 应用

发布 ASP.NET Core 应用通常可采用两种方式,分别是使用 Visual Studio 自带的工具和使用.NET CLI 命令,本节将分别对这两种方式进行讲解。

17.2.1 使用 Visual Studio 将应用发布到文件夹

【例 17.1】使用 Visual Studio 发布 ASP.NET Core 应用(**实例位置:资源包\Code\17\01**)

使用 Visual Studio 发布 ASP.NET Core 应用的步骤如下。

(1)在 Visual Studio 的"解决方案资源管理器"中选中要发布的项目,单击鼠标右键,在弹出的快捷菜单中选择"发布"命令,如图 17.1 所示。

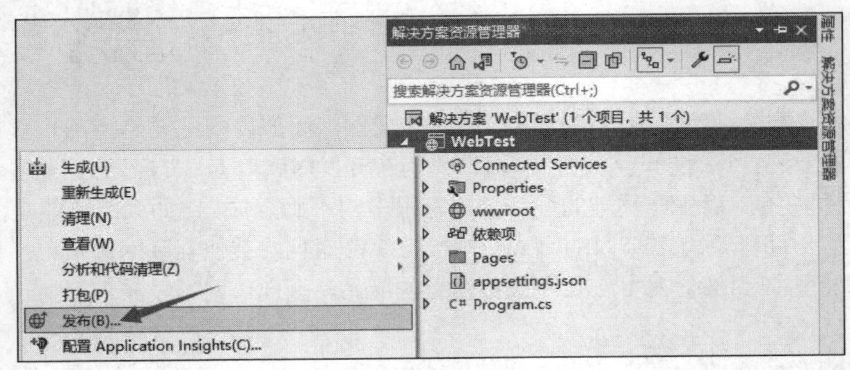

图 17.1 选择"发布"命令

(2)弹出"发布"对话框,该对话框中可以选择将 ASP.NET Core 网站发布到 Azure 云服务器、Docker 容器、FTP 服务器、IIS 服务器或者本地文件夹中,这里选择"文件夹",如图 17.2 所示,这样

就可以将选中的 ASP.NET Core 网站生成到本地的指定文件夹中，然后我们可以把生成的文件夹复制并发布到其他任何服务器上。

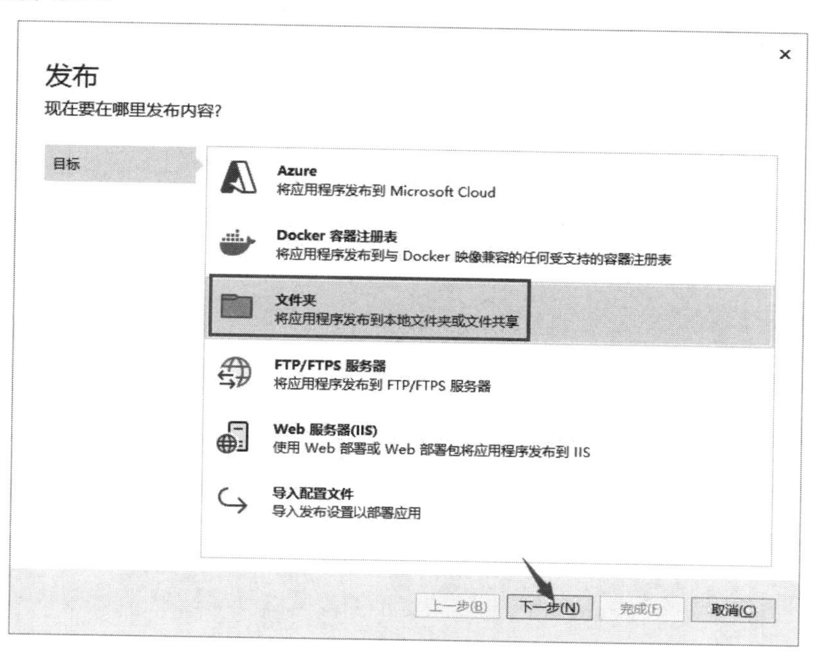

图 17.2　“发布”对话框

（3）单击“下一步”按钮，选择生成到的本地文件夹位置，默认位于项目目录下的“bin\Release\net7.0\publish\”文件夹中，如图 17.3 所示。

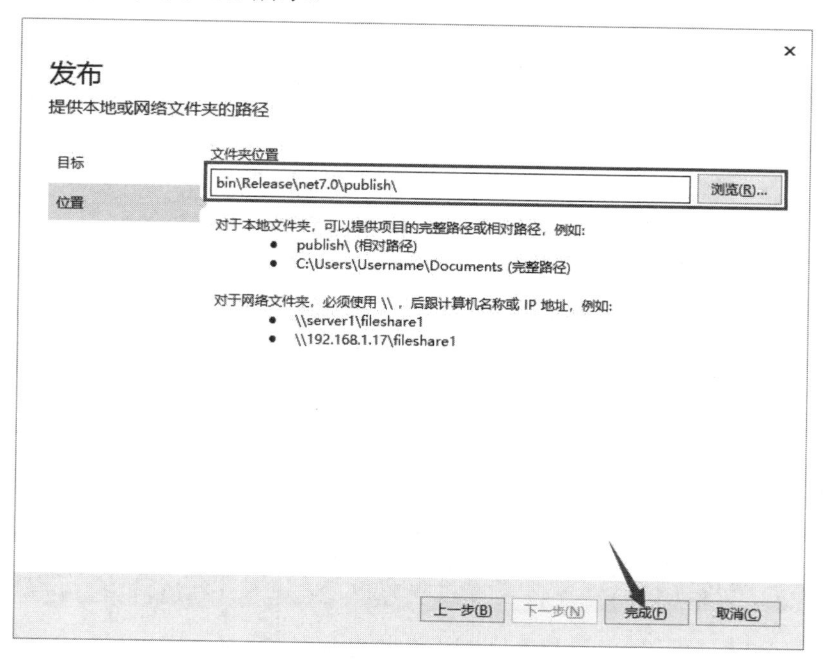

图 17.3　选择生成到的本地文件夹位置

（4）单击“完成”按钮，提示创建了一个发布配置文件，如图 17.4 所示。

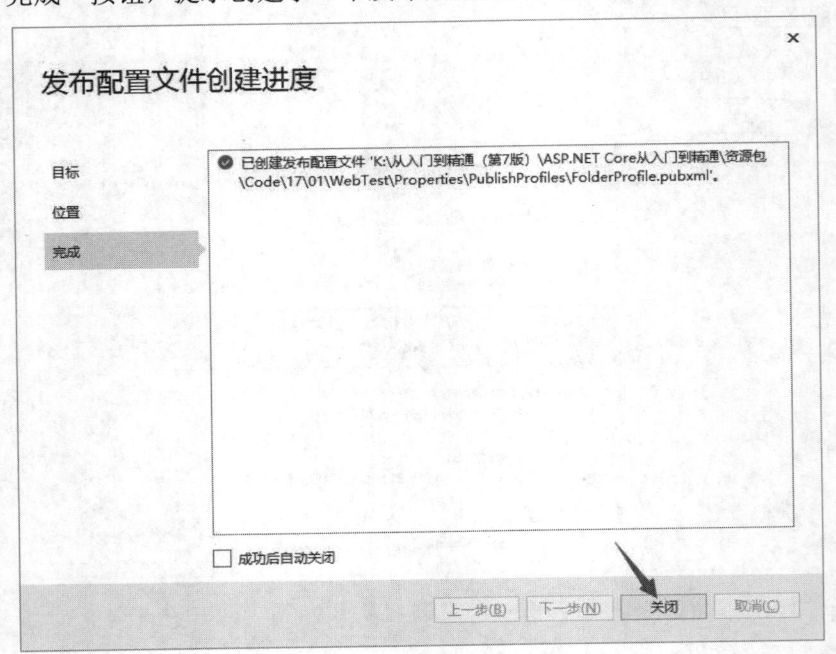

图 17.4　提示创建了发布配置文件

（5）单击“关闭”按钮，在 Visual Studio 中的发布页面中会显示“显示所有设置”链接，单击该链接可以对发布内容进行配置，如图 17.5 所示。

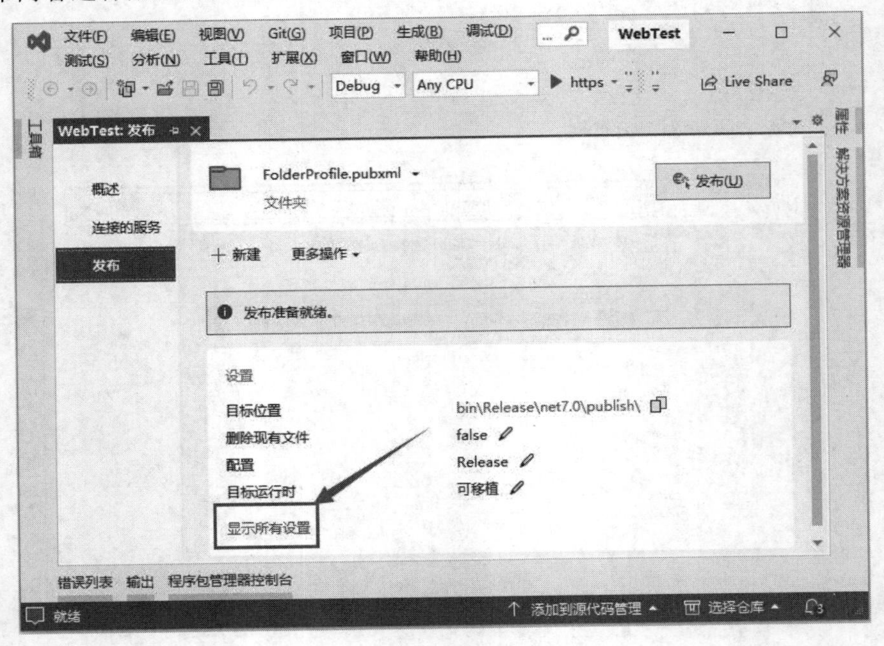

图 17.5　Visual Studio 中的发布页面

（6）单击“显示所有设置”链接，显示“发布/设置”对话框，该对话框中可以对发布选项进行配置，如图 17.6 所示。

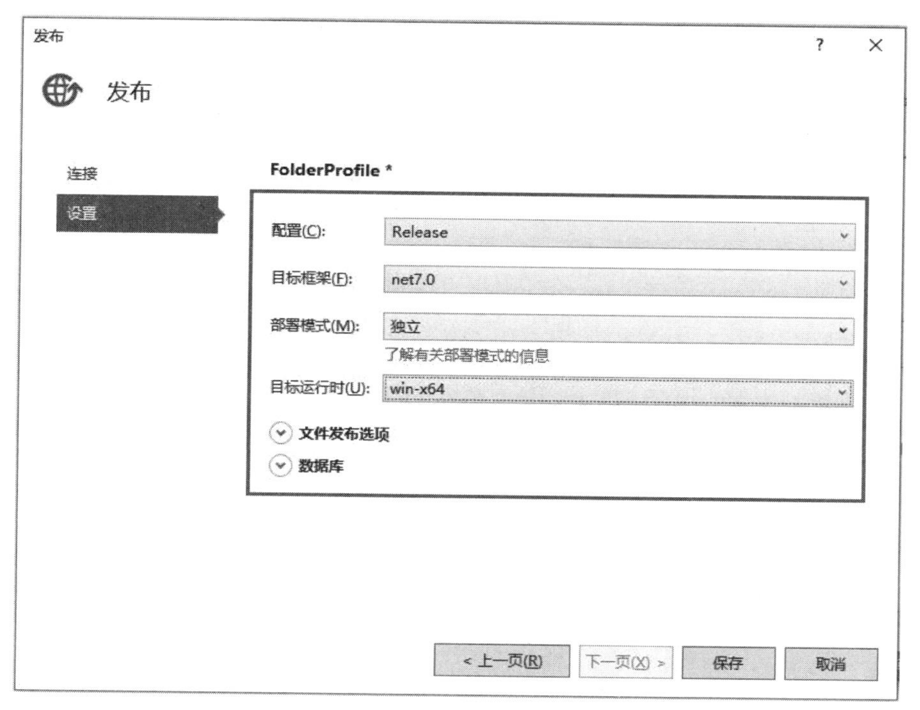

图 17.6　“发布/设置”对话框

下面对图 17.6 中的发布选项进行说明，如表 17.1 所示。

表 17.1　ASP.NET Core 网站的发布选项及说明

属　性	选　项	说　明
配置	Debug	直接生成，不对程序集进行优化，适用于调试
	Release	编译时对程序的速度和性能进行优化，适用于发布到服务器环境
目标框架	net7.0	根据当前项目使用的.NET Core 版本自动加载
部署模式	框架依赖	部署的目标服务器必须安装.NET Core 运行时
	独立	发布后的文件中包含.NET Core 运行时，因此部署的目标服务器不用安装.NET Core 运行时
目标运行时	可移植	由于.NET Core 应用可以跨平台部署，所以需要生成处理特定平台的“可执行文件”，以便处理不同系统运行时的差异化（“可移植”选项只有在“框架依赖”部署模式下才显示，表示生成针对所有平台的“可执行文件”）
	win-x86	
	win-x64	
	win-arm	
	win-arm64	
	osx-x64	
	linux-x64	
	linux-arm	

续表

属　性	选　项	说　明
文件发布选项	生成单个文件	
	启用 ReadyToRun 编译	如果项目代码量比较大，建议启用，该选项会将部分程序集预编译为 R2R 格式的代码，以提高程序的启动速度和性能，对于代码量少的项目，不建议启用，因为效果不明显，而且会增加发布文件的大小
	裁剪未使用的代码	
	在发布前删除所有现有文件	
数据库	如果存在，则显示	显示项目中的数据库文件
EF 迁移	如果存在，则显示	根据 DbContext 上下文中的数据结构情况，将变更的数据结构更新到数据库中

（7）发布选项配置完成后，单击“保存”按钮，这时单击发布页面右上角的“发布”按钮即可启动发布流程，如图 17.7 所示。

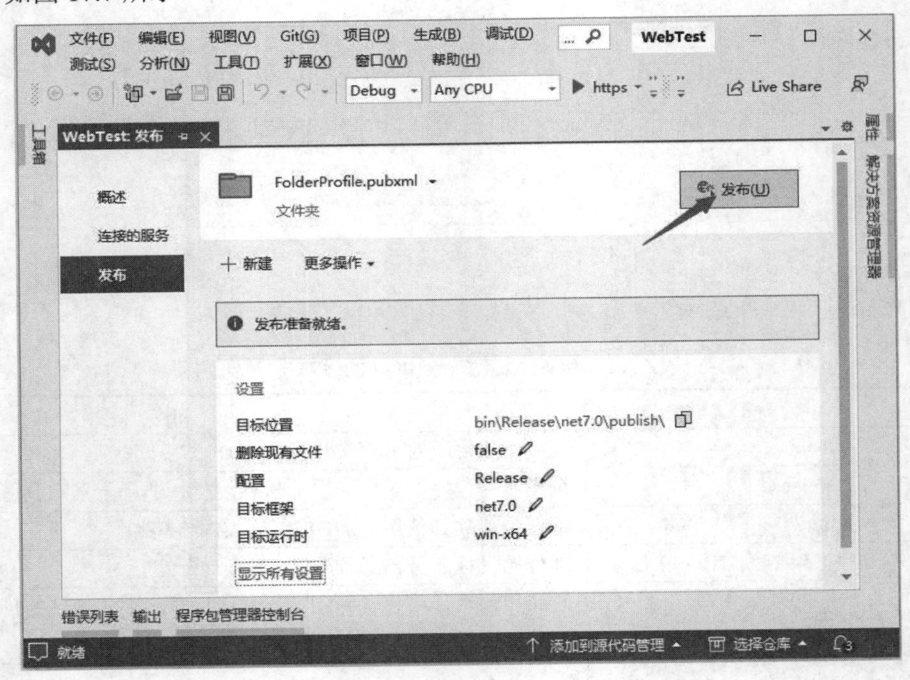

图 17.7　单击“发布”按钮启动发布流程

在网站发布时，Visual Studio 中会显示与发布相关的信息（见图 17.8）和发布完成的结果（见图 17.9）。

发布完成的文件如图 17.10 所示，其默认位于项目目录下的“bin\Release\net7.0\publish\”文件夹中，由于我们这里在图 17.6 中选择了独立模式，所以发布完成的文件中包含了.NET Core 运行时。

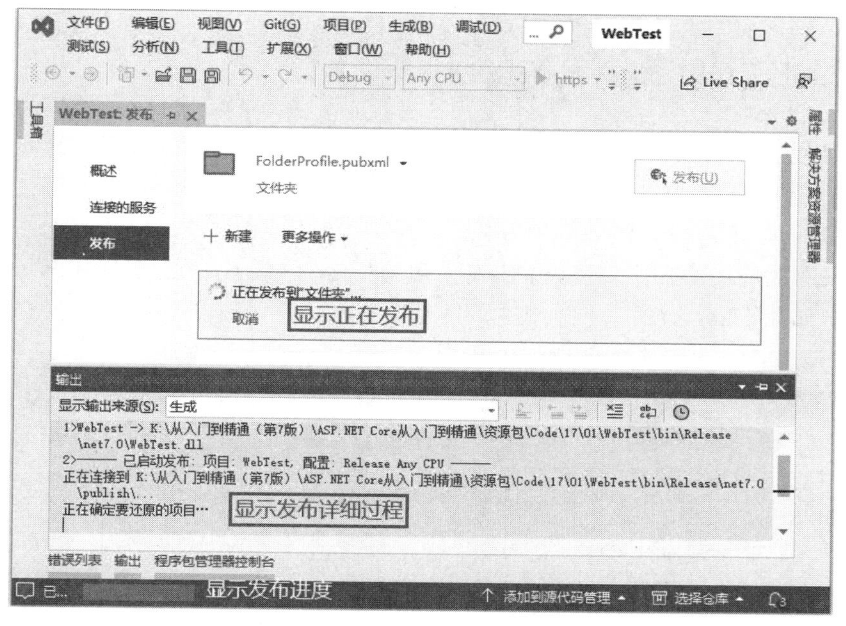

图 17.8　显示与发布相关的信息

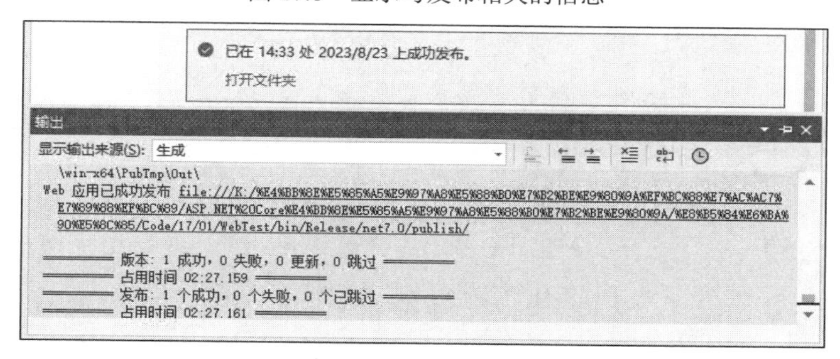

图 17.9　显示发布结果

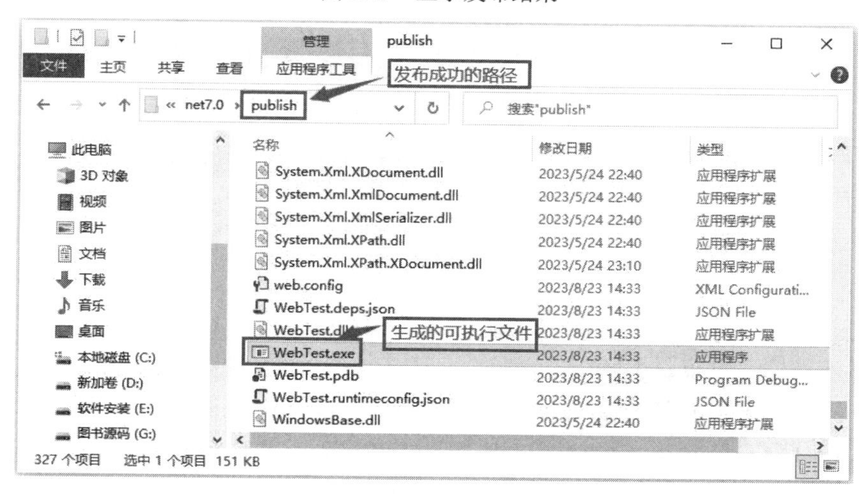

图 17.10　发布完成的文件

17.2.2 使用.NET CLI 命令发布应用

【例 17.2】使用.NET CLI 命令发布 ASP.NET Core 应用（**实例位置：资源包\Code\17\02**）

使用.NET CLI 命令发布 ASP.NET Core 应用的步骤如下。

（1）打开终端命令窗口，有以下两种方式：

☑ 打开要发布的应用所在文件夹，单击左上角的“文件”菜单，选择“打开 Windows PowerShell”菜单项，如图 17.11 所示。

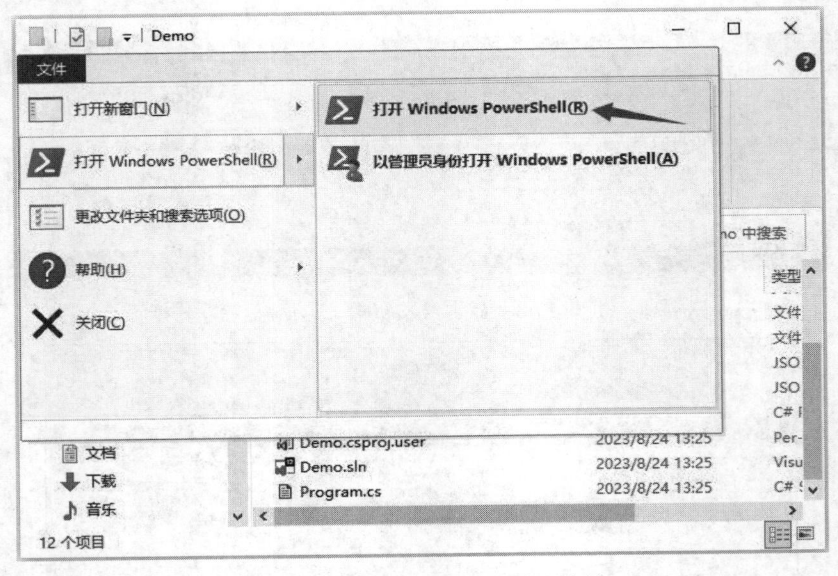

图 17.11　在应用文件夹中打开终端

☑ 在 Visual Studio 中选中要发布的项目，单击鼠标右键，在弹出的快捷菜单中选择“在终端中打开”命令，如图 17.12 所示。

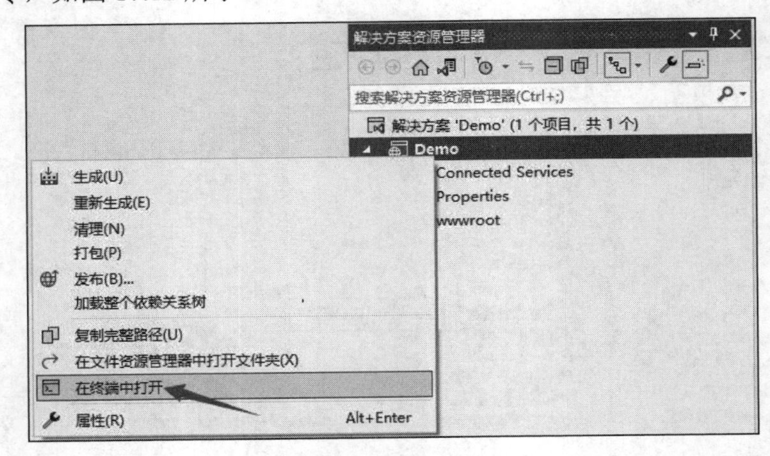

图 17.12　在终端中打开

（2）在打开的终端命令窗口中使用 dotnet publish 命令发布应用，例如，这里以 Release 模式将应用发布到项目根目录中的“MyPublish”文件夹中，则命令如下：

```
dotnet publish --configuration Release -o MyPublish
```

如果执行命令过程中没有出现异常，则表示应用发布成功。发布成功的 ASP.NET Core 应用文件如图 17.13 所示。

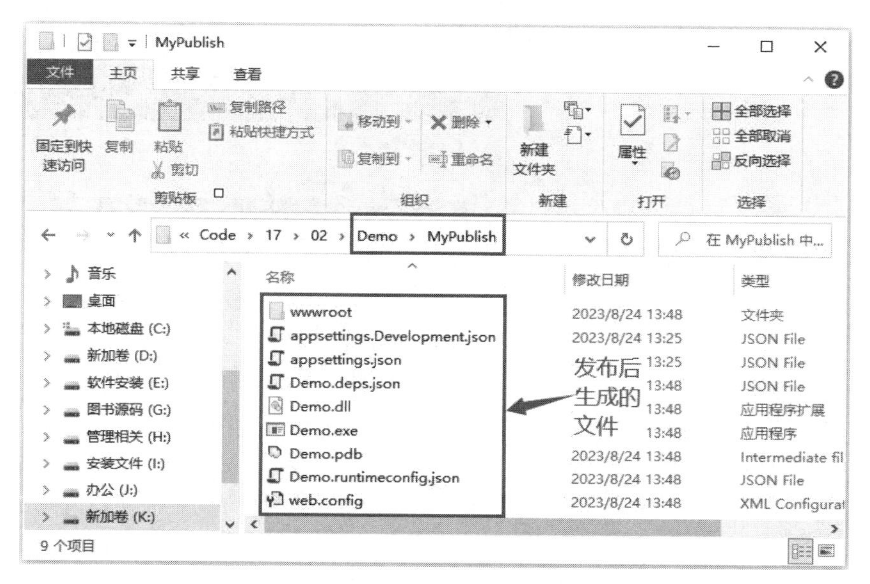

图 17.13　使用.NET CLI 命令发布成功的 ASP.NET Core 应用

17.3　部署 ASP.NET Core 应用

ASP.NET Core 应用发布完成后，就可以在服务器上部署了，发布完成的 ASP.NET Core 应用可以部署到多个服务器平台上，本节将以 Windows 平台为例进行讲解，这里主要介绍 Windows 平台下的两种常用服务器部署方式，分别为在 IIS 上部署和在 Kestrel 服务器上部署。

说明

在服务器上部署 ASP.NET Core 应用之前，首先需要在服务器上安装相应的.NET Core 运行时，下载地址为 https://dotnet.microsoft.com/zh-cn/download/dotnet。

17.3.1　在 IIS 上部署

IIS 是 Internet Information Services 的缩写，是 Microsoft 微软公司在 Windows 服务器系统上自带的一个 Web 服务器，通过 IIS 可以更方便地部署网站。本节将介绍如何将 ASP.NET Core 网站部署到 IIS 服务器上。

1. 安装 IIS

本节以 Windows 10 操作系统为例讲解安装 IIS 的过程，具体步骤如下。

（1）在 Windows 10 操作系统中依次选择“控制面板”→“程序”→“程序和功能”→“启用或关闭 Windows 功能”选项，弹出“Windows 功能”对话框，如图 17.14 所示。

（2）在该对话框中选中 Internet Information Services（Internet 信息服务）复选框，单击“确定”按钮，弹出如图 17.15 所示的显示安装进度的对话框，安装完成后关闭该对话框。

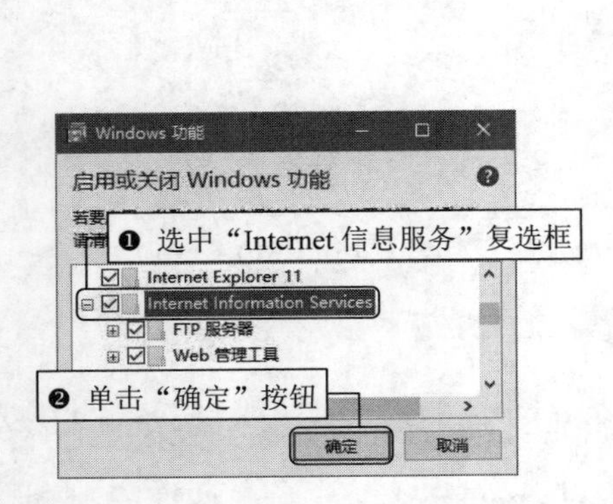

图 17.14　“Windows 功能”对话框

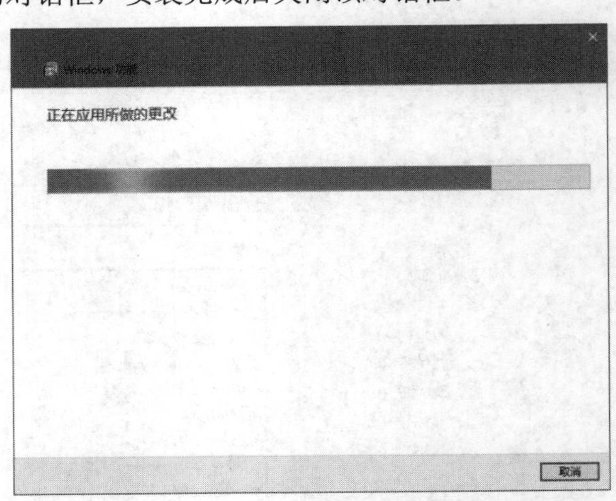

图 17.15　显示安装进度

（3）IIS 安装完成之后，依次选择“控制面板”→“系统和安全”→“管理工具”，从中可以看到“Internet Information Services(IIS)管理器”，如图 17.16 所示。

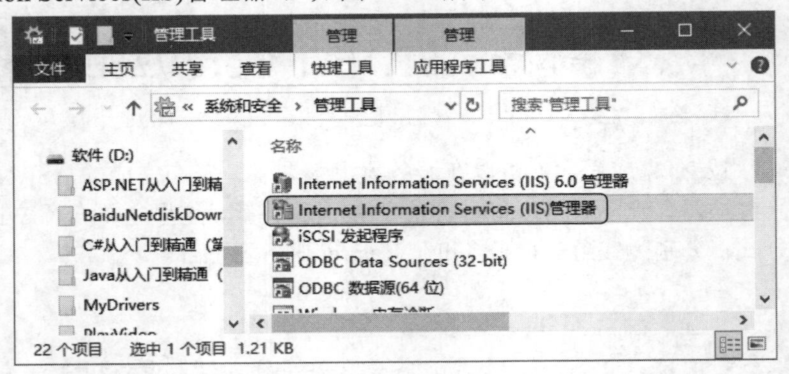

图 17.16　Internet Information Services(IIS)管理器

通过以上步骤即完成了 IIS 服务器的安装过程。

2. 配置 IIS

安装完 IIS 后，就可以在 IIS 服务器上部署网站了，步骤如下。

（1）依次选择“控制面板”→“系统和安全”→“管理工具”→“Internet Information Services（IIS）管理器”选项，弹出“Internet Information Services(IIS)管理器”对话框。

（2）选中“应用程序池”节点，单击右侧的“添加应用程序池”超链接，如图 17.17 所示。

（3）弹出“添加应用程序池”对话框，该对话框首先设置应用程序池的名称，然后在“.NET CLR 版本”中选择“无托管代码”，单击“确定”按钮，如图 17.18 所示。

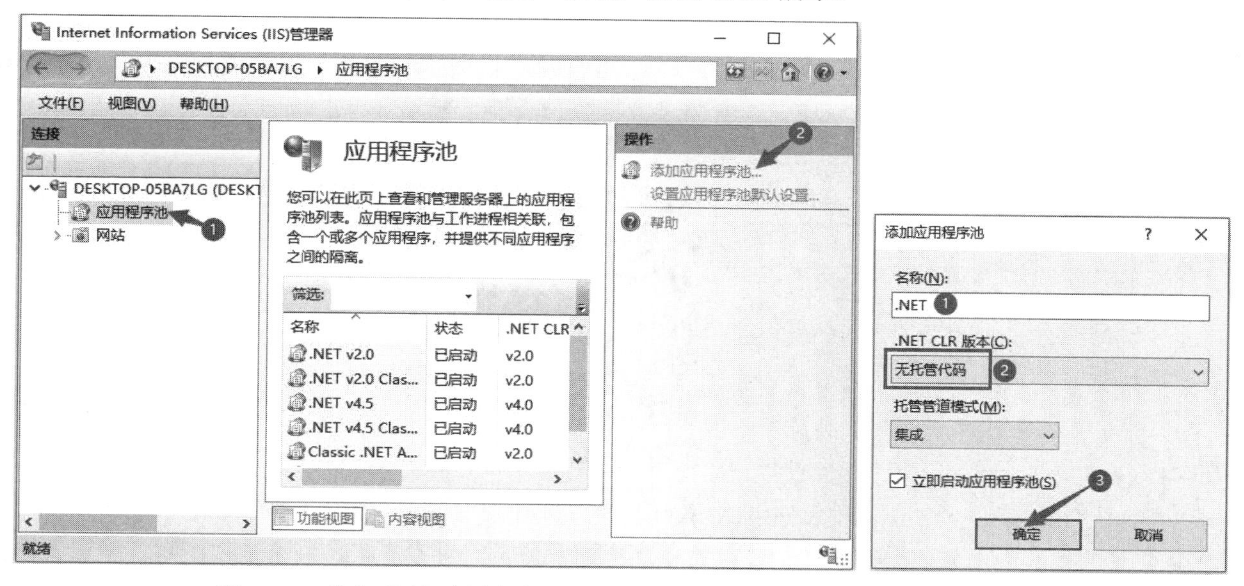

图 17.17　单击“添加应用程序池”超链接　　　　图 17.18　“添加应用程序池”对话框

（4）展开“网站”节点，选中 Default Web Site 节点，然后在右侧列表中单击“基本设置”超链接，如图 17.19 所示。

图 17.19　“Internet Information Services(IIS)管理器”对话框

（5）弹出“编辑网站”对话框，该对话框中首先单击“选择”按钮，弹出“选择应用程序池”对话框，在“选择应用程序池”对话框中选择步骤（3）中添加的无托管代码的应用程序池，并单击“确定”按钮，返回“编辑网站”对话框，继续单击“…”按钮，选择发布后的网站文件夹所在路径，单击“确定”按钮如图 17.20 所示。

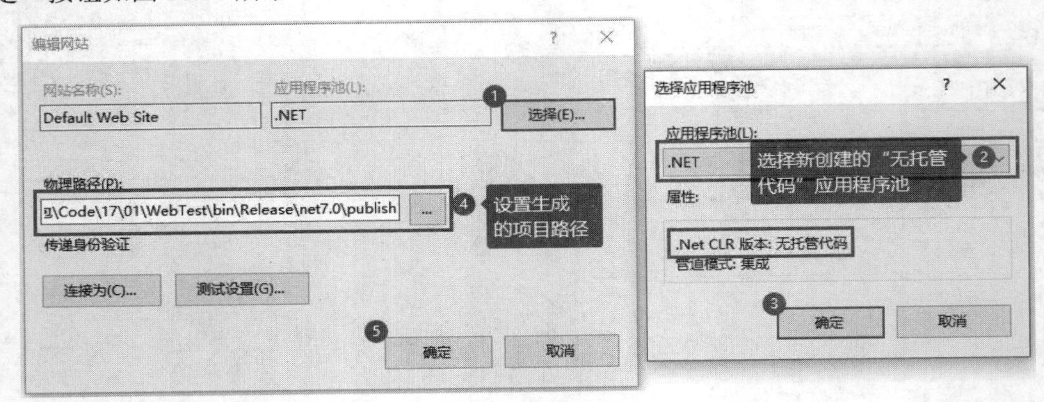

图 17.20　“编辑网站”对话框

（6）在“Internet Information Services(IIS)管理器”对话框中，选中 Default Web Site 节点，在右侧列表中单击“绑定”超链接，弹出“网站绑定”对话框，其中选中默认的记录，单击“编辑”按钮（如果要使用新的 IP 或者域名进行绑定，也可以单击“添加”按钮），弹出“编辑网站绑定”对话框，该对话框中可以对 IP 地址或者端口号进行更改，也可以设置主机名，设置完成后单击“确定”按钮，如图 17.21 所示。

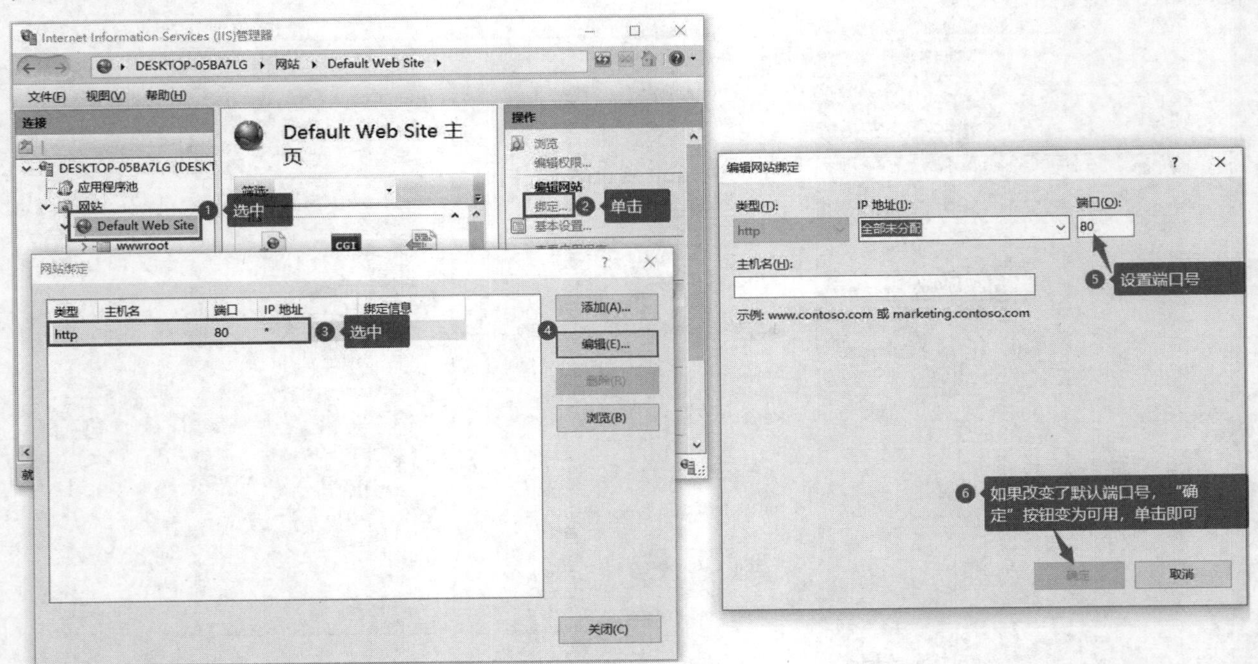

图 17.21　设置网站绑定的 IP 及端口号

通过以上步骤，我们就成功地在 IIS 服务器上配置了一个 ASP.NET Core 网站，接下来即可通过在浏览器中输入 IP 地址及端口号来尝试访问了，比如，这里输入 http://localhost:80 或者 http://127.0.0.1:80，效果如图 17.22 所示。

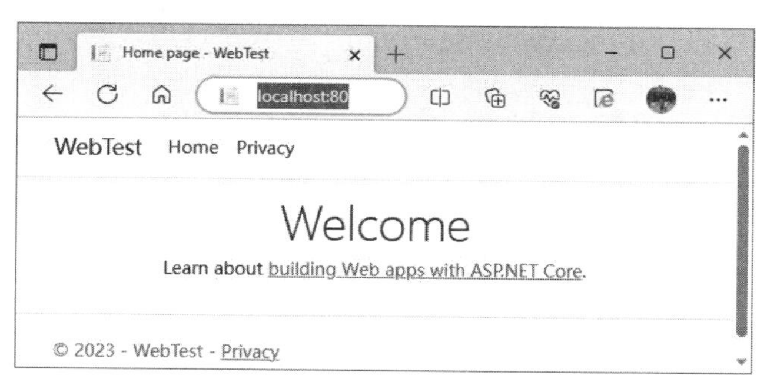

图 17.22 网站浏览效果

3. 解决部署在 IIS 上的网站无法访问的问题

在 IIS 上部署完 ASP.NET Core 网站后，在浏览器中浏览时，可能会出现如图 17.23 所示的错误页面。

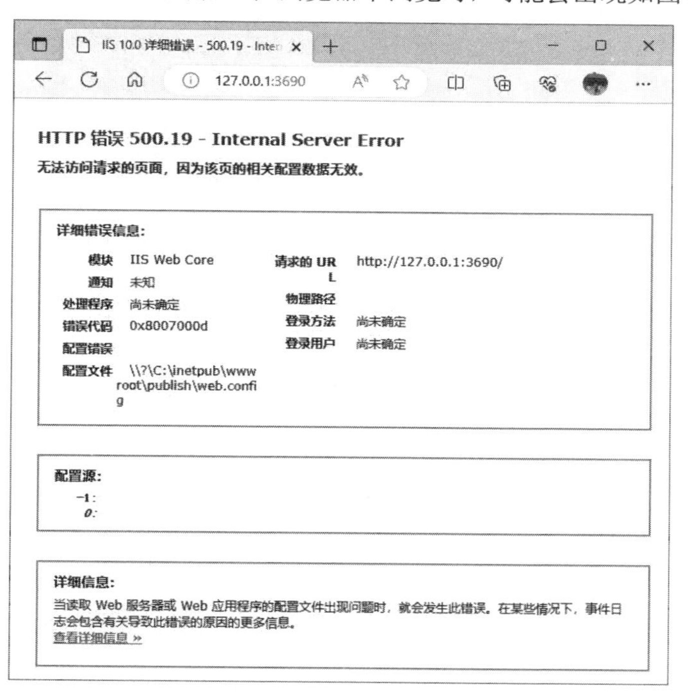

图 17.23 浏览网站时出现的错误页面

该问题主要是因缺少“ASPNETCoreModuleV2”文件而造成的，要解决该问题，需要在微软官网（https://dotnet.microsoft.com/en-us/download/dotnet/7.0）下载针对 IIS 服务器的运行组件，并安装，下载页面如图 17.24 所示。

下载并安装完成后，重启 IIS 管理器，然后双击“模块”，如图 17.25 所示，即可查看是否成功安装了“ASPNETCoreModuleV2”文件，如果安装成功，则效果如图 17.26 所示。

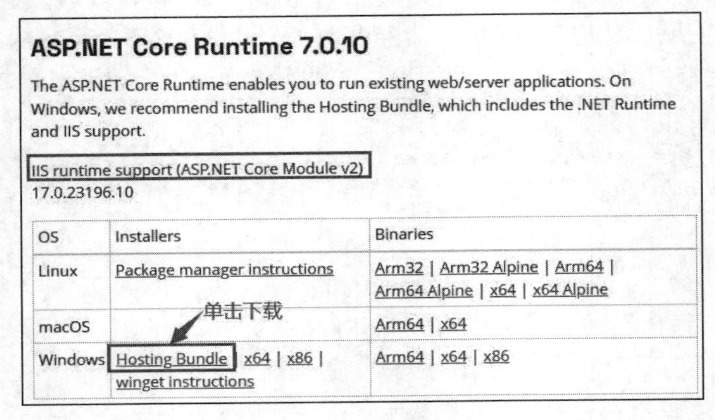

图 17.24　下载针对 IIS 服务器的运行组件

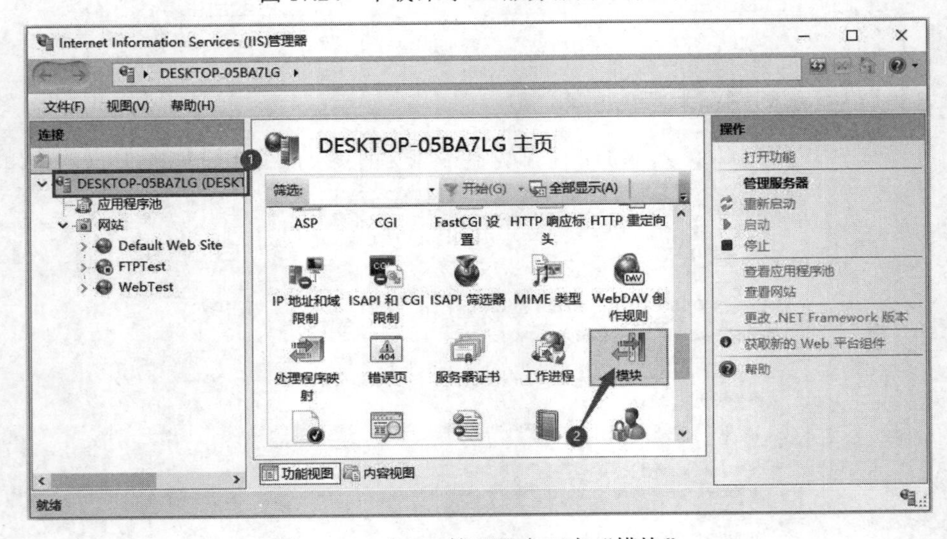

图 17.25　在 IIS 管理器中双击“模块”

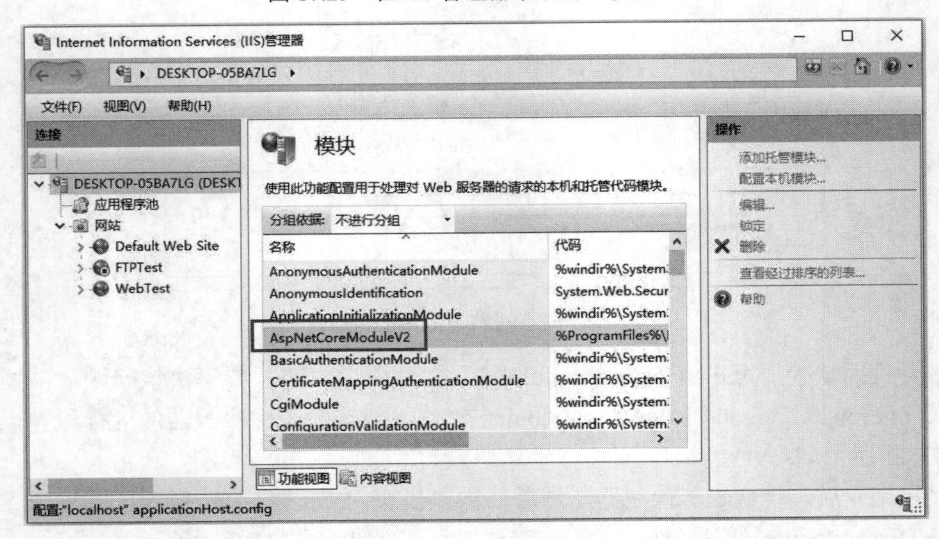

图 17.26　“ASPNETCoreModuleV2”文件安装成功的效果

这时再次在浏览器中访问在 IIS 上部署的 ASP.NET Core 网站，即可正常访问。

17.3.2　在 Kestrel 服务器上部署

在 ASP.NET Core 中，微软为我们提供了除 IIS 以外的另外一个 Web 服务器——Kestrel，该服务器被内置到 ASP.NET Core 的项目模板中，它本身可以作为面向互联网的 Web 服务器，直接处理客户端传入的 HTTP 请求。

在 Kestrel 服务器中，用于托管应用程序的进程是 dotnet.exe，因此，当使用.NET CLI 命令直接运行应用程序时，应用程序会默认将 Kestrel 作为 Web 服务器。而对于已经发布成功的 ASP.NET Core 应用，我们只需要将发布完成的文件夹复制到服务器上的指定目录下，然后打开目录下后缀为.exe 的文件，即可启动 Web 服务，如图 17.27 所示。

图 17.27　双击.exe 文件启动服务器

在浏览器地址栏中输入图 17.27 中的服务器监听地址，即可测试发布的 ASP.NET Core 应用是否能正常访问，如图 17.28 所示。

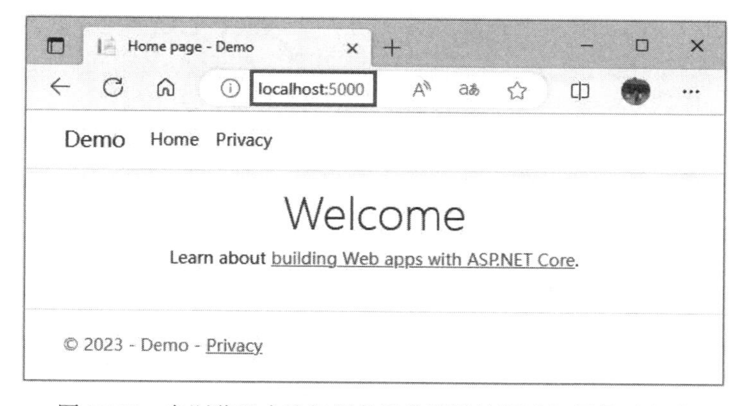

图 17.28　在浏览器中访问服务器监听地址测试部署是否成功

从图 17.27 可以看出，Kestrel 服务器的默认监听地址是 http://localhost:5000，这是一个本地访问的地址，所以如果需要远程访问部署的网站，使用默认监听地址显然不行，而是需要设置一个可以用于远程访问的地址。比较常用的设置 Kestrel 监听地址的方式是通过配置系统变量进行设置，具体过程为：打开服务器系统的“新建系统变量”对话框，添加一个名称为“ASPNETCORE_URLS”的系统变量，并将其值设置为 http://0.0.0.0:5000/，表示监听不局限于某个固定 IP，使用路由器为服务器分配的 IP 加上 5000 端口号即可访问，如图 17.29 所示。

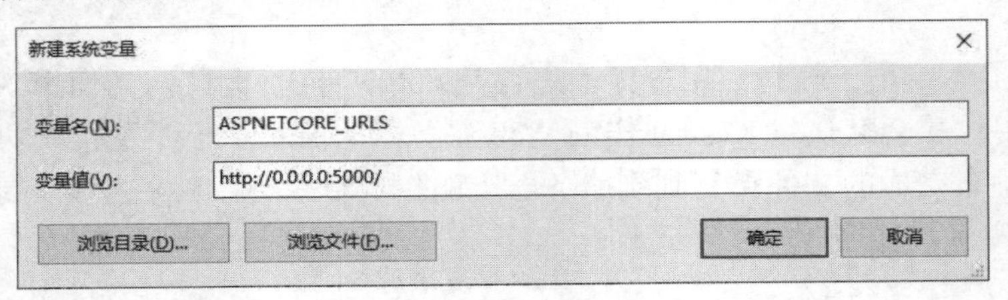

图 17.29　为 Kestrel 设置监听地址

说明

尽管 Kestrel 服务器可以使 ASP.NET Core 应用的部署和运行更加方便，并且跨平台，但是在实际项目中，通常不会用 Kestrel 作为最终的 Web 服务器来处理终端用户的请求，因为 Kestrel 中很多操作都需要编写代码来完成，比如配置域名证书、记录请求日志、URL 重写等，而这些操作在 IIS 等服务器中并不需要编写代码，只需要修改配置文件即可完成，所以 Kestrel 服务器的部署对运维人员相对不太友好。

17.4　要点回顾

本章主要对 ASP.NET Core 应用的发布与部署过程进行了详细讲解。首先对发布和部署的基本概念进行了介绍；然后重点讲解了两种发布 ASP.NET Core 应用的方法，分别是使用 Visual Studio 自带的工具进行发布，以及使用.NET CLI 命令进行发布；最后，讲解了如何将发布后的 ASP.NET Core 应用部署到常用的 IIS 服务器上或者 Kestrel 服务器上。学习本章，读者应该熟练掌握使用 Visual Studio 自带的工具发布 ASP.NET Core 应用的方法，以及在 IIS 服务器上部署 ASP.NET Core 应用的方法。

第 4 篇

开源项目

本篇详细剖析 ASP.NET Core 的五个最流行的热门开源框架：Furion、vboot-net、Magic.NET、CoreShop、Orchard Core。系统解析这些开源框架的作用、特点、功能，并带领读者亲身体验其具体配置及使用过程，为读者实际开发 ASP.NET Core 项目提供借鉴模板。

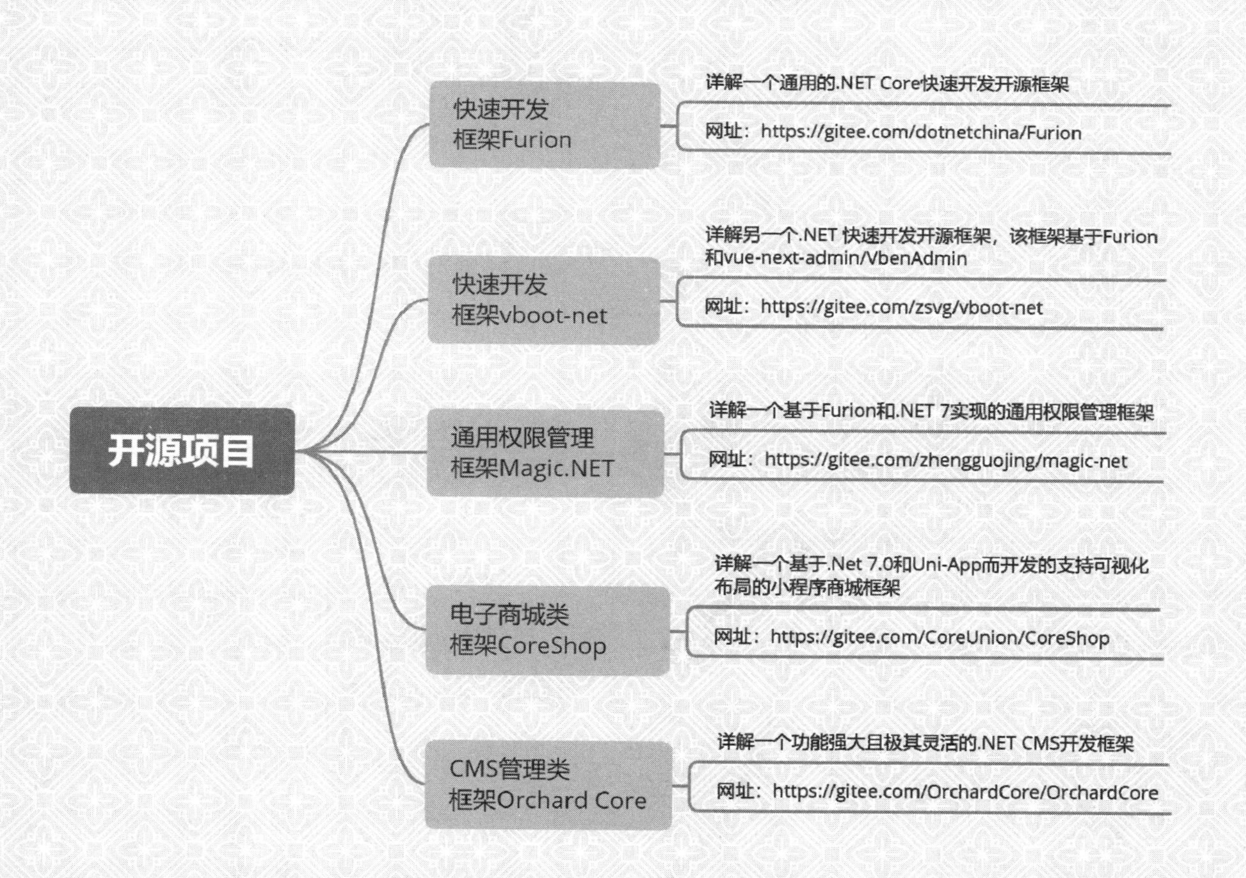

第 18 章

ASP.NET Core 开源项目解析

.NET Core 是微软发布的一个开源平台，基于该平台，在 GitHub、Gitee 等开源网站上，有大量的 ASP.NET Core 开源项目供用户学习和使用，这些开源项目根据不同的开源协议，有的可以完全免费商用，有的可以获得授权后进行二次开发发布。本章将对当前比较流行的 ASP.NET Core 开源项目进行介绍。

本章知识架构及重点、难点如下。

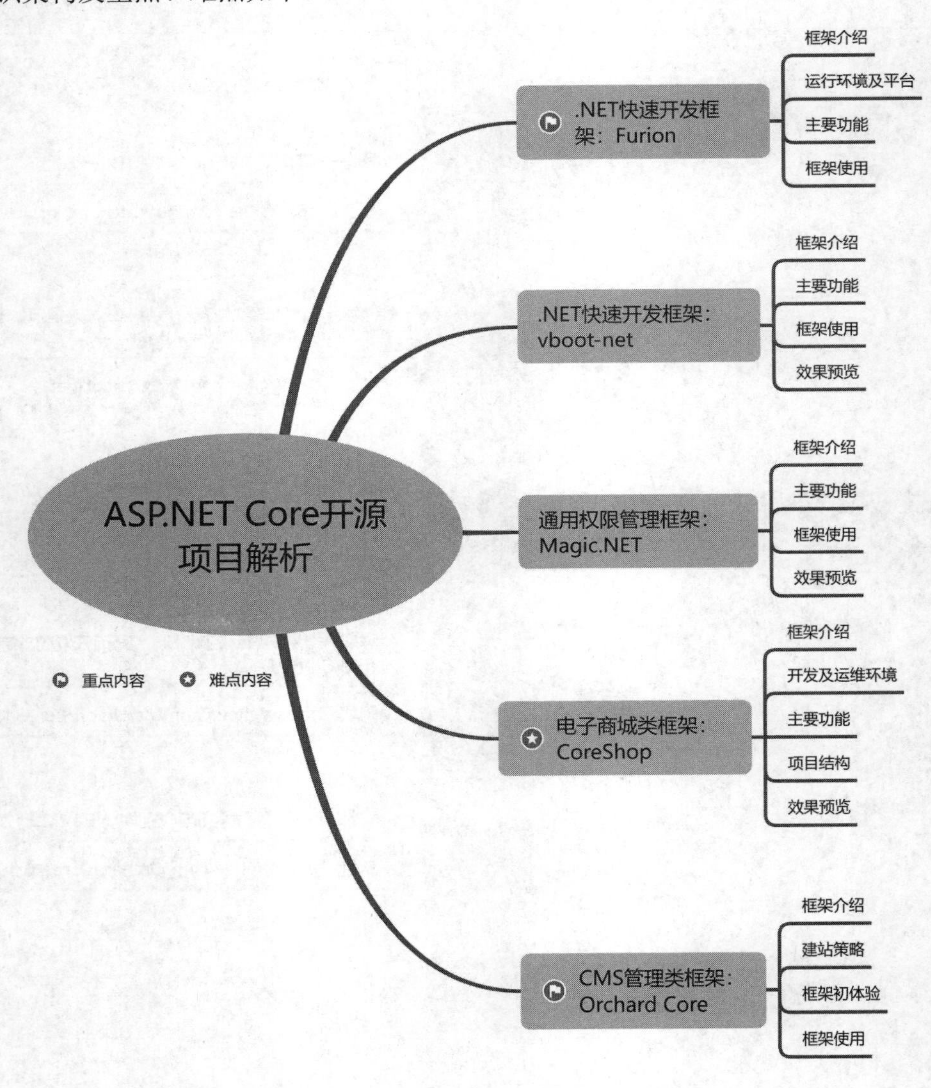

18.1 .NET 快速开发框架：Furion

18.1.1 框架介绍

Furion 是一个通用的.NET Core 应用程序开源框架，其从 2020 年开始，已经持续迭代了 4 年，发布的版本超 800 个，我们可以将其集成到任何.NET/C#应用程序中，其开源地址为 https://gitee.com/dotnetchina/Furion，该框架主要具有以下特点：

- ☑ MIT 宽松开源协议，商业无须授权。
- ☑ 基于.NET5/6/7/8+平台。
- ☑ 极少的依赖，只依赖两个第三方包：MiniProfiler（性能分析和监听必备）和 Swashbuckle（Swagger 接口文档）。
- ☑ 跨全平台，支持所有主流操作系统及.NET 全部项目类型。
- ☑ 代码无侵入性，100%兼容原生写法。
- ☑ 极速开发，内置丰富的企业应用开发功能。
- ☑ 入门使用简单，只需要一个 Inject()即可完成配置。
- ☑ 提供完善的开发文档。

说明

本章所有开源项目均来自 Gitee（码云），地址为 https://gitee.com/，码云是国内最大的开源网站之一，其访问方便快捷；另外，业内通用的开源网站还有 GitHub，地址为 https://github.com/，该网站现已被微软收购，但由于其是一个国外的网站，因此有时会出现加载慢或者无法访问的现象。

18.1.2 运行环境及平台

Furion 框架的运行环境及平台要求如下：

- ☑ 环境要求：Visual Studio 2019 及以上、Visual Studio Code、.NET 5 SDK 及以上。
- ☑ 系统要求：Windows、Linux、macOS/macOS M1 CPU、Docker/K8S/K3S/Rancher。
- ☑ 数据库：SqlServer、Sqlite、Azure Cosmos、MySql、MariaDB、PostgreSQL、InMemoryDatabase、Oracle、Firebird、达梦数据库、MongoDB。
- ☑ 应用部署：IIS、Kestrel、Nginx、Jexus、Apache、PM2、Supervisor、独立发布/单文件、容器（Docker/K8S/K3S/Rancher/PodMan）。

18.1.3 主要功能

Furion 框架的主要功能如图 18.1 所示。

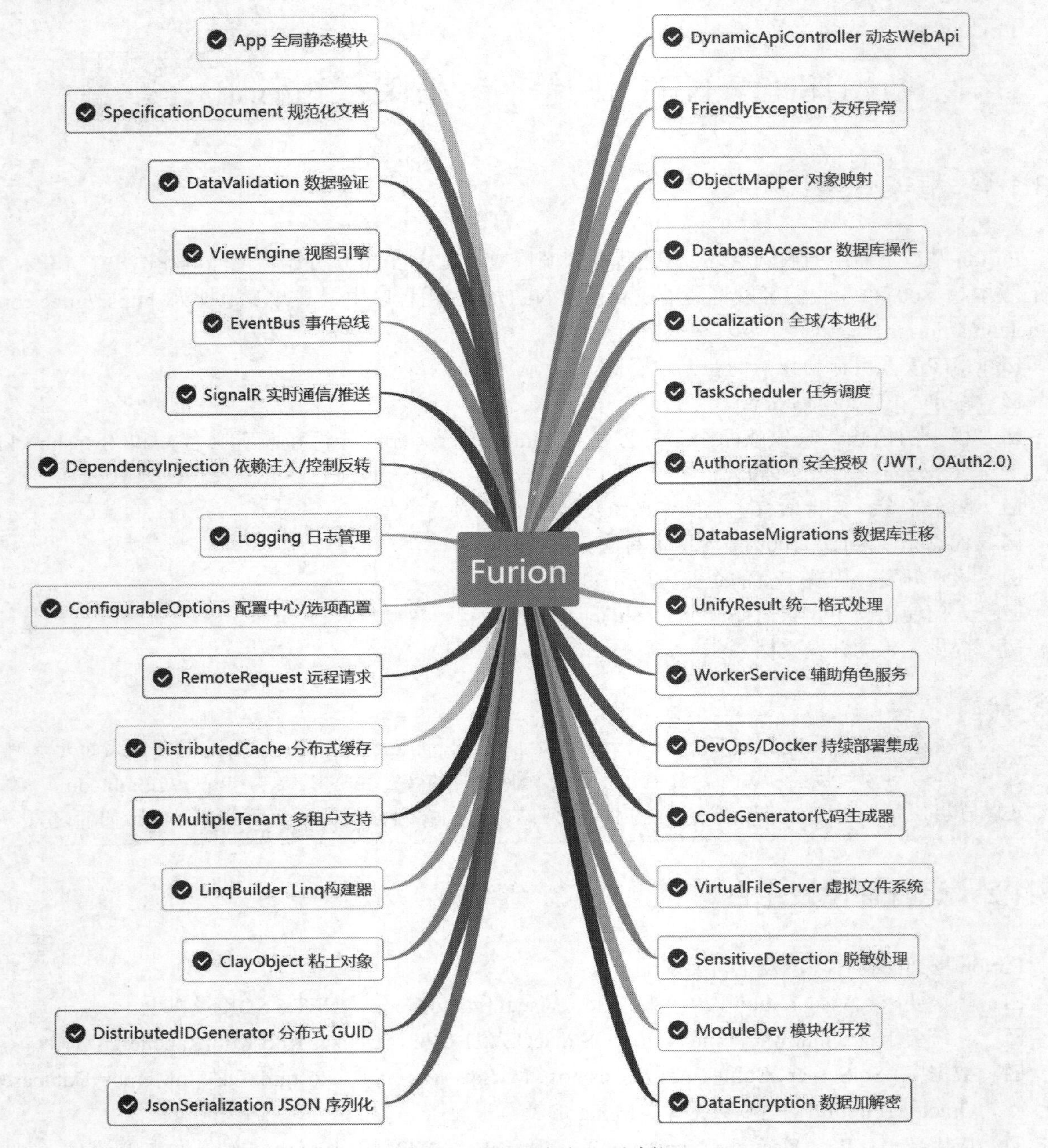

图 18.1　Furion 框架主要功能

18.1.4　Furion 框架的使用

在自己的.NET Core 应用中使用 Furion 框架时，可以使用 Install-Package 命令安装相应的 Furion 框架 NuGet 包，常用的 Furion 框架 NuGet 包及说明如表 18.1 所示。

表 18.1　常用 Furion 框架 NuGet 包

包　名　称	说　　明
Furion	Furion 核心包
Furion.Pure	Furion 纯净版包（不含 EFCore）
Furion.Extras.Authentication.JwtBearer	Furion Jwt 拓展包
Furion.Extras.DependencyModel.CodeAnalysis	Furion CodeAnalysis 拓展包
Furion.Extras.ObjectMapper.Mapster	Furion Mapster 拓展包
Furion.Extras.DatabaseAccessor.SqlSugar	Furion SqlSugar 拓展包
Furion.Extras.DatabaseAccessor.Dapper	Furion Dapper 拓展包
Furion.Extras.DatabaseAccessor.MongoDB	Furion MongoDB 拓展包
Furion.Extras.Logging.Serilog	Furion Serilog 拓展包
Furion.Xunit	Furion Xunit 单元测试拓展包
Furion.Pure.Xunit	Furion 纯净版 Xunit 单元测试拓展包（不含 EFCore）
Furion.Tools.CommandLine	Furion Tools 命令行参数解析
Furion.Template.Mvc	基于 ASP.NET MVC 的 Mvc 模板引擎
Furion.Template.Api	基于 ASP.NET MVC 的 WebApi 模板引擎
Furion.Template.App	基于 ASP.NET MVC 的 Mvc/WebApi 模板引擎
Furion.Template.Razor	基于 ASP.NET MVC 的 RazorPages 模板引擎
Furion.Template.RazorWithWebApi	基于 ASP.NET MVC 的 RazorPages/WebApi 模板引擎
Furion.Template.Blazor	基于 ASP.NET MVC 的 Blazor 模板引擎
Furion.Template.BlazorWithWebApi	基于 ASP.NET MVC 的 Blazor/WebApi 模板引擎
Furion.SqlSugar.Template.Mvc	基于 ASP.NET MVC 和 SqlSugar ORM 的 Mvc 模板引擎
Furion.SqlSugar.Template.Api	基于 ASP.NET MVC 和 SqlSugar ORM 的 WebApi 模板引擎
Furion.SqlSugar.Template.App	基于 ASP.NET MVC 和 SqlSugar ORM 的 Mvc/WebApi 模板引擎
Furion.SqlSugar.Template.Razor	基于 ASP.NET MVC 和 SqlSugar ORM 的 RazorPages 模板引擎
Furion.SqlSugar.Template.RazorWithWebApi	基于 ASP.NET MVC 和 SqlSugar ORM 的 RazorPages/WebApi 模板引擎
Furion.SqlSugar.Template.Blazor	基于 ASP.NET MVC 和 SqlSugar ORM 的 Blazor 模板引擎
Furion.SqlSugar.Template.BlazorWithWebApi	基于 ASP.NET MVC 和 SqlSugar ORM 的 Blazor/WebApi 模板引擎

下面通过具体的示例讲解如何在自己的.NET Core 应用中使用 Furion 框架，步骤如下。

（1）打开 Visual Studio 2022，选择“创建新项目”，在打开的“创建新项目”对话框中选择“ASP.NET Core Web API”模板，如图 18.2 所示。

（2）单击“下一步”按钮，打开“配置新项目”对话框，该对话框中设置创建的项目名称和位置，比如，这里将项目名称设置为“FurionTest”，如图 18.3 所示。

（3）单击“下一步”按钮，打开“其他信息”对话框，该对话框中设置项目所使用的的框架版本及 HTTPS、Docker、OpenAPI 支持等配置信息，这里注意：由于 Furion 已经内置了 Swagger 规范化库，所以需要取消“启用 OpenAPI 支持”复选框的选中状态，否则会提示版本不一致，产生冲突，如图 18.4 所示。

（4）单击“创建”按钮，即可创建一个 ASP.NET Core WebAPI 应用，创建完成后，在 Visual Studio 的菜单栏中，依次选择“工具”→“NuGet 包管理器”→“管理解决方案的 NuGet 程序包”菜单，打开如图 18.5 所示的窗口，该窗口中首先搜索“Furion”，并选中，单击“安装”按钮，安装 Furion 依赖包。

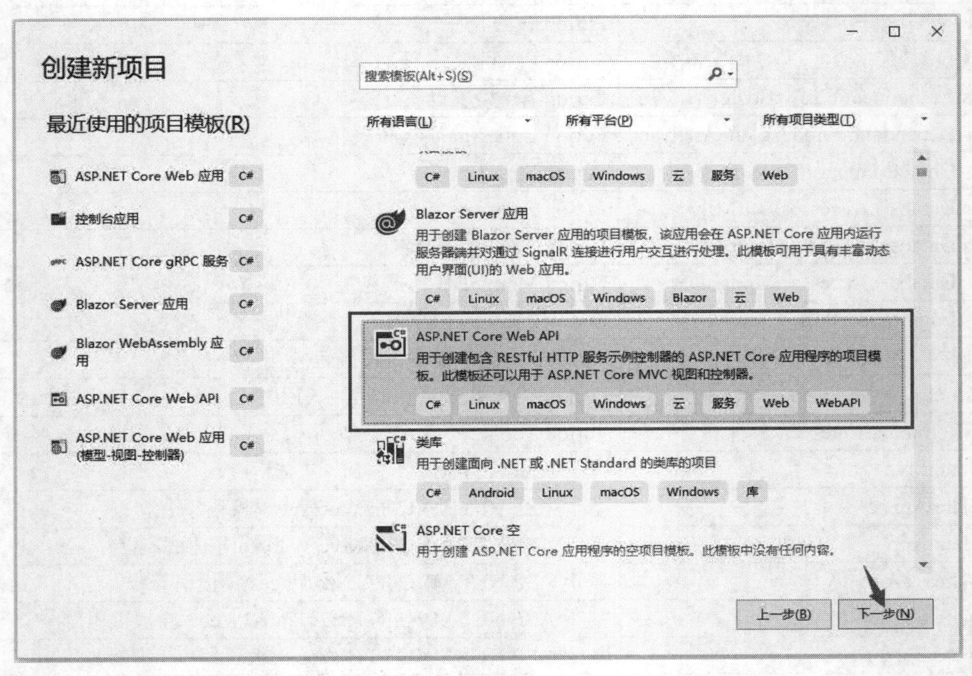

图 18.2　选择“ASP.NET Core Web API”模板

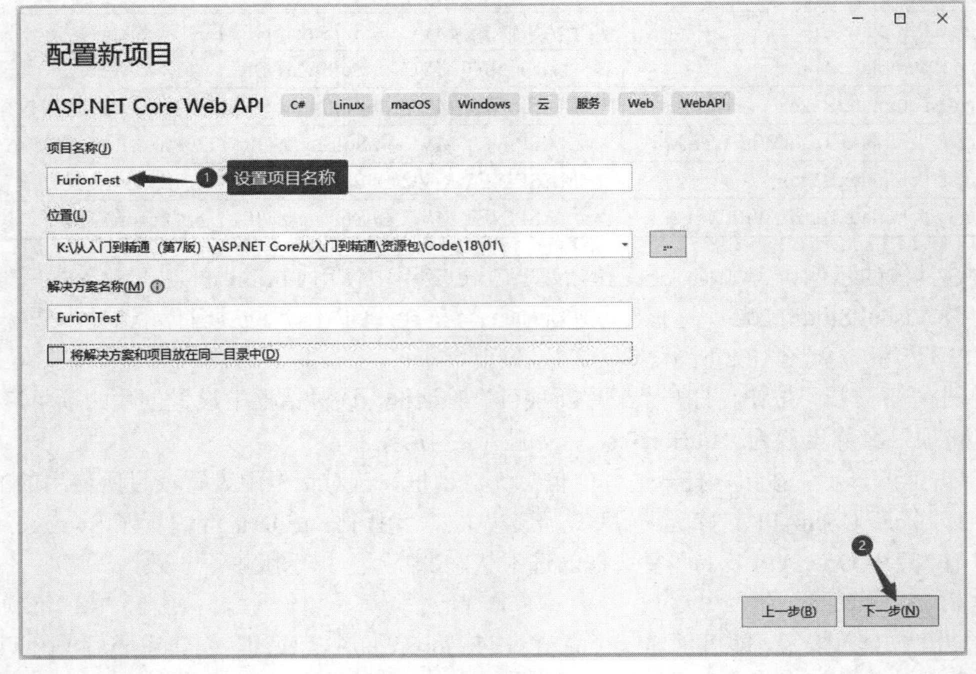

图 18.3　“配置新项目”对话框

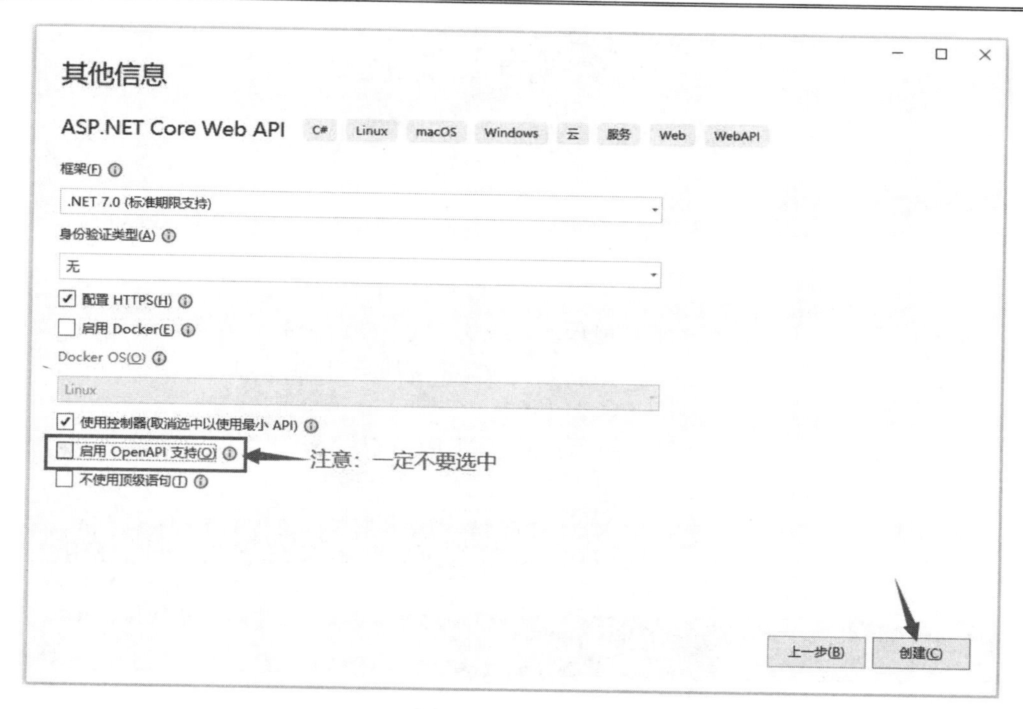

图 18.4　项目配置

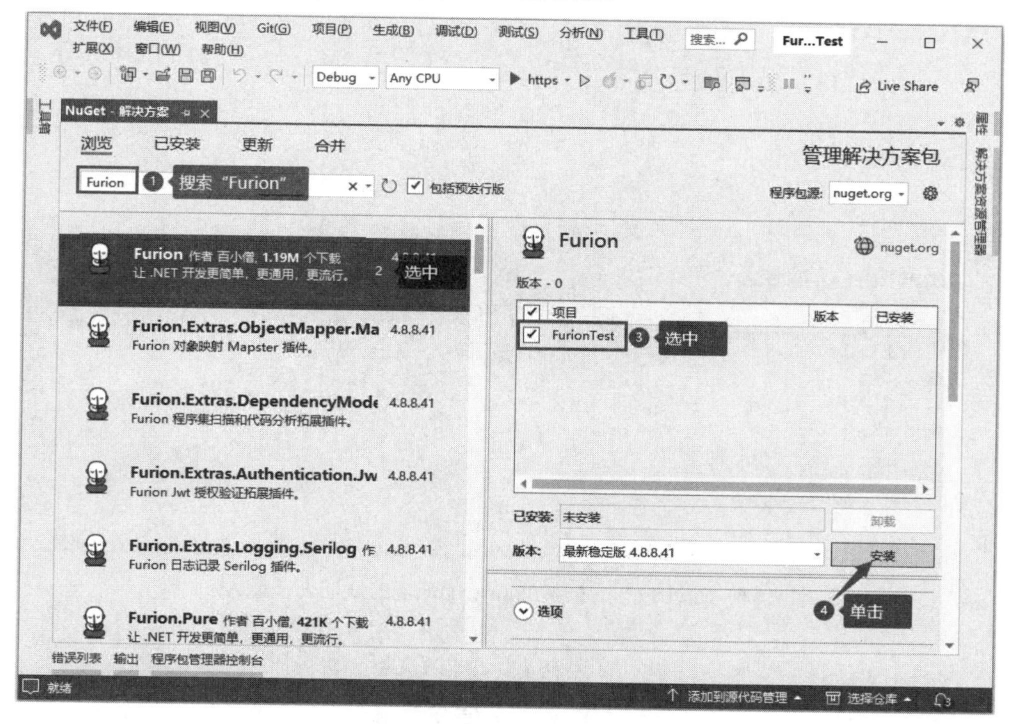

图 18.5　安装 Furion 依赖包

（5）打开项目的 Program.cs 主程序文件，在其中添加 Inject()配置，代码如下：

```
var builder = WebApplication.CreateBuilder(args).Inject();
builder.Services.AddControllers().AddInject();
var app = builder.Build();
app.UseHttpsRedirection();
app.UseAuthorization();
app.UseInject();
app.MapControllers();
app.Run();
```

说明

如果 app.UseInject()没有输入参数，则默认地址为“/api”，如果输入参数为 string.Empty，则访问地址为“/”。如果输入参数为任意字符串，则访问地址为“/任意字符串目录”。

通过以上步骤即可将 Furion 框架集成到自己的.NET 应用中，运行程序，在浏览器地址栏的默认网址后面添加“api/”，效果如图 18.6 所示。

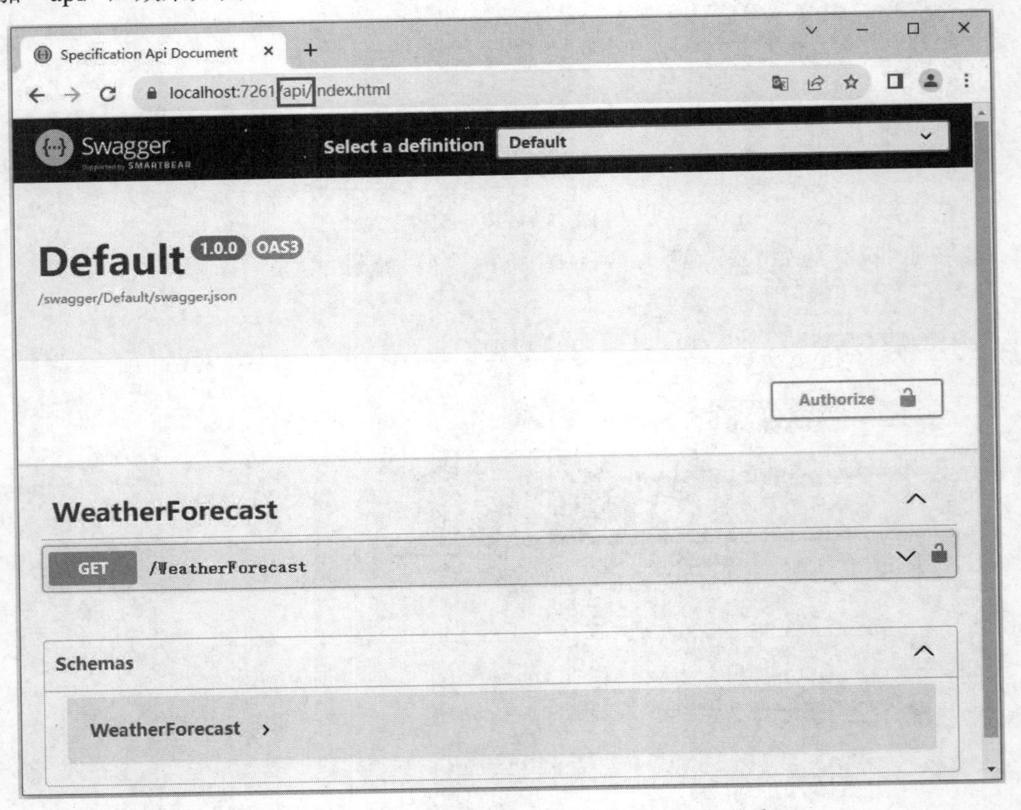

图 18.6　通过 Furion 框架的 Inject()配置的地址来查看 API

说明

关于 Furion 框架的更多使用方法，可以参见其官方开发文档：http://furion.baiqian.ltd/docs/。

18.2　.NET 快速开发框架：vboot-net

18.2.1　框架介绍

vboot-net 快速开发框架是 vboot 的.NET 版本，其开源地址为 https://gitee.com/zsvg/vboot-net，该框架主要具有以下特点：

☑　采用前后端分离模式开发。
☑　后端基于 Furion，数据库访问采用 Sqlsugar、CodeFirst 方式。
☑　前端基于 vue-next-admin/VbenAdmin 框架。
☑　引入了 bpmn.js 工作流和 VForm 低代码可视化表单设计器。
☑　权限认证使用 JWT（JSON Web Token）。
☑　支持多终端认证系统。
☑　支持加载动态权限菜单，轻松实现多方式权限控制。
☑　代码量少、学习简单、通俗易懂、功能强大、易扩展、轻量级。

vboot-net 快速开发框架的架构及说明如表 18.2 所示。

表 18.2　vboot-net 快速开发框架的架构及说明

架　构	说　明
Vboot.App	自建应用层，用于编写具体业务代码
Vboot.Core	框架核心层
Vboot.Extend	扩展应用层，包含通用的标准模块
Vboot.Web	框架启动层，包含项目配置

18.2.2　主要功能

vboot-net 快速开发框架的主要功能如下：

☑　主控面板：控制台页面，可进行工作台、分析页、统计等功能的展示。
☑　部门管理：部门维护，支持多层级结构的树形结构。
☑　用户管理：用户维护，可设置用户部门、岗位、群组、职务、角色、数据权限等。
☑　岗位管理：岗位维护，岗位可作为用户的一个标签，也可以与权限等其他功能挂钩。
☑　群组管理：群组维护，群组可设置部门、用户、岗位，用于更广泛的权限设置。
☑　菜单管理：菜单目录、菜单和按钮的维护，是权限控制的基本单位。
☑　角色管理：角色绑定菜单后，可限制相关角色的人员所登录系统的功能范围。
☑　字典管理：系统内各种枚举类型的维护。
☑　访问日志：用户登录和退出日志的查看和管理。
☑　操作日志：用户操作业务的日志的查看和管理。

☑ 定时任务：定时任务的维护，通过 cron 表达式控制任务的执行频率。
☑ 流程引擎：流程图展示，支持驳回、转办、废弃和跳转等功能。
☑ 在线表单：在线表单设计，配合流程可以实现表单数据流转。
☑ 消息机制：待办待阅功能，联通钉钉与企业微信接口。
☑ 代码生成：在线配置，一键生成前后端代码。

18.2.3 vboot-net 框架的使用

使用 vboot-net 快速开发框架主要有 4 个步骤，分别为配置数据库、启动后台服务器、安装依赖和启动程序，下面分别对这 4 个步骤进行讲解。

1. 配置数据库

vboot-net 框架的数据库在 Vboot.App 项目下的 applicationsettings.json 文件中进行配置，如图 18.7 所示，这里需要注意的是，要配置的数据库需要提前准备好，而数据表会以 CodeFirst 模式自动生成。

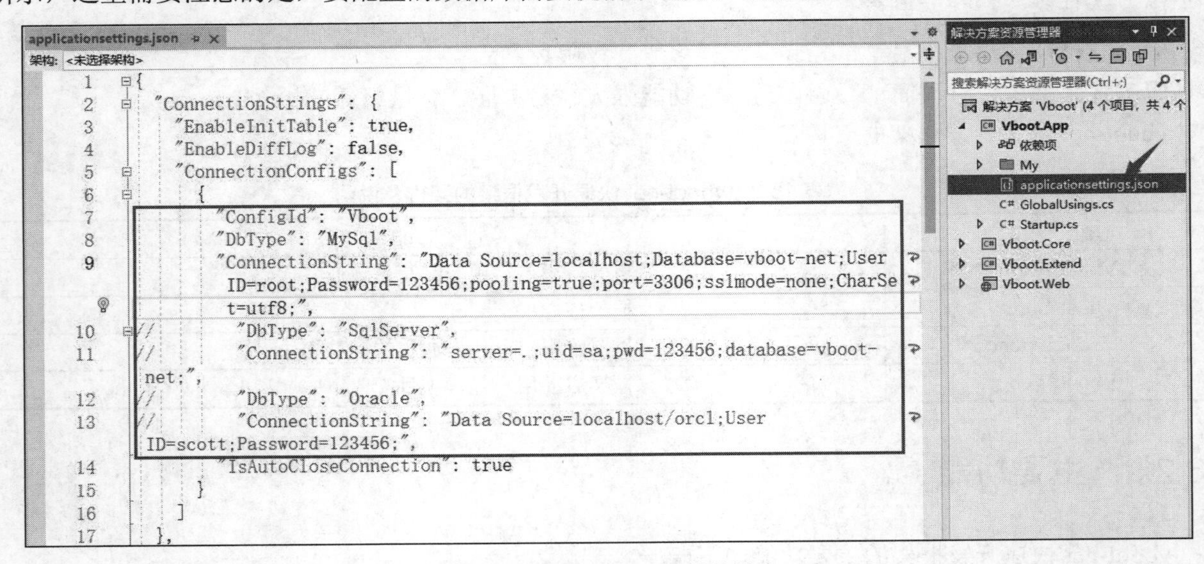

图 18.7　配置 vboot-net 的数据库

2. 启动后台服务器

启动后台服务器需要使用开发工具，下面介绍使用 Visual Studio 开发工具启动 vboot-net 框架的后台服务器，步骤如下。

（1）使用 Visual Studio 打开 Vboot.sln 解决方案资源文件，然后将 Vboot.Web 设置为启动项目。

（2）单击 Visual Studio 工具栏中运行按钮，启动程序，如图 18.8 所示。

图 18.8　启动程序

（3）启动程序后，会出现如图 18.9 所示的 Visual Studio 调试控制台，其中会显示服务器的监听地址。

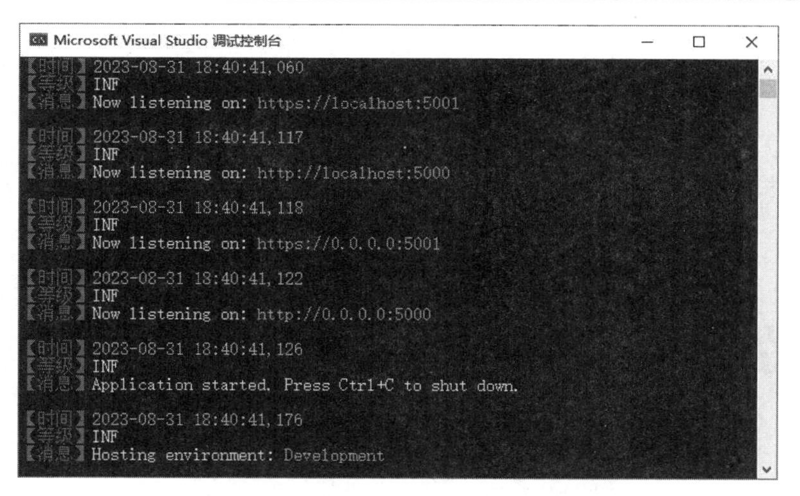

图 18.9　Visual Studio 调试控制台

（4）在浏览器地址栏中输入图 18.9 中所显示的服务器监听地址，如 http://localhost:5000 或 https://localhost:5001，如果出现图 18.10 所示的界面，则说明后台服务器启动成功。

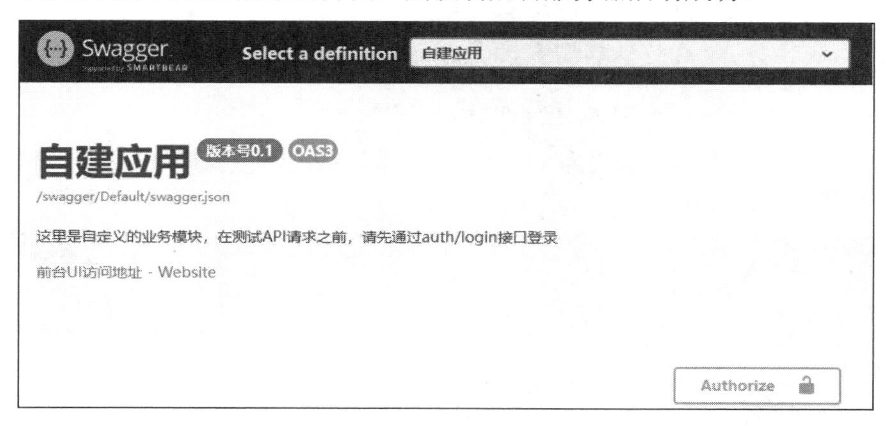

图 18.10　访问后台服务器监听地址

3．安装依赖

在 Visual Studio 的“程序包管理器控制台”中使用下面命令安装依赖：

```
npm install
```

4．启动程序

安装完依赖后，继续在 Visual Studio 的“程序包管理器控制台”中输入下面命令启动程序：

```
npm run dev
```

18.2.4　效果预览

启动成功后，就可以体验 vboot-net 快速开发框架了。平台的登录页面如图 18.11 所示。

图 18.11　vboot-net 快速开发框架的登录页面

登录页面中的默认账号为 sa，密码为 1，单击“登录”按钮，可以进入 vboot-net 快速开发框架的后台管理页面，如图 18.12 所示。

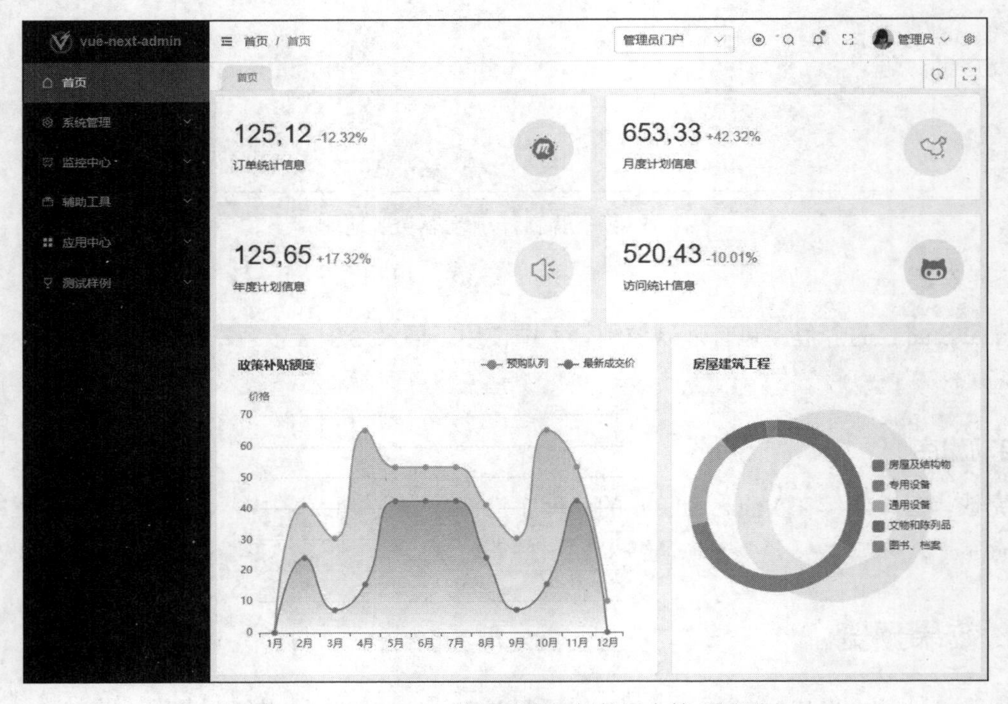

图 18.12　vboot-net 快速开发框架的后台管理页面

通过单击 vboot-net 快速开发框架后台管理页面左侧的导航菜单，就可以体验该框架提供的各项功能了。例如，图 18.13 所示为门户菜单管理页面。

名称	类型	路由路径	组件路径	状态	操作
首页	菜单	/home	/home/index	显示	
系统管理	目录	/sys	LAYOUT	显示	
组织架构	目录	/sys/org	LAYOUT	显示	
接口管理	目录	/sys/api	LAYOUT	显示	
门户管理	目录	/sys/portal	LAYOUT	显示	
监控中心	目录	/mon	LAYOUT	显示	
在线用户	菜单	/mon/online/user	/mon/online/user/index	显示	
登录日志	菜单	/mon/log/login	/mon/log/login/index	显示	
操作日志	菜单	/mon/log/oper	/mon/log/oper/index	显示	
错误日志	菜单	/mon/log/error	/mon/log/error/index	显示	
定时任务	菜单	/mon/job/main	/mon/job/main/index	显示	
任务编辑	菜单	/mon/job/main/edit	/mon/job/main/edit	隐藏	
任务日志	菜单	/mon/job/log	/mon/job/log/index	隐藏	
服务监控	菜单	/mon/server/main	/mon/server/main/show	显示	

图 18.13　门户菜单管理页面

图 18.14 所示为缓存监控页面。

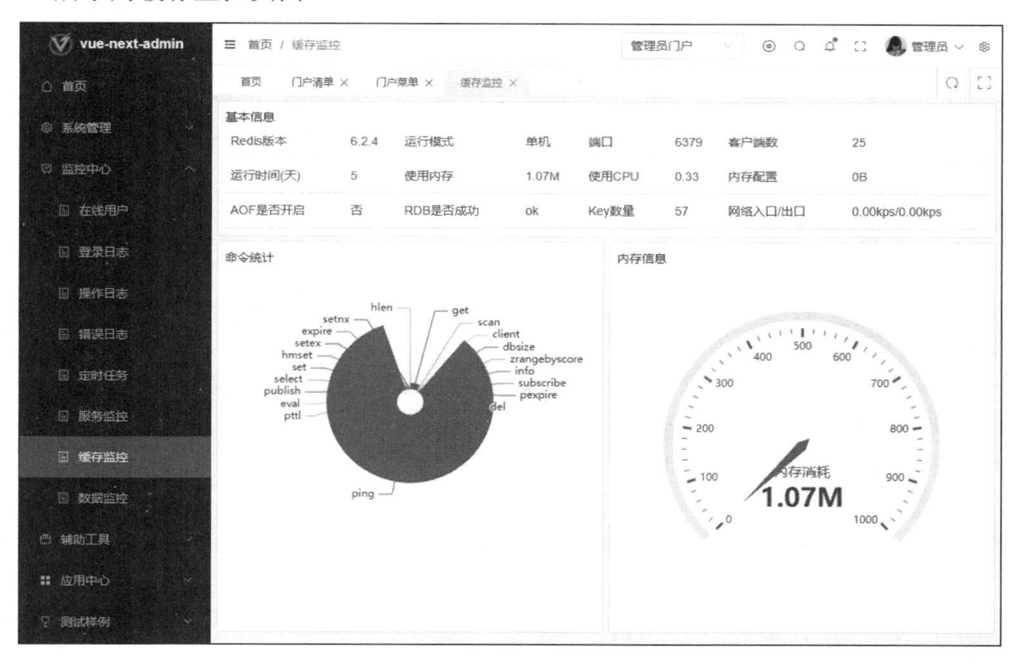

图 18.14　缓存监控页面

说明

由于篇幅有限，这里未展示 vboot-net 快速开发框架的所有页面，读者可以在自己计算机上配置成功后，自行体验，也可以访问 http://zsvg.gitee.io/vue 或 http://zsvg.gitee.io/vben 地址进行体验。

18.3 通用权限管理框架：Magic.NET

18.3.1 框架介绍

Magic.NET 是一个基于 Furion 和.NET 7 实现的通用权限管理框架，其开源地址为 https://gitee.com/zhengguojing/magic-net，该框架主要具有以下特点：

- ☑ 整合最新技术以高效快速开发，前后端分离模式，开箱即用。
- ☑ 前端基于 Snowy Vue 框架，后台基于 Furion 框架。
- ☑ 集成 SqlSugar、多租户、分库读写分离、缓存、数据校验、鉴权、动态 API、gRPC、SignalR 任务调度、定时工作等众多基础功能。
- ☑ 模块化架构设计，层次清晰，业务层推荐写到单独模块，框架升级不影响业务。
- ☑ 代码简洁、通俗易懂、功能强大、易扩展，让开发更简单、更通用、更流行。

18.3.2 主要功能

Magic.NET 通用权限管理框架的核心模块主要包括：用户、角色、职位、组织机构、菜单、字典、日志、多应用管理、文件管理、定时任务等，其主要功能如下：

- ☑ 主控面板：控制台页面，可进行工作台、分析页、统计等功能的展示。
- ☑ 用户管理：对企业用户和系统管理员用户的维护，可绑定用户职务、机构、角色和数据权限等。
- ☑ 应用管理：通过应用来控制不同维度的菜单展示。
- ☑ 机构管理：公司组织架构维护，支持多层级结构的树形结构。
- ☑ 职位管理：用户职位管理，职位可作为用户的一个标签，但它没有和权限等其他功能挂钩。
- ☑ 菜单管理：菜单目录（包含菜单），权限控制的基本单位。
- ☑ 角色管理：角色绑定菜单后，可限制相关角色的人员所登录系统的功能范围；另外，角色也可以绑定数据授权范围。
- ☑ 字典管理：系统内各种枚举类型的维护。
- ☑ 访问日志：用户登录和退出日志的查看和管理。
- ☑ 操作日志：用户操作业务日志的查看和管理。
- ☑ 服务监控：服务器的运行状态（包括 CPU、内存、网络等信息数据）的查看。
- ☑ 在线用户：当前系统在线用户的查看。
- ☑ 公告管理：系统公告的管理。

☑ 文件管理：文件的上传、下载、查看等操作，文件支持本地存储，也支持阿里云 OSS、腾讯 COS 等拓展存储。

☑ 定时任务：定时任务的维护，通过 cron 表达式（一种用于指定任务在某个时间点执行或周期性执行的字符串表达式）控制任务的执行频率。

☑ 系统配置：系统运行参数的维护，参数的配置与系统运行机制息息相关。

☑ 邮件发送：发送邮件功能。

☑ 短信发送：短信发送功能，可以使用阿里云 SMS、腾讯云 SMS 服务，也支持拓展。

18.3.3　Magic.NET 框架的使用

使用 Magic.NET 通用权限管理框架时，首先需要初始化数据库，然后启动程序，下面分别进行介绍。

1．初始化数据库

Magic.NET 通用权限管理框架支持 SQLite、SQL Server 和 MySQL 数据库，默认带有 SQLite 数据库，名称为 Magic.db 和 flow.db，位于 Magic.Web.Entry 项目中，如图 18.15 所示，而其他数据库文件默认存放在 DB 文件夹下。

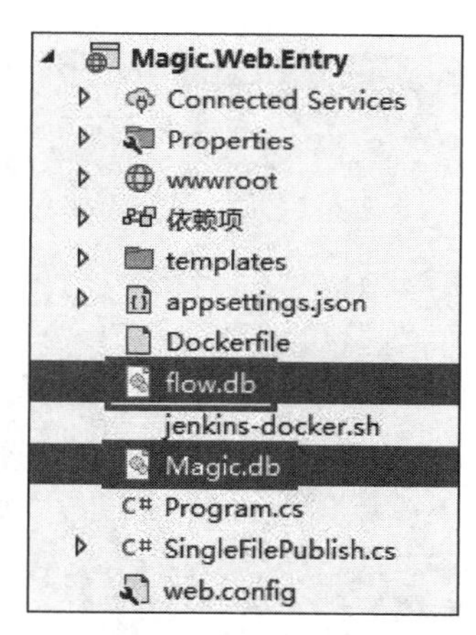

图 18.15　Magic.NET 中默认的 SQLite 数据库文件

如果要初始化自己的数据库，需要修改 Magic.Web.Core 项目中的 dbsettings.json 文件，这里需要注意的是：DefaultDbString 连接字符串不能与 DbConfigs 中的相同，如图 18.16 所示。修改完成后，启动 Magic.CodeFirst 项目，即可完成数据库的初始化。

2．启动程序

数据库初始化完成后，就可以启动程序了，启动程序时，首先要确保本机已经安装了 Node.js（建议版本 14.17.4），启动程序步骤如下。

（1）使用 Visual Studio 打开 backend/Magic.sln 解决方案，选中 Magic.Web.Entry 项目，按 F5 键启动后台服务器，如图 18.17 所示。

```
{
  "ConnectionStrings": {
    "DefaultDbNumber": "0",
    "DefaultDbType": "Sqlite",
    "DefaultDbString": "Data Source=./Magic.db",
    //"DefaultDbType": "SqlServer",
    //"DefaultDbString":
    "Server=.;Database=MagicCodeFirst;User=sa;Password=123456;MultipleActiveResultSets=True;",
    //"DefaultDbType": "MySql",
    //"DefaultDbString": "Data Source=localhost;Database=MagicCodeFirst;User
    ID=root;Password=123456;pooling=true;port=3306;sslmode=none;CharSet=utf8;Convert Zero
    Datetime=True;Allow Zero Datetime=True;",
    "DbConfigs": [
      {
        "DbNumber": "1",
        "DbType": "Sqlite",
        "DbString": "Data Source=./flow.db"
        //"DbType": "SqlServer",
        //"DbString": "Data Source=localhost;Database=FlowCondFirst;User
        ID=root;Password=123456;pooling=true;port=3306;sslmode=none;CharSet=utf8;Convert Zero
        Datetime=True;Allow Zero Datetime=True;",
        //"DbType": "SqlServer",
        //"DbString":
        "Server=.;Database=FlowCodeFirst;User=sa;Password=123456;MultipleActiveResultSets=True;"
      }
    ]
  }
```

注意：两者不能相同

图 18.16　修改数据库连接信息

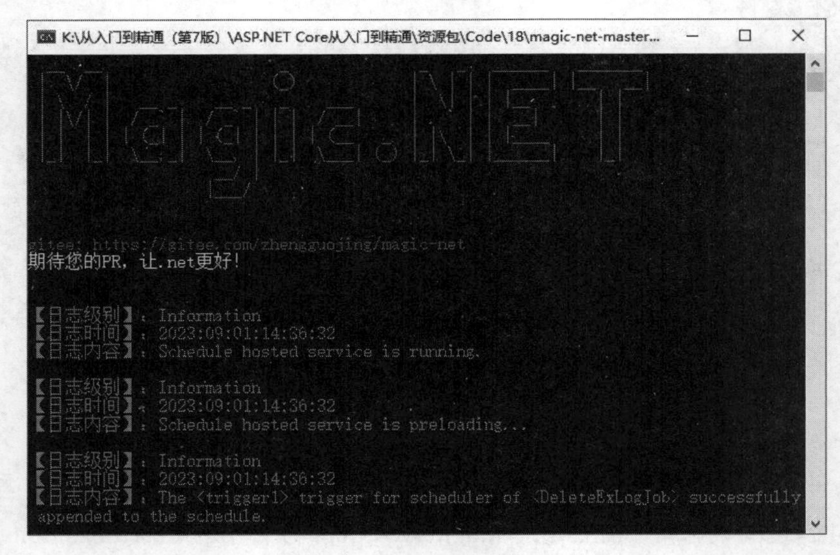

图 18.17　启动后台服务器的提示信息

（2）在浏览器地址栏中输入服务器监听地址 http://localhost:5566/index.html，如果出现图 18.18 所示的界面，则说明后台服务器启动成功。

（3）打开 frontend 文件夹，通过“文件”菜单打开 Windows PowerShell 窗口，在其中使用 npm install 或 yarn install 命令安装依赖，然后使用 npm run serve 或 yarn run serve 命令启动前端程序，如图 18.19 所示。

说明

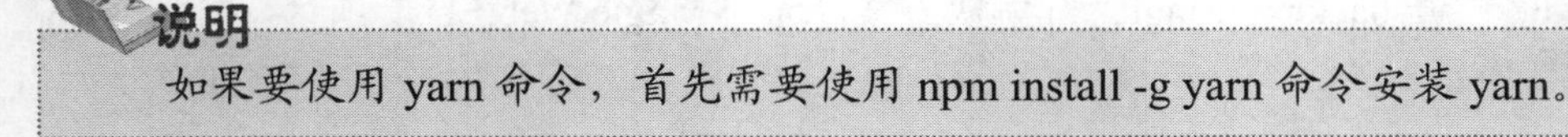

如果要使用 yarn 命令，首先需要使用 npm install -g yarn 命令安装 yarn。

图 18.18　Magic.NET 后台服务器启动成功

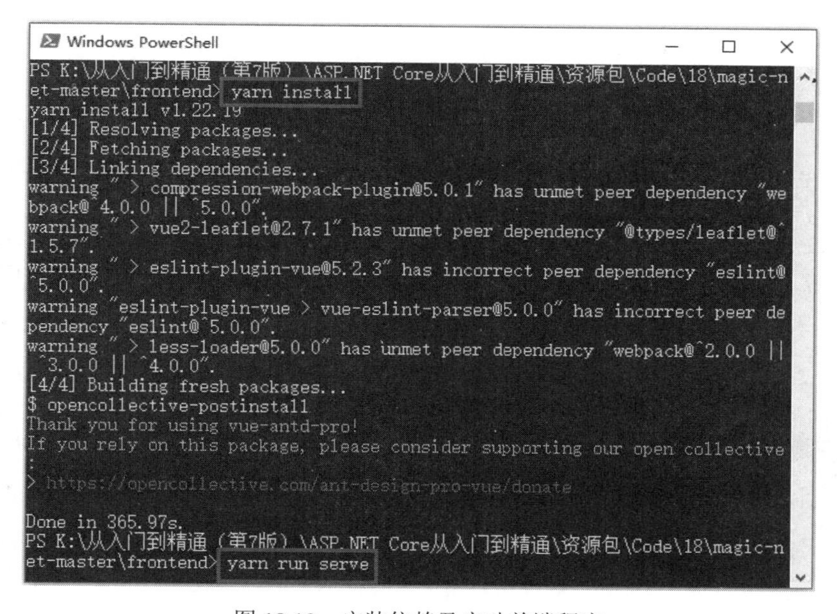

图 18.19　安装依赖及启动前端程序

18.3.4　效果预览

前端启动后，即可在浏览器地址栏中输入 http://localhost:82 以访问 Magic.NET 框架（前端默认端

口为 82，后台服务器端口默认为 5566）。Magic.NET 框架登录页面如图 18.20 所示。

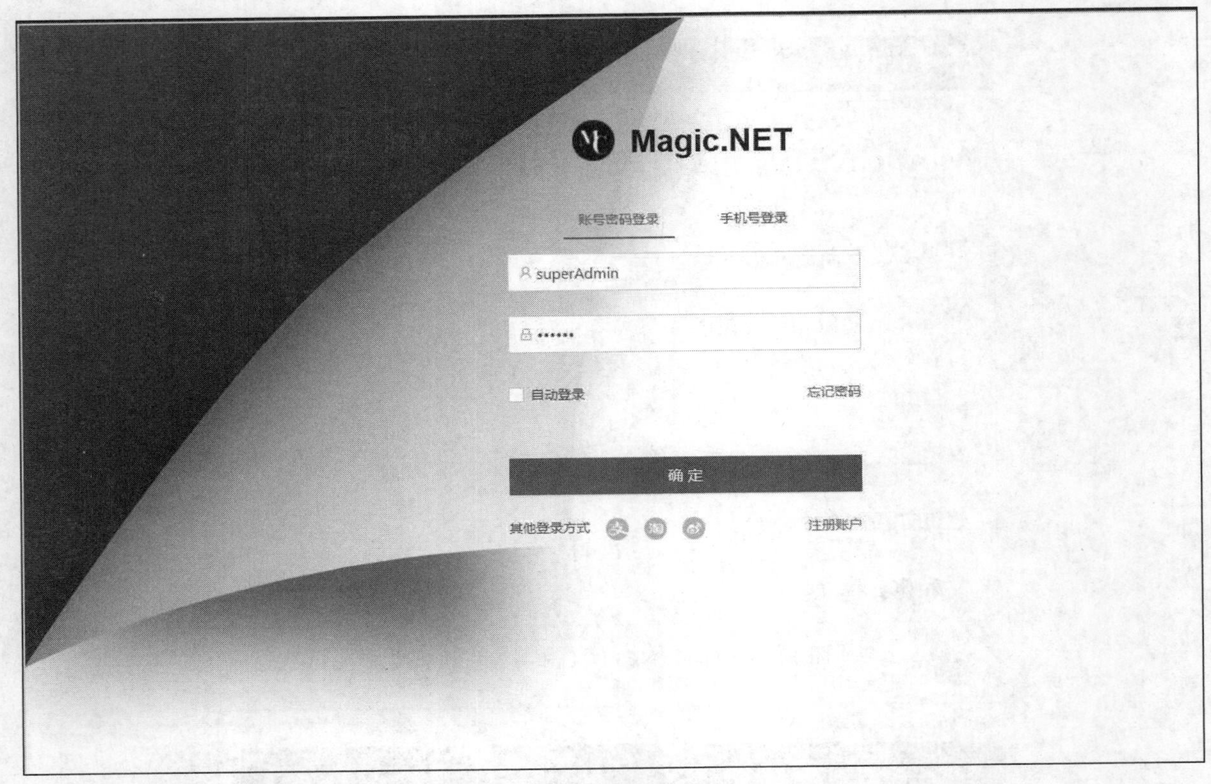

图 18.20　Magic.NET 框架登录页面

登录后进入后台管理页面，通过左侧导航菜单可以体验 Magic.NET 权限管理框架的各项功能，例如，系统管理页面如图 18.21 所示。

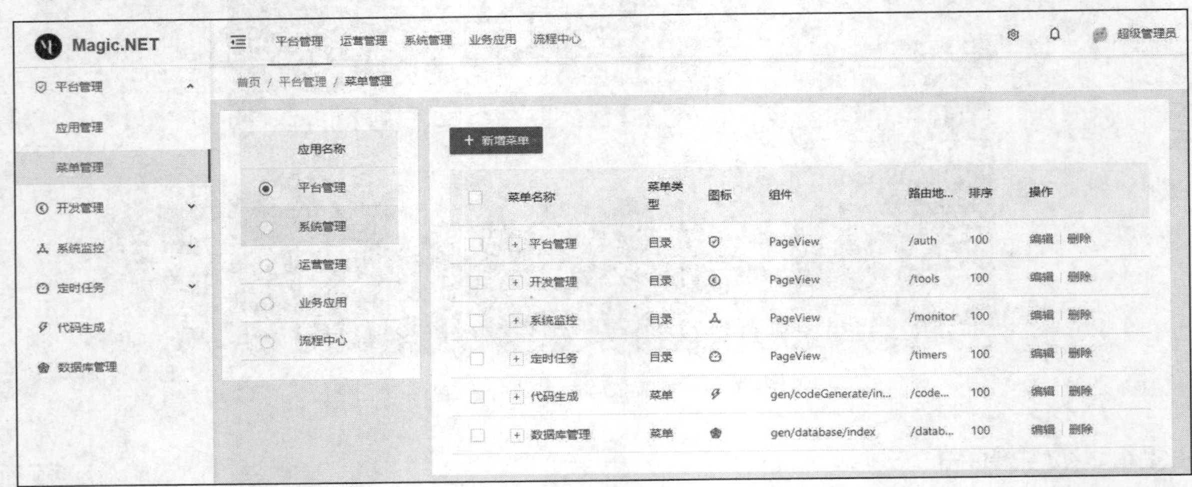

图 18.21　系统管理页面

角色管理中的授权菜单管理如图 18.22 所示。

图 18.22　授权菜单管理

文档管理页面如图 18.23 所示。

图 18.23　文档管理页面

说明

由于篇幅有限，这里未展示 Magic.NET 框架的所有页面，读者可以在自己计算机上配置成功后，自行体验，也可以访问 http://magicnet.net.cn/地址进行体验，需要注意的是，体验时需要联系管理员获取体验密码。

18.4　电子商城类框架：CoreShop

18.4.1　框架介绍

CoreShop 是一个基于.Net 7.0 和 Uni-App 而开发的支持可视化布局的小程序商城系统，它采用前后端分离方式，支持分布式部署，并且能够跨平台运行，拥有分销、代理、团购、拼团、秒杀、直播、优惠券、自定义表单等众多营销功能，拥有完整的 SKU、下单、售后、物流等流程。由于它使用了 Uni-App 进行开发，因此它支持用一套代码编译并发布为微信小程序版、H5 版、Android 版、iOS 版、支付宝小程序版、百度小程序版、字节跳动小程序版、QQ 小程序版、快应用版和 360 小程序版等 10 个平台的版本。CoreShop 框架的开源地址为 https://gitee.com/CoreUnion/CoreShop，该框架主要具有以下特点：

☑ 前后端完全分离，接口与管理端为独立项目（互不依赖、互不影响、开发效率高）。
☑ 采用 RBAC 基于角色的权限控制管理，可颗粒化配置用户、角色的数据访问权限。
☑ 采用 LayuiAdmin（企业级中后台产品 UI 组件库）作为后端 UI 框架。
☑ 提供 Redis 用作缓存和消息队列的处理。
☑ 使用 Swagger 作为 API 文档。
☑ 使用 Automapper 处理对象映射。
☑ 使用 AutoFac 作为依赖注入容器，并提供批量服务注入。
☑ 支持 CORS 跨域。
☑ 封装 JWT 自定义策略授权，支持集成 IdentityServer4，实现基于 OAuth2 的登录体系。
☑ 使用 Nlog 日志框架，集成原生 ILogger 接口，实现日志记录。
☑ 使用 HangFire 进行定时任务处理。
☑ 已支持 SQL Server、MySQL 数据库，理论上支持所有数据库，并支持读写分离和多库操作。
☑ 使用 Paylink 作为支付宝支付和微信支付的 SDK。
☑ 使用 SKIT.FlurlHttpClient.Wechat 作为微信公众号及小程序对接组件。
☑ 前端使用 Uni-App 跨平台应用前端框架，支持编译并发布为 10 个不同平台的版本。

18.4.2　开发及运维环境

CoreShop 框架的开发及运行环境如下：

☑ 开发环境
  - Visual Studio 2022
  - .NET 7 SDK 及以上
  - HBuilderX
  - 微信开发者工具
  - SQL Server Management Studio

- ➢ Navicat for MySQL / Sqlyog
- ➢ Redis Desktop Manager

☑ 运维环境

- ➢ Windows IIS7.5+/Docker/k8s 等支持环境（必选）
- ➢ SQL Server 2012+/MySQL 5.7+（必选）
- ➢ Redis 5.0+（必选）
- ➢ 支持 HTTPS 协议的域名（必选）
- ➢ 阿里云 OSS/腾讯云 COS（可选）
- ➢ 易联云网络打印机（可选）

18.4.3　主要功能

CoreShop 框架前端使用 Uni-App 跨平台开发框架，结合 ColorUI 的美观、uViewUI 的组件功能，实现更多交互细节！而后台则包含会员管理、商品管理、订单管理、服务商品、财务管理、促销中心、分销管理、代理管理、库存管理、统计报表、自定义表单、文章管理、广告管理、商城设置、平台设置、短信管理、日志管理、门店管理、消息配合、小票打印和直播带货等模块，具体如下：

☑ 会员管理：会员列表、用户等级等。

☑ 商品管理：单规格、多规格商品管理；品牌、分类管理；商品属性、商品参数及类型管理；商品评价。

☑ 订单管理：订单列表，订单支付、发货、取消、售后等；划分发货单、提货单、售后单、退款单；支持购物单、配送单、联合单在线打印。

☑ 服务商品：服务商品为按次服务类商品，购买一个服务商品包，可以按次消费（比如购买一个洗车包月套餐服务商品，该服务商品内有 10 次兑换次数，其支持在一定时间内进行 10 次线下洗车消费），通过该功能，可以更好地增加用户黏性。

☑ 财务管理：支付方式设置，支付单、退款单、用户提现管理、用户账户资金流动情况、发票管理。

☑ 促销中心：商品促销、订单促销、用户等级促销、商品品牌促销；优惠券、团购秒杀、拼团管理。

☑ 分销管理：分销设置、分销等级、分销商管理、分销商订单。

☑ 代理管理：代理设置、代理商品池管理、代理商等级、代理商列表、代理商订单。

☑ 库存管理：库存盘点、商品出库入库、库存记录日志。

☑ 统计报表：商品销量统计、财务收款统计、订单销量统计、用户收藏喜好统计。

☑ 自定义表单：表单列表、表单统计报表、表单提交管理、表单小程序码等，自定义表单有订单、付款码、留言、反馈、登记、调研这几种类型，可实现店铺收款、门店内扫码下单、活动预约、活动预定、会议登记、在线报名、上课签到等，可以为线上线下结合提供更强大的助力。

☑ 文章管理：文章列表、文章分类。

☑ 广告管理：广告位置管理、广告列表。

- ☑ 商城设置：首页布局管理、页面可视化操作、公告管理、商城服务细则设置、配送方式及运费设置、物流公司列表、行政三级区划。
- ☑ 平台设置：防小程序审核失败开关、平台设置、分享设置、会员设置、商品库存报警、订单全局设置、积分设置、提现设置、邀请好友设置、阿里云 OSS 存储设置、腾讯云 COS 存储设置、腾讯地图设置、快递查询接口设置、快递 100 面单打印设置、百度统计代码设置。
- ☑ 后台管理：后台登录用户管理、角色管理、后台菜单管理、字典管理、部门管理、代理生成辅助工具。
- ☑ 短信管理：短信平台设置、短信发送记录日志。
- ☑ 日志管理：后台操作日志、后台登录日志、全局日志管理、定时任务日志。
- ☑ 门店管理：门店列表，门店核销、店员管理、提货单管理。
- ☑ 消息配合：消息提醒配置、微信小程序订阅消息设置。
- ☑ 小票打印：对接易联云网络打印机。
- ☑ 直播带货：微信视频号直播带货、微信视频号橱窗带货、微信直播发货。

18.4.4 项目结构

CoreShop 核心商城系统的项目目录结构及具体作用如下：

```
├──CoreShop
│   │—1.Core
│   │   ├──CoreCms.Net.Auth                 //授权认证模块
│   │   ├──CoreCms.Net.Caching              //缓存相关
│   │   ├──CoreCms.Net.CodeGenerator        //代码生成器
│   │   ├──CoreCms.Net.Configuration        //基础配置模块
│   │   ├──CoreCms.Net.Core                 //核心配置模块
│   │   ├──CoreCms.Net.Filter               //权限过滤相关
│   │   ├──CoreCms.Net.Loging               //日志模块
│   │   ├──CoreCms.Net.Mapping              //实体映射器
│   │   ├──CoreCms.Net.Middlewares          //中间件
│   │   ├──CoreCms.Net.RedisMQ              //Redis 队列
│   │   ├──CoreCms.Net.Swagger              //Swagger 文档
│   │   ├──CoreCms.Net.Task                 //定时任务相关
│   │   ├──CoreCms.Net.Utility              //常用工具类
│   │—2.Entity
│   │   ├──CoreCms.Net.Model                //实体对象及 dto
│   │—3.Services
│   │   ├──CoreCms.Net.IServices            //业务逻辑层接口
│   │   ├──CoreCms.Net.Services             //业务逻辑层实现
│   │—4.Repository
│   │   ├──CoreCms.Net.IRepository          //数据层仓储接口
│   │   ├──CoreCms.Net.Repository           //数据层仓储实现
│   │—5.WeChat
│   │   ├──CoreCms.Net.WeChat.Service       //微信实现
│   │—6.App
│   │   ├──CoreCms.Net.Uni-App              //Uni-App 实现
│   │   ├──CoreCms.Net.Web.Admin            //后端管理
│   │   ├──CoreCms.Net.Web.WebApi           //多端交互接口
├──数据库
│   │—MySql                                 //MySql 数据库脚本
```

```
│   │─SqlServer                     //SqlServer 数据库脚本
└─docker-compose.yaml               //docker 实现脚本
```

说明

关于 CoreShop 核心商城系统的具体配置和使用方法，可以参见其官方文档：https://www.coreshop.cn/Doc。

18.4.5　效果预览

由于 CoreShop 核心商城系统可以编译为不同平台的版本，因此下面分别以小程序版和 PC 版后台为例演示其效果。

1．小程序效果图

CoreShop 核心商城系统的部分页面在小程序端的效果如图 18.24、图 18.25 和图 18.26 所示。

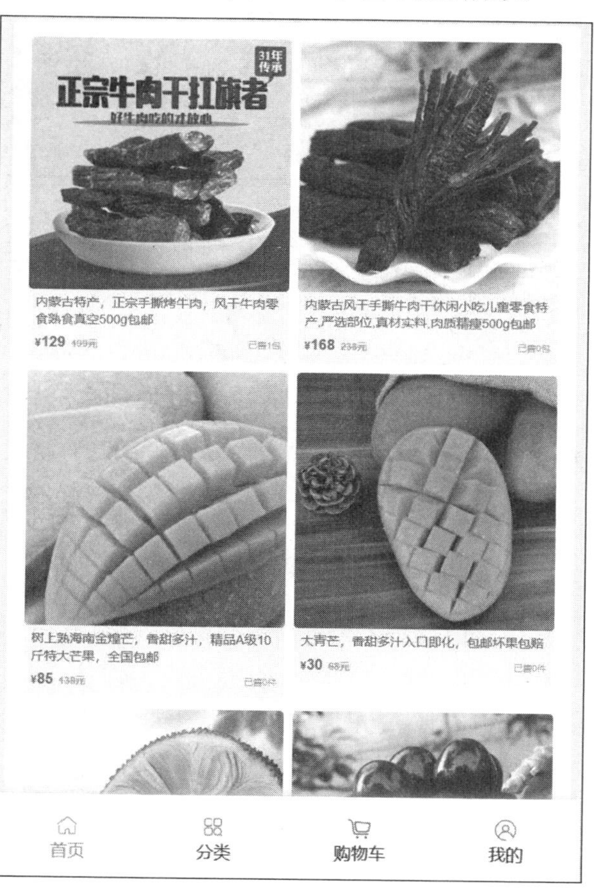

图 18.24　CoreShop 核心商城系统小程序端效果（1）

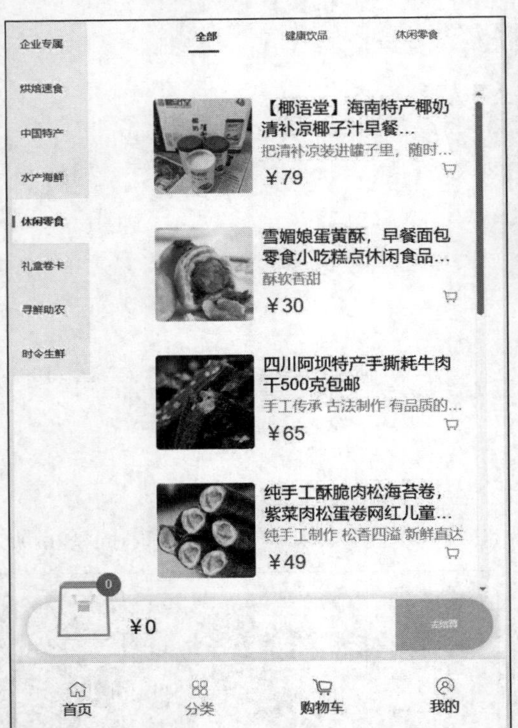

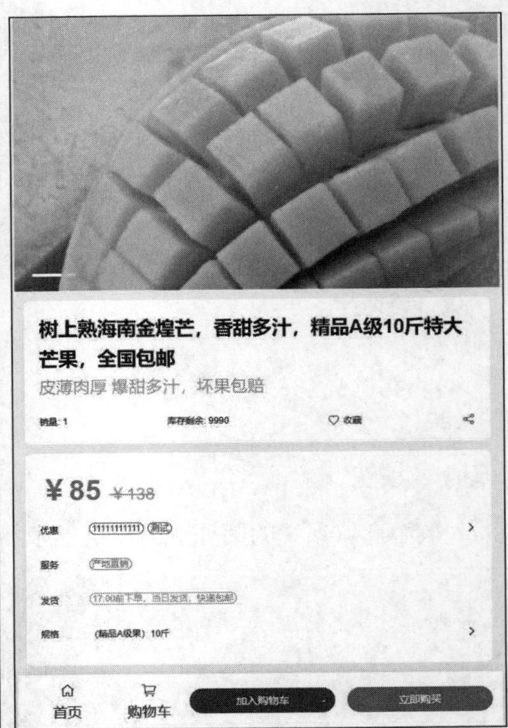

图 18.25　CoreShop 核心商城系统小程序端效果（2）

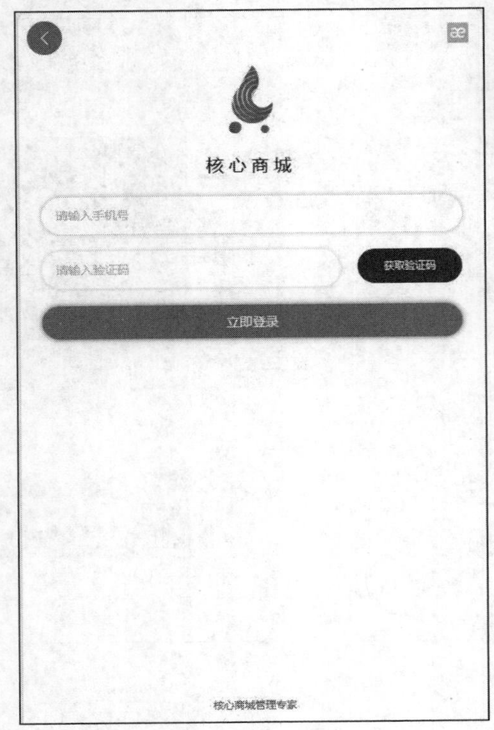

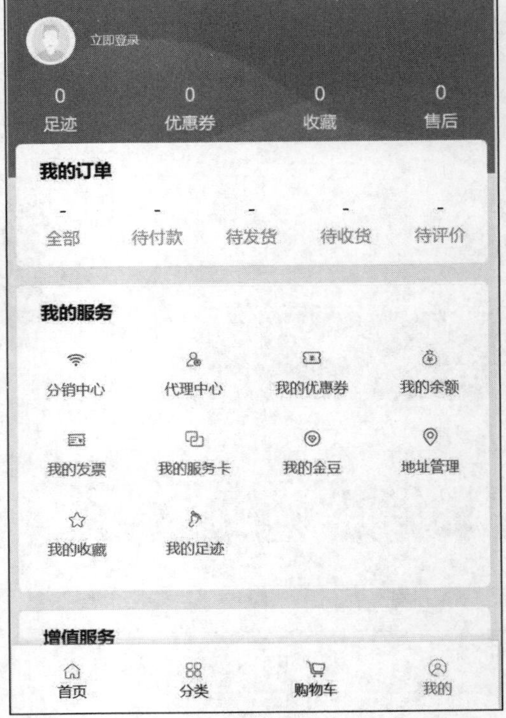

图 18.26　CoreShop 核心商城系统小程序端效果（3）

2. PC 版后台效果图

CoreShop 核心商城系统的后台登录页面如图 18.27 所示，在该页面中输入用户名和密码，单击“登录”按钮，即可进入后台。

图 18.27　CoreShop 核心商城系统后台登录页面

进入后台后，默认显示主控制台，效果如图 18.28 所示。

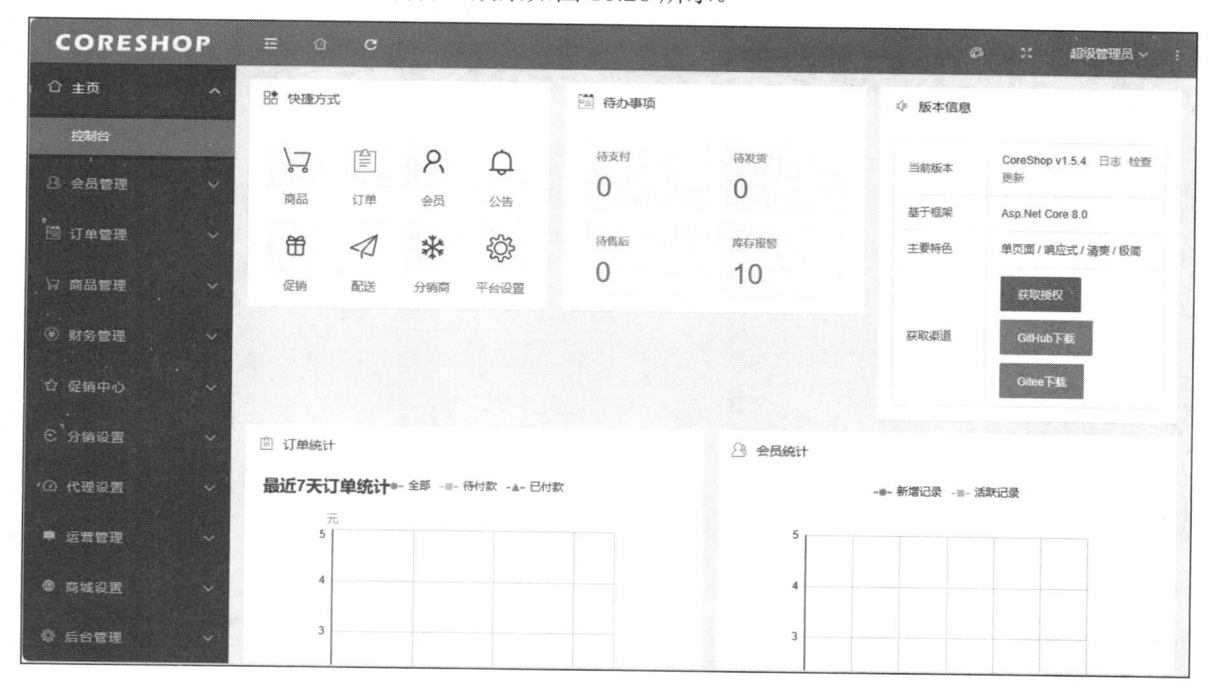

图 18.28　主控制台页面

通过单击后台页面中的左侧导航菜单，可以体验 CoreShop 核心商城系统的各项功能，例如，商品列表页面如图 18.29 所示。

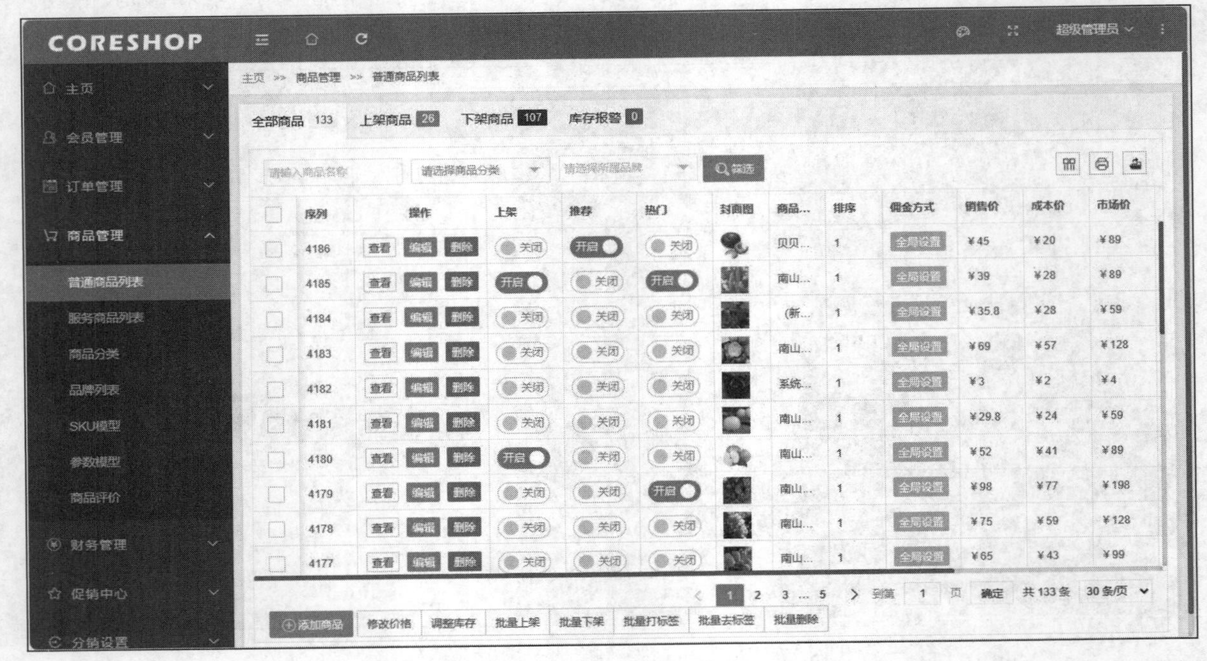

图 18.29　商品列表页面

库存盘点页面如图 18.30 所示。

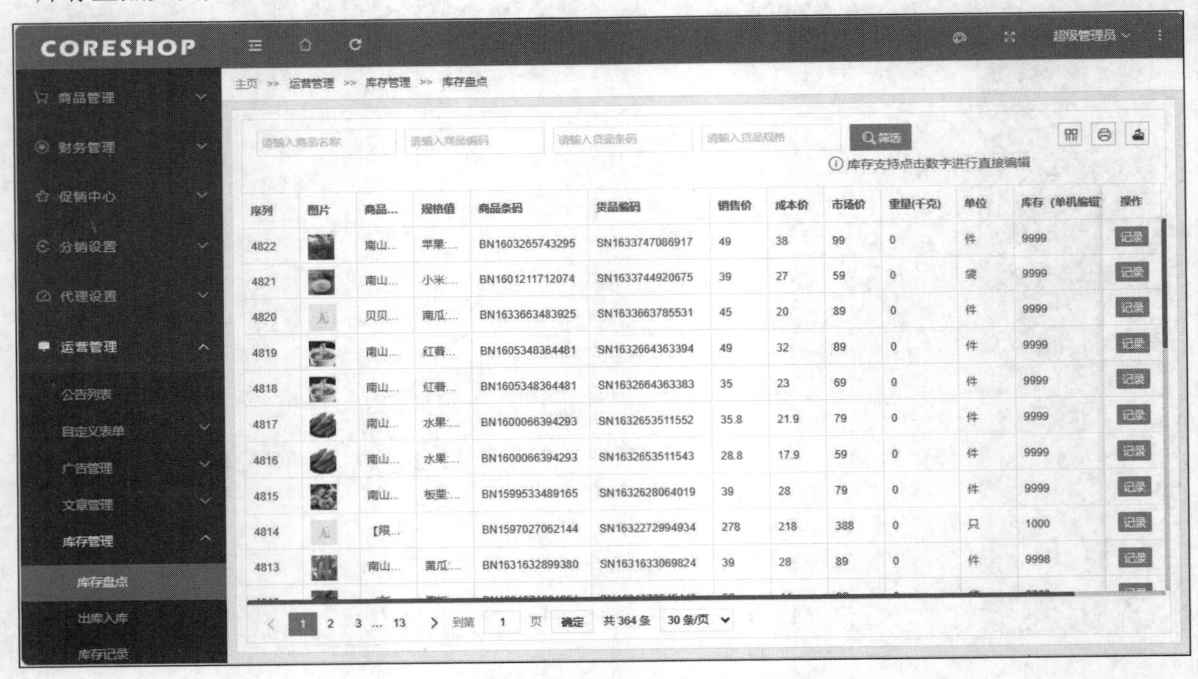

图 18.30　库存盘点页面

说明

由于篇幅有限，这里未展示 CoreShop 核心商城系统的所有页面，读者可以访问 https://admin.demo.coreshop.cn/#/user/login 和 https://h5.pro.demo.corecms.cn/，分别体验其 PC 端和小程序端的所有功能。

18.5　CMS 管理类框架：Orchard Core

18.5.1　框架介绍

Orchard Core（简称 OC）是一个功能强大且极其灵活的.NET CMS 开发框架，其基于 Orchard CMS 使用 ASP.NET Core 重新构建，主要由以下两部分组成：

- ☑ Orchard Core Framework：一个应用程序框架，用于构建模块化、多租户的 ASP.NET Core 应用程序。
- ☑ Orchard Core CMS：一个建立在 Orchard Core Framework 之上的网络内容管理系统（CMS）。

Orchard Core 框架的开源地址为 https://gitee.com/OrchardCore/OrchardCore，其目标不仅仅是作为一个 ASP.NET Core 端口，而是希望大幅提高性能，并尽可能与 ASP.NET Core 的开发模型一致。Orchard Core 框架的主要特点如下：

- ☑ 性能：速度快，据官方评测，速度是 Orchard CMS 的 20 倍左右。
- ☑ 跨平台：可以在 Windows、Linux 和 macOS 上开发和部署 Orchard Core CMS，另外，还提供了 Docker 映像供使用。
- ☑ 可伸缩性：由于 Orchard Core 是一个多租户系统，因此可以通过单个部署来托管尽可能多的网站；然后，典型的云计算机可以并行承载数千个站点，包括数据库、内容、主题和用户隔离。
- ☑ 文档数据库抽象化：Orchard Core CMS 虽然需要一个关系数据库，并且兼容 SQL Server、MySQL、PostgreSQL 和 SQLite，但是它现在使用的是一个抽象化文档数据库（YesSql），该数据库提供了一个文档数据库 API 来存储和查询文档，这样可以显著提高性能。
- ☑ NuGet 模块化管理：通过 NuGet 管理模块或组件，这样在使用 Orchard Core CMS 创建一个新网站时，只需从 NuGet gallery 引用一个元包即可。
- ☑ 实时预览：在编辑内容项时，可以实时看到它在站点上的预览效果；另外，它也适用于模板，开发者可以浏览任何页面，并在键入更改时检查更改对模板的影响。
- ☑ Liquid 模板支持：开发者可以使用 Liquid 模板语言安全地更改 HTML 模板。
- ☑ 自定义查询：Orchard Core 允许创建自定义临时 SQL 和 Lucene 查询，这些查询可用于重新显示自定义内容或公开为 API 终结点。
- ☑ 部署计划：部署计划是可以包含构建网站的内容和元数据的脚本，其中可以包含二进制文件；另外，也可以使用它们来远程部署站点，例如将站点从准备环境部署到生产环境。
- ☑ 工作流：创建内容审批工作流、响应 Webhook、在提交表单时执行操作，以及使用用户友好的 UI 实现的任何其他流程。

☑ GraphQL 支持：提供非常灵活的 GraphQL API，以便任何授权的外部应用程序都可以重用项目的内容，如 SPA 应用程序或静态站点生成器等。

18.5.2 使用 Orchard Core 的建站策略

Orchard Core 支持所有主要的网站建设策略，主要有以下 3 种模式：

☑ Full CMS 模式（完整 CMS 模式）：在此模式下，网站使用主题和模板来呈现内容，旨在进行很少的自定义开发或完全不进行自定义开发。

☑ Decoupled CMS 模式（解耦 CMS 模式）：除了内容管理端之外，网站从空白开始，开发者可以使用 Razor Pages 或 MVC 操作创建所需的所有模板，并通过内容服务访问内容。

☑ Headless CMS 模式（无头 CMS 模式）：站点只管理内容，开发者可以创建一个单独的应用程序，该应用程序将通过 GraphQL 或 REST API 获取并展示内容。

18.5.3 Orchard Core 框架初体验

Orchard Core 框架在使用时，既可以直接配置运行，也可以用于自己的项目中，本节对第一种情况进行讲解。

首先从开源网站下载 Orchard Core 框架的源码，并使用 Visual Studio 打开 OrchardCore.sln 解决方案资源文件，该框架的项目结构如图 18.31 所示。

图 18.31 Orchard Core 框架项目结构

将 OrchardCore.Cms.Web 设置为启动项目，并按 F5 键运行程序，等待编译运行完成后，即可在浏

览器中打开 Orchard Core 框架的站点设置页面，如图 18.32 所示。

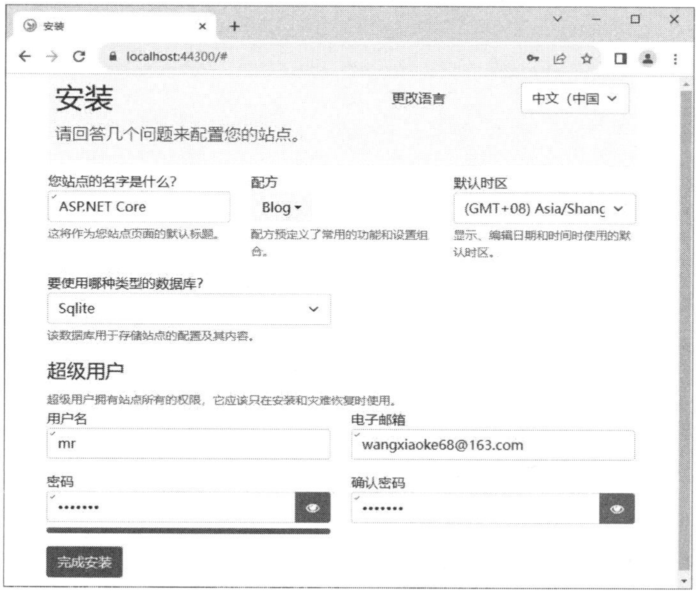

图 18.32　Orchard Core 框架的站点设置界面

根据图 18.32 中的中文提示，可以设置站点的名称、预定义功能、使用的数据库和超级用户的相关信息，设置完成后，单击“完成安装”按钮，即可进入设置的站点页面，如图 18.33 所示。

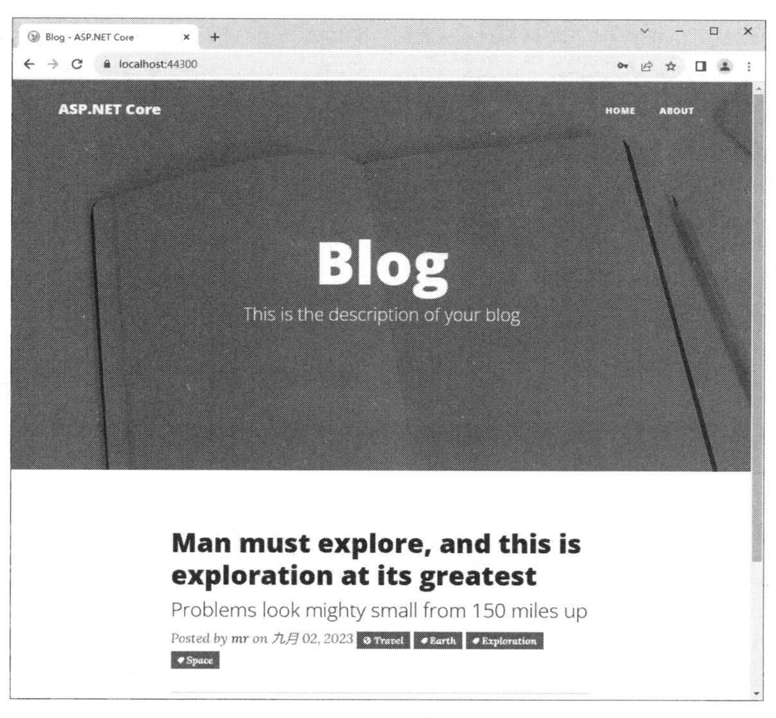

图 18.33　设置的站点页面

另外，我们可以直接通过在站点地址后面加“/admin”访问其后台管理页面，如图 18.34 所示。

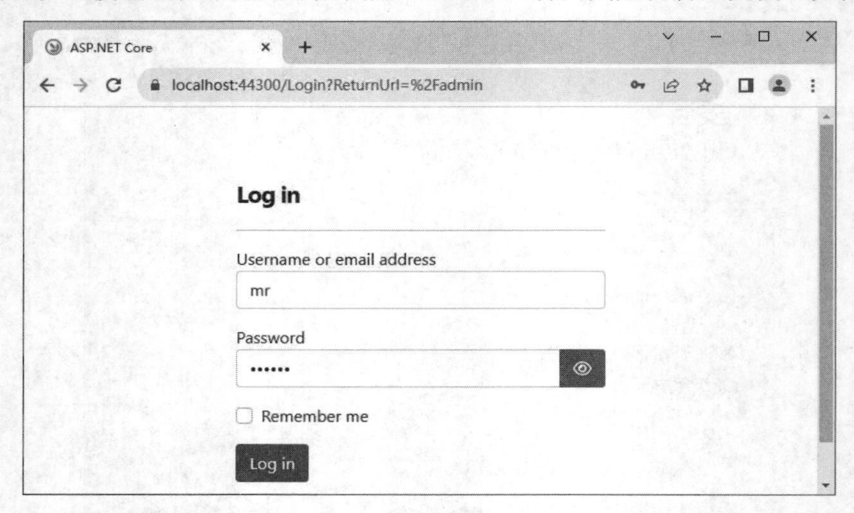

图 18.34　Orchard Core 的后台管理页面

输入图 18.32 中设置的超级用户信息，单击 Log in 按钮，即可进入后台管理主页，如图 18.35 所示。

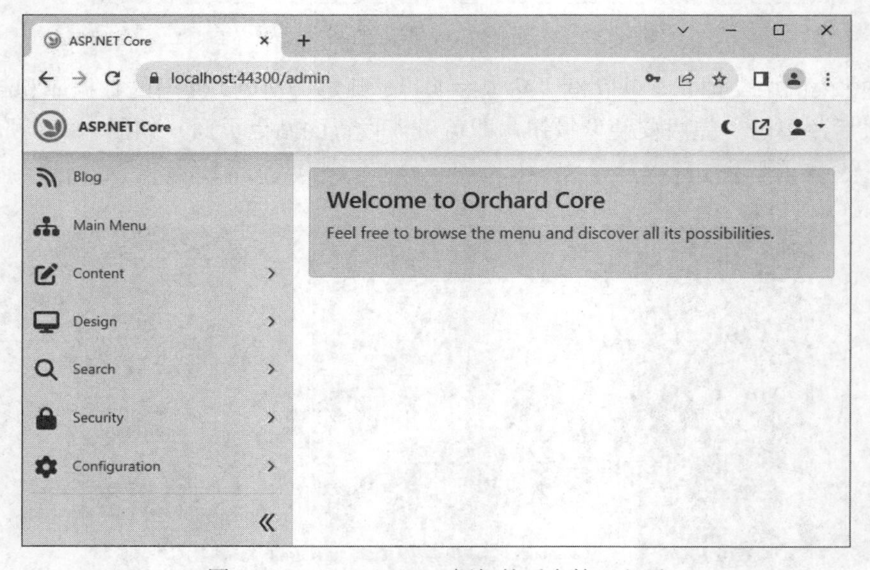

图 18.35　Orchard Core 框架的后台管理主页

从图 18.35 可以看出，Orchard Core 的后台管理页面默认是英文页面，可以通过开启本地化来使其显示为中文，具体方法为：选择左侧导航中的 Configuration→Features 菜单，然后在右侧搜索框中输入“Localization”，按 Enter 键，在搜索出的结果中选中 Localization 项，单击 Enable 按钮，如图 18.36 所示。

Orchard Core 框架后台管理的中文页面的效果如图 18.37 所示，这时用户就可以通过选择左侧的导航菜单在右侧对站点的相关内容进行设置了。

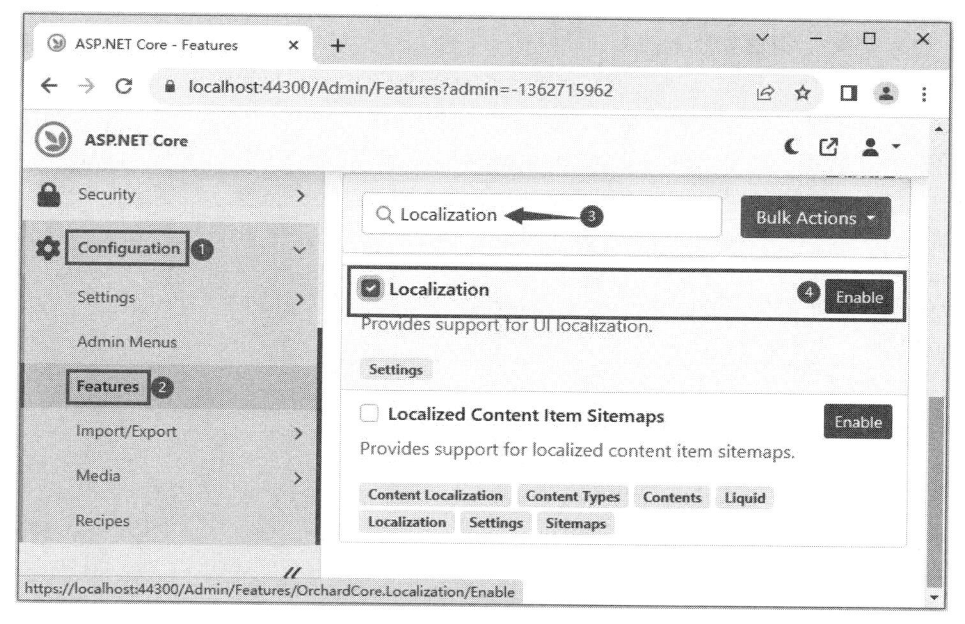

图 18.36　开启本地化

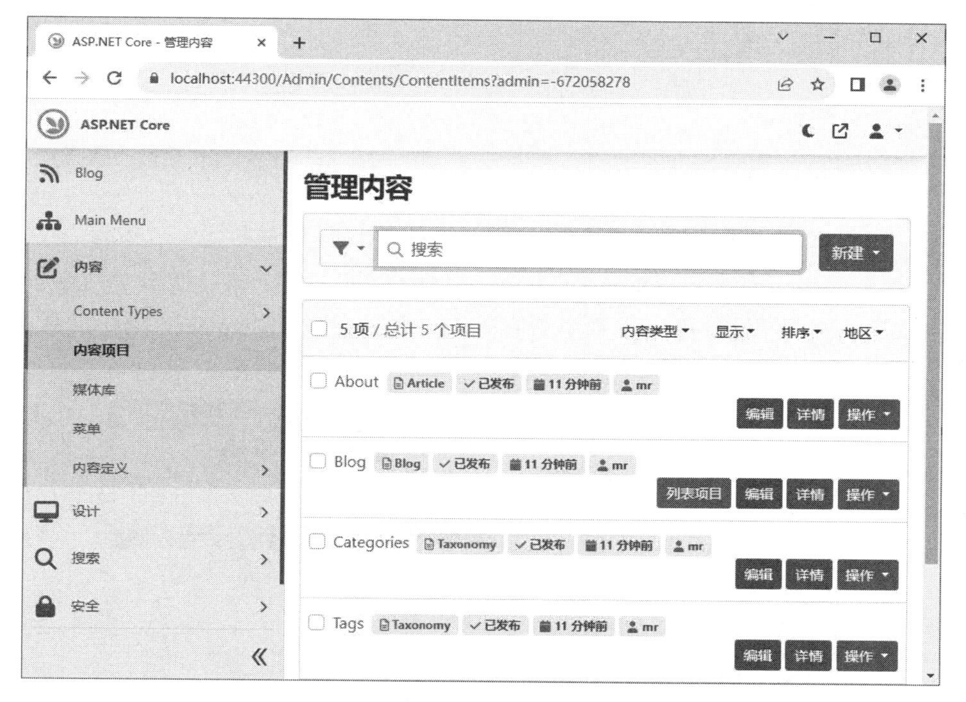

图 18.37　Orchard Core 框架后台的本地化显示

18.5.4　在自己的项目中使用 Orchard Core 框架

Orchard Core 框架除了直接运行之外，还可以集成到自己的项目中，下面讲解如何在自己的项目中使用 Orchard Core 框架。步骤如下。

（1）打开 Visual Studio 开发工具，创建一个新的 ASP.NET Core Web 应用，命名为 OrchardCoreTest，这里需要注意：在创建时，不要选中“将解决方案和项目放在同一个目录中”复选框，如图 18.38 所示，因为后期在项目中创建模块和主题时，通常需要将它们与解决方案中的 Web 应用程序一起存放。

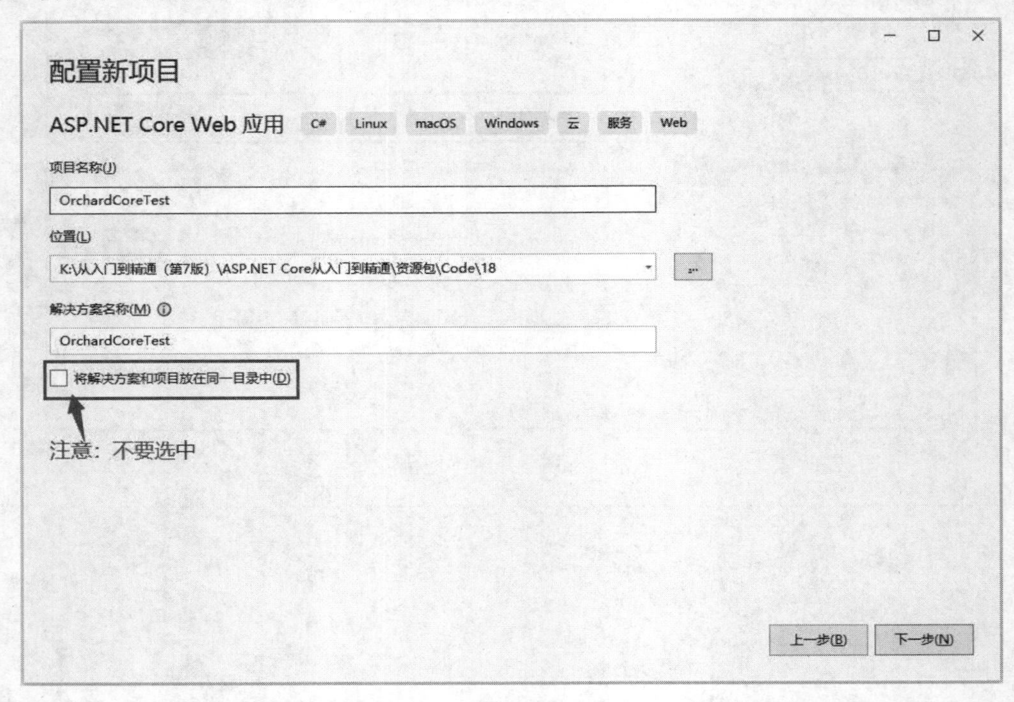

图 18.38　创建 ASP.NET Core Web 应用时的设置

（2）在创建的应用中添加对 Orchard Core 框架的引用，在“解决方案资源管理器”中选中 OrchardCoreTest 项目，单击鼠标右键，在弹出的快捷菜单中选择“管理 NuGet 程序包”命令，如图 18.39 所示。

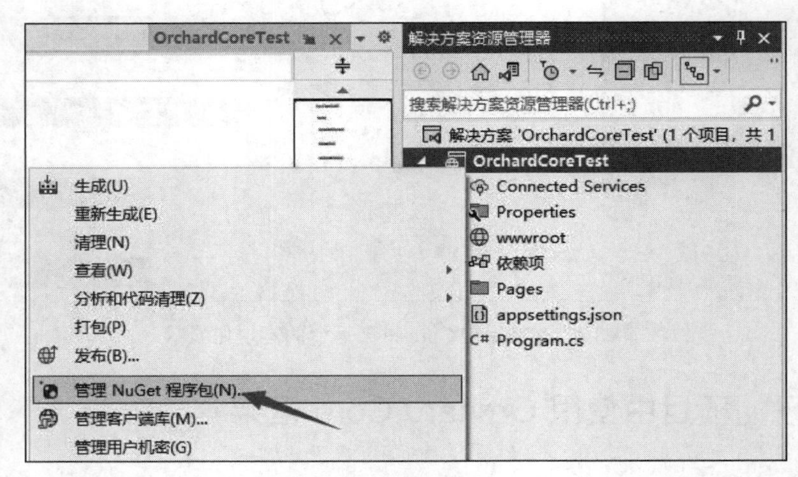

图 18.39　选择“管理 NuGet 程序包”命令

（3）出现项目的 NuGet 包管理器页面，首先单击“浏览”按钮，在搜索文本框中输入“OrchardCore.Application”进行搜索，在搜索结果中选中 OrchardCore.Application.Cms.Targets，单击右侧的“安装”按钮，如图 18.40 所示。

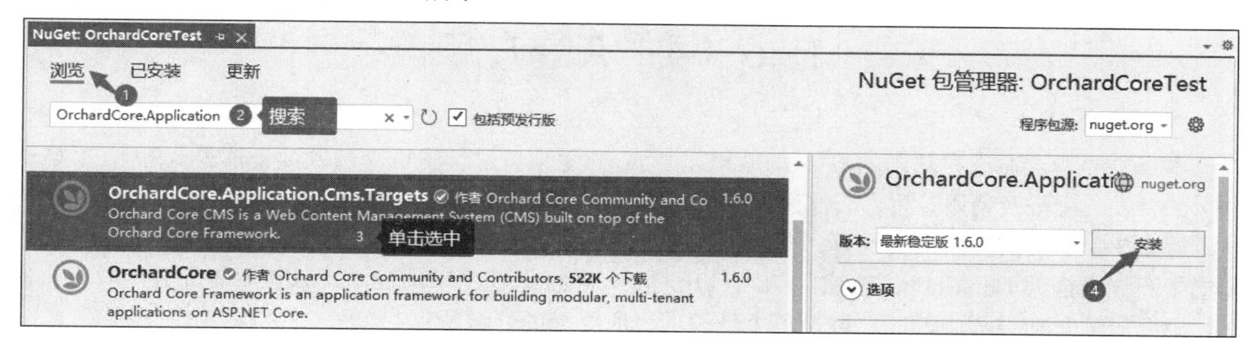

图 18.40　安装 Orchard Core Cms 包

说明

也可以在 Visual Studio 的“程序包管理器控制台”中使用以下命令安装 Orchard Core Cms 包：

```
Install-Package OrchardCore.Application.Cms.Targets
```

（4）打开 Program.cs 主程序文件，将其中的 Razor 服务修改为 OrchardCms 服务，即找到下面代码：

```
builder.Services.AddRazorPages();
```

将上面代码修改为：

```
builder.Services.AddOrchardCms();
```

另外，删除以下代码：

```
app.UseHttpsRedirection();
app.UseRouting();
app.UseAuthorization();
app.MapRazorPages();
```

并在请求管道中添加 OrchardCore，代码如下：

```
builder.UseOrchardCore();
```

修改后的 Program.cs 文件代码如下：

```
var builder = WebApplication.CreateBuilder(args);
builder.Services.AddOrchardCms();
var app = builder.Build();
if (!app.Environment.IsDevelopment())
{
    app.UseExceptionHandler("/Error");
    app.UseHsts();
}
app.UseStaticFiles();
app.UseOrchardCore();
```

通过以上步骤，即可在自己的 ASP.NET Core Web 应用中集成 Orchard Core 框架，接下来按 F5 键运行程序，即可显示与图 18.32 一样的效果，而其后续的设置步骤和访问后台步骤与 18.5.3 节一致，具体请参见图 18.33～图 18.37。

18.6 要点回顾

本章主要通过对现在热门的流行 ASP.NET Core 开源项目进行解析，带领读者体验 ASP.NET Core 项目的开发、配置及使用过程。具体讲解时，主要讲解了 Furion 和 Orchard Core 两个通用框架，另外，还讲解了 3 个不同类型的开发框架，分别是.NET 快速开发框架 vboot-net、通用权限管理框架 Magic.NET 和电子商城类框架 CoreShop。在实际的项目开发中，通过借助开源项目，可以大大提高开发效率，但在使用开源项目的过程中，需要遵循每个开源项目所要求的开源协议！